Dynamic and Attitude [illegible] Control of
Liquid-Filled Flexible Spacecraft

充液挠性航天器动力学及姿态机动控制

宋晓娟　祝乐梅　吕书锋　著

化学工业出版社
·北京·

内容简介

本书基于作者近十年的研究成果，系统讨论了大型挠性航天器的非线性多场耦合动力学、液体燃料的晃动控制、挠性结构的振动抑制及航天器大角度姿态控制等问题；深入研究了充液挠性航天器的姿态机动控制和振动控制抑制问题。具体包括充液航天器自适应神经网络动态逆控制复合控制、充液航天器模糊自适应动态输出反馈控制、考虑测量不确定和输入饱和的充液航天器姿态机动控制、充液航天器的固定时间终端滑模容错控制、考虑测量不确定的充液航天器自适应容错控制、多模态充液航天器自适应滑模控制、光压扰动下充液挠性航天器的姿态机动控制研究、充液挠性航天器模糊自适应姿态机动控制、带有大挠性结构充液航天器混合控制方法研究。

本书可供航空、航天领域从事卫星、火箭总体设计等的科研人员使用，也可作为高等院校相关专业研究生的科研参考书。

图书在版编目（CIP）数据

充液挠性航天器动力学及姿态机动控制/宋晓娟，祝乐梅，吕书锋著. —北京：化学工业出版社，2022. 10

ISBN 978-7-122-41963-7

Ⅰ. ①充… Ⅱ. ①宋…②祝…③吕… Ⅲ. ①航天器-飞行力学②航天器-姿态飞行控制 Ⅳ. ①V412. 4②V448. 22

中国版本图书馆 CIP 数据核字（2022）第 142089 号

责任编辑：韩霄翠　仇志刚
文字编辑：陈小滔　公金文
责任校对：宋　夏
装帧设计：王晓宇
出版发行：化学工业出版社
（北京市东城区青年湖南街 13 号　邮政编码 100011）
印　　装：北京科印技术咨询服务有限公司数码印刷分部
710mm×1000mm　1/16　印张 14½　字数 249 千字
2022 年 11 月北京第 1 版第 1 次印刷
购书咨询：010-64518888
售后服务：010-64518899
网　　址：http://www.cip.com.cn
凡购买本书，如有缺损质量问题，本社销售中心负责调换。
定　　价：98.00 元

前言

PREFACE

现代航天器已经逐步发展为包含多体（刚体、柔性体）-液体-控制体的多场耦合动力学系统。航天器在变轨、交会、对接及装配过程中，大量液体燃料的晃动和大型柔性附件的振动，使得系统的动力学耦合问题相当突出。与此同时，航天器高精度机动性能的要求又必须保证系统稳定，完成姿态镇定及目标跟踪等控制目的。因此建立包含充液系统复杂航天器的多场耦合动力学系统研究已成为当今航天任务中的攻关问题之一。

本书对大型挠性航天器的非线性多场耦合动力学、液体燃料的晃动控制、挠性结构的振动抑制及航天器大角度姿态控制等问题进行讨论；深入研究充液挠性航天器的姿态机动控制和振动控制问题，为复杂航天器的姿态控制设计提供理论储备。

随着充液挠性航天结构的快速发展，对多体耦合航天器机动过程中姿态控制的研究就越发显得必要。本书共分 13 章：第 1 章为绪论，概述了液体晃动动力学建模研究现状，总结了充液航天器多场耦合系统动力学研究概况，综述了充液航天器控制策略研究状况；第 2 章为基本理论，介绍了描述航天器姿态运动常用的几种坐标系，论述了航天器姿态描述方法及其动力学方程，介绍了压电材料的本构方程以及液体晃动等效力学模型；第 3～5 章，研究了平面运动的充液航天器姿态机动问题，设计了基于输入成型的神经网络动态逆复合控制策略；第 6～9 章，研究了三轴稳定充液航天器大角度姿态机动控制，液体燃料等效为单摆模型，考虑航天器模型存在外部未知干扰、转动惯量不确定性以及液体晃动位移不可测量的特性，分别设计了模糊自适应动态输出反馈控制，反步法结合非线性干扰观测器和指令滤波器的鲁棒饱和输出反馈复合控制，固定时间终端滑模控制，以及基于滑模干扰观测器和快速终端滑模控制的容错控制策略；第 10 章，考虑了多模态液体晃动对航天器控制的影响；第 11 章，研究了光压扰动影响下充液挠性航天器的姿态机动控制问题；第 12 章，利用命令光滑器来抑制液体晃动和柔性附件的振动，复合控制器只需要系统的角速度信息反馈就可实现系统的渐近稳定；第 13 章，将挠性结构大变形纳入耦合航天器动力学系统建模过程中，引入奇异摄动理论将航天器系统分解为快变系统及慢变系统，并分别进行控制。

本书是作者结合近十年的研究成果编写而成，由宋晓娟、祝乐梅、吕书锋著，各章的执笔人为：第 1、2 章宋晓娟、祝乐梅；第 3～5 章祝乐梅，第 6～9 章宋晓娟；第 10 章宋晓娟、吕书锋；第 11 章宋晓娟；第 12、13 章宋晓娟、祝乐梅、吕书锋。衷心感谢北京理工大学的岳宝增教授对本书提供的指导和帮助，感谢硕士研究生王宏伟为本书第 7～9 章内容贡献的出色工作，感谢硕士研究生李雪松对本书第 6 章、第 12 章内容的贡献，感谢化学工业出版社编辑为本书高质量出版提供的帮助。

本书可供航空、航天领域从事卫星、火箭总体设计等的科研人员使用，也可作为高等院校相关专业研究生的科研参考书。

衷心感谢国家自然科学基金项目（11962020、11502122、11862020、12172182、12132002）和内蒙古自然科学基金项目（2019MS05065）对本书内容研究提供资助。

鉴于水平有限，书中难免有疏漏之处，敬请读者指正。

著者

2022 年 3 月 31 日

目录
CONTENTS

第1章 绪论 001

1.1 引言 001
1.2 复杂航天器动力学建模研究进展 003
1.3 充液航天器多场耦合系统动力学研究现状 006
1.3.1 航天器刚-液耦合动力学问题 007
1.3.2 航天器刚-液-控耦合动力学问题 008
1.3.3 航天器刚-液-柔-控耦合动力学问题 009
1.4 航天器姿态控制的研究现状 010
1.4.1 反馈控制技术在充液航天器中的应用 011
1.4.2 基于开环控制技术的前馈控制方法 012
1.4.3 智能材料在控制系统中的应用 013
参考文献 014

第2章 基本理论 020

2.1 引言 020
2.2 几种常用坐标介绍 020
2.3 航天器姿态描述和动力学方程 021
2.3.1 欧拉角描述法 021
2.3.2 四元数描述法 022
2.3.3 姿态动力学方程 023
2.4 压电材料的本构方程 023
2.5 液体晃动等效力学模型研究 026
参考文献 027

第3章 动态逆控制与反向传播神经网络 029

3.1 引言 029
3.2 动态逆控制 030

3.2.1 李导数和李括号 030
3.2.2 反馈线性化 031
3.3 反向传播神经网络算法 032
3.3.1 人工神经元的数学模型 032
3.3.2 三层反向传播神经网络模型 033
3.3.3 反向传播算法 035
3.3.4 反向传播网络的设计基础 036
3.3.5 改进反向传播算法 039
参考文献 040

第 4 章 输入成型控制方法理论 041

4.1 引言 041
4.2 输入成型技术概述 042
4.2.1 输入成型器的基本原理 042
4.2.2 输入成型器的设计方法 044
4.3 输入成型器设计目标与约束条件 050
参考文献 050

第 5 章 充液航天器自适应神经网络动态逆控制复合控制 052

5.1 引言 052
5.2 充液航天器力学模型 053
5.3 神经网络动态逆控制方法设计 056
5.3.1 非线性动态逆控制 056
5.3.2 自适应非线性动态逆控制器设计 058
5.3.3 充液航天器控制仿真分析 060
5.4 充液航天器的输入成型器设计 065
5.5 充液航天器姿态机动复合控制及仿真分析 068
5.6 本章小结 074
参考文献 074

第 6 章
充液航天器模糊自适应动态输出反馈控制 076

6.1 引言 076
6.2 充液航天器动力学建模 077
6.3 设计充液航天器的自适应状态反馈控制律 079
6.3.1 刚体航天器 PD 控制律 079
6.3.2 设计充液航天器的抗干扰状态反馈控制律 080
6.3.3 设计充液航天器自适应状态反馈控制律 082
6.3.4 自适应输出反馈控制器模糊化参数设计 083
6.4 数值模拟 086
6.5 本章小结 090
参考文献 090

第 7 章
考虑测量不确定和输入饱和的充液航天器姿态机动控制 092

7.1 引言 092
7.2 考虑不确定性充液航天器动力学建模 093
7.3 控制律设计和稳定性分析 094
7.3.1 基于非线性干扰观测器的反步控制 094
7.3.2 输出反馈反步控制律设计 097
7.3.3 输入饱和的输出反馈控制律设计 098
7.4 数值模拟 102
7.5 本章小结 109
参考文献 110

第 8 章
充液航天器的固定时间终端滑模容错控制 112

8.1 引言 112

8.2 考虑执行器故障的充液航天器动力学建模 113
8.2.1 执行器的故障模型 113
8.2.2 充液航天器的姿态动力学方程 114
8.3 固定时间控制器设计和稳定性分析 115
8.3.1 基本定义和基本引理 115
8.3.2 固定时间滑模面设计 116
8.3.3 固定时间控制器设计 117
8.4 数值模拟 122
8.5 本章小结 126
参考文献 126

第 9 章
考虑测量不确定的充液航天器自适应容错控制 128

9.1 引言 128
9.2 充液航天器动力学建模 129
9.2.1 航天器的数学模型 129
9.2.2 测量的动力学模型 129
9.3 鲁棒容错控制律设计和稳定性分析 131
9.4 数值模拟 138
9.5 本章小结 143
参考文献 143

第 10 章
多模态充液航天器自适应滑模控制 145

10.1 引言 145
10.2 多模态充液航天器动力学建模 146
10.3 欠驱动反馈控制率设计 148
10.3.1 滑动模态控制律 148
10.3.2 设计自适应滑动模态控制律 150
10.4 多模态输入成型控制方法 152

10.5　数值模拟　152
10.6　本章小结　161
参考文献　162

第 11 章 光压扰动下充液挠性航天器的姿态机动控制研究　163

11.1　引言　163
11.2　充液挠性航天器动力学模型　164
11.3　光压响应数值分析　170
11.4　充液挠性航天器姿态机动控制　173
11.4.1　考虑饱和输入的自适应滑模控制律设计　175
11.4.2　PPF 主动振动控制补偿器设计　178
11.5　仿真分析　179
11.6　本章小结　185
参考文献　185

第 12 章 充液挠性航天器模糊自适应姿态机动控制　187

12.1　引言　187
12.2　充液柔性航天器动力学建模　188
12.3　复合控制策略的设计　190
12.3.1　状态反馈退步控制器设计　190
12.3.2　自适应输出反馈控制律的设计　191
12.3.3　无角速度自适应控制方法　193
12.3.4　命令光滑器控制设计　195
12.4　数值实例　197
12.5　本章小结　202
参考文献　203

第 13 章 带有大挠性结构充液航天器混合控制方法研究 204

13.1 引言 204

13.2 动力学建模 205

13.2.1 挠性附件动力学模型 206

13.2.2 航天器本体与液体燃料等效模型动力学建模 209

13.3 奇异摄动理论 210

13.4 设计航天器慢变子系统控制器 212

13.4.1 设计模糊滑模控制律 213

13.4.2 设计喷气推力控制律 216

13.5 设计快变子系统控制器 216

13.6 仿真分析 217

13.7 本章小结 222

参考文献 222

第1章 绪论

1.1 引言

为了完成长时间复杂的航天任务，航天器需要携带大量的发动机液体燃料。以美国航天局1997年发射的三轴稳定Casini航天器为例，其携带的液体燃料推进剂质量达到3100kg，占航天器总质量的60%。随着液体燃料质量的增大，晃动质量也逐渐增大，晃动频率逐渐降低，使得固有晃动频率往往在零点几至几赫兹之间，这种越来越低的晃动频率容易与航天器的结构振动或控制系统的特征频率相交耦，而致使航天器出现动力不稳定性[1,2]。同样，液体燃料的晃动会对航天器产生显著的干扰力、干扰力矩以及冲击压力，有可能对航天器姿态控制和稳定性产生重大影响，从而影响航天器的机动，例如对接和指向，甚至会引起任务失败[3-5]。因此，在充液航天器执行任务的过程中，液体燃料晃动动力学特性的研究是充液航天器设计中非常重要的一环。此外，燃料晃动与本体航天器相交耦也会影响航天器的稳定性，如1969年的Apollo-11探月模块，在最后登月的几秒内，遗留的推进剂晃动引起Apollo-11号探月模块的振荡运动，阻碍了登陆机动控制的准确性；1998年美国航空航天管理局的“近地号”太空探测器在对433“爱神”小卫星探测过程中，由于燃料晃动问题使得探测任务向后延迟了13个月；2007年美国的空间10号卫星Space-X由于其中一个燃料腔中的推进剂晃动导致了发射任务的失败。

近年随着空间技术的不断发展与航天需求的不断增长，航天器结构越来越复杂，尺寸也越来越大，如广泛应用的大型抛物面天线、太阳帆板、空间机械臂等。但由于受到发射成本及运载能力的限制，对于航天器总质量有严格的要求，这样在尽量减轻航天器质量的同时，使得结构的挠性得到增大。如美国的国际通信卫星 VIIA，两片太阳帆板展开后卫星的总跨度为 27.2m，展开后的振动基频达到 0.082Hz，对于卫星的指向精度达到 0.01°；又如 1995 年加拿大发射的雷达卫星，不仅带有两块大型太阳帆板，还带有一个尺寸为 15m×1.5m 的合成孔径雷达天线，同时要求卫星姿态具有高稳定精度。这种大挠性、低阻尼的结构一旦遇到外界干扰极易产生振动，振动将会严重影响有效载荷的正常工作，导致性能下降而失效，同时长期的振动还将会引起结构的疲劳破坏。又如美国的 Explorer-1，由于刚性本体附带的 4 根鞭状天线的不期望颤振导致卫星姿态翻滚而失效；哈雷太空望远镜，由于进出阴影区时太阳帆板的不均匀热变形引发了太阳帆板的振动，严重影响卫星的姿态稳定性，成像度也大大降低。因此，挠性航天器的振动抑制问题日益成为航天高技术研究领域的重要课题。

现代航天器已经逐步发展为包含多体（刚体、柔性体）-液体-控制体的多场耦合的动力学系统。在航天器完成诸如机动、转向和空中对接等动作时，大型柔性附件的振动和大量液体燃料的晃动容易与航天器的本体结构相交耦从而影响航天器的稳定性，严重的可能导致整个系统失效。美国航空航天管理局于 2010 年 2 月发射了高精度太阳动力学观测（the solar dynamics observatory，SDO）卫星，如图 1-1 所示。在研制过程就对液体晃动动力学开展了深入细致的研究，采用改进的等效球摆模型模拟液体燃料晃动动力学特性，并采取了必

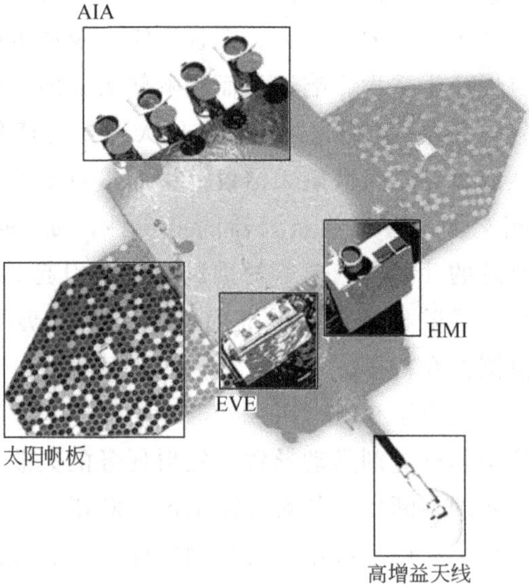

图 1-1 高精度太阳动力学观测卫星

要的液体燃料管理措施，对液体晃动和太阳帆板之间的非线性耦合动力学进行了理论分析和仿真试验研究；但仍然由于未建模的内动态液体燃料晃动扰动导致在执行第二次远地点主发动机点火并进行变轨机动过程中，星载查错及纠错（failure detection and correction，FDC）系统发出了过载警告信号，同时迫使观测器关闭主发动机并转入安全模式。地面救援小组采取了一系列紧急救援措施，首先关闭了抑制柔性附件抖动的控制器（这将有利于控制系统更加准确感应液体晃动动力学反馈信息），在一周时间内进行了 13 次轨道和姿态机动才最终成功地将太阳动力学观测器引导到预定的轨道。相关工程技术人员在总结这次事故经验教训中得到两点非常重要的启示，其一是传统的液体晃动等效力学模型并不能有效模拟液体非线性晃动动力学（尤其是远地点发动机点火阶段）；其二是在充液复杂航天器的研制过程中，必须考虑液体晃动、柔性展开附件以及控制系统之间的非线性耦合动力学[21]。由此可以看出，包含充液系统复杂航天器的多场耦合动力学系统研究已成为当今航天任务中的攻关问题之一。

1.2 复杂航天器动力学建模研究进展

一般来说，现代航天器结构由相互关联的刚性和柔性部件所组成[6]。固定在刚性平台上的柔性天线、太阳帆板和悬臂梁为航天器结构的主要柔性附件，而大范围运动柔性部件动力学问题日益突出，而其中的刚-柔耦合问题一直是众多学者所关心的研究课题。譬如我国研制的东方红三号静止通信卫星，其太阳帆板展开后总翼展为 18m，柔性附件转动惯量占整星的 60%，起飞时液体约占整星质量的 57%；而日本的通信广播工程试验卫星（the communications and broadcasting engineering test satellite，COMETS），其太阳帆板展开后长达 30m；美国第一代跟踪与数据中继卫星（tracking and data relay satellite，TDRS）带有两部直径为 4.9m 的大型抛物面单扯天线，基频在 0.3Hz 以下。这类航天器的柔性附件所产生的惯量可达整个航天器总惯量的 40%～60%，不仅使得整个航天器系统呈现基频低和模态密集态势，而且由于若干低频模态过低并处于系统控制带宽以内情况的出现，使柔性附件振动与控制发生强烈耦合作用，从而对姿态控制系统的性能指标和稳定性设计工作极为不利。

关于柔性航天器动力学问题，最早 Modi[7] 在 1974 年对当时卫星姿态动力学建模和卫星相对于惯性参照系或轨道参照系的精度定位的研究现状进行了评述。Nurre 等人[8] 给出了大型空间结构的定义，列出了大型空间结构动力学建模和控制问题面临的挑战，对结构动力学、动力学模型降阶以及航天器控制等问题的研究现状和研究方向进行了评述。随后，Likins[9] 总结了早期航天器研制中在姿态动力学和控制方面的经验，回顾了混合坐标法的提出过程，并指出活动部件和结构柔性的存在，使得航天器的姿态控制问题必须由结构、动力学和控制工程师共同解决。Bainum[10] 对包括离散坐标法、混合坐标法和有限元法等现有的各种动力学建模方法的研究历史和应用情况进行了回顾和评述。Rao 等人[11] 从控制设计的角度评述了柔性结构的动力学建模和降阶问题。Suleman 等人[12] 讨论了多体动力学仿真中的弱柔性动力学建模问题，考察了动力学方程中的几个主要方面，并针对柔性系统，比较了部件和系统模态离散化的一些方法。

1987 年，Kane 等人[13] 发现了做大范围运动弹性梁的动力刚化现象，引发了一系列具有理论意义和应用价值的研究，从而掀起了对线性刚-弹耦合模型的质疑和变革。动力刚化现象是弹性体几何非线性变形与大范围刚体运动耦合作用的结果；当弹性体几何非线性变形与外激励特别是碰撞激励相耦合时还可能出现其它几何非线性效应，而这方面的机理研究却鲜见于报道。Wasfy 和 Noor[14] 对柔性多体系统动力学的计算机仿真技术的研究现状给出了包括 877 篇参考文献的较为全面的综述和分析。内容包括柔性附件的建模、约束建模、求解技术、控制策略、耦合问题、设计方法和试验研究等方面，对采取不同坐标系的建模方法进行了比较分析；阐述了一些大型商用通用软件如 Dyna-3D 及 Dytran 等在大型柔性非线性结构动力学集成仿真方面的成功应用，并指出今后应加强在提高柔性多体系统动力学精确建模以及提高计算精度和效率、改进柔性多体系统的设计过程等方面的研究。

在过去的 50 年内，对推进剂液体晃动动态的研究主要通过实验和理论方法来实现。在实验研究方面，为了验证液体燃料旋转晃动的等效摆、等效转子模型，位于美国得克萨斯州圣安东尼奥的西南研究所[15]（southwest research institute，SwRI）专门设有全尺寸燃料腔的 NASA 旋转晃动实验装置（spinning slosh test rig，SSTR）。然而地面实验不能真实反映空间中燃料晃动的特性；目前，落塔试验只能产生几秒钟时间长度的微重力环境，而飞机飞行模拟微重力环境也只能持续几十秒钟时长。为此，NASA 实施了由亚特兰蒂斯号航天飞机（space shuttle atlantis）承担的代号为“使命 STS-84”的飞行任务，完成了空间在轨液体晃动实验。此外，为了在轨进行微重环境下液体晃动动力学研究，2005 年美国航天局与荷兰航空航天中心[16]（Netherlands aerospace center，NLR）还专门发射了液体晃动试验与检验（facility for liquid experimentation and verification in orbit）专用卫星 Sloshsat FLEVO，如图 1-2 所示。德国奥格斯堡（Augsburg）大学的科研人员为了探索微重力环境下刚-液耦合动力学问题，已经设计出公斤级重的皮卫星（composite experiment optical sloshing analysis test bed，CEOSAT）以研究充液卫星在入轨阶段的刚-液耦合特性[17]。尽管对于刚-液-控耦合动力学方面实验是最好的方法，但是实验设备要求较高。特别是，当必须完全模拟航天器导航、航行和控制时，设备设计是一个很大的挑战。

图 1-2　Sloshsat FLEVO

解析方法在估计运动贮箱中流体横向晃动效用取得了很大的成功，特别是晃动等效力学模型理论的提出[18,19]。通常，推导推进剂晃动动态行为的精确公式和解很复杂[20]，更加常用的方案是采用等效力学模型模拟液体晃动，在稳定性分析及控制分析中更是如此。根据理论，一个离散的力学模型，例如单摆或由一个弹簧和阻尼器组成的刚体质量系统，可以描述各种类型的贮箱内的推进剂晃动效应。对于典型形状的容器，其晃动等效力学模型可以通过纯理论方法建立。然而，对于特殊形状的液体贮箱，通过解析方法很难算出，例如带有挡板和隔板的容器，也很难直接应用在具有复杂边界的情况下。因此，数值仿真方法被用来处理这类问题。

数值仿真有较大的概括性、灵活性和快速性，并能自主设定外载条件，长时间计算，周密考虑各种因素，模拟流场和压力场的变化过程并相应地计算所需要的力学参数。随着计算技术的发展，流体动力学（CFD）已经被用来估计推进剂晃动效应[21,22]。通常，CFD 软件在计算流体推进剂对作用在流体贮箱上的激励的响应方面表现得很好。通过 CFD 软件获得的结果包括很多晃动行为的细节，例如自由液面的运动和压力分布等。这也使得 CFD 计算往往要耗费很长的时间。

综上，关于液体晃动动力学建模问题，一方面大多数分析模型提供了动力学的准确描述，但是需要大量公式而且不能够解决所有问题；另一方面，计算 CFD 模型具有较高的精确度而且需要较少的配比时间。然而数值方法，如计算流体力学难以纳入对动力学系统的稳定性分析或模拟计算中，而且需要大量的计算资源。等效力学模型简单并可纳入稳定性分析、控制器设计流程以及固体系统模拟中，但他们的准确性是一个与所采用的参数以及相关的实验有关的函数。此外，这些模型通常只能解释低阶的流体动力学行为，使得对于较高阶频率的动力学行为可能难以把握。更加常用的方案是采用等效力学模型模拟液体晃动，特别是在稳定性分析及控制分析中更是如此。如果正确选择等效摆模型或等效弹簧质量模型的参数，由此所预测的等效力及等效力矩将和实际液体晃动所产生的晃动力及晃动力矩完全匹配。等效力学模型的概念已经推广到低重力液体晃动情形，在横向激励下所产生的旋转晃动问题已经可以由球形摆模型来模拟。经历快速机动的航天器燃料贮腔将诱发大幅液体晃动，导致不能根据线性力学模型来模拟。由此可见，以大型充液航天器为背景的多体-液体-控制耦合大系统动力学模型的主要挑战在于准确预测燃料晃动-航天器耦合系统的动力学特性，特别是得到导致耦合系统失稳的临界条件。要消除燃料晃动所诱发的不稳定性效应就必须发展包括燃料晃动及控制设计的系统动力学模型。

1.3 充液航天器多场耦合系统动力学研究现状

航天器在变轨、交会、对接及装配过程中，液体推进剂可能会产生剧烈的晃动，此时系统的动力学耦合相当突出，与此同时，航天器高精度机动性能的要求又必须保证对系统自由度进行高精度控制，完成姿态镇定及目标跟踪等控制目的。因此要预测燃料晃动动力学及其对完整航天器系统的影响，建立液体晃动的精确模型进而建立合理的刚-液-控耦合多场系统模型就显得极其重要。

从力学意义上说，现代航天器是一多体（刚体及柔性体）-液体-控制系统多场耦合动力学系统，图 1-3 为充液航天器刚-液-柔-控耦合系统的一种简化模型[23]。其耦合特性表现为：在外力及力矩作用下，大型柔性附件发生振动从而诱发液体燃料晃动并进而与姿态控制系统发生强耦合，从而发生刚-液耦合、刚-液-控耦合或刚-液-柔-控多场耦合动力学现象。

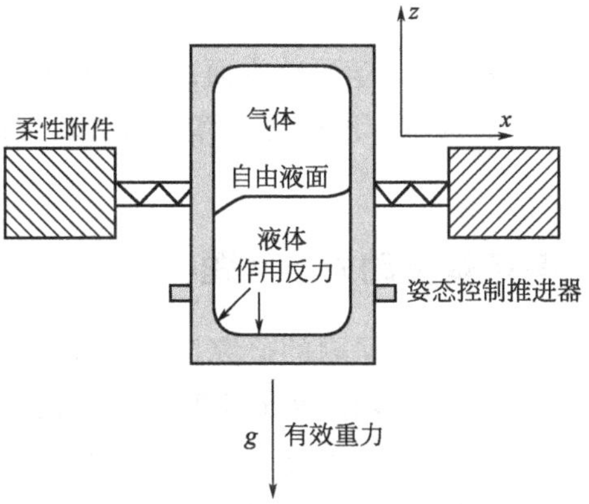

图 1-3 航天器刚-液-柔-控耦合系统简化物理模型

1.3.1 航天器刚-液耦合动力学问题

液体燃料（在一些通信卫星中，液体燃料占总星质量一半以上）、冷却剂及环形阻尼器中的液体等会与卫星的刚体运动发生耦合从而发生刚-液耦合运动。刚-液耦合对航天器的影响体现在如下两个方面：首先是液体晃动问题，这将改变航天器的质量分布；其次是黏性液体相对于航天器的运动所引起的能量耗散问题，这种能量耗散是航天器姿态失稳的主要原因。虽然已有文献报道关于航天器刚-液耦合问题的一些研究成果，比如液体非线性等效力学模型的建立[24,25]，流固耦合非线性系统的稳定性及分叉[26-28]等问题，但这些研究大多是基于扰动理论来研究刚-液耦合问题对航天器姿态控制的影响，还无法满足现代航天器对姿态高精度指向的要求。

刚-液耦合动力学研究基本可分为三个阶段。①与旋转液体相关的刚-液耦合问题的早期研究；Stokes 是被公认的研究此类问题的首位科学家，研究此类问题的还有 Helmholtz、Lamb、Kelvin 以及 Pioncare 等众多学者。②20 世纪 50 年代及 60 年代苏联应用数学家关于刚-液耦合问题的研究。开展此项研究的主要动因是苏联航天工程对此项工作的迫切需要。其中的主要成果已收录在著名学者 Moiseyev 和 Rumyantsev 的专著中。虽然该著作中详细介绍了关于全充液及半充液腔的刚-液耦合动力学问题，但所采用的模型及方法的近似性影响了所得结果的精度。③美国航天器专家及学者关于刚-液耦合问题的研究。至20世纪60年代以来，有大量文献报道了这方面的研究成果。从研究的特点上看，苏联的科学家擅长于理论方面的研究，而美国学者则更重视实验及数值仿真方面的研究。目前，已有文献报道包括 VOF（volume of fluid）以及 ALE（arbitrary lagrange-euler）有限元方法等 CFD（computational fluid dynamics）方法在刚-液-控耦合动力学研究方面的进展情况；由于问题的复杂性以及在计算技术实现方面的困难，现有的计算机仿真软件都是针对特有的工程实际应用而开发设计的。

1.3.2 航天器刚-液-控耦合动力学问题

如前所述，航天器刚-液耦合问题的研究已经取得了一些进展，而对于充液航天器的刚-液-控耦合及相关稳定性分析等问题还没有取得令人满意的结果。文献采用充液航天器刚-液耦合模型，如图1-4所示，及动量轮转移动量的方法研究了充液航天器的姿态机动及再定向问题，借助于 Lyapunov 稳定性理论得到充液航天器姿态机动的解析控制律，并研究了燃料腔放置及燃料黏性对稳态运动章动角的影响规律[49-51]。

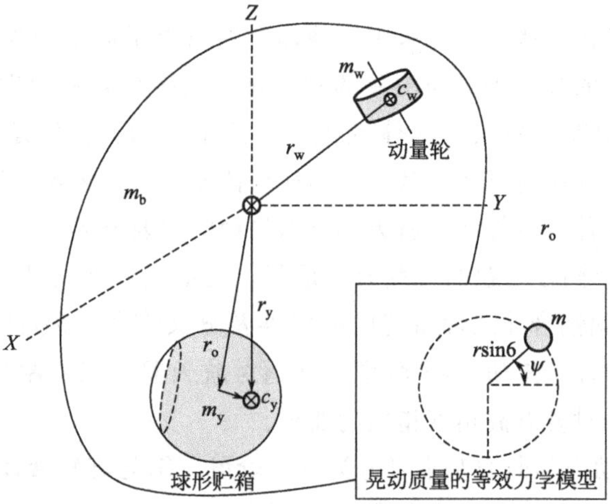

图1-4 基于动量轮控制策略的航天器刚-液耦合系统模型

Gerrits 等人报道了当航天器做大角度姿态机动时自由液面液体与航天器姿态的耦合动力学研究成果[29]。Kuang 等人[30-32]，利用 Melnikov-Holmes-Marsden 积分方法研究了全充液陀螺航天器系统的非线性动力学问题。Hung 等人[33,34] 研究了瓦特瓶中部分充有超流体氦Ⅱ的自旋航天器在轨道环境扰动下的晃动耦合动力学。为了有针对性地研究液体旋转晃动模态对控制系统的影响，Nichkawde 等人[35] 建立了液体晃动的球形摆模型和控制系统的耦合动力学方程，并采用推广的延拓方法对耦合系统进行了分岔研究。

美国密歇根大学航天器姿态动力学与控制研究领域的资深学者 Mcclamroch[36] 借助线性摆等效力学模型模拟燃料晃动，首次利用欠驱动非线性控制理论建立了航天器在平面轨道实施交会对接机动的刚-液-控耦合系统模型，建立了与抑制航天器横向、俯仰及燃料晃动相对应的相对平衡位置镇定的非线性反馈控制策略；而艾姆伯里-利德尔航空学院的 Reyhanoglu[37-40] 用相同的方法，同时考虑了摆模型和弹簧质量模型，对沿轴向加速的充液航天器设计了一个非线性反馈控制器。有文献报道了美国弗吉尼亚大学的 Gang Tao 教授[41,42] 在该领域的研究成果，对航天器交会对接机动中的刚-液-控耦合动力学系统建模、跟踪误差及平衡稳定性问题进行了研究，确立了非线性自适应控制技术设计策略。

但在上述的研究工作中，只考虑了面内液体晃动及航天器在轨道面内机动情形，没有考虑液体燃料的有限幅晃动、旋转晃动、阻尼特性、微重力环境等非线性效应以及航天器全自由度机动情形，因此，还需要大量的艰巨研究工作。此外，当航天器系统存在未知（未观察到）的动态时，采用以上所述的关于确定动力学系统建模理论和方法所得到的模型与真实系统并不匹配，这将降低控制器的性能。而航天器燃料贮腔内液体晃动所引起的内部动力学（内动态）是未知动力学的一个典型例子；Weerdt 等人[43] 基于刚性航天器模型研究了采用神经网络控制器来补偿液体燃料晃动所引起的不确定性干扰。

在采用 CFD 方法研究刚-液-控耦合方面，美国肯尼迪空间中心（Kennedy space center，KSC）基于通用流体动力学仿真软件 Flow3D，开发出了 UCAT（universal controls analysis tool）液-控耦合动力学仿真软件，并成功应用于航天器发射工程实践；而美国马歇尔航天飞行中心[44]（marshall space flight center）采用牛顿流体动力学原理开发出能够处理包括液-气界面、微重力环境、表面张力等复杂边界条件的高保真液体晃动动力学仿真软件，并成功应用于航天器导航、制导与控制（guidance，navigation and control，GN&C）的仿真试验中。

1.3.3 航天器刚-液-柔-控耦合动力学问题

我国科学工作者在柔性航天器及充液航天器非线性动力学领域的研究也卓有成效，取得了一系列重要成果[3-5,7,24-26,45-53]。特别是 20 世纪 90 年代以来，国内发表了不少关于柔性航天器动力学问题的学术论文，其中马兴瑞等[47] 介绍了对中心刚体加柔性附件类航天器的柔性动力学建模问题所进行深入研究所取得的重要成果，其 DASFA 分析软件已广泛应用于中国柔性航天器的动力学分析设计中。洪嘉振等[48] 介绍了关于动力刚化问题和刚-弹耦合问题研究所取得的研究成果。袁长清等[49] 报道了鲁棒控制应用于多体航天器大角度机动的最新研究成果；而杨思亮等[50] 则报道了模糊控制方法在柔性航天器大角度姿态机动控制中的研究进展。Zhou 等[51] 报道了采用 Si′lnikov 准则研究半充液三轴稳定卫星姿态非线性运动的研究成果，结果显示航天器姿态运动有可能出现马蹄混沌运动现象。Yang 等[52,53] 则采用动量轮转移动量的方法，并应用 Lyapunov 稳定性理论对航天器的姿态进行控制策略设计，得到了刚-液-柔-控耦合动力学系统的反馈控制律。

目前，关于航天器刚-液-柔-控非线性耦合系统动力学研究成果的报道较少，在航天器大角度姿态机动、航天器目标跟踪与控制研究以及自适应跟踪机动研究中也没有充分考虑液体燃料晃动动力学效应。完整系统地考虑液体燃料晃动对航天器姿态机动与控制系统影响的研究工作还开展得远远不够，而对欠驱动燃料晃动及航天器姿态跟踪自适应控制中刚（柔）-液-控耦合动力学的研究亟待加强；此外，由于投入不足，我国学者在液体晃动力学试验研究方面存在明显的滞后。这对于深刻把握这类问题的耦合机理和预测这样系统的重要动力学现象，尤其是非线性动力学现象十分不利。其中一些具有重要和挑战意义问题的解决将对面向新一代航天器动力学及控制开发新技术以确保系统性能尤为关键。总之，问题的重要性与复杂性表明，它对于从事该领域研究工作的广大科研人员而言，既是重大的机遇，又是严峻的挑战。

综上，对于大型复杂充液航天器来说，液体晃动和柔性附件振动问题必须同时考虑，单独考虑刚-柔耦合或是刚-液耦合都是片面的、不符合实际情况的。但目前多体动力学的基本理论在整个系统动力学中并没有考虑到液体晃动动力学的影响，不管是刚-柔耦合还是刚-液耦合，都还没有完全成熟的研究，应用于工程实际中的理论还局限于小幅晃动、小变形的线性范围。对于多场耦合动力学问题，还仅仅局限于实验方法，目前还没有太多关于这方面的理论研究，与充液航天器相关的多场耦合动力学问题还没有得到足够的重视。

1.4 航天器姿态控制的研究现状

控制系统的传统设计方法是基于系统的数学模型而进行的，不能很好地处理参数的不确定性和未建模动态。近年来，大量研究表明采用多种自适应与鲁棒控制分析不确定非线性系统的控制策略，取得了很好的成果。

航天器姿态控制系统通常包括定向、姿态机动、捕获、跟踪、搜索几个方面。航天器在轨飞行任务期间，要求它以一定的规律变化姿态，包括要求航天器姿态指向地球、星体或任何目标，由于存在气动力矩、重力梯度力矩、太阳辐射和磁力矩等，使得航天器姿态发生漂移。因此必须进行姿态稳定和姿态控制。

1.4.1 反馈控制技术在充液航天器中的应用

随着航空航天事业的飞速发展，航天器的构造越来越复杂，为了适应不断提高的航天器姿态控制性能的要求，现代控制理论应运而生。现代控制策略主要包括最优控制、变结构控制、自适应控制、智能控制等。

最优控制为将一个受控的动力学系统或运动过程为研究对象，从一类允许的控制方案中找出一个最优的控制方案，使系统的运动在由某个初始状态转移到指定的目标状态，同时其性能指标值达到最优。Betts 等[54] 利用非线性 Hardy-intinity 最优控制理论来求解充液航天器姿态反馈控制率，利用四元数法和欧拉角速度法，达到在航天器任意偏离初始期望状态的平衡点时控制其稳定性的目的，并给出了计算反馈系数的算法。

变结构控制对系统的摄动及干扰具有很好的鲁棒性，尤其是当系统满足所谓的“完全匹配条件”时，变结构控制具有非常强的鲁棒性。Huang 等[33] 给出了充液挠性航天器在轨正常工作下的动力学方程，并用弹簧质量模型等效液体燃料晃动，采用变结构控制理论设计了充液挠性飞行器的控制器，并用仿真算例验证了控制率的有效性。Kuang 等[55] 以跟踪与数据中继卫星（TDRS）为研究对象，将 TDRS 系统分为若干子系统进行控制器的设计，使控制器满足星体稳定、天线精确指向跟踪以及挠性附件弹性振动的有效抑制等多项指标要求。

自适应控制系统既不同于常规的反馈控制系统，又不同于确定性最优控制系统和随机最优控制系统，其研究对象是具有不确定性的系统，即描述被控对象及其环境的数学模型不是完全确定的，含有一些未知因素和随机因素。面对众多的具有较强不确定性的被控系统，如何设计一个满意的控制器，就是自适应控制的任务。航天器姿态控制和目标跟踪问题是一个非常重要且极具挑战的开放性课题。Shageer 和 Tao[41] 对于带有燃料晃动的自适应航天器控制系统进行了一系列的研究。Utsumi 等[56] 用平动和转动两种航天器模型对比研究了非最小相位动力学系统。应用一个线性航天器系统验证了极点配置间接自校正方法的正确性，并将此方法应用于非线性系统中。梁琼和岳宝增等人[57]针对平面运动充液航天器采用 Lagrange 方法建立运动方程，采用现代微分几何理论对非线性耦合系统进行零动态分析。在单一输入-输出系统下采用极点配置间接自校正方法设计控制策略实现了姿态角的镇定与跟踪。

智能控制系统是一门新兴学科，目前没有统一的定义。一般认为，智能控制是人工智能、运筹学和自动控制三种学科的交叉，从空间任务需求和智能自动化学科技术发展情况来看，利用智能控制技术实现在轨自主控制，航天器的姿态智能控制是航天器发展的必由之路。神经网络控制和模糊逻辑控制被认为是首先出现的具有真正意义的智能控制，它们是分层智能控制的理论基础，在姿态控制方面得到了充分的应用。①神经网络控制是一种基本上不依赖于模型的控制方法，它以其并行性、分布存储、高度容错、强鲁棒性、非线性运算以及自学习自组织能力受到了控制界的极大关注，由于其具有较强的适应和学习能力而成为智能控制的一个重要分支领域。Weerdt[43] 讨论了伴有液体晃动的控制卫星响应，并应用神经网络建立了一个自适应 NDI 控制器。采用前馈神经网络来模拟任何未知的系统响应，推导出了复合星/液系统的运动方程，并建立了仿真系统。采用 SloshSat 模型展示了模拟以及自适应 NDI 控制器的跟踪结果。岳宝增等[58] 对带有燃料晃动的航天器应用神经网络动态逆控制进行轨迹跟踪，通过神经网络对动态误差进行补偿将神经网络模型与动态逆方法相结合，得到自适应动态逆控制器。②模糊控制是一种基于规则的控制，它直接采用语言型控制规则。其主要是模仿有经验者的控制经验，而不依赖于控制对象的模型。其依赖于模糊规则和模糊变量的隶属度函数，而无需知道输出和输入之间的数学依赖关系。Cao 等[59] 研究了一种基于 LMI 不确定离散模糊系统的扰动抑制问题，达到了很好的抑制效果。Dong 等[60] 将自适应模糊控制方法应用于非线性、不确定、时滞在线挠性航天器控制系统。Park 等[60] 对于三轴稳定航天器姿态控制，提出了一种基于 T-S 模糊控制输入的最优鲁棒控制器。张喜海[62] 研究了基于 T-S 模糊模型的航天器姿态控制系统传感器故障和执行结构故障模式下容错控制器的设计问题。

1.4.2 基于开环控制技术的前馈控制方法

在实际工程中，由于无法精确地测量到多阶晃动模态及振动模态的模态坐标，特别是对于无穷多个高阶模态，使用状态变量反馈进行振动的抑制控制是较为困难的，此时开环的控制方法就凸显出了优势。开环控制技术通过滤波输入信号产生指定的运动来降低振荡响应，即直接对输入信号进行算法设计，不需要状态信号的反馈，因此在振动的抑制方面受到了广泛的应用。常见的开环控制方法有：光滑函数控制[63-65]、最优路径规划控制[66,67]、输入成型技术[68,69] 以及命令光滑技术[70-73] 等。

光滑函数被应用于振动的抑制控制已经有很长的历史，至今已有上百篇论文对光滑函数的应用进行了深入的研究，其中有代表性的光滑函数包括 S 曲线、高斯曲线以及样条函数等，但是由于光滑函数仅通过低通滤波的特性进行振动抑制，其控制的鲁棒性较差，同时调整的时间也较长。

最优路径规划控制技术通过对逆动力学求解计算获得最优的运动路径，然后设计控制器驱动系统沿着这个最优的路径运动，从而实现抑制系统振动的目标。在航天器的姿态控制邻域，可以对系统的姿态角以及角速度等变量进行路径规划从而实现减小振动的目的，但是这种控制方法计算和设计过程略微复杂，不太容易工程实现。

输入成型技术通过将原始输入信号与一组精心设计的脉冲函数进行卷积从而产生新的输入信号，其中这种特殊的脉冲函数被称为输入成型器，成型后的输入信号可以减小系统的振动响应，从而实现对系统的振动响应进行抑制。输入成型器对于低阶模态的振动有良好的抑制效果，然而因为高阶模态一方面很难准确测量和估计，另一方面针对每一阶高阶模态设计卷积脉冲较为复杂，因此虽然输入成型器能够有效抑制高阶模态的振动响应，但很少应用于高阶模态的抑制控制当中。

命令光滑器最早由北京理工大学的谢绪秒提出[71]，之后臧强将其应用于贮箱内液体的晃动抑制也取得了较好的控制效果[72,73]。相比于传统的输入整形技术，命令平滑器不需要设计很多脉冲函数，尤其是对于无穷模态的振动系统，命令光滑器只需要设计一个模态的频率和阻尼系数，就可以有效抑制高于该阶模态的振动响应。

1.4.3 智能材料在控制系统中的应用

近年来，由于新型材料不断涌现，通过智能材料、智能结构进行振动控制的研究逐渐成为热门。许多学者研究了将压电陶瓷、记忆形状合金、电磁致伸缩材料、电流体等智能材料作为系统作动器或主动元件使用的控制方法。其中，压电材料在振动控制领域得到了较多应用。

压电材料[74,75] 是一种具有力-电耦合特性的智能材料，这种材料能通过正、逆压电效应实现机械能与电能的相互转换。正压电效应是指，当对压电材料施加外力使之发生变形时，其内部会产生极化现象，同时在它的两个相对表面上出现正负相等的电荷。当外力去掉后，它又会恢复到不带电的状态。当作用力方向改变时，电荷的极性也发生改变。与之相反，当对压电材料施加电场时，压电材料会产生应变，电场去掉后，材料的变形随之消失，即逆压电效应。压电材料的这种特性，使得它可以被应用在传感器和作动器等器件上，实现振动的抑制或自适应控制等功能，因此，这种材料在航空航天等领域中得到了广泛的应用。

随着航天任务的增加，如何降低挠性航天器振动，智能材料在控制系统中对航天器姿态进行有效控制越发显得重要。常用的压电材料的控制方法有：速度负反馈控制、独立模态控制理论、修改特征值和特征值向量的特征值配置法以及正位置（PPF）反馈控制。PPF 控制策略近年来被广泛应用于智能材料的振动控制中，这种方法应用简单，具有很强的鲁棒性。Shan 等[76] 将正位置反馈应用到挠性结构的振动控制实验中，实验结果表明，PPF 可以很快地抑制模态的振动，并对模态频率的变化具有很好的鲁棒性。哈尔滨工业大学的马广富和胡庆雷[77] 等对挠性航天器姿态机动问题设计了一种基于变结构控制与智能压电材料正位置输出反馈主动控制抑制的混合控制策略。他们[78-80] 在此方向还做了一系列的相关研究，设计变结构输出反馈控制策略及一些智能控制策略对航天器进行大角度机动，应用紧密附着在挠性结构上的压电材料作为致动器、传感器设计控制系统内回路的 LQR 正位置输出反馈策略。Azadi 等人[81] 提出了一种在卫星机动控制过程中应用智能材料对挠性结构振动进行抑制的方法。Azadi 等人[82] 对挠性自旋航天器进行姿态机动，对慢变刚体航天器系统设计了自适应变结构控制器，对于快变挠性结构引入智能材料对其振动进行抑制。Shahravi 等人[83] 建立非线性挠性航天器耦合系统全局稳定性分析，设计了基于姿态四元数滑模控制及应用李雅普诺夫控制方法的混合控制律。

参考文献

[1] Burk T. Cassini orbit trim maneuvers at saturn-overview of attitude control flight operations [C]. Aiaa Guidance, Navigation and Control Conference, 2013.

[2] Morgenstern W M, Bourkland K L, Hsu O C, et al. Solar dynamics observatory guidance, navigation, and control system overview [C]. Aiaa Guidance, Navigation and Control Conference, 2011.

[3] 王照林，刘延柱. 充液系统动力学 [M]. 北京：科学出版社，2002.

[4] 王照林. 运动稳定性及其应用 [M]. 北京：高等教育出版社，1992.

[5] 岳宝增. 液体大幅晃动动力学 [M]. 北京：科学出版社，2011.

[6] 崔尔杰. 空天技术发展中的若干基础力学问题 [M]. 北京：科学出版社，2004.

[7] Modi V J. Attitude dynamics of satellites with flexible appendages—a brief review [J]. Journal of Spacecraft and Rockets，1974，11：746-751.

[8] Nurre G S，Ryan R S，Scofield H N，et al. Dynamics and control of large space structures [J]. Journal of Guidance，Control and Dynamics，1984，7 (5)：514-526.

[9] Likins P W. Spacecraft attitude dynamics and control—a personal perspective on early developments [J]. Journal of Guidance，Control and Dynamics，1986，9 (2)：130-134.

[10] Bainum P M. A review of modeling techniques for the open and closed loop dynamics of large space structures [J]. Large Space Structure：Dynamics and Control，1988：165-177.

[11] Rao S S，Pan T S，Venkayya V B. Modeling，control，and design of flexible structure—a survey [J]. Applied Mechanics Review，1990，43 (5)：99-117.

[12] Suleman A，Modi V J，Venkayya V B. Structural modeling issues in flexible systems [J]. AIAA Journal，1995，33 (5)：919-923.

[13] Kane T R，Ryan R R，Banerjee A K. Dynamics of a cantilever beam attached to a moving base [J]. Journal of Guidance，Control，and Dynamics，1987，10 (2)：139-151.

[14] Wasfy T M，Noor A K. Computational strategies for flexible multi-body systems [J]. Applied Mechanics Review，2003，56 (6)：553-613.

[15] Masterson R A，Miller D W，Grogan R L. Development and validation of reaction wheel disturbance models：empirical model [J]. Journal of Sound and Vibration，2002，249 (3)：575-598.

[16] Yao Z. Jitter control for optical payload on satellites. Journal of Aerospace Engineering [J]，2014，27 (4)：04014005.

[17] Cha P D，Zhou X. Imposing points of zero displacements and zero slopes along any linear structure during harmonic excitations [J]. Journal of Sound and Vibration，2006，297 (1)：55-71.

[18] Foda M，Alsaif K. Control of lateral vibrations and slopes at desired locations along vibrating beams [J]. Journal of Vibration and Control，2009，15 (11)：1649-1678.

[19] Nematipoor N，Ashory M，Jamshidi E. Imposing nodes for linear structures during harmonic excitations using SMURF method [J]. Archive of Applied Mechanics，2012，82 (5)：631-642.

[20] Baeten A，Juettner C. Orbit insertion dynamics of a pico-satellite with respect to coupled solid-liquid dynamics [C]. The 49th AIAA Aerospace Sciences Meeting Including the New Horizons Forum and Aerospace Exposition，Jan 4-7，Orlando，USA，2011-391.

[21] Veldman A，Gerrits J，Luppes R，et al. The numerical simulation of liquid sloshing on board spacecraft [J]. Journal of Computational Physics，2007，224 (1)：82-99.

[22] Wemmenhove R，Luppes R，Veldman A，et al. Numerical simulation of sloshing in LNG

tanks with a compressible two-phase model [C]. The 26th International Conference on Offshore Mechanics and Arctic Engineering, San Diego, USA, 2007.
[23] Van-Schoor M C. The coupled nonlinear dynamics of spacecraft with fluids in tanks of arbitrary arbitrary geometry [D]. Boston: Massachusetts Institute of Technology, 1989.
[24] 李青，马兴瑞，王天舒. 非轴对称贮箱液体晃动的等效力学模型 [J]. 宇航学报，2011，32 (2)：242-249.
[25] 黄华，杨雷，张熇，等. 航天器贮箱大幅液体晃动三维质心面等效模型研究 [J]. 宇航学报，2010，31 (2)：55-59.
[26] 岳宝增，祝乐梅. 携带晃动燃料柔性航天器姿态机动中的同宿环分叉研究 [J]. 宇航学报，2011，32 (5)：991-997.
[27] 李青，王天舒，马兴瑞. 纵向参数激励下平动刚-液耦合系统稳定性 [J]. 力学学报，2010，42 (3)：529-534.
[28] 吕敬，李俊峰，王天舒，等. 充液挠性航天器俯仰运动分岔特性初步研究 [J]. 工程力学，2008，25 (4)：200-203.
[29] Gerrits J, Veldman A E P. Dynamics of liquid-filled spacecraft [J]. Journal of Engineering Mathematics, 2003, 45: 21-38.
[30] Kuang J L, Meehan P A, Leung A Y T. On the chaotic rotation of a liquid-filled gyrostat via the Melnikov-Holmes-Marsden integral [J]. International Journal of Non-Linear Mechanics, 2006, 41: 475-490.
[31] Kuang J L, Meehan P A, Leung A Y T. On the chaotic instability of a nonsliding liquid-filled top with a small spheroidal base via Melnikov-Holmes-Marsden integrals [J]. Nonlinear Dynamics, 2006, 46: 113-147.
[32] Kuang J L, Leung A Y T. Chaotic rotations of a liquid filled solid [J]. Journal of Sound and Vibration, 2007, 302: 540-563.
[33] Hung R J, Long Y T, Chi Y M. Slosh dynamics coupled with spacecraft attitude dynamics. 1. Formulation and theory [J]. Journal of Spacecraft and Rocekts, 1996, 33 (4): 575-581.
[34] Hung R J, Long Y T, Chi Y M. Slosh dynamics coupled with spacecraft attitude dynamics. 2. Orbital environment application [J]. Journal of Spacecraft and Rocekts, 1996, 33 (4): 582-593.
[35] Nichkawde C, Harish P W and Ananhkrishnan A. Stability analysis of a multi-body system model for coupled slosh-vehicle dynamics [J]. Journal of Sound and Vibration, 2004, 275: 1069-1083.
[36] Sangbum C, Mcclamroch H H. Feedback control of a Space vehicle with unactuated fuel slosh dynamics [C]. AIAA Guidance, Navigation, and Control Conference and Exhibit, August 2000, Denver, CO, Reston: AIAA, 2000.
[37] Reyhanoglu M, Hervas J R. Nonlinear modeling and control of slosh in liquid container transfer via a PPR robot [J]. Communications in Nonlinear Science and Numerical Simulation, 2013, 18 (6): 1481-1490.

[38] Reyhanoglu M, Hervas J R. Robotically controlled sloshing suppression in point-to-point liquid container transfer [J]. Journal of Vibration and Control, 2013, 19 (14): 2137-2144.
[39] Reyhanoglu M, Hervas J R. Nonlinear dynamics and control of space vehicles with multiple fuel slosh modes [J]. Control Engineering Practice, 2012, 20 (9): 912-918.
[40] Reyhanoglu M. Maneuvering control problems for a spacecraft with unactuated fuel slosh dynamics [C]. Proceedings of 2003 IEEE Conference on Control Applications, 2003, 1: 695-699.
[41] Shageer H, Tao G. Modeling and adaptive control of spacecraft with fuel slosh: overview and case studies [C]. AIAA Guidance, Navigation and Control Conference and Exhibit, August, 2007, Hilton Head, South Carolina. Reston: AIAA, 2007.
[42] Shageer H, Tao G. Zero dynamics analysis for spacecraft with fuel slosh [C]. AIAA Guidance, Navigation and Control Conference and Exhibit, August 18-21, 2008, Charlotte. Reston: AIAA, 2008.
[43] Weerdt E D. Adaptive nonlinear dynamic inversion for spacecraft attitude control with fuel sloshing [C]. Reston: AIAA, 2008.
[44] Yang H Q, Perpeot J. Propellant sloshing parameter extraction from CFD analysis [C]. The 46th AIAA Joint Propulsion Conference and Exhibit. Reston: AIAA, 2010.
[45] Zhong S, Chen Y S. Bifurcation of elastic tank-liquid coupled sloshing system [J]. Applied Mathematics and Mechanics, 2011, 32 (9): 1169-1176.
[46] Qu G J, Yu D Y, Xi R Q, et al. On the development of large spacecraft dynamics in China [M]. ESA-Spacecraft Flight Dynamics, 1991.
[47] 马兴瑞，韩增尧，邹元杰，等. 航天器力学环境分析与条件设计研究进展 [J]. 宇航学报，2012，33 (1)：1-12.
[48] 洪嘉振，尤超篮. 刚柔耦合系统动力学研究进展 [J]. 动力学与控制学报，2004，2 (2)：1-6.
[49] 袁长清，李俊峰，沈英. 多体航天器大角度机动鲁棒控制 [J]. 空间技术与应用，2008，34 (3)：30-36.
[50] 杨思亮，徐世杰. 柔性航天器大角度姿态机动的变论域分形控制 [J]. 哈尔滨工业大学学报，2011，43 (11)：136-140.
[51] Zhou L Q, Chen Y S, Chen F Q. Stability and chaos of a damped satellite partially filled with liquid [J]. Acta Astronautica, 2009, 65: 1628-1638.
[52] 杨旦旦，岳宝增. 一类柔性附件充液航天器姿态机动控制 [J]. 力学学报，2012，44 (2)：415-424.
[53] Yang D D, Yue B Z. Attitude maneuver of spacecraft with long cantilever beam appendage by momentum wheel [J]. International Journal of Control, 2013, 86 (2): 360-368.
[54] Betts K M, et al. Stability Analysis of the NASA Ares-I Crew Launch Vehicle Control System [C]. AIAA Guidance, Navigation and Control Conference, Hilton Head,

USA，2007.
[55] Kuang J，Leung A T. H8 Feedback for attitude control of liquid-filled spacecraft [J]. Journal of Guidance，Control，and Dynamics，2001，24 (1)：46-53.
[56] Utsumi M. Development of mechanical models for propellant sloshing in teardrop tanks [J]. Journal of Spacecraft and Rockets，2000，37 (5)：597-603.
[57] 梁琼，岳宝增，于丹. 充液航天器目标跟踪自适应控制 [J]. 空间控制技术与应用，2011，1：40-44.
[58] 祝乐梅，岳宝增. 充液航天器姿态的自适应非线性动态逆控制 [J]. 动力学与控制学报，2011，4：321-325.
[59] Cao Y Y，Frank P M. Robust H_∞ disturbance attenuation for a class of uncertain discrete-time fuzzy systems [J]. IEEE Transaction on Fuzzy Systems，2000，8 (4)：406-415.
[60] Dong C Y，Xu L J，Chen Y，Wang Q. Networked flexible spacecraft attitude maneuver based on adaptive fuzzy sliding mode control [J]. Acta Astronautics，2009，65：1561-1570.
[61] Park Y，Tahk M J，Bang H. Design and analysis of optimal controller for fuzzy systems with input constraint [J]. IEEE Transactions on Fuzzy Systems，2004，12 (6)：766-779.
[62] 张喜海. 基于 T-S 模型的航天器模糊控制问题研究 [D]. 哈尔滨：哈尔滨工业大学，2013.
[63] Meckl P，Arestides P，Woods M. Optimized s-curve motion profiles for minimum residual vibration [C]. American Control Conference，Philadelphia，USA，1998.
[64] Li H，Le M，Gong Z，Lin W. Motion profile design to reduce residual vibration of high-speed positioning stages [C]. IEEE/ASME Transactions on Mechatronics. 2009；14 (2)：264-269.
[65] Erkorkmaz K，Altintas Y. High speed CNC system design. Part I：jerk limited trajectory generation and quintic spline interpolation [J]. International Journal of Machine Tools and Manufacture，2001；41 (9)：1323-1345.
[66] Sun N，Fang Y，Zhang Y，Ma B. A novel kinematic coupling-based trajectory planning method for overhead cranes [C]. IEEE/ASME Transactions on Mechatronics，2012，17 (1)：166-173.
[67] Sun N，Fang Y，Zhang X，Yuan Y. Transportation task oriented trajectory planning for underactuated overhead cranes using geometric analysis [J]. IET Control Theory and Applications，2012；6 (10)：1410-1423.
[68] 董明晓，宋传增，梅雪松. PD 结合输入整形抑制单模态弹性机构振动仿真研究 [J]. 机械工程学报. 2010；46 (13)：135-140.
[69] 水涌涛，胡建，庞宝君，等. 基于输入成型的挠性航天器自适应姿态控制 [J]. 中国惯性技术学报，2019，27 (6)：811-817.
[70] Xie Xumiao，Huang Jie，Liang Zan. Vibration reduction for flexible systems by command smoothing [J]. Mechanical Systems and Signal Processing，2013，39：

461-470.
[71] Xie Xumiao, Huang Jie, Liang Zan. Using continuous function to generate shaped command for vibration reduction [J]. Proceedings of the Institution of Mechanical Engineers, Part I, Journal of Systems and Control Engineering, 2013; 227 (6): 523-528.
[72] Zang Q, Huang J, Liang Z. Slosh suppression for infinite modes in a moving liquid container [J]. IEEE/ASME Transactions on Mechatronics, 2014, 20 (1): 217-225.
[73] Zang Q, Huang J. Dynamics and control of three-dimensional slosh in a moving rectangular liquid container undergoing planar excitations [J]. IEEE Transactions on Industrial Electronics, 2014, 62 (4): 2309-2318.
[74] 秦庆华. 压电材料高等力学（英文版）[M]. 北京：高等教育出版社，2012.
[75] 高长银. 压电效应新技术及应用 [M]. 北京：电子工业出版社，2012.
[76] Shan J J, Lin H T, Sun D. Slewing and vibration control of a single-link flexible manipulator by positive positon feedback [J]. Mechatronics, 2005, 15 (4): 487-503.
[77] Hu Q L, Ma G F. Spacecraft vibration suppression using variable structure output feedback control and smart materials [J]. Journal of Vibration and Acoustics, 2006, 128: 221-230.
[78] Hu Q L, Ma G F, Li X. Robust and adaptive variable structure output feedback control of uncertain systems with input nonlinearity [J]. Journal of Automatica, 2008, 44: 552-559.
[79] Jiang Y, Hu Q L, Ma G F. Adaptive backstepping fault-tolerant control for flexible spacecraft with unknown bounded disturbances and actuator failures [J]. ISA Transaction, 2010, 49 (1): 57-69.
[80] Hu Q. Sliding mode maneuvering control and active vibration damping of three-axis stabilized flexible spacecraft with actuator dynamics [J]. Nonlinear Dynamics, 2008, 52: 227-248.
[81] Azadi M, Fazelzadeh S A, Eghtesad M, Azadi E. Vibration suppression and adaptive-robust control of a smart flexible satellite with three axes maneuvering [J]. Acta Astronautica, 2011, 69: 2307-2322.
[82] Azadi E, Eghtesad M, Fazelzadeh S A, et al. Vibration suppression of smart nonlinear flexible appendages of a rotating satellite by using hybrid adaptive sliding mode/Lyapunov control [J]. Journal of Vibration and Control, 2013, 19 (7): 975-991.
[83] Shahravi M, Azimi M. Attitude and vibration control of flexible spacecraft using singular perturbation approach [J]. ISRN Aerospace Engineering, 2014: 1-13.

第2章

基本理论

2.1 引言

充液挠性航天器控制系统是一个多场耦合的动力学系统，为了更好对航天器进行姿态机动控制，要清楚地了解航天工程中刚-柔-液-控耦合动力学的耦合机理。本章介绍了相关的基础知识，为以后章节提供理论支持。

2.2 几种常用坐标介绍

首先介绍几种航天器姿态运动描述中用到的坐标系[1,2]，其各个坐标系之间的关系如图 2-1 所示。

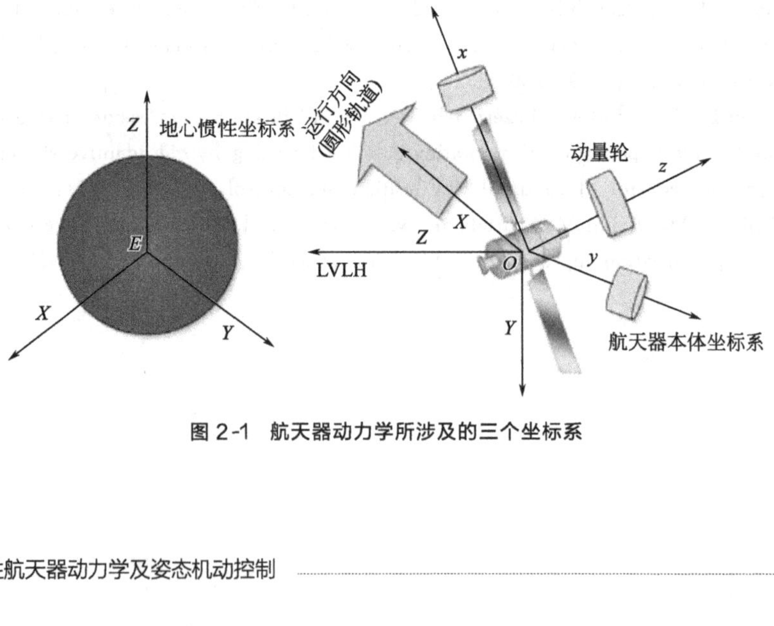

图 2-1　航天器动力学所涉及的三个坐标系

① 地心惯性坐标系。坐标系固定在地球之上，相对于其它的星体不发生旋转，此坐标系中牛顿定律有效。以地球中心 E 为原点，沿着地球中心与 Z 轴连线为地球的旋转轴指向北方，X 轴指向春分点，Y 轴与另两轴构成右手坐标系指向其它星体。

② 轨道坐标系。又称为本地垂直本地水平坐标系统（LVLH），以航天器质心 O 为原点，由原点到地心的连线指向地心为正，Y 轴与轨道平面垂直。X 轴指向星体的运动方向，当轨道是圆形时，速度矢量与 X 轴是共线的。

③ 航天器本体坐标系。以航天器质心为原点，三个轴与航天器本体固连，随航天器一起运动。在正常的理想稳定状态，它与轨道坐标系 $OXYZ$ 同名轴重合。当航天器进行角运动时，坐标系 $Oxyz$ 不再与 $OXYZ$ 重合。绕 Ox、Oy、Oz 轴旋转的角分别称为滚动角、俯仰角和偏航角，Ox、Oy、Oz 轴分别为航天器的滚动轴、俯仰轴和偏航轴。

2.3 航天器姿态描述和动力学方程

姿态的描述是对空间中刚体的一种转动关系描述，这种转动关系的描述有两种方式，欧拉角描述和四元数描述[2]。两种描述方法在本质上是一致的，都是欧拉定理的不同表达。本章主要利用四元数法来描述动力学方程。

2.3.1 欧拉角描述法

为了描述航天器的姿态运动，除了建立坐标系外，还需要建立航天器的姿态运动学方程。当航天器受到作用力矩进行姿态运动时，令 $\alpha=[\varphi \quad \theta \quad \psi]^{\mathrm{T}}$ 为欧拉角，其中，滚动角为 φ，俯仰角为 θ，偏航角为 ψ。航天器最终的姿态指向不仅与旋转的欧拉角大小有关，还与绕欧拉角旋转的顺序有关，常用航天器轨道坐标系为参考坐标系，本体坐标系绕欧拉角旋转的顺序总共有 12 种，常用 $\psi\rightarrow\varphi\rightarrow\theta$ 的旋转顺序表示从航天器轨道坐标系转化到航天器本体坐标系。

绕偏航角 ψ 转动的转化矩阵为

$$A_Z(\psi)=\begin{bmatrix}\cos\psi & \sin\psi & 0\\ -\sin\psi & \cos\psi & 0\\ 0 & 0 & 1\end{bmatrix} \tag{2-1}$$

绕滚动角 φ 转动的转化矩阵为

$$A_X(\varphi)=\begin{bmatrix}1 & 0 & 0\\ 0 & \cos\varphi & \sin\varphi\\ 0 & -\sin\varphi & \cos\varphi\end{bmatrix} \tag{2-2}$$

绕俯仰角 θ 转动的转化矩阵为

$$A_Y(\theta)=\begin{bmatrix}\cos\theta & 0 & -\sin\theta\\ 0 & 1 & 0\\ \sin\theta & 0 & \cos\theta\end{bmatrix} \tag{2-3}$$

根据式(2-1)～式(2-3)，可以推导出航天器轨道坐标系转化到本体坐标系的转化矩阵

$$\begin{aligned}T_{ZH}&=A_Y(\theta)A_X(\varphi)A_Z(\psi)\\&=\begin{bmatrix}\cos\psi\cos\theta-\sin\psi\sin\theta\sin\varphi & \cos\theta\sin\psi+\cos\psi\sin\theta\sin\psi & -\sin\theta\cos\varphi\\ -\cos\varphi\sin\psi & \cos\varphi\cos\psi & \sin\varphi\\ \sin\theta\cos\psi+\sin\psi\cos\theta\sin\varphi & \sin\psi\sin\theta-\cos\psi\cos\theta\sin\varphi & \cos\varphi\cos\theta\end{bmatrix}\end{aligned} \tag{2-4}$$

由式(2-4) 可进一步得到

$$\psi=\arctan\left(-\frac{T_{21}}{T_{22}}\right) \tag{2-5a}$$

$$\varphi=\arcsin(T_{23}) \tag{2-5b}$$

$$\theta=\arctan\left(-\frac{T_{13}}{T_{33}}\right) \tag{2-5c}$$

式中，$T_{ij}(i=1,2,3,\ j=1,2,3)$ 为 T_{ZH} 的第 i 行和第 j 列元素。

通过式(2-5) 可以看出，当滚动角 $\varphi=\pi/2$ 时，欧拉角会出现奇异现象。因此，欧拉角不适合描述航天器在 360°范围内的任意姿态运动，采用欧拉四元数的表述方法可有效避免奇异性问题，同时运算更加简单方便。

2.3.2 四元数描述法

欧拉四元数可表示为 $[\varepsilon_0,\boldsymbol{\varepsilon}^{\mathrm{T}}]=[\varepsilon_0,\varepsilon_1,\varepsilon_2,\varepsilon_3]$，由一个矢量和一个标量组成，定义如下

$$\equiv\boldsymbol{\varepsilon}=\boldsymbol{e}\sin(\phi/2) \tag{2-6}$$

$$\varepsilon_0=\cos(\phi/2) \tag{2-7}$$

式中，$\boldsymbol{e}=[e_x\quad e_y\quad e_z]^{\mathrm{T}}$ 为航天器绕任意一个旋转轴的单位矢量在本体坐标系中坐标，模为 1；ϕ 为绕此旋转轴的旋转角度。其满足以下约束条件

$$\boldsymbol{\varepsilon}^{\mathrm{T}}\boldsymbol{\varepsilon}+\varepsilon_0^2\equiv\varepsilon_1^2+\varepsilon_2^2+\varepsilon_3^2+\varepsilon_0^2=1 \tag{2-8}$$

使用欧拉四元数来表示两个坐标系之间的坐标转换矩阵，表示为

$$
\boldsymbol{C}(\varepsilon_0,\boldsymbol{\varepsilon})=\begin{bmatrix}2(\varepsilon_0^2+\varepsilon_1^2)-1 & 2(\varepsilon_1\varepsilon_2+\varepsilon_0\varepsilon_3) & 2(\varepsilon_1\varepsilon_3-\varepsilon_0\varepsilon_2)\\ 2(\varepsilon_1\varepsilon_2-\varepsilon_0\varepsilon_3) & 2(\varepsilon_0^2+\varepsilon_2^2)-1 & 2(\varepsilon_2\varepsilon_3+\varepsilon_0\varepsilon_3)\\ 2(\varepsilon_1\varepsilon_3+\varepsilon_0\varepsilon_2) & 2(\varepsilon_2\varepsilon_3-\varepsilon_0\varepsilon_1) & 2(\varepsilon_0^2+\varepsilon_3^2)-1\end{bmatrix}
$$

$$
=(\varepsilon_0^2-|\boldsymbol{\varepsilon}|^2)\boldsymbol{E}+2\boldsymbol{\varepsilon}\boldsymbol{\varepsilon}^{\mathrm{T}}-2\varepsilon_0\boldsymbol{\varepsilon}^{\times} \tag{2-9}
$$

式中，$\boldsymbol{\varepsilon}^{\times}$ 为矢量 $\boldsymbol{\varepsilon}$ 的斜对称矩阵，定义为

$$
\boldsymbol{\varepsilon}^{\times}=\begin{bmatrix}0 & -\varepsilon_3 & \varepsilon_2\\ \varepsilon_3 & 0 & -\varepsilon_1\\ -\varepsilon_2 & \varepsilon_1 & 0\end{bmatrix} \tag{2-10}
$$

欧拉四元数的卫星姿态运动学描述为

$$
\dot{\boldsymbol{\varepsilon}}=\frac{1}{2}G(\boldsymbol{\varepsilon})\boldsymbol{\omega} \tag{2-11}
$$

$$
\dot{\boldsymbol{\varepsilon}}_0=-\frac{1}{2}\boldsymbol{\varepsilon}^{\mathrm{T}}\boldsymbol{\omega} \tag{2-12}
$$

式中，$G(\boldsymbol{\varepsilon})=\boldsymbol{\varepsilon}^{\times}+\varepsilon_0\boldsymbol{I}$；$\boldsymbol{\omega}=[\omega_1 \quad \omega_2 \quad \omega_3]^{\mathrm{T}}$ 为沿三个坐标轴方向的角速度矢量。

2.3.3 姿态动力学方程

航天器的姿态动力学是以刚体的动量矩定理为基础的。如果旋转坐标系对惯性系有一个旋转角速度 $\boldsymbol{\omega}$，则任意一个向量 $\boldsymbol{a}$ 对时间的导数表示为

$$
\mathring{\boldsymbol{a}}=\dot{\boldsymbol{a}}+\boldsymbol{\omega}\times\boldsymbol{a} \tag{2-13}
$$

式中，($\mathring{}$) 为相对惯性系的时间导数；($\cdot$) 为相对转动坐标系的时间导数；×为向量的叉乘。系统在惯性坐标系下的总动量矢量 $\boldsymbol{p}$ 可表示为

$$
\dot{\boldsymbol{p}}+\boldsymbol{\omega}\times\boldsymbol{p}=\boldsymbol{f} \tag{2-14}
$$

式中，$\boldsymbol{f}$ 为系统外力矢量。系统在惯性系中的动量矩 $\boldsymbol{h}$ 有以下关系式

$$
\dot{\boldsymbol{h}}+\boldsymbol{\omega}\times\boldsymbol{h}+\boldsymbol{v}\times\boldsymbol{p}=\boldsymbol{g} \tag{2-15}
$$

式中，$\boldsymbol{v}$ 为系统质心的平动速度矢量；$\boldsymbol{g}$ 为外力矩矢量。

2.4 压电材料的本构方程

压电材料除了具有与普通材料相同的动力学特性，还具有独特的电学性

能[3,4]。这种独特的性能近年来被广泛地运用到振动控制的研究中。对压电材料力学行为和电学行为分析，可以得到压电材料的压电方程

$$
\begin{bmatrix} \varepsilon_x \\ \varepsilon_y \\ \varepsilon_z \\ \gamma_{xy} \\ \gamma_{yz} \\ \gamma_{zx} \end{bmatrix} = \begin{bmatrix} s_{11}^E & s_{12}^E & s_{13}^E & s_{14}^E & s_{15}^E & s_{16}^E \\ s_{21}^E & s_{22}^E & s_{23}^E & s_{24}^E & s_{25}^E & s_{26}^E \\ s_{31}^E & s_{32}^E & s_{33}^E & s_{34}^E & s_{35}^E & s_{36}^E \\ s_{41}^E & s_{42}^E & s_{43}^E & s_{44}^E & s_{45}^E & s_{46}^E \\ s_{51}^E & s_{52}^E & s_{53}^E & s_{54}^E & s_{55}^E & s_{56}^E \\ s_{61}^E & s_{62}^E & s_{63}^E & s_{64}^E & s_{65}^E & s_{66}^E \end{bmatrix} \begin{bmatrix} \sigma_x \\ \sigma_y \\ \sigma_z \\ \tau_{xy} \\ \tau_{yz} \\ \tau_{zx} \end{bmatrix} = \begin{bmatrix} d_{11} & d_{12} & d_{13} \\ d_{21} & d_{22} & d_{23} \\ d_{31} & d_{32} & d_{33} \\ d_{41} & d_{42} & d_{43} \\ d_{51} & d_{52} & d_{53} \\ d_{61} & d_{62} & d_{63} \end{bmatrix} \begin{bmatrix} E_x \\ E_y \\ E_z \end{bmatrix} \tag{2-16}
$$

式中，s_{ij}^E 为弹性柔顺系数，弹性柔顺系数矩阵和材料的刚度矩阵互为逆矩阵，有对称性（$s_{ij}^E = s_{ji}^E$），各向异性材料有 21 个分量是独立的。对于各向同性材料，则只有 s_{ij}^E 和 s_{ji}^E 两个独立变量，第一个下标表示压电材料产生应变的方向，第二个下标表示所受应力的方向，其上标 E 表示外加电场为 0 或者为常数时的弹性柔顺系数，通常称为短路弹性柔顺常数；d_{ij} 是压电材料的压电应变常数，第一个下标表示外加电场的方向，第二个下标表示由其产生的应变的方向。压电应变常数下标的数字 1、2、3 分别与三个坐标轴 x、y、z 相对应，4、5、6 则与剪切应变相对应。

同样，压电材料的电位移 $\boldsymbol{D}$ 也是由应力和电场强度两部分影响组成的，式(2-17) 描述的即为这一现象

$$
\boldsymbol{D} = \begin{bmatrix} D_x \\ D_y \\ D_z \end{bmatrix} = \begin{bmatrix} d_{11} & d_{12} & d_{13} & d_{14} & d_{15} & d_{16} \\ d_{21} & d_{22} & d_{23} & d_{24} & d_{25} & d_{26} \\ d_{31} & d_{32} & d_{33} & d_{34} & d_{35} & d_{36} \end{bmatrix} \begin{bmatrix} \sigma_x \\ \sigma_y \\ \sigma_z \\ \tau_{xy} \\ \tau_{yz} \\ \tau_{zx} \end{bmatrix} + \begin{bmatrix} \varepsilon_{11}^\sigma & \varepsilon_{12}^\sigma & \varepsilon_{13}^\sigma \\ \varepsilon_{21}^\sigma & \varepsilon_{22}^\sigma & \varepsilon_{23}^\sigma \\ \varepsilon_{31}^\sigma & \varepsilon_{32}^\sigma & \varepsilon_{33}^\sigma \end{bmatrix} \begin{bmatrix} E_x \\ E_y \\ E_z \end{bmatrix} \tag{2-17}
$$

式中，d_{ij} 同样是压电应变常数，第一个下标表示的是所产生的电位移的方向，第二个下标表示所受应力的方向；ε_{ij}^σ 是压电材料的介电常数，第一个下标表示电位移的方向，第二个下标表示电场强度的方向，上标 σ 表示材料应力为 0 或者为常数时的介电常数。极化处理后，其压电应变常数矩阵中的元

素，除了 $d_{31}=d_{32}$，$d_{15}=d_{24}$，以及 d_{33} 外，其它常数均为 0，所以只有 d_{31}、d_{33} 和 d_{15} 三个独立的压电应变常数，极化处理后介电常数也只剩下 $\varepsilon_{11}^{\sigma}=\varepsilon_{22}^{\varpi}$ 和 $\varepsilon_{33}^{\sigma}$ 两个独立的介电常数，其它分量均为 0。

在二维的情况下，压电片在没有外加压电下的应力应变关系符合平面应力问题的应力应变关系

$$\begin{bmatrix}\sigma_x\\\sigma_y\\\sigma_z\end{bmatrix}=\begin{bmatrix}\dfrac{E_{\mathrm{p}}}{1-\mu_{\mathrm{p}}^2} & \dfrac{\mu_{\mathrm{p}}E_{\mathrm{p}}}{1-\mu_{\mathrm{p}}^2} & 0\\ \dfrac{\mu_{\mathrm{p}}E_{\mathrm{p}}}{1-\mu_{\mathrm{p}}^2} & \dfrac{E_{\mathrm{p}}}{1-\mu_{\mathrm{p}}^2} & 0\\ 0 & 0 & \dfrac{E_{\mathrm{p}}}{2(1+\mu_{\mathrm{p}})}\end{bmatrix}\begin{bmatrix}\varepsilon_x\\\varepsilon_y\\\gamma_{xy}\end{bmatrix} \tag{2-18}$$

式中，E_{p} 为压电陶瓷材料的弹性模量；μ_{p} 为其泊松比；该式中由弹性模量和泊松比组成的矩阵称之为刚度矩阵。以应力作为自变量，应变作为因变量可以得到

$$\begin{bmatrix}\varepsilon_x\\\varepsilon_y\\\gamma_{xy}\end{bmatrix}=\begin{bmatrix}\dfrac{1}{E_{\mathrm{p}}} & \dfrac{-\mu_{\mathrm{p}}}{E_{\mathrm{p}}} & 0\\ \dfrac{-\mu_{\mathrm{p}}}{E_{\mathrm{p}}} & \dfrac{1}{E_{\mathrm{p}}} & 0\\ 0 & 0 & \dfrac{2(1+\mu_{\mathrm{p}})}{E_{\mathrm{p}}}\end{bmatrix}\begin{bmatrix}\sigma_x\\\sigma_y\\\sigma_z\end{bmatrix} \tag{2-19}$$

给压电陶瓷片两电极间施加电场强度 E_z，由于电场强度的作用，压电片产生的应变根据压电材料的三维压电方程式(2-17) 的第二部分进行简化，简化后的方程与式(2-19) 相加，考虑到剪应力 γ_{xy} 并不反映外加电场的影响，从而对其也不加考虑，忽略掉 γ_{xy} 后，有

$$\begin{bmatrix}\varepsilon_x\\\varepsilon_y\end{bmatrix}=\begin{bmatrix}\dfrac{1}{E_{\mathrm{p}}} & \dfrac{-\mu_{\mathrm{p}}}{E_{\mathrm{p}}}\\ \dfrac{-\mu_{\mathrm{p}}}{E_{\mathrm{p}}} & \dfrac{1}{E_{\mathrm{p}}}\end{bmatrix}\begin{bmatrix}\sigma_x\\\sigma_y\end{bmatrix}+\begin{bmatrix}d_{31}\\d_{32}\end{bmatrix}E_z \tag{2-20}$$

同样，压电片的电位移 D_z 也是由应力和外加的电场强度两部分组成的

$$\begin{aligned}D_z&=\begin{bmatrix}d_{31} & d_{32} & d_{33}\end{bmatrix}\begin{bmatrix}\sigma_x\\\sigma_y\\\tau_{xy}\end{bmatrix}+\begin{bmatrix}\varepsilon_{31}^{\sigma} & \varepsilon_{32}^{\sigma} & \varepsilon_{33}^{\sigma}\end{bmatrix}\begin{bmatrix}E_x\\E_y\\E_z\end{bmatrix}\\&=d_{31}(\sigma_x+\sigma_y)+\varepsilon_{33}^{\sigma}E_z\end{aligned} \tag{2-21}$$

这里，式(2-20) 和式(2-21) 为压电片的二维压电方程。

对于一维的情况，如在梁等细长结构中时，通常被认为是一维关系，这时压电片的压电方程可以进一步简化为

$$\varepsilon_x=\frac{\sigma_x}{E_{\mathrm{p}}}+d_{31}E_z,\ D_z=d_{31}\sigma_x+\varepsilon_{33}^{\sigma}E_z \tag{2-22}$$

2.5 液体晃动等效力学模型研究

液体晃动建模技术的选择是一个权衡技术。大多数分析模型提供了动力学的准确描述，但是需要大量公式而且不能够解决所有问题。CFD 模型具有较高的精确度而且需要的配比时间较少。然而数值方法，如计算流体力学难以纳入对动力学系统的稳定性分析或模拟计算中而且需要大量的计算资源。等效力学模型简单并可纳入稳定性分析、控制器设计流程以及固体系统模拟中，但他们的准确性是一个与所采用的参数以及相关的实验有关的函数。此外，这些模型通常只能解释主导阶的流体动力学行为，使得对于较高阶频率的动力学行为可能难以把握。

大多数的等效模型可分为三类：弹簧质量模型、摆模型以及基于凸轮轴和其它复杂机械原件的复杂运动模型。简单的弹簧质量模型的目标是描述线性横向晃动模态。摆模型的突出优点在于自然频率能随着加速度的变化而变化。此外，对于某些几何类型贮液罐，摆模型可以描述大幅晃动，有关这些类型等效模型的深入描述可参考文献 [5]。图 2-2、图 2-3 给出了弹簧质量模型和单摆模型的几何表示。一般而言，在运动刚体贮罐内液体动水压力有两个不同的组成部分：第一部分正比于贮罐的加速度，由液体中与贮罐一起运动的那部分质量组分引起；第二部分被称为“对流”压力，体现在自由液面晃动，该质量组分可以被模拟为一个弹簧质量阻尼系统或一单摆系统。力学模型的构建主要基于以下条件：

① 等效力学模型和液体晃动的质量及转动惯量分别相等；

② 重心在小振动时必须保持不变；

③ 等效力学模型和液体晃动具有相同的振动模态并产生相同的阻尼力；

④ 强迫激励下，等效力学模型某阶模态的力及力矩和液体晃动相应模态所产生的力及力矩相等。

采用等效摆模型来模拟液体一阶晃动模态。有三种可能的动力学模态。

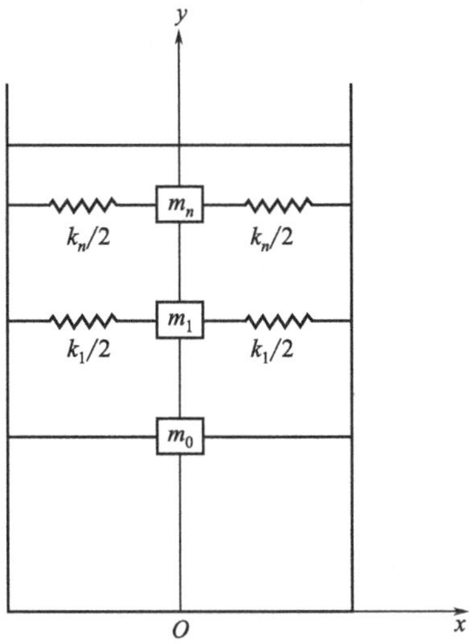

图 2-2　弹簧质量模型

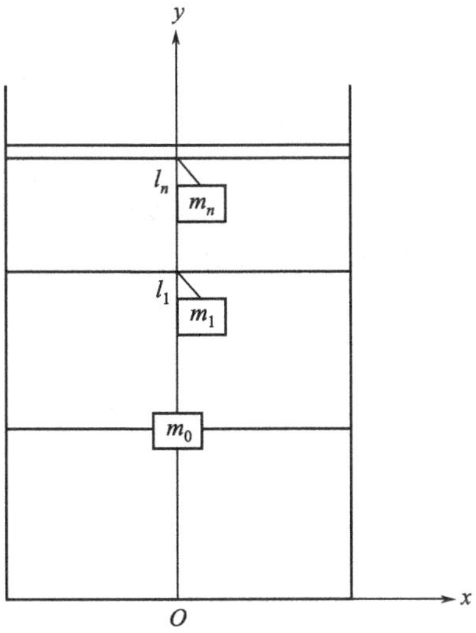

图 2-3　单摆模型

① 小振动。液面保持为平面且没有节径旋转，这一模态将一阶非对称模态描述为一个线性方程，相当于一个将小振动描述为 $\sin\theta\approx\theta$ 的摆。

② 相对大振幅振动。自由液面呈现非平面运动。这一模态通过一个弱非线性的微分方程来描述，而且可以通过标准摄动技术来分析。该等效力学模型为一个简单的摆，可以描述相对大幅运动，例如 $\sin\theta\approx\theta-\theta^3/3$。为了模拟非平面和旋转晃动，必须将单摆改为复合摆。

③ 强非线性运动。其中非线性主要归因于速度的快速变化，与临近自由液面液体运动的动水压力冲击有关。自由液面的速度变化通常被视为是瞬态（速度跳跃）的，这给系统行为带来各种不同的强非线性特性。这种模态的等效力学模型为一个摆，它能描述摆与贮罐壁的冲击响应[6]。

研究等效力学模型的目的是研究贮腔内液体晃动特征频率以及在各种不同类型激励下液体晃动动力学特性；确定各种工况条件下液体晃动动力学模态参数，如晃动频率、摆长、晃动质量、悬挂点位置、静止部分质量、位置、对航天器的干扰力及干扰力矩等。较为详细的内容可参阅文献［7］。

参考文献

［1］ 刘墩，赵均. 空间飞行器动力学［M］. 黑龙江：哈尔滨工业大学出版社，2003.

［2］ 耿长福. 航天器动力学［M］. 北京：中国科学技术出版社，2006.

［3］ 秦庆华，压电材料高等力学（英文版）［M］. 北京：高等教育出版社，2012.

[4] 高长银，压电效应新技术及应用 [M]. 北京：电子工业出版社，2012.
[5] Abramson H N. The dynamics behavior of liquids in moving containers [J]. Applied Mechanics Reviews，1996，16 (7).
[6] Miles J W. The pendulum from Huygens 'horologium' to symmetry braking and chaos [J]. Theoretical & Applied Mechanics，1988.
[7] Ibrahim R A，Pilipchuk V N，Ikeda T. Recent Advances in Liquid Sloshing Dynamics [J]. ASME Applied Mechanics Reviews，2001，54 (2)：133-199.

第3章
动态逆控制与反向传播神经网络

3.1 引言

在工程、自然界以及人类活动的各个领域，非线性现象是一个普遍存在的问题。在控制科学领域内，非线性控制同样一直占有重要的地位。从 20 世纪 80 年代开始，由于反馈线性化理论的兴起，非线性控制得到了蓬勃的发展，受到国际控制界的广泛关注和高度重视。所谓反馈线性化就是通过动态补偿或是非线性反馈的方法将非线性系统变化为线性系统，然后再按线性系统理论完成系统的各种控制目标的一种理论与方法[1]。动态逆是通过动态系统的“逆”的概念来研究一般非线性控制系统反馈线性化设计的一种方法[1]。应用研究表明，动态逆是非线性控制中的一种较为有效的方法[2]，对非线性刚体航天器系统具有很好的跟踪性能[3]。但是动态逆方法对建模误差较为敏感，如何提高控制器的鲁棒性一直是难以解决的问题。神经网络是一个具有自适应能力的高度非线性的动力力学系统，对未知非线性函数具有出色的逼近与学习功能，可以用来描述认知、决策和控制等智能行为，已形成了许多种基于神经网络的控制器设计方法。但是神经网络的高度非线性使得很难获得神经网络本身的数学模型，如果被控对象的数学模型也未知，这就使得从理论上对整个控制系统进行稳定性和收敛性分析非常困难[4]。综上所述，反馈线性化方法的理论较为严谨，但需要精确知道被控对象的数学模型和系统参数，很难应用在实际；而神经网络控制刚好相反，它不依赖或者不完全依赖于被控对象的数学模型，应用较为方便，但理论分析很困难。故将神经网络与反馈线性化方法相结合，优势互补，可以取得“事半功倍”之效。

神经网络动态逆控制已经被应用在导弹控制、直升机控制、普通飞机控制以及机器人控制中。Hindman 等[5] 设计了一种自适应非线性动态逆控制应用于导弹控制。朱荣刚等[2] 将神经网络用于补偿动态逆误差，提高系统的鲁棒性。武国辉等[6] 针对微小型飞行器易受外界干扰、难于控制的特点，在经典PID控制的基础上，引入神经网络动态逆方法，设计复合控制率。刘淑祥等[7] 为战斗机的过失速超机动飞行设计了一种基于动态逆的神经网络控制器。黄永安等[8] 利用CMAC神经网络与PID控制算法，提出了一种针对飞行器挠性结构振动的混合控制方法。钱克昌等[9] 将基于神经网络动态逆控制方法应用于动力翼伞的飞行控制中。这种方法可以克服动力翼伞精确动力学模型难以获得以及输入输出关系耦合复杂等不利因素。本书后面章节将介绍神经网络动态逆控制在充液航天器控制中的应用。

3.2 动态逆控制

非线性动态逆是将非线性系统转化为一个等效线性系统的方法。它通过动态系统“逆”的概念来将非线性系统反馈线性化为线性系统，然后利用线性系统的理论实现系统的各种控制目标。

3.2.1 李导数和李括号

定义 3.1 设开集$\boldsymbol{U}\in\mathbb{R}^n$，$\boldsymbol{x}\in\boldsymbol{U}$，在$\boldsymbol{U}$上给出一个光滑标量函数$\lambda(\boldsymbol{x})$和一个$n$维的向量场$f(\boldsymbol{x})$，定义新的标量函数

$$L_{\mathrm{f}}\lambda(\boldsymbol{x})=L_{\mathrm{f}}\lambda(x_1,x_2,\cdots,x_n)=\sum_{i=1}^{n}\frac{\partial\lambda}{\partial x_i}f_i(x_1,x_2,\cdots,x_n) \tag{3-1}$$

该新函数称为$\lambda(\boldsymbol{x})$沿$f(\boldsymbol{x})$的李导数，记为$L_{\mathrm{f}}\lambda(\boldsymbol{x})$。

令

$$\mathrm{d}\lambda=\frac{\partial\lambda}{\partial\boldsymbol{x}}=\left(\frac{\partial\lambda}{\partial x_1},\frac{\partial\lambda}{\partial x_2},\cdots,\frac{\partial\lambda}{\partial x_n}\right)$$

则$L_{\mathrm{f}}\lambda(\boldsymbol{x})$可以写成

$$L_{\mathrm{f}}\lambda(\boldsymbol{x})=\langle\mathrm{d}\lambda(\boldsymbol{x}),f(\boldsymbol{x})\rangle=\frac{\partial\lambda}{\partial\boldsymbol{x}}f(\boldsymbol{x}) \tag{3-2}$$

李导数的性质：函数$\lambda(\boldsymbol{x})$原来是一个光滑函数，对它求李导数的运算后，

所得结果仍然是一个光滑函数。

函数 $\lambda(\boldsymbol{x})$ 的高阶李导数可以用以下递推公式来定义

$$L_{\mathrm{f}}^{k}\lambda(\boldsymbol{x})=\frac{\partial(L_{\mathrm{f}}^{k-1}\lambda)}{\partial\boldsymbol{x}}f(\boldsymbol{x}) \tag{3-3}$$

同时约定零阶李导数为

$$L_{\mathrm{f}}^{0}\lambda(\boldsymbol{x})=\lambda(\boldsymbol{x}) \tag{3-4}$$

如果先取 $\lambda(\boldsymbol{x})$ 先沿光滑向量场 $f(\boldsymbol{x})$ 的导数，再取沿向量场 $g(\boldsymbol{x})$ 的导数，那么其新函数为

$$L_{g}L_{\mathrm{f}}\lambda(\boldsymbol{x})=\frac{\partial(L_{\mathrm{f}}\lambda)}{\partial\boldsymbol{x}}g(\boldsymbol{x}) \tag{3-5}$$

3.2.2 反馈线性化

非线性系统形式如下

$$\left.\begin{aligned}\dot{\boldsymbol{x}}&=f(\boldsymbol{x})+g(\boldsymbol{x})\boldsymbol{u}\\ \boldsymbol{y}&=h(\boldsymbol{x})\end{aligned}\right\} \tag{3-6}$$

式中，$\boldsymbol{x}\in\mathbb{R}^{n}$ 是状态变量；$\boldsymbol{u}\in\mathbb{R}^{p}$ 为输入变量；$\boldsymbol{y}\in\mathbb{R}^{m}$ 为输出变量。反馈线性化的基本思想是考虑非线性系统式(3-6) 是否存在一个状态反馈控制 $\boldsymbol{u}=\alpha(\boldsymbol{x})+\beta(\boldsymbol{x})\boldsymbol{v}$，使得非线性系统可以部分或是完全可线性化。

采用第 3.2.1 小节中介绍的李导数的定义，求系统式(3-6) 中 $\boldsymbol{y}$ 对时间的导数

$$\begin{aligned}\dot{\boldsymbol{y}}&=\frac{\mathrm{d}h(\boldsymbol{x})}{\mathrm{d}\boldsymbol{x}}\dot{\boldsymbol{x}}=\frac{\mathrm{d}h(\boldsymbol{x})}{\mathrm{d}\boldsymbol{x}}f(\boldsymbol{x})+\frac{\mathrm{d}h(\boldsymbol{x})}{\mathrm{d}\boldsymbol{x}}g(\boldsymbol{x})\boldsymbol{u}\\&=L_{\mathrm{f}}h(\boldsymbol{x})+L_{g}g(\boldsymbol{x})\boldsymbol{u}\end{aligned} \tag{3-7}$$

取控制变量 $\boldsymbol{c}$ 为关于航天器状态变量的函数 h，如下所示

$$c=h(\boldsymbol{x}) \tag{3-8}$$

则控制变量 $\boldsymbol{c}$ 对时间的导数通过前面的李导数方程表示为

$$\frac{\mathrm{d}\boldsymbol{c}}{\mathrm{d}t}=L_{\mathrm{f}}h(\boldsymbol{x})+L_{g}h(\boldsymbol{x})\boldsymbol{u} \tag{3-9}$$

如果式(3-9) 中的第二项等于零，继续对式(3-9) 求导，直到 $\boldsymbol{u}$ 显式出现在表达式中。设此时 $\boldsymbol{c}$ 的导数为 r 阶，用 $\boldsymbol{v}$ 表示，则有

$$\boldsymbol{v}(\boldsymbol{x})=\frac{d^{r}\boldsymbol{c}}{\mathrm{d}t^{r}}=\boldsymbol{L}(\boldsymbol{x})+\boldsymbol{M}(\boldsymbol{x})\boldsymbol{u} \tag{3-10}$$

式中

$$
\boldsymbol{v}(\boldsymbol{x})=\begin{bmatrix}\dfrac{d^{r_1}c_1(\boldsymbol{x})}{\mathrm{d}t^{r_1}}\\ \vdots \\ \dfrac{\mathrm{d}^{r_m}c_m(\boldsymbol{x})}{d\mathrm{t}^{\mathrm{r_m}}}\end{bmatrix} \tag{3-11}
$$

$$
\boldsymbol{L}(\boldsymbol{x})=\begin{bmatrix}L_{\mathrm{f}}^{r_1}h_1(\boldsymbol{x})\\ L_{\mathrm{f}}^{r_2}h_2(\boldsymbol{x})\\ \vdots \\ L_{\mathrm{f}}^{r_m}h_m(\boldsymbol{x})\end{bmatrix} \tag{3-12}
$$

$$
\boldsymbol{M}(\boldsymbol{x})=\begin{bmatrix}L_{\mathrm{g}_1}L_{\mathrm{f}}^{r_1-1}h_1(\boldsymbol{x}) & L_{\mathrm{g}_2}L_{\mathrm{f}}^{r_1-1}h_1(\boldsymbol{x}) & \cdots & L_{\mathrm{g}_p}L_{\mathrm{f}}^{r_1-1}h_1(\boldsymbol{x})\\ L_{\mathrm{g}_1}L_{\mathrm{f}}^{r_2-1}h_2(\boldsymbol{x}) & L_{\mathrm{g}_2}L_{\mathrm{f}}^{r_2-1}h_2(\boldsymbol{x}) & \cdots & L_{\mathrm{g}_p}L_{\mathrm{f}}^{r_2-1}h_2(\boldsymbol{x})\\ \vdots & \vdots & \vdots & \vdots \\ L_{\mathrm{g}_1}L_{\mathrm{f}}^{r_m-1}h_m(\boldsymbol{x}) & L_{\mathrm{g}_2}L_{\mathrm{f}}^{r_m-1}h_m(\boldsymbol{x}) & \cdots & L_{\mathrm{g}_p}L_{\mathrm{f}}^{r_m-1}h_m(\boldsymbol{x})\end{bmatrix} \tag{3-13}
$$

r_1 到 r_m 表示相关控制变量对时间的导数。输入变量 $\boldsymbol{u}$ 可以通过式(3-10)计算得

$$
\boldsymbol{u}=\boldsymbol{M}^{-1}(\boldsymbol{x})[\boldsymbol{v}(\boldsymbol{x})-\boldsymbol{L}(\boldsymbol{x})] \tag{3-14}
$$

3.3 反向传播神经网络算法

动态逆方法对建模误差较为敏感，如何提高控制器的鲁棒性一直是难以解决的问题。本章将神经网络用于补偿动态逆误差，提高系统的鲁棒性。以下详细介绍反向传播（back propagation，BP）神经网络的工作原理。

3.3.1 人工神经元的数学模型

多输入单输出人工神经元简化图如图 3-1 所示。左边的实心条表示 $R\times1$ 维的输入向量 $\boldsymbol{x}=[x_1, x_2, \cdots, x_R]^{\mathrm{T}}$，$\boldsymbol{W}=[w_1, w_2, \cdots, w_R]^{\mathrm{T}}$ 是 1 行 R 列的权值矩阵，b 是阈值。f 是激活函数，它可以是线性函数，也可以是非线性函数。

图 3-1 所示神经元的输入和输出关系如下：

$$y=f\left(\sum_{i=1}^{R}w_i x_i+b\right) \tag{3-15}$$

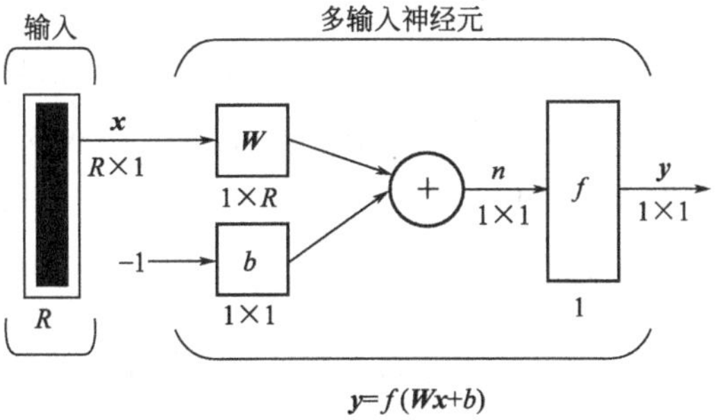

图 3-1 具有 R 个输入的神经元简化图

激活函数 f 的形式主要有以下几种：

① 符号函数

$$\operatorname{sgn}(x)=\begin{cases}1, & x>0\\ 0, & x\leqslant 0\end{cases} \tag{3-16}$$

② S 型激发函数

$$f(x)=\frac{1}{1+e^{-x}}, 0\leqslant f(x)\leqslant 1 \tag{3-17}$$

③ 双极性 Sigmoid 函数

$$f(x)=\frac{e^{x}-e^{-x}}{e^{x}+e^{-x}}, -1\leqslant f(x)\leqslant 1 \tag{3-18}$$

3.3.2 三层反向传播神经网络模型

BP 神经网络模型最早由 Rumelhart 和 McCelland 为首的科学家在 1986 年提出。BP 神经网络是一种按误差逆传播算法训练的多层前馈神经网络，学习过程由信号的正向传播与误差的反向传播两个过程组成。它不需要知道映射关系的数学模型，而是通过在学习过程中不断存储的该映射关系的输入、输出，获得输出与期望输出之间的误差。然后采用最速下降法，通过反向传播的误差来不断调整网络的权值和阈值，使网络误差的均方差最小。反向传播的思想可以概括为，将输出层输出与期望输出的误差反馈到输出层的前一层，估计该层的误差；然后再利用该误差估计更前一层的误差，如果递推下去，获得所有层的误差估计。BP 网络是迄今为止应用最为广泛的神经网络，在目前实际应用的人工神经网络中，有 80%～90%的网络采用的是 BP 网络或者它的变化形式，其中应用最为普遍的是三层 BP 神经网络模型。

三层 BP 神经网络模型拓扑结构包括输入层、隐含层和输出层。输入层神经元个数由样本维数决定，输出层神经元的个数决定于样本分类个数。隐含层神经元个数由用户指定。研究表明，只要在隐含层中有足够数量的神经元，BP 网络可以逼近几乎任何一个有理函数。具有 R 个输入节点和单隐层的三层 BP 神经网络模型如图 3-2 所示[10]。

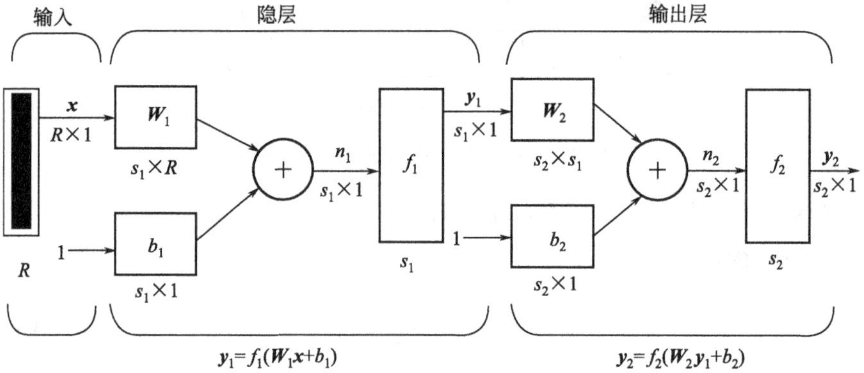

图 3-2　三层 BP 神经网络模型

同图 3-1、图 3-2 所示三层 BP 神经网络的中，左边的实心条表示 $R\times1$ 维的输入向量 $\boldsymbol{x}=[x_1, x_2, \cdots, x_R]^{\mathrm{T}}$；图中 b_1、b_2 分别为输入层神经网络各神经元、隐含层神经网络各神经元和输出层神经网络各神经元的阈值，每个神经元包含一个阈值用来改变神经元的活性。$\boldsymbol{W}_1$、$\boldsymbol{W}_2$ 分别为输入层神经网络、隐含层神经网络和输出层神经网络的权值矩阵；$\boldsymbol{y}_1=[y_{11}, y_{12}, \cdots, y_{1s_1}]$，$\boldsymbol{y}_2=[y_{21}, y_{22}, \cdots, y_{2s_2}]$ 分别为隐含层和输出层神经网络的输出向量。输入层神经元个数为 s_1，隐含层神经元个数为 s_2。如图 3-2 所示，多层网络中的前一层的输出成为下一层的输入。各层之间的数学关系如下所示：

对于输出层，有

$$\boldsymbol{y}_{2k}=f_2(\mathrm{net}_k), k=1,2,\cdots,s_2 \tag{3-19}$$

$$\mathrm{net}_k=\sum_{j=1}^{s_1} w_2(j,k)y_{1j}+b_{2k}, k=1,2,\cdots,s_2 \tag{3-20}$$

对于隐含层，有

$$y_{1j}=f_1(\mathrm{net}_j), j=1,2,\cdots,s_1 \tag{3-21}$$

$$\mathrm{net}_j=\sum_{i=1}^{R} w_1(i,j)x_i+b_{1j}, j=1,2,\cdots,s_1 \tag{3-22}$$

BP 网络的主要区别体现在隐含层个数和激活函数上。由于 BP 网络的激活函数必须是处处可微的，故激活函数 f_1、f_2 通常选择式(3-17) 所示的单极性 S 函数或式(3-18) 所示的双极性 Sigmoid 函数。S 函数和 Sigmoid 函数均具有连续、可导的特点，且有

$$f'(x)=f(x)[1-f(x)] \tag{3-23}$$

由于激活函数是连续可微的，故可以利用梯度法进行严格推算。式(3-19) ～式(3-22) 共同构成了三层前馈神经网络的数学模型。

3.3.3 反向传播算法

BP 算法由信息的正向传播和误差的反向传播两部分组成。在信息的正向传播过程中，输出信息经过输入层计算后，进入隐含层；然后经过隐含层计算，输入到下一个隐含层；逐层计算直到进入到输出层，得到该网络输入下的输出；在输出层，通过网络输出与期望输出的比较，计算出输出层的均方值误差。然后将均方值误差按正向传播的通路反向传播到输出层直接前导层，获得直接前导层的均方值误差；并依次反向传播到下一层；依次递推下去，获得各层的均方值误差。通过该误差修改更深层神经元的权值。然后继续正向传播的过程，依次递推循环直到神经网络的输出达到期望的输出。

以图 3-2 所示的只有一个隐层的 BP 网络为例，进行 BP 算法的推导[11,12]。

(1) 信息的正向传递

设期望输出为 $\boldsymbol{d}=(d_1, d_2, \cdots, d_{s_2})$，当网络输出与期望输出不相等时，输出误差 E 的计算公式如下

$$\boldsymbol{E}=\frac{1}{2}(\boldsymbol{d}-\boldsymbol{y}_2)^2=\frac{1}{2}\sum_{k=1}^{s_2}(d_k-y_{2k})^2 \tag{3-24}$$

将以上误差定义式展开至隐含层，得

$$\boldsymbol{E}=\frac{1}{2}\sum_{k=1}^{s_2}[d_k-f_2(\text{net}_k)]^2=\frac{1}{2}\sum_{k=1}^{s_2}\left\{d_k-f_2\left[\sum_{j=1}^{s_1}w_2(j,k)y_{1j}+b_{2k}\right]\right\}^2 \tag{3-25}$$

进一步展开至输入层，有

$$\begin{aligned}\boldsymbol{E}&=\frac{1}{2}\sum_{k=1}^{s_2}\left\{d_k-f_2\left[\sum_{j=1}^{s_1}w_2(j,k)y_{1j}+b_{2k}\right]\right\}^2\\&=\frac{1}{2}\sum_{k=1}^{s_2}\left(d_k-f_2\left\{\sum_{j=1}^{s_1}w_2(j,k)f_1\left[\sum_{i=0}^{R}w_1(i,j)x_i+b_{1j}\right]+b_{2k}\right\}\right)^2\end{aligned} \tag{3-26}$$

由式(3-26) 可以看出，误差 $\boldsymbol{E}$ 是 $\boldsymbol{W}_1$、$\boldsymbol{W}_2$ 的函数，故通过调整权值 $\boldsymbol{W}_1$、$\boldsymbol{W}_2$ 可以减小误差 $\boldsymbol{E}$，使得误差 $\boldsymbol{E}$ 越来越小，直到满足要求。

(2) 利用梯度下降法求权值变化及反向传播误差

我们希望通过权值 $\boldsymbol{W}_1$、$\boldsymbol{W}_2$ 的调整来不断地减小输出误差，因此权值调整量应该正比于误差梯度的下降。故有如下公式：

① 输出层的权值变化。对从第 j 个输入到第 k 个输出的权值有

$$\begin{aligned}\Delta w_2(j,k)&=-\eta\frac{\partial E}{\partial w_2(j,k)}=-\eta\frac{\partial E}{\partial y_{2k}}\times\frac{\partial y_2}{\partial w_2(j,k)}\\&=-\eta(d_k-y_{2k})f'_2y_{1j}=\eta\delta_{kj}y_{1j}\end{aligned}\tag{3-27}$$

式中

$$\delta_{kj}=(d_k-y_{2k})f'_2=\mathrm{e}_kf'_2\tag{3-28}$$

$$\mathrm{e}_k=d_k-y_{2k}\tag{3-29}$$

负号表示梯度下降，η 是学习率，通常取（0，1）之间的值，反映了训练速率。

同理可得

$$\Delta b_{2k}=-\eta\frac{\partial E}{\partial b_{2k}}=-\eta\frac{\partial E}{\partial y_{2k}}\times\frac{\partial y_{2k}}{\partial b_{2k}}=\eta(d_k-y_{2k})f'_2=\eta\delta_{kj}\tag{3-30}$$

② 隐含层权值变化。对从第 i 个输入到第 j 个输出的权值有

$$\begin{aligned}\Delta w_1(i,j)&=\eta\frac{\partial E}{\partial w_1(i,j)}=\eta\frac{\partial E}{\partial y_{2k}}\times\frac{\partial y_{2k}}{\partial y_{1k}}\times\frac{\partial y_{1j}}{\partial w_1(i,j)}\\&=\eta\sum_{k=1}^{s_2}(d_k,y_{2k})f'_2w_2(j,k)f'_1x_i\\&=\eta\delta_{ij}x_i\end{aligned}\tag{3-31}$$

式中

$$\delta_{ij}=\mathrm{e}_jf'_1\tag{3-32}$$

$$\mathrm{e}_j=\sum_{k=1}^{s_2}\delta_{kj}w_2(j,k)\tag{3-33}$$

同理可得

$$\Delta b_{1j}=\eta\delta_{ij}\tag{3-34}$$

3.3.4 反向传播网络的设计基础 [10-12]

(1) 输入输出数据的预处理

待建模系统的输入变量就是 BP 神经网络的输入。网络各输入数据常常具

有不同的物理意义和不同的量纲，可能相差几个甚至十几个数量级，使得在网络训练的时候各输入分量在总体误差中所占的比重不同。另外 BP 神经网络的隐含层均采用 Sigmoid 类激活函数，这类函数在零点附近的变化值最大，而在两端变化较为平缓。如果净输入的绝对值过大，会导致神经元的输出位于 Sigmoid 函数的饱和区域内，使得权值的调整进入误差曲面的平坦区域内，导致学习率变慢，训练时间变长。而且由于 Sigmoid 激活函数的输出在 0～1 或 −1～1 之间，使得教师信号中数值较大的对应的输出分量误差的绝对值也较大，相应信号中数值较小对应的输出分量的误差绝对也较小。由于在网络训练过程中的权值调整针对的是总体误差的均方值，这会导致权值调整后，之前在总体的误差均方值中占的比重比较小的输出变量的误差绝对值反倒变得较大。针对以上原因，通常在将输入变量和输出变量进行归一化处理，使得其数据限制在 [0，1] 和 [−1，1] 的区间内。

当输出或输入向量的各分量物理意义不同、量纲不相同时，针对量纲的不同，各分量在其各自的取值范围内分别确定最大值和最小值，进行各自的归一化处理；当各分量的物理意义一样而且量纲也相同时，应在各分量构成的整体数据范围内确定最大值 $x_{\max}$ 和最小值 $x_{\min}$，进行统一的归一化处理。将数据变换到 [0，1] 区间的常用变换公式如下

$$\overline{x}_i=\frac{x_i-x_{\min}}{x_{\max}-x_{\min}} \tag{3-35}$$

式中，$\overline{x}_i$ 为归一化之后的输入－输出数据的第 i 个变量值；x_i 为输入－输出数据；$x_{\min}$、$x_{\max}$ 分别是整体数据范围内的最小值和最大值。

将输入－输出数据变换为 [0，1] 区间的值常用以下变换公式

$$x_{\mathrm{mid}}=\frac{x_{\max}+x_{\min}}{2} \tag{3-36}$$

$$\overline{x}_i=\frac{x_i-x_{\mathrm{mid}}}{\frac{1}{2}(x_{\max}-x_{\min})} \tag{3-37}$$

（2）初始权值的设计

初始权值的选择对减少网络训练时间和网络训练次数至关重要，因为初始权值的大小决定着网络训练在误差曲线开始点的位置。由于激活函数是零点对称的，零点附近是其变化的敏感区域。如果该层每个神经元的输入能够处于零点附近，则其输出值就会远离激活函数的饱和区，这时网络的学习速度也较快。常采用的使初始净输入位于零点附近的方法有以下两种：①使初始权值足

够小；②使初始值为＋1和－1的权值数相等。由隐含层调整公式(3-33) 可以看出，如果输出层权值选择过小，会导致隐含层的权值在训练初期的调整量变小，因此实际应用中对隐含层常采用第一种方法，对输出层常采用第二种方法。

(3) 网络层数的选择

目前理论上已经证明，只要隐含层的神经元个数足够多，单隐含层的 BP 网络可以逼近任何有理函数。误差精度的提高可以通过增加层数和增加隐含层神经元个数来实现[11]。增加层数会增加网络的复杂程度和权值的训练时间。故一般情况下，选择增加隐含层中的神经元个数。它既可以实现误差精度的提高，训练效果也比增加层数更容易观察和调整。本章将采用只含有一层隐含层的神经网络模型。

(4) 各层神经元个数选择

输入层神经元个数：决定样本维度。

隐含层神经元个数：隐含层神经元个数过少可能导致无法获得函数的拟合关系；个数过多可能由于过度拟合而导致失真，故隐含层神经元个数的确定非常重要。确定最佳隐含层神经元个数的一个常用方法是试凑法。在使用试凑法时，可以采用一些粗略的经验公式计算隐含层神经元个数，作为试凑法的初始值。然后采用同一样本，逐渐地增加隐含层的神经元个数，比较训练获得的网络误差值。最终取网络误差最小时对应的隐含层神经元个数作为该网络的隐含层神经元个数。神经元个数的粗略计算公式如下：

$$s_1=\sqrt{R+s_2}+\alpha \tag{3-38}$$

$$s_1=\lg 2^R \tag{3-39}$$

$$s_1=\sqrt{Rs_2} \tag{3-40}$$

式中符号含义同图 3-2，α 取 1～10 之间的常数。

(5) 学习率的选择

学习率的选择至关重要，因为学习率的数值大小决定着训练过程中获得的权值变量的大小。过大学习率会导致过大的权值调整量，而引起网络学习过程的不稳定；而学习率如果过小，则收敛速度非常的缓慢，需要极其漫长的训练时间；因此在一般情况下，学习速率取值范围在 0.01～0.8 之间。

为了确定合适的学习率，在神经网络设计的过程中，通常选择几个学习率对网络进行训练，通过其系统误差均方值的下降速率来判断哪个学习率更加合适，并根据观测获得信息来调整学习率。其中误差均方值下降较快的学习率学习效果较好。但如果均方值误差出现振荡，则说明学习率过大，需要减小学习率。某些较复杂的网络在误差曲面不同部位，可能需要不同的学习率，这就需要在学习的过程中根据误差信息不断地调整学习率，以减少神经网络的训练时间和训练次数，故常采用自适应学习率。

3.3.5 改进反向传播算法

BP 算法在应用中暴露出以下几个缺点：①在训练过程中往往收敛于局部极小值的位置，而不是全局最优解的位置；②BP 网络的训练次数往往很多，训练时间很长，导致学习效率很低，收敛速度极其缓慢；③BP 网络的隐含层神经元个数往往需要通过不断的试凑、比较获得，选择缺乏理论公式；④网络的训练过程中，学习了新的样本，往往会遗忘旧的样本[11]。针对这些缺陷，国内外学者提出众多改进方式，较为常用的有以下两种。

（1）增加动量项

标准 BP 算法在调整权值的时候只考虑当前 t 时刻的误差，按该时刻的误差梯度方向来调整其数值，而对于 t 时刻以前的误差及其梯度方向不予考虑。这样做的缺点是会导致整个训练过程误差曲线发生振荡，收敛及其缓慢。因此标准 BP 算法只按 t 时刻误差的梯度下降方向调整权值，t 时刻以前的梯度方向不考虑，这会导致训练过程发生振荡，收敛缓慢。在权值的调整公式中增加一个动量项便可以增快网络训练的速度[12]。用 $\boldsymbol{W}$ 代表网络某一层的权值矩阵，用 $\boldsymbol{X}$ 来代表该层的输入向量，则含动量项的权值调整公式如下

$$\Delta\boldsymbol{W}(t)=\eta\delta\boldsymbol{X}+\alpha\Delta\boldsymbol{W}(t-1) \tag{3-41}$$

式中，α 为动量系数，一般有 $\alpha\in(0,1)$。

（2）自适应调节学习率

在学习的过程中，不断的比较新误差和旧误差来调整学习率，使网络的学习率能够始终保持在合适的数值范围内，称为自适应调节学习率。自适应学习率调节方法如下：给定一个倍数值，当新误差达到旧误差给定倍数时，缩小学习率；当新误差比旧误差小的时候，增大学习率；其它情况学习率保持不变。该种自适应学习率的调整公式如下：

$$\eta=\begin{cases}\beta_\eta & \beta>1 \quad \text{当新误差小于旧误差时}\\ \theta_\eta & \theta<1 \quad \text{当新误差超过旧误差一定倍数时}\end{cases} \tag{3-42}$$

本章主要对动态逆反馈线性化理论和 BP 神经网络控制算法进行了详细的介绍，为第 5 章的前馈-反馈复合控制算法提供理论基础。

参考文献

[1] 李春文，冯元琨. 多变量非线性控制的逆系统方法 [M]. 北京：清华大学出版社，1991.

[2] 朱荣刚，姜长生，邹庆元，等. 新一代歼击机超机动飞行的动态逆控制 [J]. 航空学报，2003，24 (3)：243-245.

[3] Weerdt E D，Kampen E V，Gemert D V，et al. Adaptive nonlinear dynamic inversion for spacecraft attitude control with fuel sloshing [C]. Reston：AIAA，2008.

[4] 戴先中. 多变量非线性系统的神经网络逆控制方法 [M]. 北京：科学出版社，2005.

[5] Hindman R，Shell W M. Design of a missile autopilot using adaptive nonlinear dynamic inversion [C]. In Proceedings of the American Control Conference，2005，2：327-332.

[6] 武国辉，王正杰，范宁军，等. 基于神经网络动态逆的微小型飞行器半实物仿真 [J]. 弹箭与制导学报，2009，29 (1)：4-10.

[7] 刘淑祥，郭锁凤，徐肖豪. 基于动态逆的神经网络超机动飞行控制 [J]. 航空学报，1997，18 (1)：26-30.

[8] 黄永安，邓子辰. 基于神经网络与 PID 控制的挠性结构的混合控制研究 [J]. 动力学与控制，2005，3 (1)：47-51.

[9] 钱克昌，陈自力，李建. 基于动态逆的动力翼伞自主飞行控制方法 [J]. 控制工程，2011，18 (2)：178-182.

[10] Hagan M T，Demuth H B，Beale M H. Neural network design [M]. PWS Pub. Co，1995：197-255.

[11] 施彦，韩力群，廉小亲. 神经网络设计方法与实例分析 [M]. 北京：北京邮电大学出版社，2009，12 (1)：23-75.

[12] 闻新，周露，王丹力，等. MATLAB 神经网络应用设计 [M]. 北京：科学出版社，2009，9 (1)：207-224.

第4章 输入成型控制方法理论

4.1 引言

输入成型思想的最早雏形是 Smith[1] 于1958年在《反馈控制系统》一书中提出的 Posicast 控制，这种技术是一种阶跃输入，分为两个较小的阶跃，其中一个有一定的时间延迟，而两者引起的响应的叠加将使振动得到消除。但是当时由于鲁棒性的问题，该方法并未得到普及。20 世纪 80 年代末期，随着麻省理工学院机械系 Singer 和 Seering[2] 的文章 “preshaping command input to reduce system vibration” 的发表，使这一问题有了质的飞跃。在该文中，他正式提出了输入成型方法，并且分析了方法对参数不确定性的鲁棒性，该方法不仅可以应用于开环系统，对闭环系统同样有效，所需要的计算量很少。Singhose 等人[3] 最初的文章里面得到了两脉冲的 ZV 成型器，但是对实际系统该方法不十分有效。Singhose 等人[4] 提出了一种不敏感成型器（EI），该方法通过放松对参与振幅值的约束得到更高鲁棒性。由于实际工程中，建模参数总是或多或少存在误差，因此这种方法有其独特之处。

自输入成型技术提出以来，它已被应用到从高精度机械到工业吊车等许多带有挠性的系统中。Rappole 等人[5] 使用输入成型方法抑制掉硅处理机器人的两个最低频率模态，从而极大减小了它的振动。输入成型也是 1995 年 3 月的航天飞机飞行任务中的一个主要的挠性结构控制试验部分，此试验被称为 MACE，即 mid-deck active control experiment。Banerjee[6] 使用输入成型方法减小了大型空间天线的变形与残余振动。Kapucu 等人[7,8] 使用输入成型减小了长连杆机械臂的挠性振动。Hu 等人[9-11] 应用输入成型来抑制挠性附件的残余振动，取得了良好的效果。输入成型方法也被成功地用于挠性结构的轨迹跟踪；还被用于生产卸载挠性航天器动量的喷气指令，这样可以在卸载飞轮动量的同时抑制挠性振动，且不用增加额外的燃料；输入成型也可以显著改善挠性结构大角度机动的性能。由于装配开关喷气装置的挠性航天器只能使用常值控制力，因此一些学者也提出了相应的输入成型方法。

输入成型器通过改变期望输入的形状和作用位置点，使得系统达到预定位置的同时，不会出现振动。输入成型器不仅可以应用到开环系统中，而且当输入成型器考虑了闭环模型的动态特性后，还可以引用到闭环系统中。而且在应用输入成型器的过程中，输入成型器的确定，不需要考虑柔性附件和晃动液体的运动要求，仅需考虑刚体航天器器的运动要求。而通过整型之后的系统输入不仅可以满足刚体运动的要求，而且还可以在这个过程中抑制柔性附件的振动或是液体的晃动。本章将对输入成型器的基本原理、输入成型器的设计方法进行详细的描述。

4.2 输入成型技术概述

4.2.1 输入成型器的基本原理

输入成型器就是将期望输入命令与设定的脉冲序列进行卷积后作为新的整型命令输入到系统中。其中称脉冲序列为输入成型器，由增益和时间延迟组合实现，如图 4-1 所示。为了说明输入成型器的作用过程，以质量和弹簧刚度均为 1 的无阻尼弹簧质量系统为例，考虑其在单位阶跃外力作用下的位移响应。

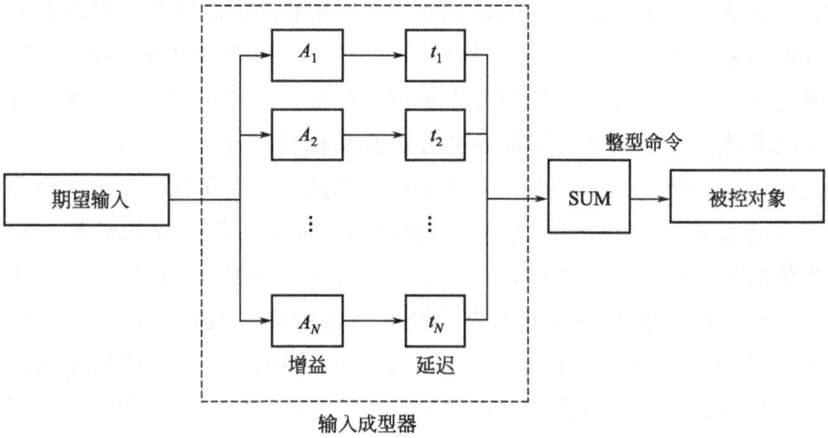

图 4-1 输入成型器的实现步骤图

输入成型过程弹簧质量系统的响应曲线如图 4-2 所示。将单位阶跃信号与包含两个脉冲的输入成型器卷积，形成一个具有两个阶梯的输入成型命令。由图 4-2 可知，在成型后的外力作用下，质量块的残余振动变为零。

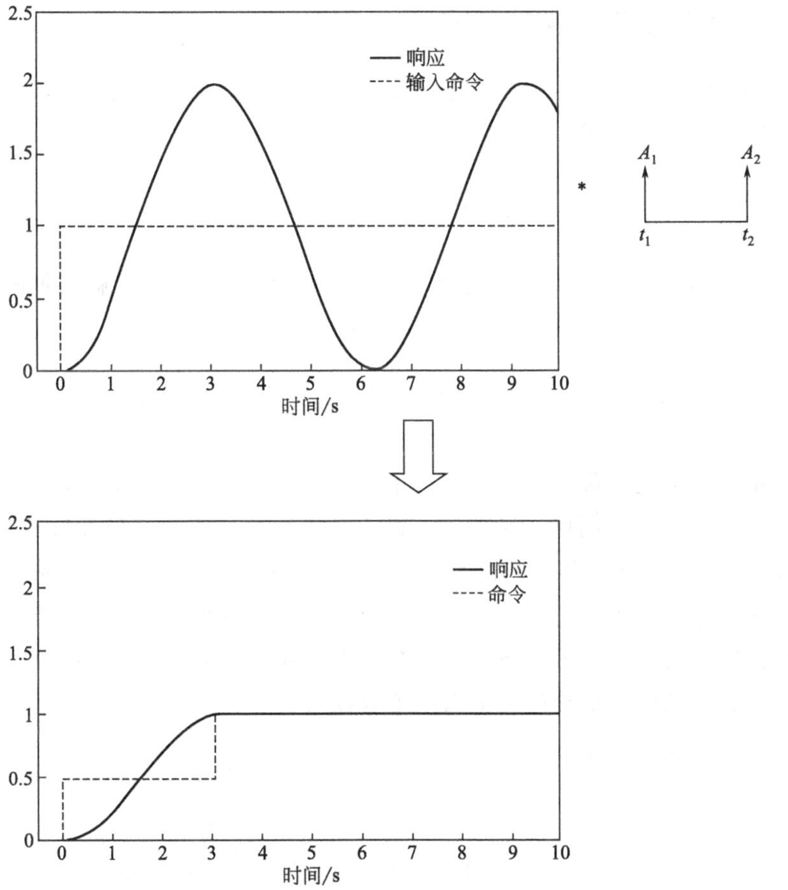

图 4-2　整型前后弹簧质量系统的响应曲线

如图 4-2 所示，输入成型器的数学描述

$$I(s)=\sum_{j=1}^{N}A_j\,\mathrm{e}^{-st_j} \tag{4-1}$$

该输入成型器由 n 个脉冲组成，其中 A_j 是第 j 个脉冲的幅值；t_j 是第 j 个脉冲的时间延迟。

通过式(4-1)，将输入成型器加入系统的控制回路中后，通过整个控制系统的频域分析可以看出，该控制器只会改变系统的零点，而无法影响系统的极点，故只会对系统的响应速度产生影响，而不会影响系统的稳定性。而且还可以通过合理的输入成型器设计，将原系统传递函数的零点配置于极点位置，从而消除此极点对应的自由振动。下一小节将介绍输入成型器的设计方法以及三种典型的输入成型器。

4.2.2 输入成型器的设计方法

本小节将基于线性系统理论来设计输入成型器。线性时间定常系统一阶振动模态的传递方程如下

$$G(s)=\frac{\omega_0^2}{s^2+2\zeta\omega_0 s+\omega_0^2} \tag{4-2}$$

通过对逆 Laplace 变化，可以得到式(4-2) 所示的系统对单个脉冲的响应

$$y(t)=L^{-1}\left[G(s)\right]$$

$$y(t)=\left[A\frac{\omega_0}{\sqrt{1-\zeta^2}}\mathrm{e}^{-\zeta\omega_0(t-t_0)}\right]\sin\omega_0\sqrt{1-\zeta^2}(t-t_0) \tag{4-3}$$

式中，A 是脉冲的幅值；ω_0 是系统无阻尼自然频率；ζ 是系统的阻尼；t 是时间；t_0 是脉冲的作用时间。脉冲输入通常是给执行机构一个转矩或速度命令。方程式(4-3) 是描述的是系统内某些点的加速度或速度响应。由于系统是线性的，多输入脉冲的系统响应可以通过单个脉冲响应的叠加获得。故当合理的安排脉冲的作用时间后，可以使得系统在多个脉冲作用下的响应最终相互抵消而趋于零。为了简化系统响应，引入三角函数关系得

$$B_1\sin(\alpha t+\phi_1)+B_2\sin(\alpha t+\phi_2)=A_{\mathrm{amp}}\sin(\alpha t+\psi) \tag{4-4}$$

式中

$$A_{\mathrm{amp}}=\sqrt{(B_1\cos\phi_1+B_2\cos\phi_2)^2+(B_1\sin\phi_1+B_2\sin\phi_2)^2}$$

$$\psi=\tan^{-1}\left(\frac{B_1\cos\phi_1+B_2\cos\phi_2}{B_1\sin\phi_1+B_2\sin\phi_2}\right) \tag{4-5}$$

故多脉冲输入作用下的振动幅值如下

$$A_{\mathrm{amp}}=\sqrt{\left(\sum_{j=1}^{N}B_j\cos\phi_j\right)^2+\left(\sum_{j=1}^{N}B_j\sin\phi_j\right)^2} \tag{4-6}$$

式中，B_j 是第 j 个脉冲输入响应［式(4-3)］中正弦项的系数。为了在脉冲作用后能够消除振动，振幅 A_{amp} 在最后一个脉冲作用时间 t_N 后，必须等于零。如果公式(4-6) 中的每一个平方项等于零，则该条件满足。即

$$B_1\cos\phi_1+B_2\cos\phi_2+\cdots+B_N\cos\phi_N=0 \tag{4-7}$$

式中

$$B_j=\frac{A_j\omega_0}{\sqrt{(1-\zeta^2)}}e^{-\zeta\omega_0(t_N-t_j)} \tag{4-8}$$

简化式(4-7)可得

$$\sum_{j=1}^{N}A_j e^{-\zeta\omega_0(t_N-t_j)}\sin(t_j\omega_0\sqrt{1-\zeta^2})=0$$

$$\sum_{j=1}^{N}A_j e^{-\zeta\omega_0(t_N-t_j)}\cos(t_j\omega_0\sqrt{1-\zeta^2})=0 \tag{4-9}$$

式中，A_j 是第 j 个输入脉冲的幅值；t_j 是脉冲的作用时间；t_N 是最后一个脉冲的作用时间。

大多数输入成型器初始脉冲的作用时间都选为零。当初始脉冲作用位置选为零后，可以消除脉冲时间转换造成的延迟。另外，为了满足刚体系统运动的控制要求，输入成型器对期望输入的增益效果应该为 1∶1，也就是说卷积后的输入命令和原始命令应该是系统到达相同的位置。以上两条构成了输入成型器的两个约束方程

$$t_1=0$$

$$\sum_{j=1}^{N}A_j=1 \tag{4-10}$$

方程式(4-8)、式(4-9)构成了求解输入成型器幅值和时间作用点的约束方程。下面将对几种典型的输入成型器从设计约束条件和控制性能上进行简要的介绍。

(1) ZV (zero vibration) 成型器

ZV 成型器包含两个脉冲，故有 4 个未知数 A_1、A_2、t_1 和 t_2。它以完全消除残余振动为目的，即

$$\sum_{j=1}^{2}A_j e^{-\zeta\omega_0(t_2-t_j)}\sin(t_j\omega_0\sqrt{1-\zeta^2})=0$$

$$\sum_{j=1}^{2}A_j e^{-\zeta\omega_0(t_2-t_j)}\cos(t_j\omega_0\sqrt{1-\zeta^2})=0 \tag{4-11}$$

结合限制条件式(4-10)，求解方程式(4-11)，若限定全部增益为正，可得最简单的两脉冲 ZV 成型器如下

$$\begin{bmatrix}A_j\\t_j\end{bmatrix}=\begin{bmatrix}\dfrac{1}{1+K} & \dfrac{K}{1+K}\\ 0 & 0.5T_d\end{bmatrix} \tag{4-12}$$

式中

$$K = e^{\frac{-\zeta\pi}{\sqrt{1-\zeta^2}}}, T_d = \frac{\pi}{\omega_0\sqrt{1-\zeta^2}} \tag{4-13}$$

由式(4-12)、式(4-13)可以看出，脉冲的幅值和作用位置完全取决于系统的频率 ω_0 和阻尼 ζ。该输入成型器的控制原理如图 4-3 所示，系统在两个脉冲分别作用的时候（图中粗虚线和细虚线）随着时间会有残余振动存在，但是只要适当的选择两个脉冲的幅值和作用时间，系统在两个脉冲联合作用下的响应曲线在第二个脉冲作用后，由于两个脉冲引起的正负振幅相互抵消，曲线位置值稳定为零，不再有残余振动存在。由于脉冲幅值全部取正数，故卷积后的命令最大值不会超过原始命令的幅值。卷积输入成型器和原始命令的区别是卷积之后残余振动被消除。

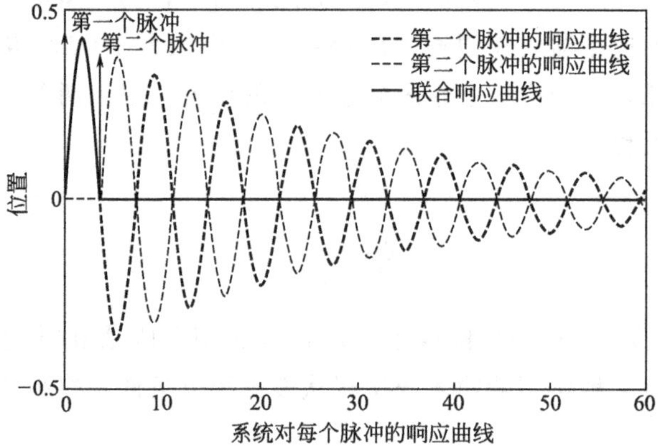

图 4-3 输入成型器的控制原理

ZV 输入成型器可以很好地抑制残余振动，但是它对模型误差较为敏感，也就是说需要确切知道系统频率和阻尼。当系统的频率和阻尼存在误差的时候，振动将不能被完全的消除。成型器鲁棒性由系统存在模型误差的时候，输入成型器对残余振动的抑制程度来确定。评价成型器鲁棒性的一种常用的工具是敏感度曲线。由于输入成型器的应用对象多为低阻尼或无阻尼系统，故我们这里只考虑频率鲁棒性。

残余振动比定义为输入成型后的残余振动与未成型输入的残余振动之比。无量纲频率定义为系统的实际频率与建模频率之比。画出 ZV 输入成型器残余振动比随着无量纲频率的变化曲线如图 4-4 所示。通过定义一定残余振动比下的敏感曲线来获得输入成型器的鲁棒性。敏感曲线就是在一定残余振动比下，曲线的长度。敏度的计算公式如下

$$I_{\omega_0}(V_{tol})=\frac{\omega_{f_1}-\omega_{b_1}}{\omega_0} \tag{4-14}$$

式中，ω_{f_1} 和 ω_{b_1} 为临近建模处频率，且满足

$$V_r(\omega_{f_1})=V_r(\omega_{b_1})=V_{tol},\omega_{b_1}<\omega_0<\omega_{f_1}$$
$$V_r(\omega_{f_1})=V_r(\omega_{b_1})=V_{tol},\omega_{b_1}<\omega_0<\omega_{f_1}。$$

如图 4-4 中所示，当残余振动比为 5%时，敏感曲线长度为 0.082。通过图 4-4 可以看出，当无量纲频率为 1 的时候，残余振动被完全抑制。

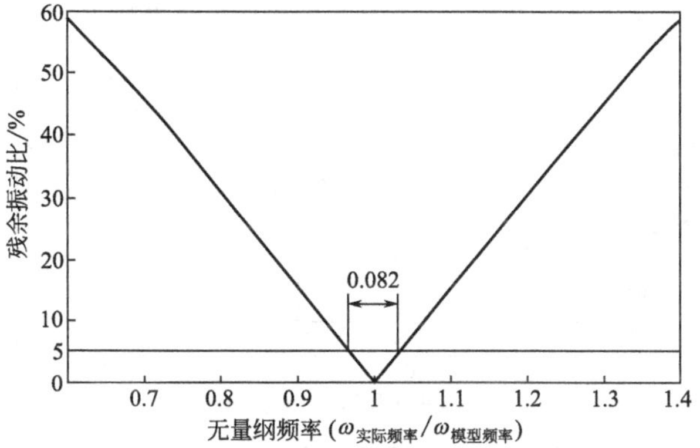

图 4-4　ZV 输入成型器敏感度曲线

(2) ZVD (zero vibration and derivation) 成型器

由前面的知识可以知道，ZV 输入成型器对模型误差较为敏感，为了获得更具鲁棒性的成型器，需要额外的限制方程。ZVD 输入成型器即在 ZV 成型器的基础上，增加了系统响应对频率的导数为零的约束，即式(4-6) 对频率的导数等于零[12]

$$\sum_{j=1}^{N}A_j t_j \mathrm{e}^{-\zeta\omega_0(t_N-t_j)}\sin(t_j\omega_0\sqrt{1-\zeta^2})=0$$
$$\sum_{j=1}^{N}A_j t_j \mathrm{e}^{-\zeta\omega_0(t_N-t_j)}\cos(t_j\omega_0\sqrt{1-\zeta^2})=0 \tag{4-15}$$

由于增加了两个方程，未知数也应该增加两个，故需要多引入一个脉冲。假设脉冲幅值全为正，引入限制条件式(4-10)，则可以得到最简单的 ZVD 输入成型器如下

$$\begin{bmatrix}A_j\\t_j\end{bmatrix}=\begin{bmatrix}\frac{1}{1+2K+K^2} & \frac{2K}{1+2K+K^2} & \frac{K^2}{1+2K+K^2}\\0 & 0.5T_d & T_d\end{bmatrix} \tag{4-16}$$

式中，K、T_d 定义如式(4-13)。

ZV 输入成型器和 ZVD 输入成型器的敏感度曲线如图 4-5 所示。由图看出 ZV 输入成型器和 ZVD 输入成型器在 5% 残余振动比的敏感度曲线分别为 0.082 和 0.288，可以看出，ZVD 输入成型器的敏感曲线远远大于 ZV 输入成型器，更具有鲁棒性。由式(4-12)、式(4-15) 可得，ZVD 输入成型器虽然增加了鲁棒性，却同时增加了延迟时间，其延迟时间是 ZV 成型器的二倍。

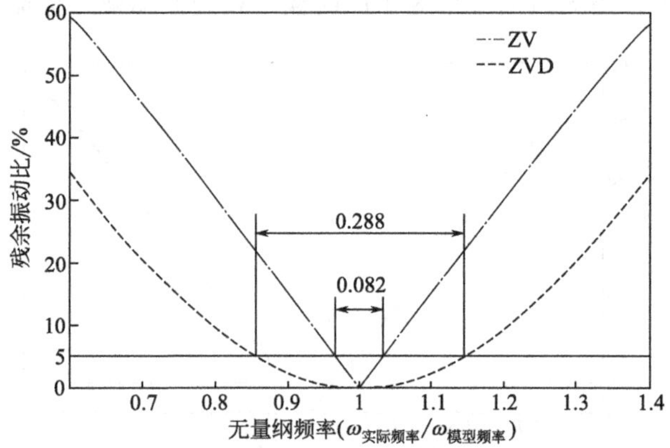

图 4-5 ZV 输入成型器和 ZVD 输入成型器的敏感度曲线

若在 ZVD 输入成型器的基础上继续增加系统响应对频率导数的阶数，则可以得到鲁棒性更好的输入成型器，但脉冲数量也变得更多。

(3) EI (extra insensitivity) 成型器

尽管精确的系统模型存在，由于干扰的影响，系统仍存在很多残余振动。

因此在无量纲频率为 1 的位置，并不能保证系统残余振动严格为零。认识到这一点，我们可以放弃建模频率处零振动限制，而改为在该频率上下域对称位置各取一点，令此两处的振动比为零，建模频率处的振动比满足期望限制，如图 4-6 所示，该输入成型器成为 EI 输入成型器。

振动幅值的限制可以表示为成型后残余振动幅值和未成型残余振动幅值之比。

残余振动比可以表示为[6]：

$$V_r = e^{-\zeta\omega_0 t_N}\sqrt{\left[\sum_{j=1}^{N} A_j e^{\zeta\omega_0 t_j}\cos(\omega_0\sqrt{1-\zeta^2}\,t_j)\right]^2+\left[\sum_{j=1}^{N} A_j e^{\zeta\omega_0 t_j}\sin(\omega_0\sqrt{1-\zeta^2}\,t_j)\right]^2} \tag{4-17}$$

t_N 是最后一个脉冲的作用时间。故 EI 输入成型器可以表示为

$$V_r(\omega_b,\zeta)=V_r(\omega_f,\zeta)=0,\ V_r(\omega_0,\zeta)=V_{tol}\quad \omega_b<\omega_0<\omega_f \tag{4-18}$$

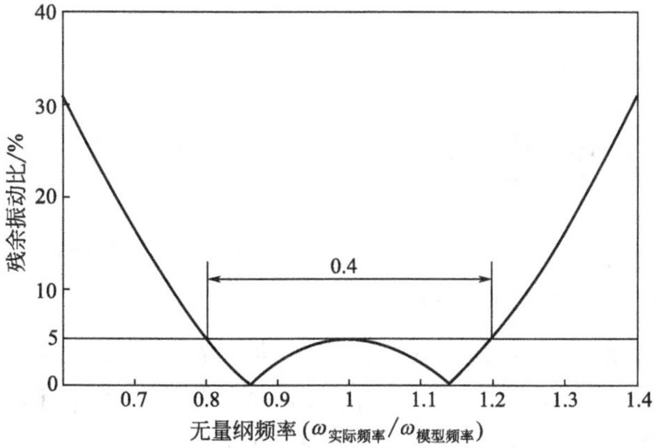

图 4-6　EI 输入成型器的敏感度曲线

式中，V_{tol} 是建模频率出的振动比希望限制。最简单的 EI 输入成型器如图 4-6 所示，只含有单个峰值。它由 3 个脉冲组成，结合式(4-18)、式(4-14)，可得无阻尼系统成型器参数如下

$$\begin{bmatrix} A_j \\ t_j \end{bmatrix} = \begin{bmatrix} \dfrac{1+V_{tol}}{4} & \dfrac{1-V_{tol}}{2} & \dfrac{1+V_{tol}}{4} \\ 0 & 0.5T & T \end{bmatrix} \tag{4-19}$$

式中，$T=\dfrac{2\pi}{\omega_0}$。

图 4-7 是 ZV、ZVD 和 EI 输入成型器的敏感度曲线。对于同样 5%的残余振动比，EI 的敏感度曲线是 0.4，ZVD 的是 0.288，而 ZV 的只为 0.082。EI 和 ZVD 输入成型器的延迟时间相同，EI 输入成型器在增加敏感度曲线的同时，没有增加输入成型器的时间延迟。

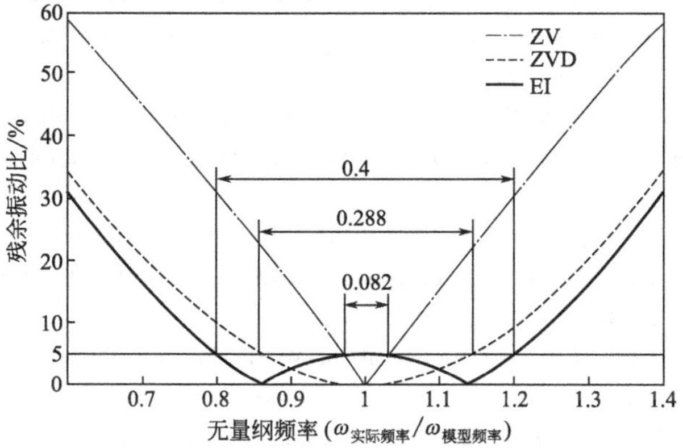

图 4-7　ZV、 ZVD 和 EI 输入成型器的敏感度曲线

为了提高输入成型器的敏感度曲线，可在建模频率附近增加取点个数，获得多个峰值的输出成型[12]。

4.3 输入成型器设计目标与约束条件

出于实用性目标，输入成型器的设计除了上面给出的约束条件式(4-10)外，还应满足以下几个方面的约束。

① 由于推进剂消耗会引起液体固有晃动频率的变化，因此在输入成型器的设计过程中，应该加入式(4-14）和式(4-18）所示的鲁棒性约束，使得模型频率对应的不敏感度大于期望的不敏感度，即

$$I_{\omega_0} \geqslant I_{\exp} \tag{4-20}$$

② 由前面的知识我们可以知道，在引入输入成型器的同时会引入时间延迟。理想的控制希望延迟越短越好，并满足时间最优

$$\min(t_N) \tag{4-21}$$

本章主要介绍了输入成型器，阐述了其工作原理，对三种典型的输入成型器（ZV 输入成型器、ZVD 输入成型器和 EI 输入成型器）的脉冲参数设计进行了推导，给出了输入成型器的设计目标与约束条件，为后续章节用到的前馈-反馈复合控制器的设计提供理论支撑。

参考文献

[1] Smith O J M. Feedback control systems [M]. New York：McGraw-Hill，1958.

[2] Singer N. Seering W. Preshaping command inputs to reduce system vibration [J]. 1990，112 (1)：128-147.

[3] Singhose W E，Porter L J，Singer N C. Vibration reduction using multi-hump extra-insensitive input shapers [C]. Proceedings of the American Control Conference，June 21-23，Seattle，1995，5：3830-3834.

[4] Singhose W，Derezinski S，Singer N C. Extra-insensitive input shapers for controlling flexible spacecraft [J]. Journal of Guidance，Control，and Dynamics，1996，19 (2)：385-391.

[5] Rappole B W，Singer N C，Seering W P. Input shaping with negative sequences for reducing vibrations in flexible structures [C]. American Control Conference，San Francisco，CA，1993：2695-2699.

[6] Banerjee A K. Dynamics and control of the WISP shuttle-antennae system [J]. Journal of the Astronautical Sciences，1993，41：73-90.

[7] Kapucu S，Alici G，Bayseç S. Residual swing/vibration reduction using a hybrid input shaping method [J]. Mechanism and Machine Theory，2001，36 (3)：311-326.

[8] Kapucu S, Yildinm N, Yavuz H. Suppression of Residual vibration of a translating swinging load by a flexible manipulator [J]. Mechatronics, 2008, 18 (3): 121-128.
[9] Hu Q, Ma G. Variable structure control and active vibration suppression of flexible spacecraft during attitude maneuver [J]. Aerospace Science and Technology, 2005, 9 (4): 307-317.
[10] Hu Q, Ma G, Xie L. Robust and adaptive variable structure output feedback control of uncertain systems with input nonlinearity [J]. Automatica, 2008, 44 (2): 552-559.
[11] Hu Q, Ma G. Vibration suppression of flexible spacecraft during attitude maneuvers [J]. Journal of Guidance, Control, and Dynamics, 2005, 28 (2): 377-380.
[12] Magee D P, Book W J. The application of input shaping to a system with varying parameters [J]. Japan/USA Symposium on Flexible Automation, 1992: 519-525.

第5章 充液航天器自适应神经网络动态逆控制复合控制

5.1 引言

携带可观质量的液体燃料的航天器，在交会对接机动中，必须考虑液体晃动效应对控制系统的影响，否则将出现严重的漂移现象[1]。根据外激励频率及腔体几何形状的不同，液体自由面可能会产生诸如面外晃动、旋转、非规则拍振、伪周期运动及混沌等复杂的非线性运动[1,2]，要有效地预测燃料晃动动力学及其对完整航天器系统的影响，建立液体晃动的精确模型进而建立合理的刚-液-控耦合系统模型就显得极其重要。在对充液航天器进行控制系统设计及稳定性分析时，通常将等效力学模型纳入耦合系统建模的过程中，Yue 等人[3] 利用等效球摆模型研究了卫星姿态机动过程中的液体晃动混沌动力学问题。Liu 等人[4] 采用复合 3DOF 刚性-球摆模型研究了充液航天器的大振幅横向晃动、旋转晃动和液体旋转起动问题。本章以单摆等效模型来模拟液体燃料晃动。

目前输入成型技术已经成功应用在柔性附件结构的振动控制中[5]，但是很少将其应用在晃动抑制中。Pridgen 等人[6] 通过模拟和实验证明了鲁棒输入成型器在一定参数范围内可以有效地抑制晃动的瞬态峰值和残余振动。董锴[7] 将输入成型器分别用于运动学参数和动力学参数为输入的晃动系统，取得了很好的抑制效果。Dong 等人[8] 将 ZV、ZVD、EI 输入成型器应用到微重环境下三轴稳定卫星的姿态镇定中。Ameen 等人[9] 将输入成型器置于反馈控制系统外，对输入命令进行整型，实现方形开口贮箱快速、安全点对点运动中的晃动抑制。通过GA算法对输入成型器参数进行了优化。

本章主要研究在固定平面内充液航天器的动力学建模与姿态机动问题，将输入成型技术应用于抑制充液航天器在姿态机动过程引发的液态燃料晃动之中。液体燃料晃动等效为单摆模型，利用牛顿第二定律建立了充液航天器动力学模型；采用神经网络补偿液体晃动动态，构造了系统的非线性动态逆控制器。其次基于燃料晃动的频率和阻尼设计了ZVD输入成型器，揭示了前置控制系统的ZVD输入成型器对输入命令整型的规律。并通过数值模拟结果证明了所设计的控制策略能够实现航天器的姿态镇定。

5.2 充液航天器力学模型

充液航天器耦合动力学模型如图5-1所示。模型包含一个刚体航天器，质量表示为 m_s，一个部分充液的球形贮箱T，贮箱内的液体等效为等效单摆模型，摆锤质量为 m_f，处于 A 点，$\boldsymbol{L}$ 是摆锤的方向矢量，$\|\boldsymbol{L}\|$ 等于常数。单摆的悬挂点位置为 p。图中 (E, X_I, Y_I, Z_I) 是惯性坐标系，(O, X_s, Y_s, Z_s) 是与刚体航天器相固连的坐标系，(A, X_f, Y_f, Z_f) 是与单摆摆锤固连的参考坐标系。$\boldsymbol{b}$ 是在与刚体航天器固连的坐标系下摆锤的悬挂位置矢量。$\boldsymbol{r}_O$ 是惯性坐标系内 O 点的坐标矢量；$\boldsymbol{r}_p$ 是惯性坐标系内 p 点的坐标矢量；$\boldsymbol{r}_A$ 是惯性坐标系内 A 点的坐标矢量。

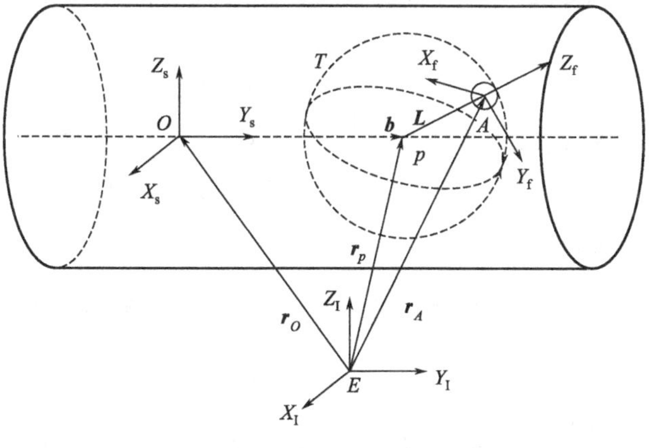

图5-1 将液体晃动等效为单摆的航天器模型

刚体航天器的转动惯量用 $\boldsymbol{I}_s$ 来描述；取欧拉角 $\boldsymbol{\theta}_s$ 描述刚体航天器在惯性坐标系内的定位；刚体航天器在与刚体航天器固连的坐标系内的角速度用 $\boldsymbol{\omega}_s$

来描述；单摆摆球的转动惯量为 $\boldsymbol{I}_{\mathrm{f}}$；取欧拉角 $\boldsymbol{\theta}_{\mathrm{f}}$ 来描述等效单摆摆球在惯性坐标系内的定位；单摆摆球在与单摆摆球固连的坐标系内的角速度用 $\boldsymbol{\omega}_{\mathrm{f}}$ 来描述。

假设刚体航天器和等效为单摆的燃料都是刚体，图 5-1 中所示刚体航天器的受力图和单摆摆锤受力图如图 5-2 所示。两个刚体通过 p 点相连。其中 $\boldsymbol{T}_{\mathrm{ds}}$ 和 $\boldsymbol{T}_{\mathrm{df}}$ 分别为用在刚体航天器和单摆摆锤上的干扰力矩；$\boldsymbol{F}_{\mathrm{ds}}$ 和 $\boldsymbol{F}_{\mathrm{df}}$ 分别为作用在刚体航天器和单摆摆锤的干扰力；$\boldsymbol{F}_{\mathrm{gs}}$ 和 $\boldsymbol{F}_{\mathrm{gf}}$ 分别为两个刚体受到的重力；$\boldsymbol{F}_{\mathrm{e}}$ 为作用在刚体航天器轴向的火箭推力；$\boldsymbol{T}_{\mathrm{cb}}$ 为作用在刚体航天器上的控制力矩；$\boldsymbol{T}_{\mathrm{fs}}$、$\boldsymbol{F}_{\mathrm{fs}}$、$\boldsymbol{T}_{\mathrm{sf}}$、$\boldsymbol{F}_{\mathrm{sf}}$ 分别为刚体航天器和液体之间的相互作用力矩和力，有如下的关系

$$\boldsymbol{T}_{\mathrm{fs}}=-\boldsymbol{T}_{\mathrm{sf}}, \boldsymbol{F}_{\mathrm{fs}}=-\boldsymbol{F}_{\mathrm{sf}}$$

$$\boldsymbol{T}_{\mathrm{fs}}=-\boldsymbol{T}_{\mathrm{sf}}, \boldsymbol{F}_{\mathrm{fs}}=-\boldsymbol{F}_{\mathrm{sf}}$$

由 Hagan 等人[10] 关于坐标系转化的公式推导可得，欧拉角与角速度之间的关系式如下

$$\dot{\boldsymbol{\theta}}=\boldsymbol{N}(\boldsymbol{\theta})\boldsymbol{\omega};\boldsymbol{N}(\boldsymbol{\theta})=\begin{bmatrix}1 & S_1S_2/C_2 & C_1S_2/C_2\\0 & C_1 & -S_1\\0 & S_1/C_2 & C_1/C_2\end{bmatrix} \tag{5-1}$$

式中，为了表示方便，我们采用 C 代表 cos；S 代表 sin；下标数字表示欧拉角 $\boldsymbol{\theta}$ 的标号。可以通过 $\boldsymbol{N}(\boldsymbol{\theta})$ 将所有坐标下的矢量转换为同一坐标系下。故对于刚体航天器有

$$\dot{\boldsymbol{\theta}}_{\mathrm{s}}=\boldsymbol{N}(\boldsymbol{\theta}_{\mathrm{s}})\boldsymbol{\omega}_{\mathrm{s}};\boldsymbol{N}(\boldsymbol{\theta}_{\mathrm{s}})=\begin{bmatrix}1 & S_{\mathrm{s1}}S_{\mathrm{s2}}/C_{\mathrm{s2}} & C_{\mathrm{s1}}S_{\mathrm{s2}}/C_{\mathrm{s2}}\\0 & C_{\mathrm{s1}} & -S_{\mathrm{s1}}\\0 & S_{\mathrm{s1}}/C_{\mathrm{s2}} & C_{\mathrm{s1}}/C_{\mathrm{s2}}\end{bmatrix} \tag{5-2}$$

由牛顿定律可得

$$\begin{aligned}\boldsymbol{I}_{\mathrm{s}}\left.\frac{\partial\boldsymbol{\omega}_{\mathrm{s}}}{\partial t}\right|_{\mathrm{s}}+\boldsymbol{\omega}_{\mathrm{s}}\times(\boldsymbol{I}_{\mathrm{s}}\boldsymbol{\omega}_{\mathrm{s}})&=\boldsymbol{T}_{\mathrm{fs}}+\boldsymbol{T}_{\mathrm{ds}}+\boldsymbol{T}_{\mathrm{c}}+\boldsymbol{b}\times\boldsymbol{F}_{\mathrm{fs}}m_{\mathrm{s}}\boldsymbol{a}_0\\&=\boldsymbol{F}_{\mathrm{fs}}+\boldsymbol{F}_{\mathrm{ds}}+\boldsymbol{F}_{\mathrm{e}}+\boldsymbol{F}_{\mathrm{gs}}\\\boldsymbol{I}_{\mathrm{f}}\left.\frac{\partial\boldsymbol{\omega}_{\mathrm{f}}}{\partial t}\right|_{F}+\boldsymbol{\omega}_{\mathrm{f}}\times(\boldsymbol{I}_{\mathrm{f}}\boldsymbol{\omega}_{\mathrm{f}})&=\boldsymbol{T}_{\mathrm{sf}}+\boldsymbol{T}_{\mathrm{df}}+\boldsymbol{L}\times\boldsymbol{F}_{\mathrm{sf}}m_{\mathrm{f}}\boldsymbol{a}_A\\&=\boldsymbol{F}_{\mathrm{sf}}+\boldsymbol{F}_{\mathrm{df}}+\boldsymbol{F}_{\mathrm{gf}}\end{aligned} \tag{5-3}$$

由于燃料晃动被模拟为一个带有黏性扭转阻尼项的单摆，故液体晃动对刚体航天器的作用力矩可以表示为

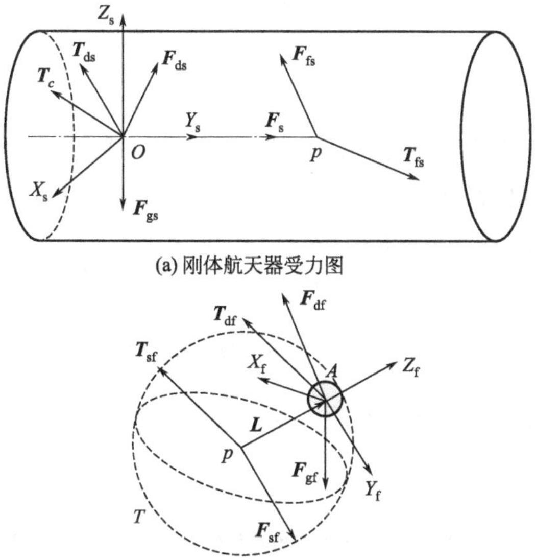

图 5-2 充液航天器动力学模型受力分析图

$$\boldsymbol{T}_{\mathrm{fs}}=c(\boldsymbol{\omega}_{\mathrm{f}}-\boldsymbol{\omega}_{\mathrm{s}}) \tag{5-4}$$

式中，c 为液体晃动的液体黏性常数，这里选择为 0.4。

下面将要求解燃料晃动对刚体航天器的作用力 $\boldsymbol{F}_{\mathrm{fs}}$。由于 p 点是刚体航天器和液体等效单摆的连接点，故在惯性坐标系下，与刚体航天器固连的坐标系内 p 点的加速值与液体等效单摆固连的坐标系内 p 点的加速度值应该相等。与等效单摆模型相固连的坐标系内 p 点在惯性坐标系内的速度和加速度如下

$$\boldsymbol{r}_p=\boldsymbol{r}_A-\boldsymbol{L}$$

$$\left.\frac{\partial \boldsymbol{r}_p}{\partial t}\right|_{\mathrm{I}}=\left.\frac{\partial \boldsymbol{r}_A}{\partial t}\right|_{\mathrm{I}}-\left.\frac{\partial \boldsymbol{L}}{\partial t}\right|_{\mathrm{f}}-\boldsymbol{\omega}_{\mathrm{f}}\times\boldsymbol{L}=\left.\frac{\partial \boldsymbol{r}_A}{\partial t}\right|_{\mathrm{I}}-\boldsymbol{\omega}_{\mathrm{f}}\times\boldsymbol{L}$$

$$\begin{aligned}\left.\frac{\partial^2 \boldsymbol{r}_p}{\partial t^2}\right|_{\mathrm{I}}&=\left.\frac{\partial^2 \boldsymbol{r}_A}{\partial t^2}\right|_{\mathrm{I}}-\left.\frac{\partial(\boldsymbol{\omega}_{\mathrm{f}}\times\boldsymbol{L})}{\partial t}\right|_{\mathrm{f}}-\boldsymbol{\omega}_{\mathrm{f}}\times(\boldsymbol{\omega}_{\mathrm{f}}\times\boldsymbol{L})\\&=\boldsymbol{a}_A-\dot{\boldsymbol{\omega}}_{\mathrm{f}}\times\boldsymbol{L}-\boldsymbol{\omega}_{\mathrm{f}}\times(\boldsymbol{\omega}_{\mathrm{f}}\times\boldsymbol{L})\end{aligned} \tag{5-5}$$

同样与刚体航天器固连的坐标系内 p 点在惯性坐标系内的速度和加速度分别为

$$\boldsymbol{r}_p=\boldsymbol{r}_O+\boldsymbol{b}$$

$$\left.\frac{\partial \boldsymbol{r}_p}{\partial t}\right|_{\mathrm{I}}=\left.\frac{\partial \boldsymbol{r}_O}{\partial t}\right|_{\mathrm{I}}+\left.\frac{\partial \boldsymbol{L}}{\partial t}\right|_{\mathrm{s}}+\boldsymbol{\omega}_{\mathrm{s}}\times\boldsymbol{b}=\left.\frac{\partial \boldsymbol{r}_O}{\partial t}\right|_{\mathrm{I}}+\boldsymbol{\omega}_{\mathrm{s}}\times\boldsymbol{b}$$

$$\left.\frac{\partial^2 \boldsymbol{r}_p}{\partial t^2}\right|_{\mathrm{I}}=\left.\frac{\partial^2 \boldsymbol{r}_O}{\partial t^2}\right|_{\mathrm{I}}+\left.\frac{\partial(\boldsymbol{\omega}_{\mathrm{s}}\times \boldsymbol{b})}{\partial t}\right|_{\mathrm{b}}+\boldsymbol{\omega}_{\mathrm{s}}\times(\boldsymbol{\omega}_{\mathrm{s}}\times \boldsymbol{b})$$

$$=\boldsymbol{a}_O+\dot{\boldsymbol{\omega}}_{\mathrm{s}}\times \boldsymbol{b}+\boldsymbol{\omega}_{\mathrm{s}}\times(\boldsymbol{\omega}_{\mathrm{s}}\times \boldsymbol{b}) \tag{5-6}$$

由于 p 点是两个刚体的连接点，故式(5-5) 与式(5-6) 所得的加速度值应该相等，否则摆的基点将会相对于卫星产生位置移动，可得

$$\frac{\boldsymbol{F}_{\mathrm{fs}}}{m_{\mathrm{s}}}+\frac{\boldsymbol{F}_{\mathrm{ds}}}{m_{\mathrm{s}}}+\frac{\boldsymbol{F}_{\mathrm{e}}}{m_{\mathrm{s}}}+\frac{\boldsymbol{F}_{\mathrm{e}}}{m_{\mathrm{s}}}+\dot{\boldsymbol{\omega}}\times \boldsymbol{b}+\boldsymbol{\omega}_{\mathrm{s}}\times(\boldsymbol{\omega}_{\mathrm{s}}\times \boldsymbol{b})$$

$$=\frac{\boldsymbol{F}_{\mathrm{fs}}}{m_{\mathrm{f}}}+\frac{\boldsymbol{F}_{\mathrm{df}}}{m_{\mathrm{f}}}+\frac{\boldsymbol{F}_{\mathrm{gf}}}{m_{\mathrm{f}}}-\dot{\boldsymbol{\omega}}_{\mathrm{f}}\times \boldsymbol{L}-\boldsymbol{\omega}_{\mathrm{f}}\times(\boldsymbol{\omega}_{\mathrm{f}}\times \boldsymbol{L}) \tag{5-7}$$

假设卫星和燃料的重力加速度相等，即 $\boldsymbol{F}_{\mathrm{gs}}/m_{\mathrm{s}}=\boldsymbol{F}_{\mathrm{gf}}/m_{\mathrm{f}}$，代入式(5-7) 中可求得 $\boldsymbol{F}_{\mathrm{fs}}$ 的表达式如下

$$\boldsymbol{F}_{\mathrm{fs}}=\left(\frac{1}{m_{\mathrm{s}}}+\frac{1}{m_{\mathrm{f}}}\right)^{-1}\times\left\{\frac{\boldsymbol{F}_{\mathrm{df}}}{m_{\mathrm{f}}}-\dot{\boldsymbol{\omega}}_{\mathrm{f}}\times \boldsymbol{L}-\boldsymbol{\omega}_{\mathrm{f}}\times(\boldsymbol{\omega}_{\mathrm{f}}\times \boldsymbol{L})-\left[\frac{\boldsymbol{F}_{\mathrm{ds}}}{m_{\mathrm{s}}}+\frac{\boldsymbol{F}_{\mathrm{e}}}{m_{\mathrm{s}}}+\dot{\boldsymbol{\omega}}_{\mathrm{s}}\times \boldsymbol{b}+\boldsymbol{\omega}_{\mathrm{s}}\times(\boldsymbol{\omega}_{\mathrm{s}}\times \boldsymbol{b})\right]\right\} \tag{5-8}$$

故式(5-2)～式(5-4) 和式(5-8) 构成了充液航天器动力学模型。

5.3 神经网络动态逆控制方法设计

5.3.1 非线性动态逆控制

由第 5.2 节推导的充液航天器模型可得未充液航天器的模型如下。

$$\dot{\boldsymbol{x}}_{\mathrm{s}}=\begin{bmatrix}\dot{\boldsymbol{\theta}}_{\mathrm{s}}\\ \dot{\boldsymbol{\omega}}_{\mathrm{s}}\end{bmatrix}=\begin{bmatrix}\boldsymbol{N}(\boldsymbol{\theta}_{\mathrm{s}})\boldsymbol{\omega}_{\mathrm{s}}\\ \boldsymbol{I}_{\mathrm{s}}^{-1}(-\boldsymbol{\omega}_{\mathrm{s}}\times \boldsymbol{J}_{\mathrm{s}}\boldsymbol{\omega}_{\mathrm{s}})\end{bmatrix}+\begin{bmatrix}\boldsymbol{0}_{3\times 3}\\ \boldsymbol{I}_{\mathrm{s}}^{-1}\end{bmatrix}\boldsymbol{T}_{\mathrm{c}}+\begin{bmatrix}\boldsymbol{0}_{3\times 3}\\ \boldsymbol{I}_{\mathrm{s}}^{-1}\end{bmatrix}\boldsymbol{T}_{\mathrm{ds}}$$

$$\boldsymbol{y}_{\mathrm{s}}=\dot{\boldsymbol{\theta}}_{\mathrm{s}}=\boldsymbol{N}(\boldsymbol{\theta}_{\mathrm{s}})\boldsymbol{\omega}_{\mathrm{s}} \tag{5-9}$$

式中，$\dot{\boldsymbol{x}}=[\dot{\boldsymbol{\theta}}_{\mathrm{s}}\quad \dot{\boldsymbol{\omega}}_{\mathrm{s}}]$为状态变量；$\boldsymbol{T}_{\mathrm{c}}$ 为输入变量；$\boldsymbol{y}_{\mathrm{s}}$ 为输出变量。

取刚体航天器的 Euler 角为控制变量，可得 Euler 角的一阶导数为 $\boldsymbol{y}_{\mathrm{s}}=\dot{\boldsymbol{\theta}}_{\mathrm{s}}=\boldsymbol{N}(\boldsymbol{\theta}_{\mathrm{s}})\boldsymbol{\omega}_{\mathrm{s}}$，将 $\boldsymbol{y}$ 再次对时间求导数可得

$$\begin{aligned}\ddot{\boldsymbol{\theta}}&=\frac{\partial\dot{\boldsymbol{\theta}}}{\partial \boldsymbol{x}}\frac{\mathrm{d}\boldsymbol{x}}{\mathrm{d}t}\\&=\frac{\partial}{\partial \boldsymbol{x}}[\boldsymbol{N}(\boldsymbol{\theta})\boldsymbol{\omega}]\left\{\begin{bmatrix}\boldsymbol{N}(\boldsymbol{\theta}_{\mathrm{s}})\boldsymbol{\omega}_{\mathrm{s}}\\ -\boldsymbol{I}_{\mathrm{s}}^{-1}(-\boldsymbol{\omega}_{\mathrm{s}}\times \boldsymbol{J}_{\mathrm{s}}\boldsymbol{\omega}_{\mathrm{s}})\end{bmatrix}+\begin{bmatrix}\boldsymbol{0}_{3\times 3}\\ \boldsymbol{I}_{\mathrm{s}}^{-1}\end{bmatrix}\boldsymbol{T}_{\mathrm{c}}+\begin{bmatrix}\boldsymbol{0}_{3\times 3}\\ \boldsymbol{I}_{\mathrm{s}}^{-1}\end{bmatrix}\boldsymbol{T}_{\mathrm{ds}}\right\}\end{aligned}$$

$$=\boldsymbol{v}(\boldsymbol{x})+\frac{\partial}{\partial \boldsymbol{x}}[\boldsymbol{N}(\boldsymbol{\theta})\boldsymbol{\omega}]\begin{bmatrix}\boldsymbol{0}_{3\times 3}\\ \boldsymbol{I}_{\mathrm{s}}^{-1}\end{bmatrix}\boldsymbol{T}_{\mathrm{ds}}$$

$$=\boldsymbol{v}(\boldsymbol{x})+\boldsymbol{N}(\boldsymbol{\theta})\boldsymbol{I}_{\mathrm{s}}^{-1}\boldsymbol{T}_{\mathrm{ds}} \tag{5-10}$$

通过式(5-10) 可得

$$\boldsymbol{v}(\boldsymbol{x}_{\mathrm{s}})=\boldsymbol{L}(\boldsymbol{x}_{\mathrm{s}})+\boldsymbol{M}(\boldsymbol{x}_{\mathrm{s}})\boldsymbol{T}_{\mathrm{c}} \tag{5-11}$$

式中

$$\boldsymbol{M}(\boldsymbol{x}_{\mathrm{s}})=\frac{\partial}{\partial \boldsymbol{x}_{\mathrm{s}}}[\boldsymbol{N}(\boldsymbol{\theta}_{\mathrm{s}})\boldsymbol{\omega}_{\mathrm{s}}]\begin{bmatrix}\boldsymbol{0}_{3\times 3}\\ \boldsymbol{I}_{\mathrm{s}}^{-1}\end{bmatrix} \tag{5-12}$$

$$\boldsymbol{L}(\boldsymbol{x}_{\mathrm{s}})=\frac{\partial}{\partial \boldsymbol{x}_{\mathrm{s}}}[\boldsymbol{N}(\boldsymbol{\theta}_{\mathrm{s}})\boldsymbol{\omega}_{\mathrm{s}}]\begin{bmatrix}\boldsymbol{N}(\boldsymbol{\theta}_{\mathrm{s}})\boldsymbol{\omega}_{\mathrm{s}}\\ \boldsymbol{I}_{\mathrm{s}}^{-1}(-\boldsymbol{\omega}_{\mathrm{s}}\times \boldsymbol{I}_{\mathrm{s}}\boldsymbol{\omega}_{\mathrm{s}})\end{bmatrix} \tag{5-13}$$

$$\frac{\partial}{\partial \boldsymbol{x}_{\mathrm{s}}}[\boldsymbol{N}(\boldsymbol{\theta}_{\mathrm{s}})\boldsymbol{\omega}_{\mathrm{s}}]=$$

$$\begin{bmatrix}\dfrac{(C_{s1}\omega_{s2}-S_{s1}\omega_{s3})S_{s2}}{C_{s2}} & \dfrac{S_{s1}\omega_{s2}+C_{s1}\omega_{s3}}{C_{s2}^{2}} & 0 & 1 & \dfrac{S_{s1}S_{s2}}{C_{s2}} & \dfrac{C_{s1}S_{s2}}{C_{s2}}\\ -S_{s1}\omega_{s2}-C_{s1}\omega_{s3} & 0 & 0 & 0 & C_{s1} & -S_{s1}\\ \dfrac{C_{s1}\omega_{s2}-C_{s1}\omega_{s3}}{C_{s2}} & \dfrac{(S_{s1}\omega_{s2}+C_{s1}\omega_{s3})S_{s2}}{C_{s2}^{2}} & 0 & 0 & \dfrac{S_{s1}}{C_{s2}} & \dfrac{C_{s1}}{C_{s2}}\end{bmatrix} \tag{5-14}$$

当不考虑外界干扰时，由式(5-10) 可知，$\ddot{\boldsymbol{\theta}}=\boldsymbol{v}$ 变为线性系统，可采用线性系统的控制方法对其进行控制。此处我们采用 PD 控制器，$\boldsymbol{v}$ 可以表示为

$$\boldsymbol{v}=-K_{\mathrm{p}}(\boldsymbol{\theta}_{\mathrm{s}}-\boldsymbol{\theta}_{\mathrm{c}})-K_{\mathrm{d}}(\dot{\boldsymbol{\theta}}_{\mathrm{s}}-\dot{\boldsymbol{\theta}}_{\mathrm{c}}) \tag{5-15}$$

为了求 PD 控制系数 K_{p} 和 K_{d}，我们首先引入 Laplace 终值定理 5.1。

定理 5.1 时间函数 $f(t)$的稳态值与复频域中 $s=0$ 附近的 $sF(s)$的值相同。因此，$f(t)$ 在 $t\to\infty$时的值可以直接从 $\lim\limits_{s\to\infty} sF(s)$得到，即

$$\lim_{t\to\infty} f(t)=\lim_{s\to 0} sF(s) \tag{5-16}$$

将式(5-15) 代入到式(5-10) 中，由 Laplace 终值定理可求得 K_{p} 和 K_{d} 的表达式如下

$$K_{\mathrm{p}}=\frac{|\boldsymbol{N}(\boldsymbol{\theta}_{\mathrm{s}})\boldsymbol{I}_{\mathrm{s}}^{-1}\boldsymbol{T}_{\mathrm{ds}}|}{\theta_{\mathrm{ss}}},K_{\mathrm{d}}=2\zeta\boldsymbol{\omega}_{\mathrm{n}}=2\zeta\sqrt{K_{\mathrm{p}}} \tag{5-17}$$

式中，θ_{ss} 为稳态误差，本章取为 0.0001°；ζ 为预期的阻尼比，此处设$\sqrt{0.5}\approx 0.7$。

控制变量 $\boldsymbol{T}_{\mathrm{c}}$ 的表达式如下

$$\boldsymbol{T}_c=\boldsymbol{M}(\boldsymbol{x}_s)^{-1}[\boldsymbol{v}(\boldsymbol{x}_s)-\boldsymbol{L}(\boldsymbol{x}_s)] \tag{5-18}$$

式中，各项系数 $\boldsymbol{M}(\boldsymbol{x}_s)$、$\boldsymbol{v}(\boldsymbol{x}_s)$ 和 $\boldsymbol{L}(\boldsymbol{x}_s)$分别如式(5-12)、式(5-13)、式(5-14）所示。

5.3.2 自适应非线性动态逆控制器设计

由于动态逆控制对模型误差较为敏感，当航天器内存在液体晃动的时候，航天器的姿态控制将会受到影响，产生振荡和不稳定。故在本小节将引入神经网络来模拟液体晃动的晃动力和晃动力矩，嵌入到动态逆控制中，对液体晃动进行补偿，获得自适应 NDI（nonlinear dynamic inversion）控制器。

取充液航天器的力学模型

$$\dot{\boldsymbol{x}}=\begin{bmatrix}\dot{\boldsymbol{\theta}}_s\\ \dot{\boldsymbol{\omega}}_s\end{bmatrix}=\begin{bmatrix}\boldsymbol{N}(\boldsymbol{\theta}_s)\boldsymbol{\omega}_s\\ \boldsymbol{I}_s^{-1}(-\boldsymbol{\omega}_s\times\boldsymbol{I}_s\boldsymbol{\omega}_s)\end{bmatrix}+\begin{bmatrix}\boldsymbol{0}_{3\times3}\\ \boldsymbol{I}_s^{-1}\end{bmatrix}\boldsymbol{T}_c+\begin{bmatrix}\boldsymbol{0}_{3\times3}\\ \boldsymbol{I}_s^{-1}\end{bmatrix}\boldsymbol{T}_d+\begin{bmatrix}\boldsymbol{0}_{3\times3}\\ \boldsymbol{I}_s^{-1}\end{bmatrix}\boldsymbol{T}_{fs}+\boldsymbol{b}\times\boldsymbol{F}_{fs} \tag{5-19}$$

为了补偿未知动态，建立一个自适应 NDI 控制器。这个 NDI 控制器采用神经网络识别在线未知液体晃动动态（晃动力和晃动力矩），获得一个在线模型，并将定义的在线模型应用在线性反馈系统中。如果神经网络正确识别未知液体晃动动态，逆系统将是正确的，因此控制器将有很好的控制性能。自适应 NDI 控制框图如图 5-3 所示。

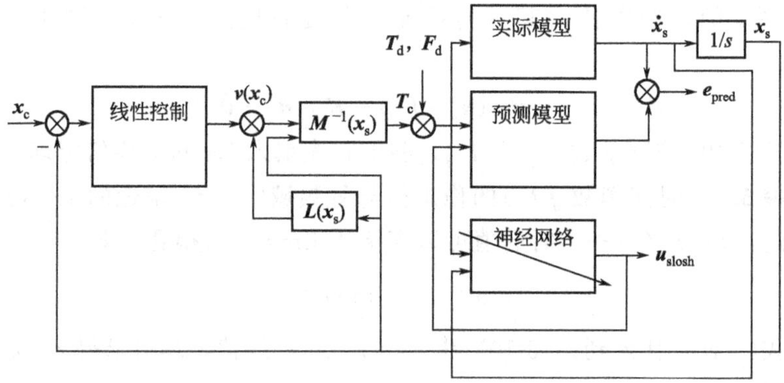

图 5-3 自适应 NDI 控制框图

将式(5-19）中的晃动力和晃动力矩以及未知干扰项作为一项看待，采用神经网络识别这些未知动态，则充液航天器的在线模型如下

$$\dot{\boldsymbol{x}}_{\text{spred}}=\begin{bmatrix}\dot{\boldsymbol{\theta}}_{\text{spred}}\\ \dot{\boldsymbol{\omega}}_{\text{spred}}\end{bmatrix}=\begin{bmatrix}\boldsymbol{N}(\boldsymbol{\theta}_{\text{s}})\boldsymbol{\omega}_{\text{s}}\\ \boldsymbol{I}_{\text{s}}^{-1}(-\boldsymbol{\omega}_{\text{s}}\times\boldsymbol{I}_{\text{s}}\boldsymbol{\omega}_{\text{s}})\end{bmatrix}+\begin{bmatrix}\boldsymbol{0}_{3\times3}\\ \boldsymbol{I}_{\text{s}}^{-1}\end{bmatrix}\boldsymbol{T}_{\text{c}}+\begin{bmatrix}\boldsymbol{0}_{3\times3}\\ \boldsymbol{I}_{\text{s}}^{-1}\end{bmatrix}\boldsymbol{NN}(\boldsymbol{x}_{\text{nn,t}},\boldsymbol{T}_{\text{c,t}})\tag{5-20}$$

式中，$\boldsymbol{x}_{\text{nn,t}}$ 是神经网络输入矢量的一部分。为了采用非线性动态逆控制，我们采用前一个时间段的控制力矩作为神经网络的输入，以便于将控制力单独提出。

$$\dot{\boldsymbol{x}}_{\text{spred}}=\begin{bmatrix}\dot{\boldsymbol{\theta}}_{\text{spred}}\\ \dot{\boldsymbol{\omega}}_{\text{spred}}\end{bmatrix}=\begin{bmatrix}\boldsymbol{N}(\boldsymbol{\theta}_{\text{s}})\boldsymbol{\omega}_{\text{s}}\\ \boldsymbol{I}_{\text{s}}^{-1}(-\boldsymbol{\omega}_{\text{s}}\times\boldsymbol{I}_{\text{s}}\boldsymbol{\omega}_{\text{s}})\end{bmatrix}+\begin{bmatrix}\boldsymbol{0}_{3\times3}\\ \boldsymbol{I}_{\text{s}}^{-1}\end{bmatrix}\boldsymbol{T}_{\text{c}}+\begin{bmatrix}\boldsymbol{0}_{3\times3}\\ \boldsymbol{I}_{\text{s}}^{-1}\end{bmatrix}\widetilde{\boldsymbol{N}}\boldsymbol{N}(\boldsymbol{x}_{\text{nn,t}},\boldsymbol{T}_{\text{c,t}})\tag{5-21}$$

式中，$\widetilde{\boldsymbol{N}}\boldsymbol{N}(\boldsymbol{x}_{\text{nn,t}},\ \boldsymbol{T}_{\text{c,t}})=\boldsymbol{NN}(\boldsymbol{x}_{\text{nn,t}},\ \boldsymbol{T}_{\text{c,t}-1})$

可得

$$\dot{\boldsymbol{x}}_{\text{spred}}=\boldsymbol{f}(\boldsymbol{x}_{\text{s}})+\boldsymbol{\gamma}(\boldsymbol{x}_{\text{s}})\boldsymbol{T}_{\text{c}}\tag{5-22}$$

式中

$$\boldsymbol{f}(\boldsymbol{x}_{\text{s}})=\begin{bmatrix}\boldsymbol{N}(\boldsymbol{\theta}_{\text{s}})\boldsymbol{\omega}_{\text{s}}\\ \boldsymbol{I}_{\text{s}}^{-1}(-\boldsymbol{\omega}_{\text{s}}\times\boldsymbol{I}_{\text{s}}\boldsymbol{\omega}_{\text{s}})\end{bmatrix}+\begin{bmatrix}\boldsymbol{0}_{3\times3}\\ \boldsymbol{I}_{\text{s}}^{-1}\end{bmatrix}\boldsymbol{NN}(\boldsymbol{x}_{\text{nn,t}},\boldsymbol{T}_{\text{c,t}-1})$$

$$\boldsymbol{g}(\boldsymbol{x}_{\text{s}})=\boldsymbol{I}_{\text{s}}^{-1}\begin{pmatrix}\boldsymbol{0}_{3\times3}\\ 1\end{pmatrix}\tag{5-23}$$

取 Euler 角的导数为控制变量 $\boldsymbol{y}$，可得 $\boldsymbol{y}=\dot{\boldsymbol{\theta}}_{\text{s}}=\boldsymbol{N}(\boldsymbol{\theta}_{\text{s}})\boldsymbol{\omega}_{\text{s}}$，对 $\boldsymbol{y}$ 求一阶导数可得

$$\boldsymbol{v}=\dot{\boldsymbol{y}}=\ddot{\boldsymbol{\theta}}_{\text{s}}=\frac{\partial\left[\boldsymbol{N}(\boldsymbol{\theta}_{\text{s}})\boldsymbol{\omega}_{\text{s}}\right]}{\partial\boldsymbol{x}_{\text{s}}}\dot{\boldsymbol{x}}_{\text{s}}=\boldsymbol{L}(\boldsymbol{x}_{\text{s}})+\boldsymbol{M}(\boldsymbol{x}_{\text{s}})\boldsymbol{T}_{\text{c}}\tag{5-24}$$

式中

$$\boldsymbol{M}(\boldsymbol{x}_{\text{s}})=\frac{\partial}{\partial\boldsymbol{x}_{\text{s}}}\left[\boldsymbol{N}(\boldsymbol{\theta}_{\text{s}})\boldsymbol{\omega}_{\text{s}}\right]\begin{bmatrix}\boldsymbol{0}_{3\times3}\\ \boldsymbol{I}_{\text{s}}^{-1}\end{bmatrix}$$

$$\boldsymbol{L}(\boldsymbol{x}_{\text{s}})=\frac{\partial}{\partial\boldsymbol{x}_{\text{s}}}\left[\boldsymbol{N}(\boldsymbol{\theta}_{\text{s}})\boldsymbol{\omega}_{\text{s}}\right]\begin{bmatrix}\boldsymbol{N}(\boldsymbol{\theta}_{\text{s}})\boldsymbol{\omega}_{\text{s}}\\ -\boldsymbol{I}_{\text{s}}^{-1}\left[\boldsymbol{\omega}_{\text{s}}\times\boldsymbol{I}_{\text{s}}\boldsymbol{\omega}_{\text{s}}+\boldsymbol{NN}(\boldsymbol{x}_{\text{nn,t}},\boldsymbol{T}_{\text{c,t}-1})\right]\end{bmatrix}\tag{5-25}$$

可得

$$\boldsymbol{T}_{\text{c}}=\boldsymbol{M}^{-1}(\boldsymbol{x}_{\text{s}})\left[\boldsymbol{v}(\boldsymbol{x}_{\text{s}})-\boldsymbol{L}(\boldsymbol{x}_{\text{s}})\right]\tag{5-26}$$

矢量 $\boldsymbol{v}$ 设计为 PD 控制器

$$v=-K_p(\boldsymbol{\theta}_s-\boldsymbol{\theta}_c)-K_d(\dot{\boldsymbol{\theta}}_s-\dot{\boldsymbol{\theta}}_c) \tag{5-27}$$

式中

$$K_p=\frac{T_d/I_s}{2*\theta_{ss}};(\theta_{ss}=0.0001°)$$

$$K_d=4\zeta\omega_n=4\zeta\sqrt{K_p} \tag{5-28}$$

式中，ζ 为预期的阻尼比，设为$\sqrt{0.5}\approx0.7$。

为了训练神经网络，我们需要获得每组输入向量的理想输出值。零预测误差的神经网络输出如下

$$\mathbf{e}_{pred}=\dot{\boldsymbol{x}}-\dot{\boldsymbol{x}}_{spred} \tag{5-29}$$

即

$$0=\dot{\boldsymbol{x}}-\left\{\left[\begin{bmatrix}\boldsymbol{N}(\boldsymbol{\theta}_s)\boldsymbol{\omega}_s\\ \boldsymbol{I}_s^{-1}(-\boldsymbol{\omega}\times\boldsymbol{I}_s\boldsymbol{\omega}_s)\end{bmatrix}+\begin{bmatrix}\mathbf{0}_{3\times3}\\ \boldsymbol{I}_s^{-1}\end{bmatrix}\boldsymbol{T}_c+\begin{bmatrix}\mathbf{0}_{3\times3}\\ \boldsymbol{I}_s^{-1}\end{bmatrix}\boldsymbol{NN}(\boldsymbol{x}_{nn,y},\boldsymbol{T}_{c,t-1})_{des}\right]\right\} \tag{5-30}$$

可得

$$\boldsymbol{NN}(\boldsymbol{x}_{nn,t},\boldsymbol{T}_{c,t-1})_{des}=\boldsymbol{I}_s\dot{\boldsymbol{\omega}}_s+(\boldsymbol{\omega}_s\times\boldsymbol{I}_s\boldsymbol{\omega}_s)-\boldsymbol{T}_c \tag{5-31}$$

5.3.3 充液航天器控制仿真分析

本节将采用 Sloshsat FLEVO（图 1-2）的简化性能参数值作为研究算例。其各性能参数为[11]：贮箱半径 [0，0，0.228m]，贮箱位移 [0，0.4m，0]，引擎动力 [0，5N，0]，轴上最大控制力矩 $\boldsymbol{T}_{c,max}=1\text{N}\cdot\text{m}$，卫星刚体部分质量 $m_s=100\text{kg}$，卫星燃料质量 $m_f=30\text{kg}$。

卫星刚体部分质量转动惯量 $\boldsymbol{I}_z=\begin{bmatrix}8.542 & -0.065 & 0.136\\ -0.065 & 10.767 & -0.198\\ 0.136 & -0.198 & 8.727\end{bmatrix}$ $(\text{kg}\cdot\text{m}^2)$

燃料部分的质量转动惯量 $\boldsymbol{I}_f=\begin{bmatrix}1.56 & 0 & 0\\ 0 & 1.56 & 0\\ 0 & 0 & 1.56\end{bmatrix}$ $(\text{kg}\cdot\text{m}^2)$

航天器初始状态值以及机动的目标状态值[11]有 $[\boldsymbol{\theta}_s, \boldsymbol{\omega}_s]=[0\ 0\ 0\ 0\ 0\ 0]$，单位（rad，rad/s）；等效单摆初始状态值为 $[\boldsymbol{\theta}_f, \boldsymbol{\omega}_f]=[0\ 0\ 0\ 0\ 0\ 0]$，单位（rad，rad/s）；机动目标状态值 $[\boldsymbol{\theta}, \boldsymbol{\omega}]=[\pi/3, \pi/3, \pi/3, 0, 0, 0]$，单位（rad，rad/s）。

选择 $\boldsymbol{\omega}_s$、$\dot{\boldsymbol{\omega}}_s$、$\boldsymbol{T}_c$ 作为神经网络的输入，输出为未知动态的作用力与作用

力矩之和。第 3.3.4 小节可得输入层神经元个数取决于输入变量的维数，故此处应该取 9；同样输出层神经元个数取决于输出变量的维数，此处取为 3。采用式(3-38)，取 $\alpha=3$，并通过试凑法最终确定隐含层神经元个数为 9，建立一个 9-9-3 的前馈 BP 神经网络。该神经网络的隐含层采用正切 Sigmoid 激活函数，输出层采用线性激活函数，采用有动量的梯度下降法。

通过自适应移动窗口获得训练数据，神经网络的缓冲区大小对应 10 组训练样本。通过仿真计算可得，所设计的自适应控制器对充液航天器的控制效果如图 5-4～图 5-10 所示。图 5-4 是航天器的姿态角时间历程曲线；图 5-5 是刚体航天器角速度时间历程曲线；由图我们可以看出，航天器的姿态角和角速度分别达到并稳定在了姿态角和角速度的既定目标值 $\pi/3$ 和 0，图中将姿态角由弧度单位转化为度。图 5-6 表示晃动液体等效单摆摆锤姿态角时间历程曲线；图 5-7 是晃动液体等效单摆摆锤角速度时间历程曲线。图 5-8、图 5-9 为晃动力和晃动力矩时间历程曲线。图 5-10 为控制力时间历程曲线。

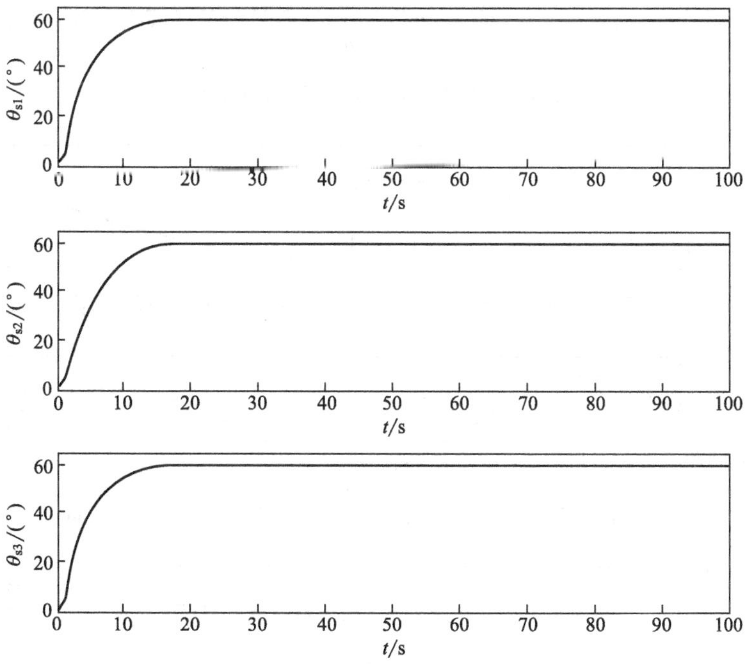

图 5-4　刚体航天器姿态角时间历程曲线

由图 5-4 和图 5-5，可以看出航天器的姿态角在很短的时间内达到 $\pi/3$ 后保持不变，角速度在经过一段时间的振荡后重新回到 0，并保持不变，因此达到了机动目标，故控制器有效地消去了燃料晃动导致的干扰，具有很好的跟踪性能。

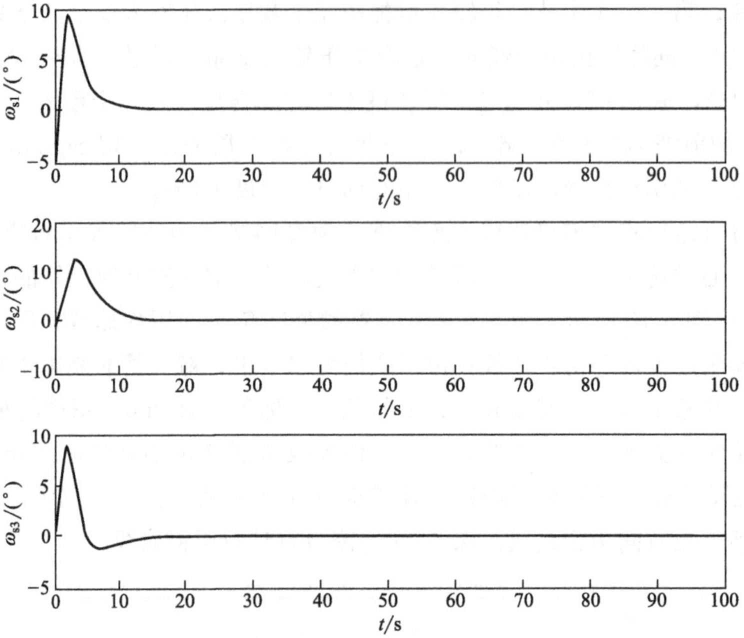

图 5-5　刚体航天器角速度时间历程曲线

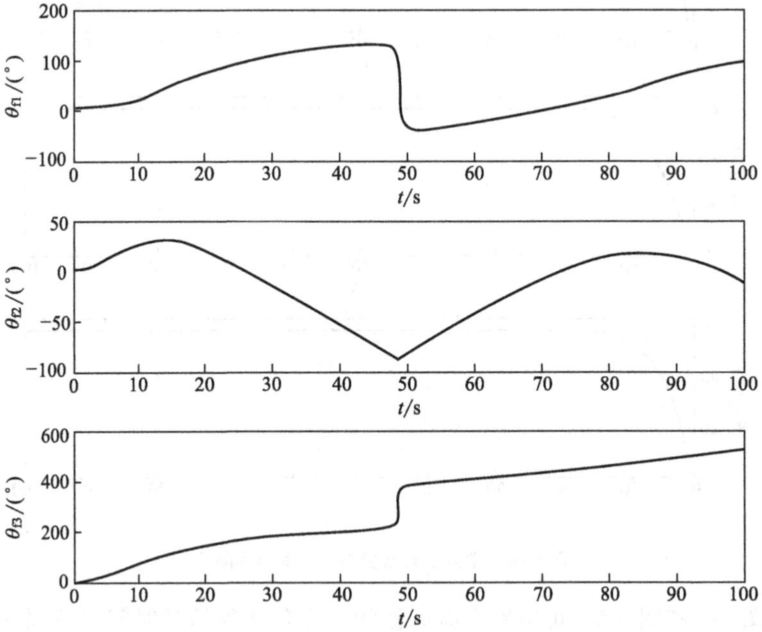

图 5-6　晃动液体等效单摆摆锤姿态角时间历程曲线

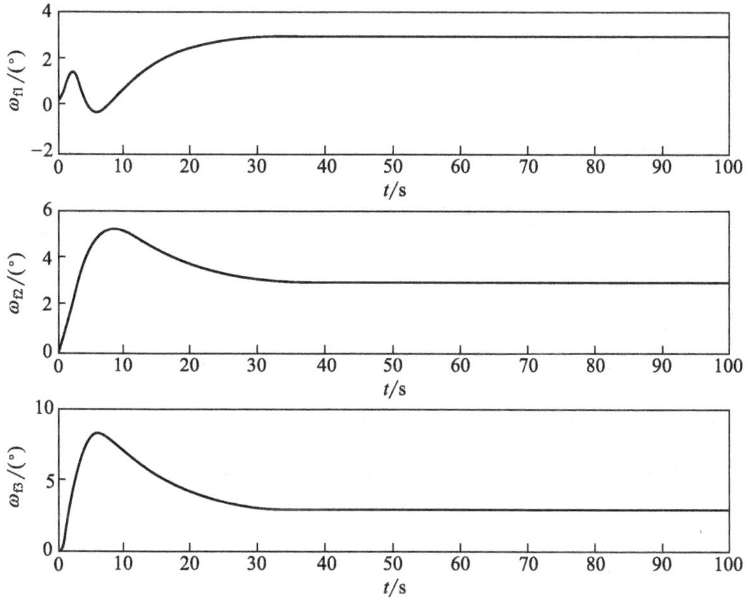

图 5-7 晃动液体等效单摆摆锤角速度时间历程曲线

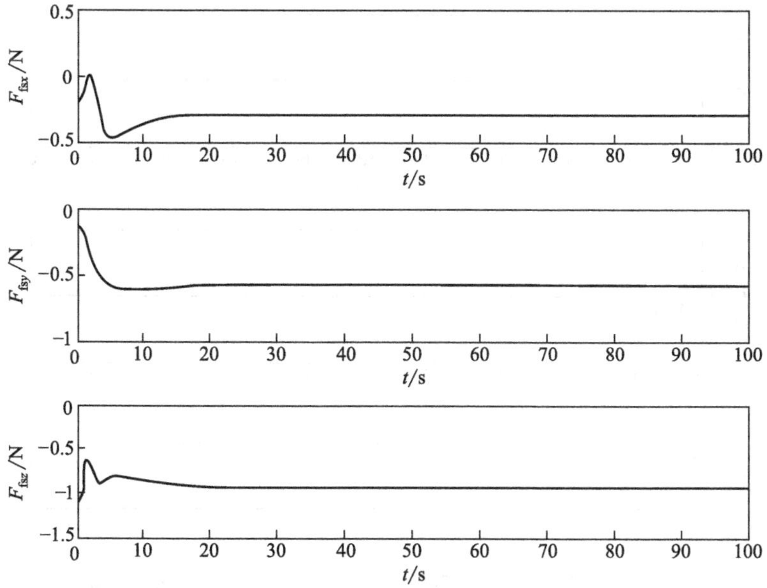

图 5-8 晃动力时间历程曲线

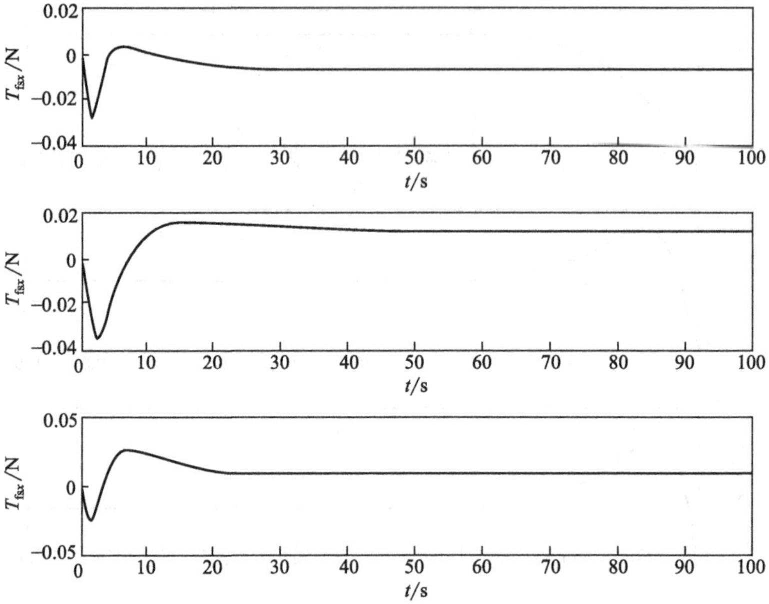

图 5-9　晃动力矩时间历程曲线

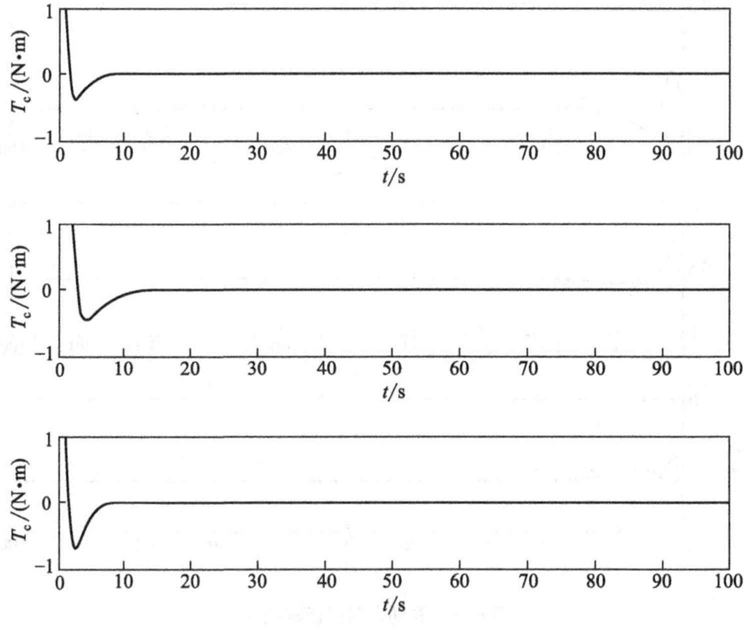

图 5-10　控制力时间历程曲线

5.4 充液航天器的输入成型器设计

本节将基于前馈输入成型器与动态逆技术提出新型充液航天器姿态机动方法。首先基于燃料晃动的频率和阻尼，通过第 4 章的知识设计了 ZVD 输入成型器；其次将设计成功的 ZVD 输入成型器与第 5.3 节中介绍的刚体航天器模型的非线性动态逆控制器相结合构造出复合控制器。最后采用第 5.3 节中的算例，通过数值模拟结果证明了新的控制系统能更好地实现航天器的姿态机动。

首先，引入第 4 章介绍的 ZVD 输入成型技术，通过航天器燃料贮箱内液体的晃动频率和阻尼，设计针对第 5.3 节 Sloshsat FLEVO 算例的 ZVD 输入成型器。并将设计所得的输入成型器应用于液体无控制晃动情况下，验证对晃动的抑制效果。其次，将设计成功的 ZVD 输入成型器嵌入到第 5.3.2 小节所设计的针对刚体航天器的非线性动态逆控制器中，实现前馈输入成型控制器与反馈输入控制器相结合的复合控制器设计。非线性动态逆控制器的设计不需要考虑液体晃动部分，只需要考虑刚体航天器的姿态机动目标。在参考命令输入之前，需要先通过输入成型器。

取第 5.3 节中的 Sloshsat FLEVO 卫星模型，采用一阶晃动模型，通过等效单摆模型的单摆摆长，可得液体晃动的频率：

$f=\sqrt{g/l}$，g 取 $0.03\mathrm{m/s^2}$，l 为单摆摆长。根据文献资料[11]，阻尼系数取为 $c=31.4\times10^{-4}$。由式(5-16) 可得 ZVD 输入成型器的脉冲作用矩阵为

$$\begin{bmatrix} t_i \\ A_i \end{bmatrix}=\begin{bmatrix} 0 & 8.6608 & 17.3216 \\ 0.2525 & 0.5000 & 0.2475 \end{bmatrix},i=1,2,3 \tag{5-32}$$

为了验证所设计的输入成型器的有效性，将输入成型器应用到充液航天器开环系统中，控制框图如图 5-11 所示。系统的输入是作用在刚体航天器轴向的推力 $F_{es}=5\mathrm{N}$，作用时间为 30s。将 $\boldsymbol{F}_{es}$ 与 ZVD 输入成型器式(5-1) 相卷积，可得成型前后作用在航天器上的轴向作用力沿与航天器固连的坐标系三个坐标轴上的投影图，如图 5-12 所示。其中实线为成型后的推力值，虚线为未成型的推力值。输入脉冲力 $\boldsymbol{F}_{es}$ 在输入成型器作用后变为三个具有不同时间延迟和脉冲幅值的脉冲力。

充液航天器在只有推力 $\boldsymbol{F}_{es}$ 的作用的情况下，通过 MATLAB 仿真，获得

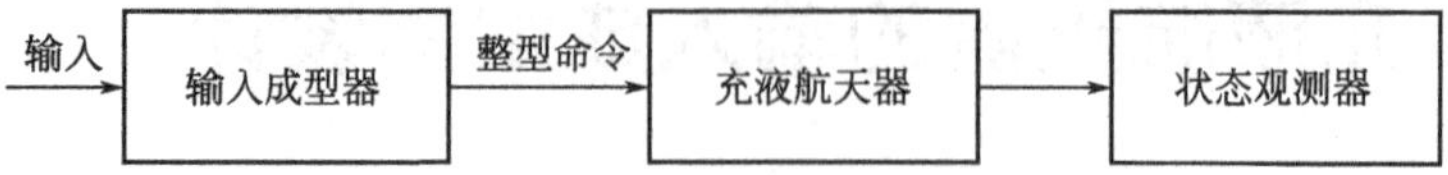

图 5-11　输入成型器置于开环系统中的控制框图

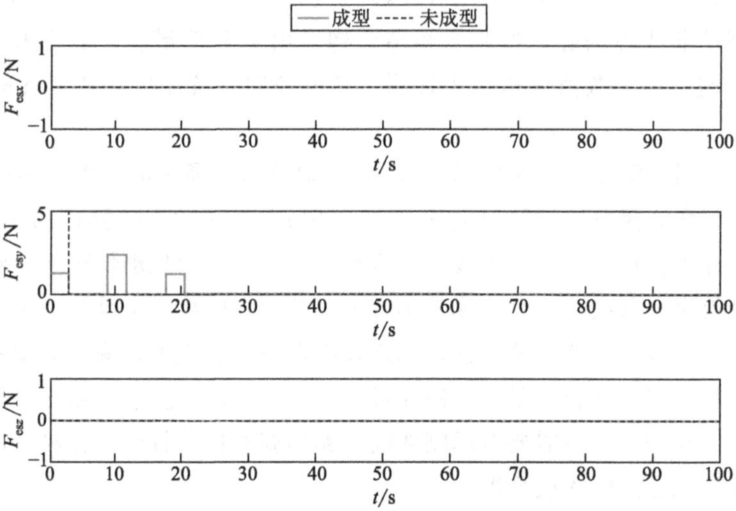

图 5-12　作用在航天器上的轴向作用力在与航天器固连的坐标系上三个坐标轴上的投影

有输入成型器整型和无输入成型器整型两种情况下，航天器绝对加速度在惯性坐标系三个坐标轴上的投影，航天器的欧拉角与角速度在惯性坐标系三个坐标轴上的投影，以及液体燃料的晃动力与晃动力矩在惯性坐标系三个坐标轴上的投影和航天器的姿态角沿惯性坐标系 x 轴方向投影的相位图，分别如图 5-13～图 5-16 所示。其中实线是成型作用之后的系统响应曲线，虚线是系统对未成型的原始命令的响应曲线。

由图 5-12～图 5-15 可以看出，未加输入成型器前，由于推进力 $\boldsymbol{F}_{es}$ 的作用，刚体航天器的运动激发了贮箱内液体燃料的晃动，导致航天器的运动与液体燃料的晃动产生了耦合，使得刚体航天器和液体均产生了周期性的晃动。但加入输入成型器后，燃料晃动在输入成型器作用后被有效抑制，从而使得刚体航天器和液体燃料的周期性晃动都消失了。可以证明在开环系统中，输入成型器对液体晃动具有很好的抑制效果。将输入成型器与 NDI 控制器相结合，构成复合控制器，在完成刚体航天器姿态机动的同时，验证输入成型器对液体晃动的抑制效果。

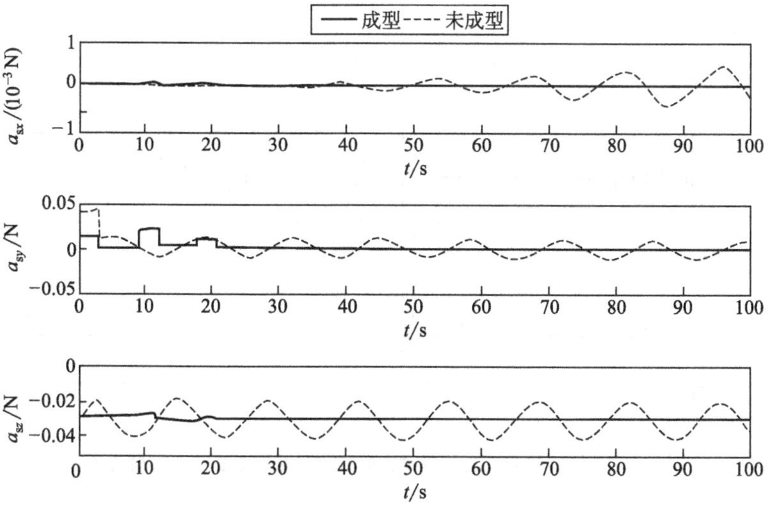

图 5-13 航天器绝对加速度在惯性坐标系三个坐标轴上的投影

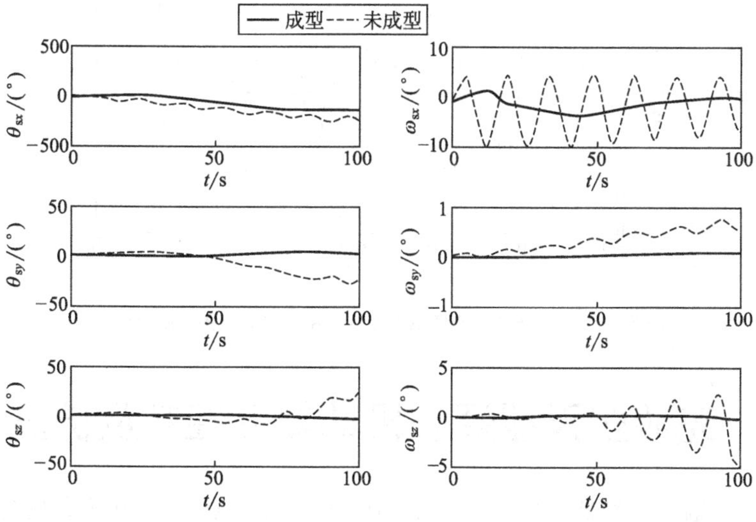

图 5-14 航天器的欧拉角与角速度在惯性坐标系三个坐标轴上的投影

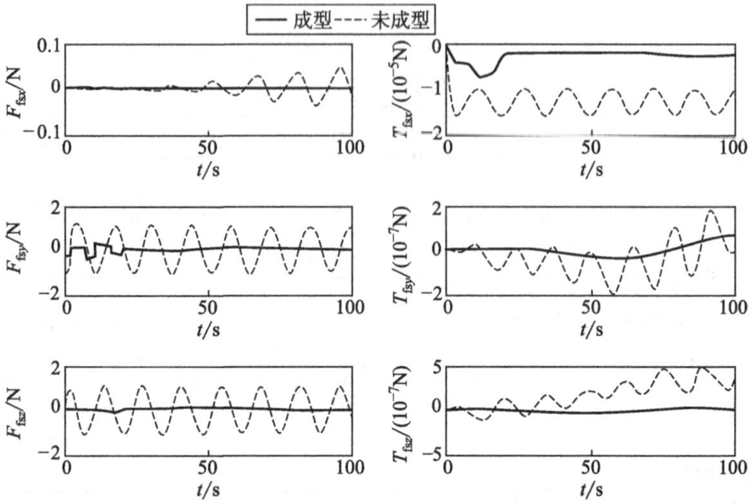

图 5-15　液体燃料的晃动力与晃动力矩在惯性坐标系三个坐标轴上的投影

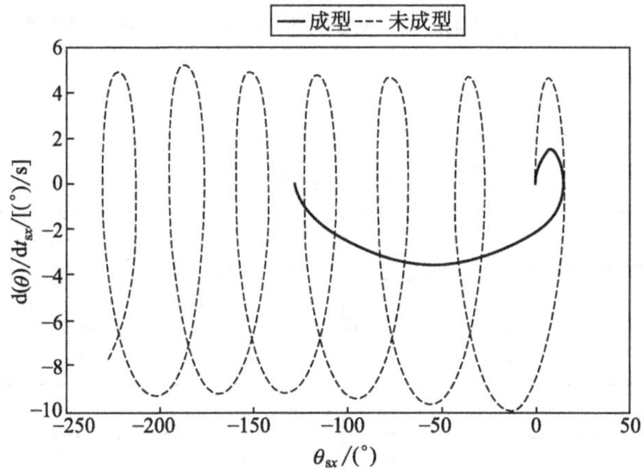

图 5-16　航天器的姿态角沿惯性坐标系 x 轴方向投影的相位图

5.5　充液航天器姿态机动复合控制及仿真分析

将上述输入成型器式(5-32) 应用于以运动学参数和动力学参数为输入的动态逆闭环控制系统中，得到复合控制器，控制框图如图 5-17 所示。然后通过对充液航天器姿态机动控制响应的数值仿真，检验成型器的控制效果。

为了测试图 5-17 中的复合控制器，我们将采用第 2 章介绍的 Sloshsat FLEVO 卫星模型进行仿真计算。本小节将利用混合控制器实现姿态机动目标

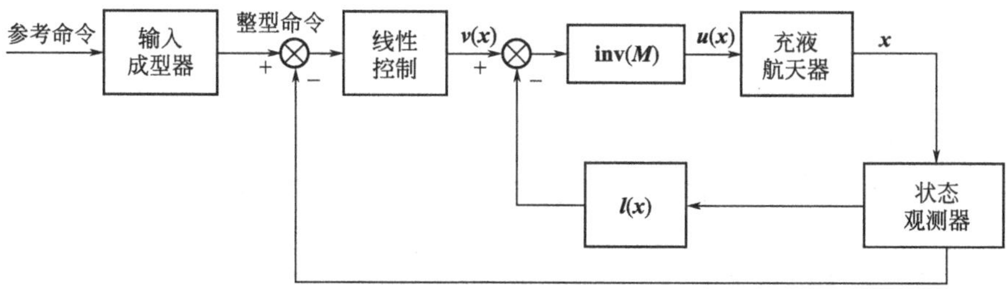

图 5-17 复合控制器控制框图

的同时，验证复合控制器中的输入成型器对液体晃动的抑制效果。部分数值仿真结果如图 5-18～图 5-26 所示。图中实线代表成型后输入命令、参考值以及系统对成型后命令响应曲线，虚线代表原始输入命令、参考值和系统对命令响应曲线。图 5-18 为作用在航天器上的轴向作用力在与航天器固连坐标系三个坐标轴上的投影，图 5-19 为航天器欧拉角机动目标值在惯性坐标系三个坐标轴的投影；图 5-20 是与刚体航天器在惯性坐标系下的第一个 Euler 角的相位图；图 5-21 是图 5-20 的端部放大图；图 5-22 是液体燃料的晃动力与晃动力矩在惯性坐标系三个坐标轴上的投影；图 5-23 是航天器绝对加速度在惯性坐标系三个坐标轴上的投影；图 5-24 和图 5-25 是航天器的欧拉角与角速度在惯性坐标系三个坐标轴上的投影及其端部放大图；图 5-26 是作用在航天器上的控制力矩沿与航天器固连坐标系三个坐标轴的投影。

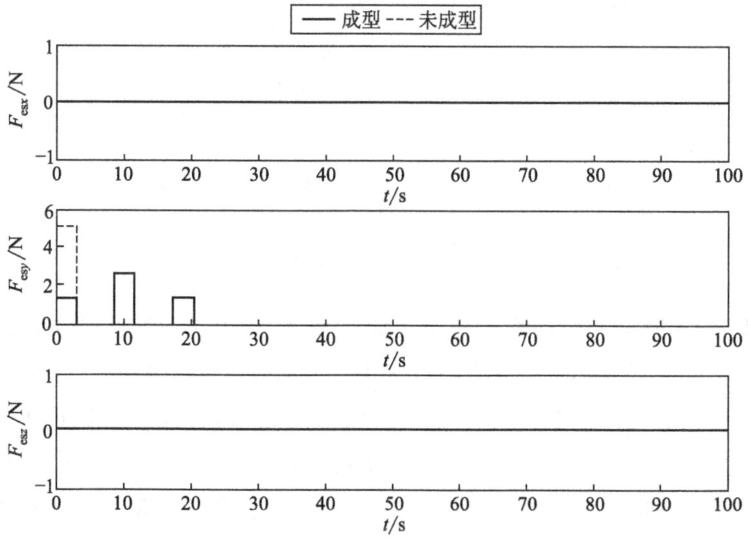

图 5-18 作用在航天器上的轴向作用力在与航天器固连坐标系三个坐标轴上的投影

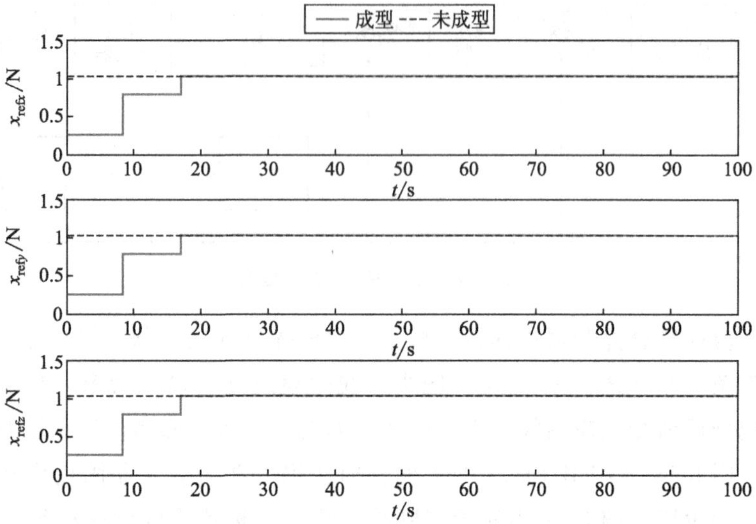

图 5-19　航天器欧拉角机动目标值在惯性坐标系三个坐标轴的投影

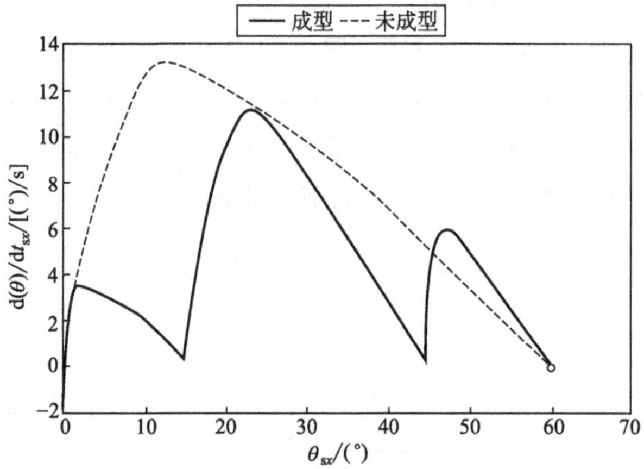

图 5-20　刚体航天器在惯性坐标系下的第一个 Euler 角的相位图

如图 5-18 所示，脉冲作用力 $\boldsymbol{F}_{es}$ 通过输入成型器整型后被分解为三个不同幅值、不同时间延迟的脉冲作用力；图 5-19 中阶跃参考命令在输入成型器整型后变为具有三个阶梯的参考命令。从相图尾端放大图 5-21 可以很明显看到，当紧采用 NDI 控制器时，由于充液航天器内液体晃动的影响，刚体航天器第一个 Euler 角的相位图在姿态机动的末期会形成一个很大的极限环，这意味着对充液航天器必须采取进一步的主动控制，迫使它完成精确的姿态机动。然而复合控制器在机动末期极限环小时，表示其可以确保精确（或渐近）跟踪

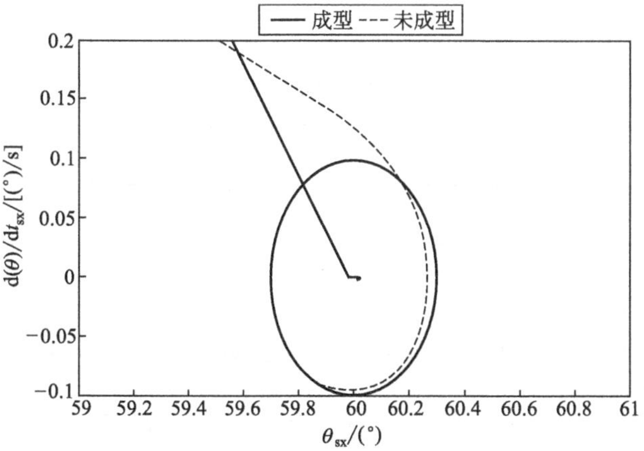

图 5-21　刚体航天器在惯性坐标系下的第一个 Euler 角相位图的端部放大图

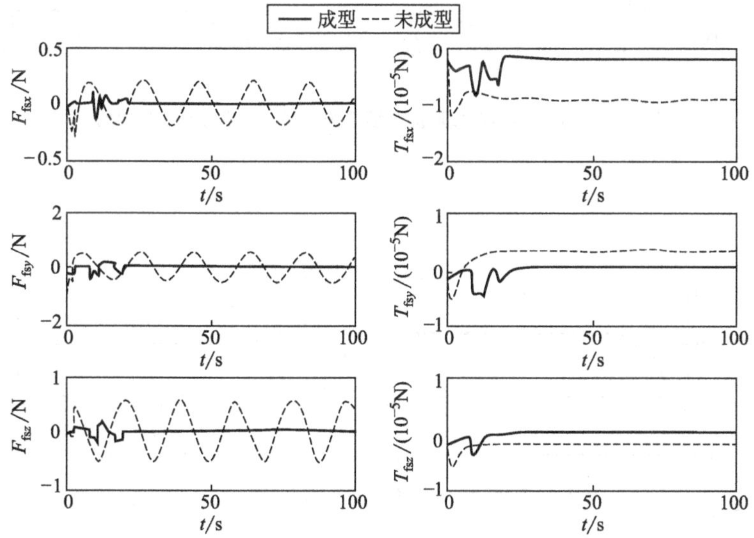

图 5-22　液体燃料的晃动力与晃动力矩在惯性坐标系三个坐标轴上的投影

所需的参考输出。由图 5-22 可以看出，输入成型器作用后，液体晃动力和晃动力矩均稳定于零；这是由于刚体航天器和液体晃动等效质量块的状态变量参数在输入成型器作用后，机动过程中及机动任务完成后，液体晃动都被抑制住，残余振动趋于零。从图 5-26 作用力 T_c 的曲线可以看出，虽然整型后作用力 T_c 有三个脉冲作用时间段，但是机动任务完成后，其值趋于零；而 NDI 控制末期，由于残余晃动的影响，控制力也存在周期性的变化，以保证航天器姿态的稳定性。

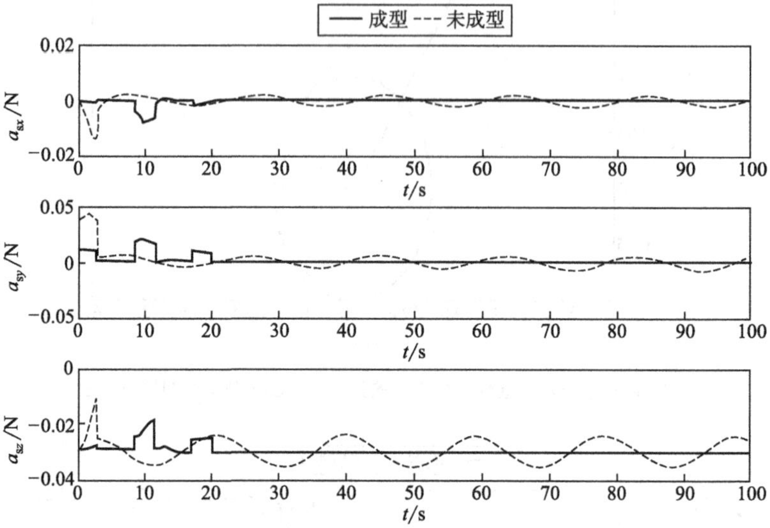

图 5-23 航天器绝对加速度在惯性坐标系三个坐标轴上的投影

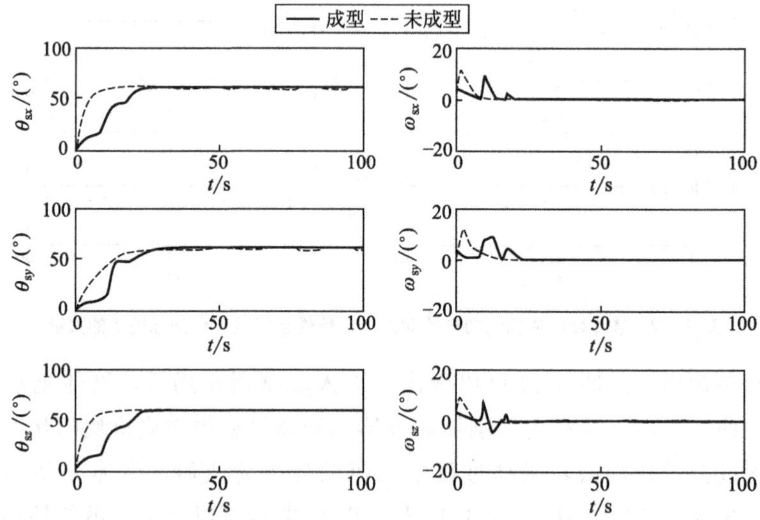

图 5-24 航天器的欧拉角与角速度在惯性坐标系三个坐标轴上的投影

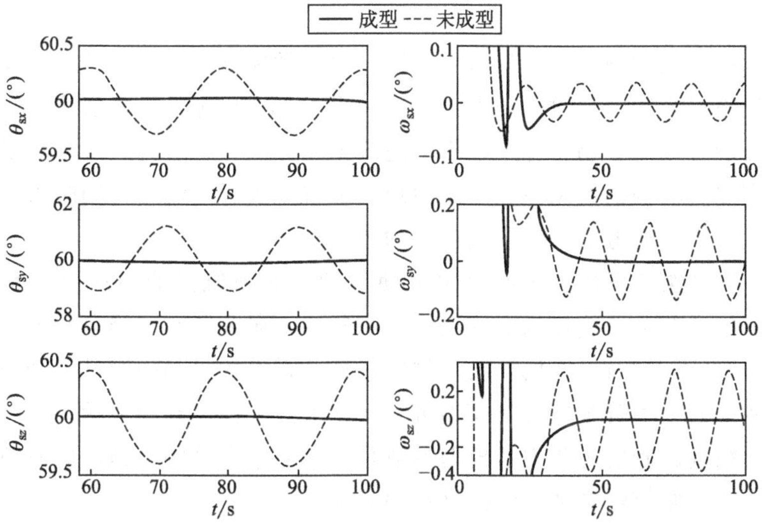

图 5-25　航天器的欧拉角与角速度在惯性坐标系三个坐标轴上的投影的端部放大图

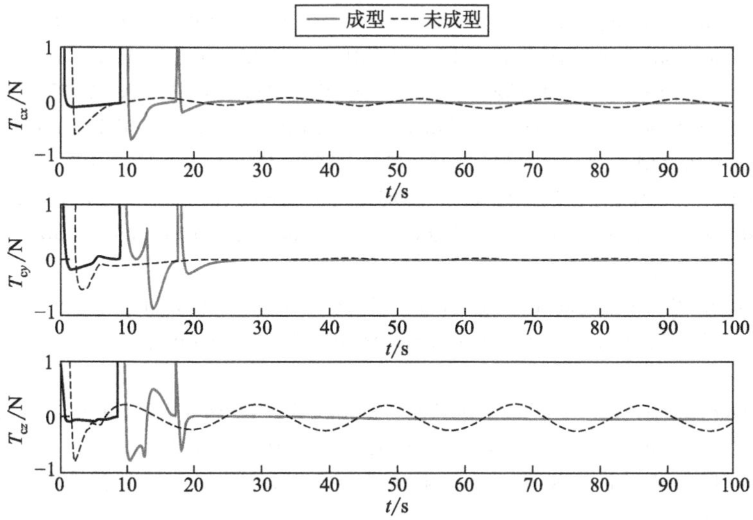

图 5-26　作用在航天器上的控制力矩沿与航天器固连坐标系三个坐标轴的投影

5.6 本章小结

本章提出的控制方法，只需要估计等效力学模型需要用到的液体晃动动态的频率和阻尼系数，且对未知参数和模型误差具有鲁棒性。数值仿真结果证明了该方法的有效性。相比神经网络自适应控制方法，结合输入成型的复合控制方法不需要随时预估控制力和控制力矩，节省了大量的时间，同时由于晃动被抑制，后期不需要考虑残余晃动产生的影响。

第 3 章到第 5 章研究了在固定平面运动的充液航天器的动力学及控制问题，后面的章节为了使控制系统更具有一般性，研究了在三维空间内三轴稳定的航天器系统。同时，在航空航天领域，液体燃料的晃动问题是一个非常具有挑战性的问题。尽管等效力学模型可以用来模拟液体晃动动力学，但是在实际应用中，精确的确定等效力学模型参数是一个非常困难的问题，后面的章节将采用自适应控制策略来估计液体燃料的晃动。

参考文献

[1] Shageer H，Tao G. Zero Dynamics analysis for spacecraft with fuel slosh. AIAA Guidance，Navigation and Control Conference and Exhibit，Honolulu，Hawaii：AIAA，2008.

[2] Chatman Y，Gangaharan S. Mechanical analog approach to parameter estimation of lateral spacecraft fuel slosh. 48th AIAA/ASME/ASCE/AHS/ASC Structures，Structural Dynamics，and Materials Conference，Honolulu，Hawaii：AIAA，2007.

[3] Yue B Z. Study on the chaotic dynamics in attitude maneuver of liquid-filled flexible spacecraft. AIAA Journal，2011，49 (10)：2090-2099.

[4] Liu F，Yue B Z，Tang Y，et al. 3DOF-rigid-pendulum analogy for nonlinear liquid slosh in spherical propellant tanks [J]. Journal of Sound and Vibration，2019，460：114907.

[5] Singhose W. Command shaping for flexible systems，a review of the first 50 years [J]. International Journal of Precision Engineering and Manufacturing，2009，10 (4)：153-168.

[6] Pridgen B，Bai K，Singhose W. Slosh suppression by robust input shaping [C]. The 49th IEEE Conference on Decision and Control，Atlanta，USA，2010.

[7] 董锴. 航天器推进剂晃动的动力学建模与抑制方法 [D]. 哈尔滨：哈尔滨工业大学，2009.

[8] Dong K，Qi N M，Wang X L，et al. Dynamic influence of propellant sloshing estimation using hybrid，mechanical analogy and CFD [J]. Trans. Japan Soc. Aero. Space Sci.，2009，52 (177)：144-151.

[9] Ameen A H，Mustafa A，Ashraf N. Design and optimization of input shapers for liquid

slosh suppression [J]. Journal of Sound and Vibration，2009，320：1-15.

[10] Hagan M T，Demuth H B，Beale M H. Neural network design [M]. Houston：PWS Pub. Co.，1995：197-255.

[11] Weerdt E D，Kampen E V，Gemert D V，et al. Adaptive nonlinear dynamic inversion for spacecraft attitude control with fuel sloshing [C]. Reston：AIAA，2008.

第6章 充液航天器模糊自适应动态输出反馈控制

6.1 引言

航天器运行过程中，燃料晃动及消耗将改变卫星的惯量矩阵参数，这种参数的不确定性影响了建模的精度，而控制系统的传统设计方法是基于系统的数学模型而进行的，不能很好地处理参数的不确定性和未建模动态。针对此类不确定非线性系统，自适应控制是一种有效的方法，它能通过在线估计处理系统参数的不确定性，可用于有未知惯量矩阵参数的航天器姿态跟踪控制[1-6]。潘非等人[7] 提出了一种姿轨耦合自适应非奇异终端滑模控制律，利用自适应控制律以改善质量特性不确定性的影响。夏冬冬等人[8] 设计了一种自适应姿态跟踪控制器，基于传统的浸入与不变方法跟踪控制模型存在参数回归矩阵不可积的问题，通过动态放缩技术消除了回归矩阵改造前后差异对闭环系统稳定性的影响。

本章提出一种模糊自适应动态输出反馈控制的鲁棒控制策略[2]，首先针对三轴稳定充液航天器进行动力学建模，假定贮液腔体为球形，应用动量矩守恒定理建立航天器系统的姿态动力学方程和单摆等效力学模型液体晃动动力学方程；之后，提出一种抗干扰动态输出反馈鲁棒控制方法；所设计的控制器不依赖于转动惯量，对于转动转量的摄动具有一定的鲁棒性；针对固定的控制器参数编写模糊算法，使得这些控制参数能够跟随系统的改变自动进行动态优化，提高控制系统的鲁棒性。

6.2 充液航天器动力学建模

充液航天器力学模型如图 6-1 所示，$O_1X_1Y_1Z_1$ 坐标系表示航天器本体坐标系，$O_2X_2Y_2Z_2$ 表示球摆坐标系。

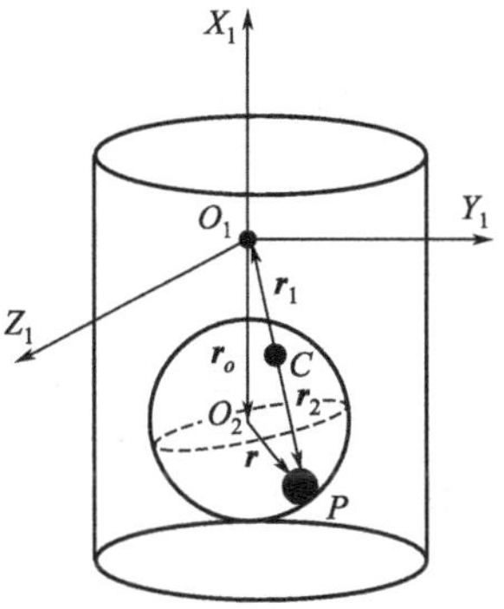

(a) 航天器示意图

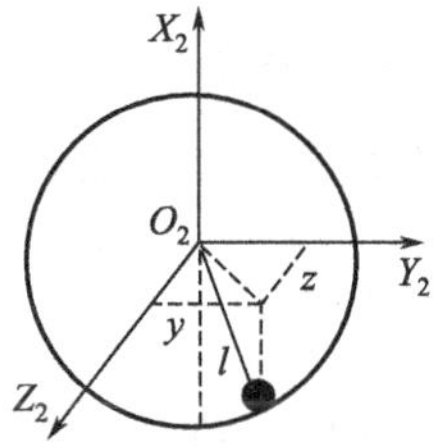

(b) 液体晃动的等效球摆模型

图 6-1　充液航天器力学模型

假设 O_1 为刚体部分的质心，球摆悬挂点为贮箱中心 O_2，假设球摆悬挂点 O_2 位于航天器本体坐标系的 O_1X_1 轴上，球摆的摆长为 l，球摆质量为 m_{p}，球摆相对于 O_1 的位移矢量为 $\boldsymbol{r}_p$，O_1 到 O_2 位移矢量为 $\boldsymbol{r}_o$。假设图中球摆质量的位置为 P 点，O_1 和 P 点连线上的一点 C 是主刚体和球摆所组成的系统的质心。C 到 O_1 的位移矢量为 $\boldsymbol{r}_1$，C 到 P 的位移矢量为 $\boldsymbol{r}_2$。P 点相对于球摆悬挂点 O_2 的位移矢量为 $\boldsymbol{r}$，$\boldsymbol{r}$ 关于 O_2 点的坐标可以表示为

$$\boldsymbol{r}=\left[-\sqrt{l^2-y^2-z^2}\quad y\quad z\right]^{\mathrm{T}} \tag{6-1}$$

假设液体晃动为小幅度晃动，满足关系 $y \ll l$，$z \ll l$，因此有近似关系 $x \approx -l$。式(6-1) 可以写为

$$\boldsymbol{r}=[-l\quad y\quad z]^{\mathrm{T}} \tag{6-2}$$

充液航天器系统相对于 C 点的总动量矩表示为

$$\boldsymbol{H}=\boldsymbol{J}_{\mathrm{h}}\boldsymbol{\omega}+\mu m_{\mathrm{b}}\boldsymbol{r}_p^{\times}(\boldsymbol{\omega}^{\times}\boldsymbol{r}_p+\dot{\boldsymbol{r}}_p) \tag{6-3}$$

式中，$\boldsymbol{J}_{\mathrm{h}}$ 和 m_{b} 分别为刚体航天器的转动惯量和质量；$\boldsymbol{r}_p=\boldsymbol{r}_o+\boldsymbol{r}$，$\boldsymbol{r}_o=[-r_x\quad 0\quad 0]^{\mathrm{T}}$，$r_x$ 表示 O_1 点到 O_2 点的距离；$\mu=\dfrac{m_p}{(m_{\mathrm{b}}+m_p)}$，$m_p$ 为摆球质量。

将式(6-3) 写为矩阵形式

$$\boldsymbol{H}=\boldsymbol{J}_{\text{sat}}\boldsymbol{\omega}+\boldsymbol{h}_p \tag{6-4}$$

式中，$\boldsymbol{J}_{\text{sat}}=\boldsymbol{J}_{\text{hub}}-\mu m_{\text{b}}\boldsymbol{r}_p^{\times}\boldsymbol{r}_p^{\times}$；$\boldsymbol{h}_p=\mu m_{\text{b}}\boldsymbol{r}_p^{\times}\dot{\boldsymbol{r}}$。

采用动量矩守恒定理，结合式(6-4)推导出系统的动力学方程

$$\boldsymbol{J}_{\text{sat}}\dot{\boldsymbol{\omega}}+\boldsymbol{\delta}^{\text{T}}\ddot{\boldsymbol{\eta}}=-\boldsymbol{\omega}^{\times}(\boldsymbol{J}_{\text{say}}\boldsymbol{\omega}+\boldsymbol{\delta}^{\text{T}}\dot{\boldsymbol{\eta}})-\dot{\boldsymbol{J}}_{\text{say}}\boldsymbol{\omega}+\boldsymbol{d}(t)+\boldsymbol{u} \tag{6-5}$$

式中，$\boldsymbol{\delta}=\mu m_{\text{b}}\begin{bmatrix}-z & 0 & r_x-l\\ y & -(r_x-l) & 0\end{bmatrix}$；$\boldsymbol{\eta}=[\eta_{11}\quad \eta_{12}]^{\text{T}}=[y\quad z]^{\text{T}}$为描述液体晃动的广义坐标矢量；$\boldsymbol{u}$为作用在航天器上的控制力矩；$\mathbf{d}(t)$为航天器受到的外部干扰力矩。

摆球P点的绝对加速度可表示为

$$\boldsymbol{a}_p=(1-\mu)\frac{\mathrm{d}^2\boldsymbol{r}_p}{\mathrm{d}t^2}=(1-\mu)\left[\ddot{\boldsymbol{r}}+\dot{\boldsymbol{\omega}}^{\times}\boldsymbol{r}_p+2\boldsymbol{\omega}^{\times}\dot{\boldsymbol{r}}+\boldsymbol{\omega}^{\times}(\boldsymbol{\omega}^{\times}\boldsymbol{r}_p)\right] \tag{6-6}$$

根据式(6-6)，球摆关于O_2点的动力学方程为

$$\mu m_{\text{b}}\boldsymbol{a}_p=\boldsymbol{T}_0+\boldsymbol{T}_{\text{g}} \tag{6-7}$$

式中，$\boldsymbol{T}_0=-\begin{bmatrix}\dfrac{\partial R}{\partial \dot{y}} & \dfrac{\partial R}{\partial \dot{z}}\end{bmatrix}^{\text{T}}$表示球摆所受到的黏性力矩，瑞利耗散函数$R=c_1\dot{y}^2+c_2\dot{z}^2$（$\dot{y}$，$\dot{z}\neq 0$）；$c_1$和$c_2$表示燃料黏性系数。$\boldsymbol{T}_{\text{g}}=\begin{bmatrix}\dfrac{\partial U}{\partial y} & \dfrac{\partial U}{\partial z}\end{bmatrix}^{\text{T}}$表示球摆受到的惯性力矩，势能函数$U=m_p g\sqrt{l^2-y^2-z^2}$。

将式(6-7)展开可得

$$\ddot{\boldsymbol{\eta}}+\boldsymbol{M}_{\text{f}}^{-1}\boldsymbol{\delta}\dot{\boldsymbol{\omega}}+\boldsymbol{C}_{\text{f}}\dot{\boldsymbol{\eta}}+\boldsymbol{K}_{\text{f}}\boldsymbol{\eta}=\boldsymbol{A}_1(\boldsymbol{\omega})\dot{\boldsymbol{\eta}}+\boldsymbol{A}_2(\boldsymbol{\omega}) \tag{6-8}$$

式中，$\boldsymbol{M}_{\text{f}}=\mu m_{\text{b}}\begin{bmatrix}1 & 0\\ 0 & 1\end{bmatrix}$；$\boldsymbol{C}_{\text{f}}=\boldsymbol{M}_{\text{f}}^{-1}\begin{bmatrix}2c_1 & 0\\ 0 & 2c_2\end{bmatrix}$；$\boldsymbol{K}_{\text{f}}=m_p\boldsymbol{M}_{\text{f}}^{-1}\begin{bmatrix}\dfrac{g}{l} & 0\\ 0 & \dfrac{g}{l}\end{bmatrix}$；

$\boldsymbol{A}_2(\boldsymbol{\omega})=\mu m_{\text{b}}\boldsymbol{M}_{\text{f}}^{-1}\begin{bmatrix}\alpha\\ \beta\end{bmatrix}$，$\alpha=-m_p\omega_1\omega_2 z-(r_x-l)m_p\omega_1\omega_2+m_p(\omega_1^2+\omega_3^2)y$；

$\boldsymbol{A}_1(\boldsymbol{\omega})=\mu m_{\text{b}}\boldsymbol{M}_{\text{f}}^{-1}\begin{bmatrix}0 & 2\omega_1\\ -2\omega_1 & 0\end{bmatrix}$，$\beta=-m_p\omega_2\omega_3 y-(r_x-l)m_p\omega_1\omega_3+m_p(\omega_1^2+\omega_2^2)z$。

采用欧拉四元数描述航天器姿态动力学方程，表示为

$$\begin{bmatrix}\dot{\varepsilon}_0\\ \dot{\boldsymbol{\varepsilon}}\end{bmatrix}=\frac{1}{2}\begin{bmatrix}-\boldsymbol{\varepsilon}\\ \boldsymbol{G}(\boldsymbol{\varepsilon})\end{bmatrix}\boldsymbol{\omega} \tag{6-9}$$

式中，$\boldsymbol{G}(\boldsymbol{\varepsilon})=\varepsilon_0\boldsymbol{I}_3+\boldsymbol{\varepsilon}^{\times}$，$[\varepsilon_0 \quad \boldsymbol{\varepsilon}]^{\mathrm{T}}=[\varepsilon_0 \quad \varepsilon_1 \quad \varepsilon_2 \quad \varepsilon_3]^{\mathrm{T}}$ 满足约束条件 $\varepsilon_0^2+\boldsymbol{\varepsilon}^{\mathrm{T}}\boldsymbol{\varepsilon}=1$。

考虑航天器执行姿态机动，液体为小幅度晃动，忽略式(6-5) 及式(6-8) 中的二阶以上的高阶向量，为了控制系统简述方便，对于液体晃动方程引入新的变量 $\boldsymbol{\psi}$，则控制系统表示为

$$\dot{\boldsymbol{\omega}}=\boldsymbol{J}_{\mathrm{mb}}^{-1}[-\boldsymbol{\omega}^{\times}(\boldsymbol{J}_{\mathrm{mb}}\boldsymbol{\omega}+\boldsymbol{\delta}^{\mathrm{T}}\boldsymbol{\psi})]+\boldsymbol{J}_{\mathrm{mb}}^{-1}[\boldsymbol{\delta}^{\mathrm{T}}(\boldsymbol{C}_{\mathrm{f}}\boldsymbol{\psi}+\boldsymbol{K}_{\mathrm{f}}\boldsymbol{\eta}-\boldsymbol{C}_{\mathrm{f}}\boldsymbol{M}_{\mathrm{f}}^{-1}\boldsymbol{\delta}\boldsymbol{\omega})+\boldsymbol{d}(t)+\boldsymbol{u}] \tag{6-10}$$

$$\dot{\boldsymbol{\eta}}=\boldsymbol{\psi}-\boldsymbol{M}_{\mathrm{f}}^{-1}\boldsymbol{\delta}\boldsymbol{\omega} \tag{6-11}$$

$$\dot{\boldsymbol{\psi}}=-(\boldsymbol{C}_{\mathrm{f}}\boldsymbol{\psi}+\boldsymbol{K}_{\mathrm{f}}\boldsymbol{\eta}-\boldsymbol{C}_{\mathrm{f}}\boldsymbol{M}_{\mathrm{f}}^{-1}\boldsymbol{\delta}\boldsymbol{\omega}) \tag{6-12}$$

式中，$\boldsymbol{J}_{\mathrm{mb}}=\boldsymbol{J}_{\mathrm{sat}}-\boldsymbol{\delta}^{\mathrm{T}}\boldsymbol{M}_{\mathrm{f}}^{-1}\boldsymbol{\delta}$。

6.3 设计充液航天器的自适应状态反馈控制律

动态输出反馈一般采用补偿的设计方法，具有全局反馈及可靠镇定的效果，且对转动惯量的摄动及外力扰动变化具有一定的鲁棒性。充液航天器控制系统是一个参数不确定系统，航天器姿态角及角速度是可以测量的状态向量，而等效液体模型的晃动模态为不可测的状态向量。本章针对这类不确定系统的控制问题，运用自适应方法得到了等效弹簧质量模型的状态向量的最优估计值，并设计出了抗干扰自适应动态输出反馈鲁棒控制器。

6.3.1 刚体航天器 PD 控制律

无论是为刚体航天器还是复杂航天器设计控制系统，都要确保状态反馈稳定性。首先为刚体航天器模型设计经典的 PD 控制策略，由此为基础设计充液航天器动态输出反馈控制器。方程（6-13）为仅考虑刚体航天器的运动方程

$$\dot{\boldsymbol{\omega}}=\boldsymbol{J}_{\mathrm{mb}}^{-1}(-\boldsymbol{\omega}^{\times}\boldsymbol{J}_{\mathrm{mb}}\boldsymbol{\omega}+\boldsymbol{u}) \tag{6-13}$$

设计 PD 控制律为

$$\boldsymbol{u}=-\boldsymbol{K}\boldsymbol{\omega}-\boldsymbol{D}\boldsymbol{\varepsilon}_{\mathrm{e}} \tag{6-14}$$

式中，控制反馈增益可以设计为

$$\boldsymbol{K}=\boldsymbol{k}_{\mathrm{p}}\boldsymbol{J}_{\mathrm{mb}},\boldsymbol{D}=\boldsymbol{k}_{\mathrm{d}}\boldsymbol{J}_{\mathrm{mb}} \tag{6-15}$$

式中，$\boldsymbol{k}_{\mathrm{p}}=[k_{\mathrm{p1}} \quad k_{\mathrm{p2}} \quad k_{\mathrm{p3}}]^{\mathrm{T}}$，$\boldsymbol{k}_{\mathrm{d}}=[k_{\mathrm{d1}} \quad k_{\mathrm{d2}} \quad k_{\mathrm{d3}}]^{\mathrm{T}}$ 为待设计的正常数。

根据四元数的性质，$\boldsymbol{\varepsilon}_{\mathrm{e}}$ 有如下表达形式

$$\begin{bmatrix}\varepsilon_{e0}\\\varepsilon_{e1}\\\varepsilon_{e2}\\\varepsilon_{e3}\end{bmatrix}=\frac{1}{2}\begin{bmatrix}\varepsilon_{c0} & \varepsilon_{c1} & \varepsilon_{c2} & \varepsilon_{c3}\\-\varepsilon_{c1} & \varepsilon_{c0} & \varepsilon_{c3} & -\varepsilon_{c2}\\-\varepsilon_{c2} & -\varepsilon_{c3} & \varepsilon_{c0} & \varepsilon_{c1}\\-\varepsilon_{c3} & \varepsilon_{c2} & -\varepsilon_{c1} & \varepsilon_{c0}\end{bmatrix}\begin{bmatrix}\varepsilon_{0}\\\varepsilon_{1}\\\varepsilon_{2}\\\varepsilon_{3}\end{bmatrix} \tag{6-16}$$

定理 6.1 对于不存在外力干扰的刚体航天器方程式(6-13)，设计 PD 控制律式(6-15)，可以确保系统渐近稳定。

证明： 设计 Lyapunov 函数为

$$V=\boldsymbol{K}\left[(\varepsilon_0-1)^2+\boldsymbol{\varepsilon}^{\mathrm{T}}\boldsymbol{\varepsilon}\right]+\frac{1}{2}\boldsymbol{\omega}^{\mathrm{T}}\boldsymbol{J}_{\mathrm{mb}}\boldsymbol{\omega} \tag{6-17}$$

根据式(6-17)，V 对时间求一阶导数为

$$\dot{V}=\boldsymbol{K}\boldsymbol{\varepsilon}^{\mathrm{T}}\boldsymbol{\omega}+\boldsymbol{\omega}^{\mathrm{T}}(-\boldsymbol{\omega}^{\times}\boldsymbol{J}_{\mathrm{mb}}\boldsymbol{\omega}+\boldsymbol{u})=-\boldsymbol{D}\boldsymbol{\omega}^{\mathrm{T}}\boldsymbol{\omega}\leqslant 0 \tag{6-18}$$

由 LaSalle 不变原理，可知系统状态收敛于最大不变集 $\boldsymbol{E}$ 中，$\boldsymbol{E}=\{\boldsymbol{x}\in\mathbb{R}^n\,|\,V=0\}=\{\boldsymbol{x}\in\mathbb{R}^n\,|\,\boldsymbol{\omega}=0\}$，由于 $\boldsymbol{J}_{\mathrm{mb}}\dot{\boldsymbol{\omega}}=0=-\boldsymbol{K}\boldsymbol{\varepsilon}\Rightarrow\boldsymbol{\varepsilon}=0$，可知 $\boldsymbol{E}=\{\boldsymbol{x}\in\mathbb{R}^n\,|\,\boldsymbol{\varepsilon}\to 0,\ \boldsymbol{\omega}\to 0\}$。证明完毕。

对于刚体航天器来说，经典的 PD 理论因其设计原理简单，得到了广泛的应用，并且取得良好的控制效果。

6.3.2 设计充液航天器的抗干扰状态反馈控制律

本节基于上一小节刚体航天器设计 PD 姿态控制器的基础，给出了一种对外部未知扰动力矩具有鲁棒性的状态反馈控制律的设计方案。

假设 6.1 控制系统中的所有状态变量都是可以进行反馈的。所考虑的等效晃动液体的振动模态及速度是有界的。

假设 6.2 对于存在有干扰力矩的充液航天器姿态控制系统，外部扰动 T_{d} 具有连续性及一致有界性，满足如下条件

$$|\boldsymbol{T}_{\mathrm{d}}|\leqslant\boldsymbol{\beta} \tag{6-19}$$

式中，$\boldsymbol{\beta}$ 为关于 $|\boldsymbol{T}_{\mathrm{d}}|$ 的最大未知边界。

结合假设 6.1，对于控制系统式(6-7)～式(6-11)，状态反馈控制器为

$$\boldsymbol{u}=-\boldsymbol{K}\boldsymbol{\omega}-\boldsymbol{D}\boldsymbol{\varepsilon}_{\mathrm{e}}-\boldsymbol{\delta}^{\mathrm{T}}\left\{\begin{bmatrix}\boldsymbol{K}_{\mathrm{f}}\boldsymbol{I}\\\boldsymbol{C}_{\mathrm{f}}\boldsymbol{I}\end{bmatrix}-\boldsymbol{P}\begin{bmatrix}\boldsymbol{I}\\-\boldsymbol{C}_{\mathrm{f}}\boldsymbol{I}\end{bmatrix}\right\}^{\mathrm{T}}\begin{bmatrix}\boldsymbol{\eta}\\\boldsymbol{\alpha}\end{bmatrix}-\beta \tag{6-20}$$

式中，$\boldsymbol{P}$ 为待设计的正定对称矩阵，有 $\boldsymbol{P}=\boldsymbol{P}^{\mathrm{T}}>0$；$\boldsymbol{K}$、$\boldsymbol{D}$ 为待设计控制增益；$\boldsymbol{\varepsilon}_{\mathrm{e}}=\begin{bmatrix}\varepsilon_{e1} & \varepsilon_{e2} & \varepsilon_{e3}\end{bmatrix}^{\mathrm{T}}$ 为指令四元数 $\boldsymbol{\varepsilon}_{\mathrm{c}}$ 与输入四元数 $\boldsymbol{\varepsilon}$ 的姿态误差。此时 $\boldsymbol{I}$ 为

3×3 单位阵。

定理 6.2 对于充液航天器方程式(6-9)～式(6-12)，设计控制律(6-20)，使得闭环系统渐近稳定。

证明：下面证明系统的稳定性，构造李雅普诺夫函数

$$V=\boldsymbol{K}[(\varepsilon_0-1)^2+\boldsymbol{\varepsilon}^{\mathrm{T}}\boldsymbol{\varepsilon}]+\frac{1}{2}\boldsymbol{\omega}^{\mathrm{T}}\boldsymbol{J}_{\mathrm{mb}}\boldsymbol{\omega}+\frac{1}{2}[\boldsymbol{\eta}^{\mathrm{T}}\quad \boldsymbol{\alpha}^{\mathrm{T}}]\boldsymbol{Q}\begin{bmatrix}\boldsymbol{\eta}\\ \boldsymbol{\alpha}\end{bmatrix} \tag{6-21}$$

对上述李雅普诺夫函数对时间求一阶导数

$$\begin{aligned}\dot{V}=&\boldsymbol{\omega}^{\mathrm{T}}[\boldsymbol{D}\boldsymbol{\varepsilon}-\boldsymbol{\omega}^{\times}(\boldsymbol{J}_{\mathrm{mb}}\boldsymbol{\omega}+\boldsymbol{\delta}^{\mathrm{T}}\boldsymbol{\alpha})-\boldsymbol{\delta}^{\mathrm{T}}(-\boldsymbol{C}_{\mathrm{f}}\boldsymbol{\alpha}-\boldsymbol{K}_{\mathrm{f}}\boldsymbol{\eta}+\boldsymbol{C}_{\mathrm{f}}\boldsymbol{M}_{\mathrm{f}}^{-1}\boldsymbol{\delta}\boldsymbol{\omega})+\boldsymbol{u}+\boldsymbol{T}_{\mathrm{d}}]\\&+[\boldsymbol{\eta}^{\mathrm{T}}\quad \boldsymbol{\alpha}^{\mathrm{T}}]\boldsymbol{P}\left[\begin{bmatrix}\boldsymbol{0} & \boldsymbol{I}\\ -\boldsymbol{K}_{\mathrm{f}}\boldsymbol{I} & -\boldsymbol{C}_{\mathrm{f}}\boldsymbol{I}\end{bmatrix}\begin{bmatrix}\boldsymbol{\eta}\\ \boldsymbol{\alpha}\end{bmatrix}-\begin{bmatrix}\boldsymbol{I}\\ \boldsymbol{C}_{\mathrm{f}}\boldsymbol{I}\end{bmatrix}\boldsymbol{M}_{\mathrm{f}}^{-1}\boldsymbol{\delta}\boldsymbol{\omega}\right]\end{aligned} \tag{6-22}$$

将式(6-20) 代入式(6-22) 中，得

$$\begin{aligned}\dot{V}=&\boldsymbol{\omega}^{\mathrm{T}}[\boldsymbol{D}\boldsymbol{\varepsilon}-\boldsymbol{\omega}^{\times}(\boldsymbol{J}_{\mathrm{mb}}\boldsymbol{\omega}+\boldsymbol{\delta}^{\mathrm{T}}\boldsymbol{\alpha})-\boldsymbol{\delta}^{\mathrm{T}}(-\boldsymbol{C}_{\mathrm{f}}\boldsymbol{\alpha}-\boldsymbol{K}_{\mathrm{f}}\boldsymbol{\eta}+\boldsymbol{C}_{\mathrm{f}}\boldsymbol{\delta}\boldsymbol{\omega})+\boldsymbol{T}_{\mathrm{d}}]\\&+\boldsymbol{\omega}^{\mathrm{T}}\left[-\boldsymbol{K}\boldsymbol{\omega}-\boldsymbol{D}\boldsymbol{\varepsilon}_{\mathrm{e}}-\boldsymbol{\delta}^{\mathrm{T}}\left\{\begin{bmatrix}\boldsymbol{K}_{\mathrm{f}}\boldsymbol{I}\\ \boldsymbol{C}_{\mathrm{f}}\boldsymbol{I}\end{bmatrix}-\boldsymbol{P}\begin{bmatrix}\boldsymbol{I}\\ -\boldsymbol{C}_{\mathrm{f}}\boldsymbol{I}\end{bmatrix}\right\}^{\mathrm{T}}\begin{bmatrix}\boldsymbol{\eta}\\ \boldsymbol{\alpha}\end{bmatrix}-\boldsymbol{\beta}\right]\\&+[\boldsymbol{\eta}^{\mathrm{T}}\quad \boldsymbol{\alpha}^{\mathrm{T}}]\boldsymbol{P}\left[\begin{bmatrix}\boldsymbol{0} & \boldsymbol{I}\\ -\boldsymbol{K}_{\mathrm{f}}\boldsymbol{I} & -\boldsymbol{C}_{\mathrm{f}}\boldsymbol{I}\end{bmatrix}\begin{bmatrix}\boldsymbol{\eta}\\ \boldsymbol{\alpha}\end{bmatrix}-\begin{bmatrix}\boldsymbol{I}\\ \boldsymbol{C}_{\mathrm{f}}\boldsymbol{I}\end{bmatrix}\boldsymbol{M}_{\mathrm{f}}^{-1}\boldsymbol{\delta}\boldsymbol{\omega}\right]\end{aligned} \tag{6-23}$$

对式(6-23) 继续整理

$$\begin{aligned}\dot{V}=&\boldsymbol{\omega}^{\mathrm{T}}\left[-\boldsymbol{K}\boldsymbol{\omega}-\boldsymbol{M}_{\mathrm{f}}^{-1}\boldsymbol{C}_{\mathrm{f}}\boldsymbol{\delta}^{\mathrm{T}}\boldsymbol{\delta}\boldsymbol{\omega}+\boldsymbol{\delta}^{\mathrm{T}}\boldsymbol{P}\begin{bmatrix}\boldsymbol{I}\\ -\boldsymbol{C}_{\mathrm{f}}\boldsymbol{I}\end{bmatrix}^{\mathrm{T}}\begin{bmatrix}\boldsymbol{\eta}\\ \boldsymbol{\alpha}\end{bmatrix}+\boldsymbol{T}_{\mathrm{d}}-\boldsymbol{\beta}\right]\\&+[\boldsymbol{\eta}^{\mathrm{T}}\quad \boldsymbol{\alpha}^{\mathrm{T}}]\boldsymbol{P}\left[\begin{bmatrix}\boldsymbol{0} & \boldsymbol{I}\\ -\boldsymbol{K}_{\mathrm{f}}\boldsymbol{I} & -\boldsymbol{C}_{\mathrm{f}}\boldsymbol{I}\end{bmatrix}\begin{bmatrix}\boldsymbol{\eta}\\ \boldsymbol{\alpha}\end{bmatrix}-\begin{bmatrix}\boldsymbol{I}\\ \boldsymbol{C}_{\mathrm{f}}\boldsymbol{I}\end{bmatrix}\boldsymbol{M}_{\mathrm{f}}^{-1}\boldsymbol{\delta}\boldsymbol{\omega}\right]\end{aligned}$$

对上式进一步整理得

$$\begin{aligned}\dot{V}=&-\boldsymbol{\omega}^{\mathrm{T}}(\boldsymbol{K}+\boldsymbol{M}_{\mathrm{f}}^{-1}\boldsymbol{C}_{\mathrm{f}}\boldsymbol{\delta}^{\mathrm{T}}\boldsymbol{\delta})\boldsymbol{\omega}-\boldsymbol{\omega}^{\mathrm{T}}(\boldsymbol{\beta}-\boldsymbol{T}_{\mathrm{d}})\\&+[\boldsymbol{\eta}^{\mathrm{T}}\quad \boldsymbol{\alpha}^{\mathrm{T}}]\boldsymbol{P}\begin{bmatrix}\boldsymbol{0} & \boldsymbol{I}\\ -\boldsymbol{K}_{\mathrm{f}}\boldsymbol{I} & -\boldsymbol{C}_{\mathrm{f}}\boldsymbol{I}\end{bmatrix}\begin{bmatrix}\boldsymbol{\eta}\\ \boldsymbol{\alpha}\end{bmatrix}\end{aligned} \tag{6-24}$$

将式(6-24)，结合假设 6.2，可得

$$\dot{V}\leqslant-\boldsymbol{\omega}^{\mathrm{T}}(\boldsymbol{K}+\boldsymbol{M}_{\mathrm{f}}^{-1}\boldsymbol{C}_{\mathrm{f}}\boldsymbol{\delta}^{\mathrm{T}}\boldsymbol{\delta})\boldsymbol{\omega}+[\boldsymbol{\eta}^{\mathrm{T}}\quad \boldsymbol{\alpha}^{\mathrm{T}}]\boldsymbol{Q}\begin{bmatrix}\boldsymbol{\eta}\\ \boldsymbol{\alpha}\end{bmatrix} \tag{6-25}$$

式中，$\boldsymbol{P}$ 与 $\boldsymbol{Q}$ 有如下关系

$$\boldsymbol{P}\begin{bmatrix}\boldsymbol{0} & \boldsymbol{I}\\ -\boldsymbol{K}_{\mathrm{f}}\boldsymbol{I} & -\boldsymbol{C}_{\mathrm{f}}\boldsymbol{I}\end{bmatrix}+\begin{bmatrix}\boldsymbol{0} & \boldsymbol{I}\\ -\boldsymbol{K}_{\mathrm{f}}\boldsymbol{I} & -\boldsymbol{C}_{\mathrm{f}}\boldsymbol{I}\end{bmatrix}^{\mathrm{T}}\boldsymbol{P}=-2\boldsymbol{Q}>0 \tag{6-26}$$

式中，$\boldsymbol{Q}$ 的具体表达式可通过 Matlab 线性矩阵不等式（LMI）模块求出。

综上，可以得到

$$\dot{V}\leqslant 0 \tag{6-27}$$

可以证明系统渐近稳定。

在实际情况中，充液航天器系统中的晃动液体各阶模态不能够被直接测量，此时假设 6.1 不成立，而且航天器系统不可避免地会遇到各种未知扰动（诸如太阳光压、重力梯度），这就导致了控制律式(6-20) 中体现抗干扰项 β 的值极难确定。

6.3.3 设计充液航天器自适应状态反馈控制律

本节在上两个小节的基础上，设计了无需液体晃动模态具体数值的动态反馈控制器。同时设计了自适应更新律对未知外部干扰进行估计。

设计如下控制器

$$\boldsymbol{u}=-\boldsymbol{K}\boldsymbol{\omega}-\boldsymbol{D}\boldsymbol{\varepsilon}_{\mathrm{e}}-\boldsymbol{\delta}^{\mathrm{T}}\left\{\begin{bmatrix}\boldsymbol{K}_{\mathrm{f}}\boldsymbol{I}\\ \boldsymbol{C}_{\mathrm{f}}\boldsymbol{I}\end{bmatrix}-\boldsymbol{P}\begin{bmatrix}\boldsymbol{I}\\ -\boldsymbol{C}_{\mathrm{f}}\boldsymbol{I}\end{bmatrix}\right\}^{\mathrm{T}}\begin{bmatrix}\hat{\boldsymbol{\eta}}\\ \hat{\boldsymbol{\alpha}}\end{bmatrix}-\hat{\boldsymbol{\beta}} \tag{6-28}$$

式中，$\boldsymbol{P}$ 为待设计的正定对称矩阵，有 $\boldsymbol{P}=\boldsymbol{P}^{\mathrm{T}}>0$；$\hat{\boldsymbol{\beta}}$ 为 $\boldsymbol{\beta}$ 无限接近的估计值；$\hat{\boldsymbol{\eta}}$ 为 $\boldsymbol{\eta}$ 无限接近的估计值；$\hat{\boldsymbol{\alpha}}$ 为 $\boldsymbol{\alpha}$ 无限接近的估计值。首先，给出 $\hat{\boldsymbol{\beta}}$、$\hat{\boldsymbol{\eta}}$、$\hat{\boldsymbol{\alpha}}$ 自适应更新律

$$\begin{aligned}\begin{bmatrix}\dot{\hat{\boldsymbol{\eta}}}\\ \dot{\hat{\boldsymbol{\alpha}}}\end{bmatrix}=&\begin{bmatrix}\boldsymbol{0} & \boldsymbol{I}\\ -\boldsymbol{K}_{\mathrm{f}}\boldsymbol{I} & -\boldsymbol{C}_{\mathrm{f}}\boldsymbol{I}\end{bmatrix}\begin{bmatrix}\hat{\boldsymbol{\eta}}\\ \hat{\boldsymbol{\alpha}}\end{bmatrix}-\begin{bmatrix}\boldsymbol{I}\\ -\boldsymbol{C}_{\mathrm{f}}\boldsymbol{I}\end{bmatrix}\boldsymbol{M}_{\mathrm{f}}^{-1}\boldsymbol{\delta}\boldsymbol{\omega}\\ &+\boldsymbol{P}^{-1}\left[\begin{bmatrix}\boldsymbol{K}_{\mathrm{f}}\boldsymbol{I}\\ \boldsymbol{C}_{\mathrm{f}}\boldsymbol{I}\end{bmatrix}-\boldsymbol{P}\begin{bmatrix}\boldsymbol{I}\\ -\boldsymbol{C}_{\mathrm{f}}\boldsymbol{I}\end{bmatrix}\right]\boldsymbol{M}_{\mathrm{f}}^{-1}\boldsymbol{\delta}\boldsymbol{\omega}\end{aligned} \tag{6-29}$$

$$\dot{\hat{\boldsymbol{\beta}}}=\boldsymbol{\Gamma}\,|\boldsymbol{\omega}|^{\mathrm{T}} \tag{6-30}$$

式中，$\boldsymbol{\Gamma}$ 为待设计的正定矩阵。

定理 6.3 对于充液航天器方程式(6-7) ～式(6-11)，设计控制律式(6-28)，及自适应更新律式(6-29)、式(6-30)，使得闭环系统渐近稳定。

证明： 构造李雅普诺夫函数

$$\begin{aligned}V=&\boldsymbol{K}\left[(\varepsilon_0-1)^2+\boldsymbol{\varepsilon}^{\mathrm{T}}\boldsymbol{\varepsilon}\right]+\frac{1}{2}\boldsymbol{\omega}^{\mathrm{T}}\boldsymbol{J}_{\mathrm{mb}}\boldsymbol{\omega}+\frac{1}{2}\left[\boldsymbol{\eta}^{\mathrm{T}}\quad \boldsymbol{\alpha}^{\mathrm{T}}\right]\boldsymbol{P}\begin{bmatrix}\boldsymbol{\eta}\\ \boldsymbol{\alpha}\end{bmatrix}\\ &+\frac{1}{2}\left[\boldsymbol{e}_{\eta}^{\mathrm{T}}\quad \boldsymbol{e}_{\alpha}^{\mathrm{T}}\right]\boldsymbol{P}\begin{bmatrix}\boldsymbol{e}_{\eta}\\ \boldsymbol{e}_{\alpha}\end{bmatrix}+\frac{1}{2}\tilde{\boldsymbol{\beta}}^{\mathrm{T}}\boldsymbol{\Gamma}^{-1}\tilde{\boldsymbol{\beta}}\end{aligned} \tag{6-31}$$

式中，$\tilde{\boldsymbol{\beta}}=\boldsymbol{\beta}-\hat{\boldsymbol{\beta}}$；$e_{\eta}=\boldsymbol{\eta}-\hat{\boldsymbol{\eta}}$；$e_{\alpha}=\boldsymbol{\alpha}-\hat{\boldsymbol{\alpha}}$；$\dot{e}_{\eta}=\dot{\boldsymbol{\eta}}-\dot{\hat{\boldsymbol{\eta}}}$；$\dot{e}_{\alpha}=\dot{\boldsymbol{\alpha}}-\dot{\hat{\boldsymbol{\alpha}}}$；$\gamma$ 为待设计的正常数。

根据式(6-10)、式(6-11)，$\dot{e}_{\eta i}$、$\dot{e}_{\alpha i}$ 可表示为

$$\begin{bmatrix}\dot{\boldsymbol{e}}_{\eta}\\ \dot{\boldsymbol{e}}_{\alpha}\end{bmatrix}=\left[\begin{bmatrix}\boldsymbol{0} & \boldsymbol{I}\\ -C_{\mathrm{f}}\boldsymbol{I} & -\boldsymbol{C}_{\mathrm{f}}\boldsymbol{I}\end{bmatrix}\begin{bmatrix}\boldsymbol{\eta}_{i}\\ \boldsymbol{\alpha}_{i}\end{bmatrix}-\begin{bmatrix}\boldsymbol{I}\\ \boldsymbol{C}_{\mathrm{f}}\boldsymbol{I}\end{bmatrix}\boldsymbol{M}_{\mathrm{f}}^{-1}\boldsymbol{\delta\omega}\right]-\begin{bmatrix}\hat{\boldsymbol{\eta}}\\ \hat{\boldsymbol{\alpha}}\end{bmatrix} \tag{6-32}$$

将李雅普诺夫函数式(6-31) 对时间求一阶导数

$$\begin{aligned}\dot{V}=&\boldsymbol{\omega}^{\mathrm{T}}[\boldsymbol{D\varepsilon}-\boldsymbol{\omega}^{\times}(\boldsymbol{J}_{\mathrm{mb}}\boldsymbol{\omega}+\boldsymbol{\delta}^{\mathrm{T}}\boldsymbol{\alpha})-\boldsymbol{\delta}^{\mathrm{T}}(-\boldsymbol{C}_{\mathrm{f}}\boldsymbol{\alpha}-\boldsymbol{K}_{\mathrm{f}}\boldsymbol{\eta}+\boldsymbol{C}_{\mathrm{f}}\boldsymbol{\delta\omega})+\boldsymbol{u}+\boldsymbol{T}_{\mathrm{d}}]\\&+[\boldsymbol{\eta}^{\mathrm{T}}\quad\boldsymbol{\alpha}^{\mathrm{T}}]\boldsymbol{P}\left[\begin{bmatrix}\boldsymbol{0} & \boldsymbol{I}\\ -\boldsymbol{K}_{\mathrm{f}}\boldsymbol{I} & -\boldsymbol{C}_{\mathrm{f}}\boldsymbol{I}\end{bmatrix}\begin{bmatrix}\boldsymbol{\eta}\\ \boldsymbol{\alpha}\end{bmatrix}-\begin{bmatrix}\boldsymbol{I}\\ \boldsymbol{C}_{\mathrm{f}}\boldsymbol{I}\end{bmatrix}\boldsymbol{M}_{\mathrm{f}}^{-1}\boldsymbol{\delta\omega}\right]\\&+\frac{1}{2}[\boldsymbol{e}_{\eta}^{\mathrm{T}}\quad\boldsymbol{e}_{\alpha}^{\mathrm{T}}]\boldsymbol{P}\left\{\left[\begin{bmatrix}\boldsymbol{0} & \boldsymbol{I}\\ -\boldsymbol{C}_{\mathrm{f}}\boldsymbol{I} & -\boldsymbol{C}_{\mathrm{f}}\boldsymbol{I}\end{bmatrix}\begin{bmatrix}\boldsymbol{\eta}\\ \boldsymbol{\alpha}\end{bmatrix}-\begin{bmatrix}\boldsymbol{I}\\ \boldsymbol{C}_{\mathrm{f}}\boldsymbol{I}\end{bmatrix}\boldsymbol{M}_{\mathrm{f}}^{-1}\boldsymbol{\delta\omega}\right]-\begin{bmatrix}\hat{\boldsymbol{\eta}}\\ \hat{\boldsymbol{\alpha}}\end{bmatrix}\right\}+\tilde{\boldsymbol{\beta}}^{\mathrm{T}}\boldsymbol{\Gamma}^{-1}\dot{\hat{\boldsymbol{\beta}}}\end{aligned}$$

考虑假设 6.2，控制律式(6-28)、自适应更新律式(6-29)、式(6-30)，及方程式(6-32)，代入到式(6-31) 中，此时李雅普诺夫函数对时间求一阶导数可以表示为如下形式

$$\begin{aligned}\dot{V}\leqslant&-\boldsymbol{\omega}^{\mathrm{T}}\boldsymbol{D\omega}-\boldsymbol{\omega}^{\mathrm{T}}\boldsymbol{M}_{\mathrm{f}}^{-1}\boldsymbol{C}_{\mathrm{f}}\boldsymbol{\delta}^{\mathrm{T}}\boldsymbol{\delta\omega}-[\boldsymbol{\eta}^{\mathrm{T}}\quad\boldsymbol{\alpha}^{\mathrm{T}}]\boldsymbol{Q}\begin{bmatrix}\boldsymbol{\eta}\\ \boldsymbol{\alpha}\end{bmatrix}\\&-[\boldsymbol{e}_{\eta}^{\mathrm{T}}\quad\boldsymbol{e}_{\alpha}^{\mathrm{T}}]\boldsymbol{Q}\begin{bmatrix}\boldsymbol{e}_{\eta}\\ \boldsymbol{e}_{\alpha}\end{bmatrix}\end{aligned} \tag{6-33}$$

式中，$\boldsymbol{P}_i$ 与 $\boldsymbol{Q}_i$ 有如下关系

$$\boldsymbol{P}\begin{bmatrix}\boldsymbol{0} & \boldsymbol{I}\\ -\boldsymbol{K}_{\mathrm{f}}\boldsymbol{I} & -\boldsymbol{C}_{\mathrm{f}}\boldsymbol{I}\end{bmatrix}+\begin{bmatrix}\boldsymbol{0} & \boldsymbol{I}\\ -\boldsymbol{K}_{\mathrm{f}}\boldsymbol{I} & -\boldsymbol{C}_{\mathrm{f}}\boldsymbol{I}\end{bmatrix}^{\mathrm{T}}\boldsymbol{P}=-2\boldsymbol{Q}>0 \tag{6-34}$$

同样 $\boldsymbol{Q}_i$ 的具体表达式可通过 Matlab 线性矩阵不等式（LMI）模块求出。

综上，可以得到

$$\dot{V}\leqslant 0 \tag{6-35}$$

此时，可以证明系统渐近稳定。

6.3.4 自适应输出反馈控制器模糊化参数设计

考虑到输出反馈控制律中 k_{p} 和 k_{d} 的参数是固定的，不适用于非线性的、参数时变的控制系统，因此采用模糊控制分别对 k_{p} 和 k_{d} 的参数进行模糊化动态优化，改善系统内各状态变量的抖振响应，提高控制律的鲁棒性。

优化后的控制力矩应平稳变化，且幅值较小，使得系统姿态四元数的响应以及角速度的响应更加平稳、波动更小且稳定速度更快。同时考虑到在姿态机动的初始时刻，控制力矩过大更易引起航天器内液体燃料的晃动以及柔性附件的振动，因此应尽量减小初始时刻的控制力矩。为度量系统内各状态变量相对于平衡位置的平稳性，取误差四元数和角速度的绝对值作为模糊控制器的动态输入，设计如下模糊规则：

初始时刻误差四元数较大，k_p 应较小以减小控制力矩来减小抖振，同时角速度越大，k_d 越大，但增速越小以提高系统平稳性；随着误差四元数的减小，k_p 应增大以加快系统响应，同时角速度越大，k_d 越小；当系统接近稳定时误差四元数接近于零，此时 k_p 随着角速度的增大而减小以减小控制力矩来降低系统的抖振，同时 k_d 随着角速度的增大而减小。

误差四元数的绝对值以及角速度的绝对值的语言变量分别为 E 与 E_C，输出变量分别为 k_p 的变化量 Δk_p 以及 k_d 的变化量 Δk_d。

输入与输出均量化为五个等级，模糊子集均为{NB NM ZO PM PB}，输入与输出的隶属度函数如图 6-2～图 6-5 所示。对输出变量 Δk_p 和 Δk_d 分别编写 25 条模糊规则，得到对应的模糊规则云图如图 6-6、图 6-7 所示。最后采用重心法去模糊化，得到 Δk_p 以及 Δk_d 的精确值。优化后的 k_p 以及 k_d 值为

$$\hat{k}_p = k_p + \Delta k_p ; \hat{k}_d = k_d + \Delta k_d$$

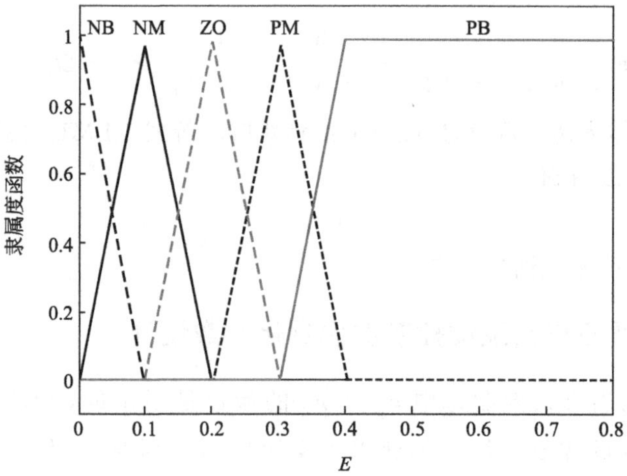

图 6-2　输入 E 的隶属度函数

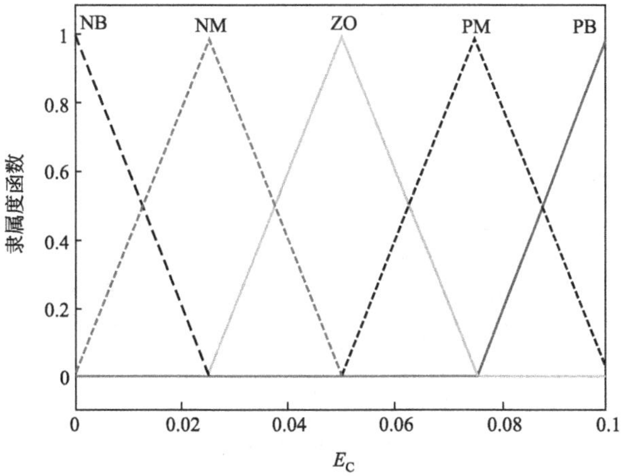

图 6-3　输入 E_C 的隶属度函数

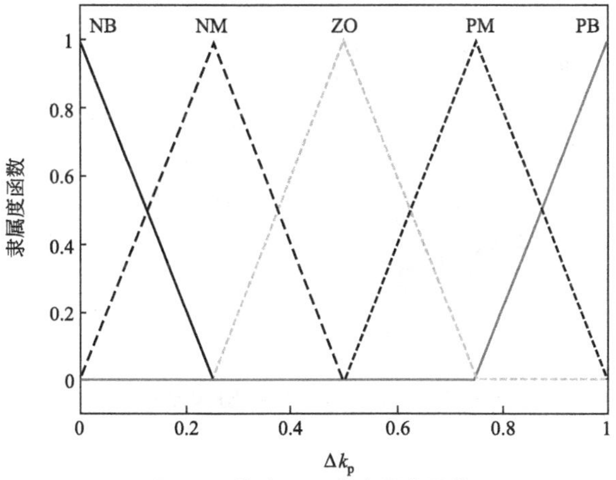

图 6-4　输出 Δk_p 的隶属度函数

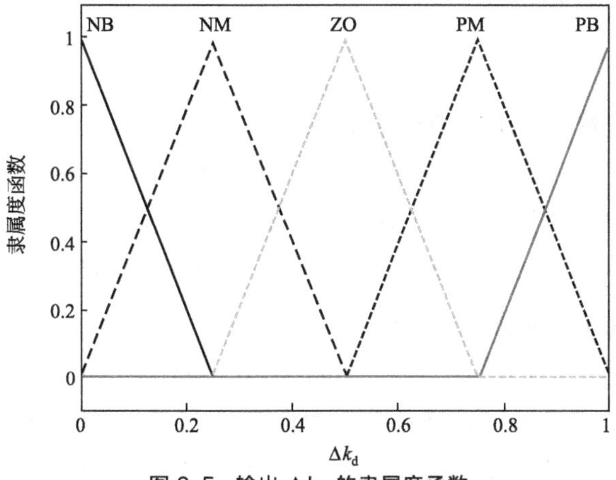

图 6-5　输出 Δk_d 的隶属度函数

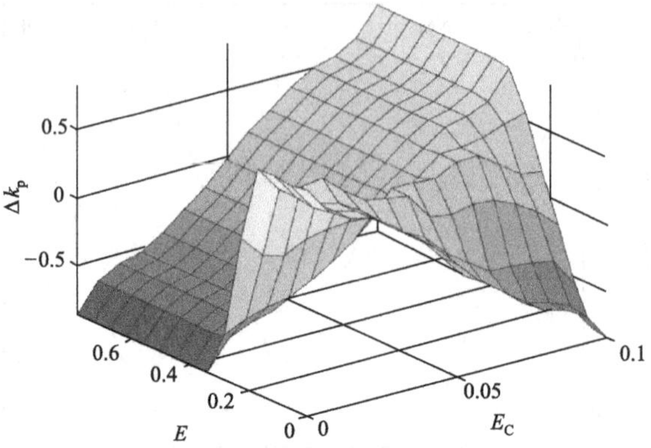

图 6-6 输出 Δk_p 的模糊规则云图

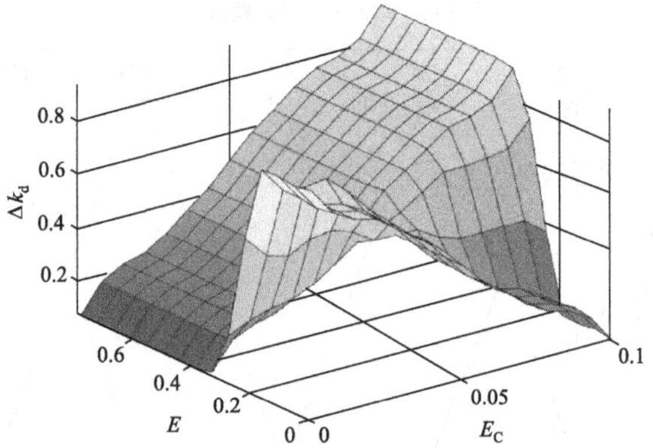

图 6-7 输出 Δk_d 的模糊规则云图

6.4 数值模拟

三轴稳定充液航天器，惯性张量 $\boldsymbol{J}_{\text{hub}}=\begin{bmatrix}503 & 0 & 0\\ 0 & 385 & -5\\ 0 & -5 & 420\end{bmatrix}$ (kg/m^2)。

液体燃料相关参数选取为：$m_b=100\text{kg}$，$m_p=0.1m_b$，$l=0.228\text{m}$，$r_x=1.2\text{m}$，$c_1=c_2=c_3=0.05$。假设航天器位于地球轨道高度 800km 处，g 等于当地的重力加速度，选取 $g=7.689\text{m/s}^2$。

航天器初始四元数为 $\boldsymbol{\varepsilon}(0)=[0.1763\quad -0.5264\quad 0.2632\quad 0.7896]^{\text{T}}$，初始角速率为 $\boldsymbol{\omega}(0)=[0\quad 0\quad 0]^{\text{T}}$，目标四元数即指令四元数为 $\boldsymbol{\varepsilon}_c(0)=[0\quad 0\quad 0\quad 1]^{\text{T}}$。

利用第 6.3 节设计自适应状态反馈控制律式(6-28)，自适应更新律式(6-29)、式(6-30)，对航天器进行大角度姿态机动，控制律中所需要的参数为 $k_p=0.08$，$k_d=0.35$。控制律中所需要设计的正定矩阵 $\boldsymbol{P}$ 通过 Matlab 线性矩阵不等式（LMI）模块求出。

模糊控制器的参数为：k_{p1}、k_{p2} 的模糊增益为 30，k_{p3} 的模糊增益为 45；k_{d1}、k_{d2} 的模糊增益为 350，k_{d3} 的模糊增益为 500。

自适应输出反馈控制器的仿真结果如图 6-8～图 6-10 所示。由结果可见系统在 110s 左右进入渐近稳定状态，但初始控制力矩较大；图 6-11 给出了由自适应更新律得出的液体晃动响应及估计值，可以看出自适应状态更新律能有效估计出状态变量的值，拥有良好的观测性能。

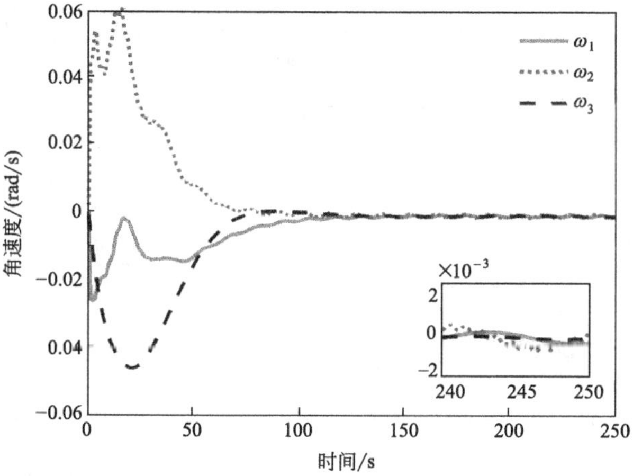

图 6-8 角速度响应

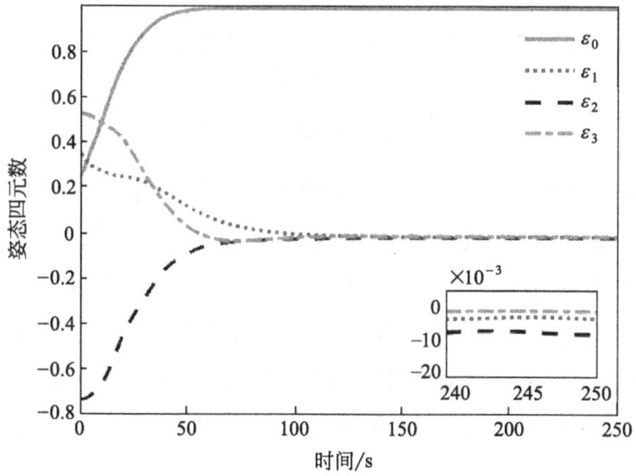

图 6-9 姿态四元数响应

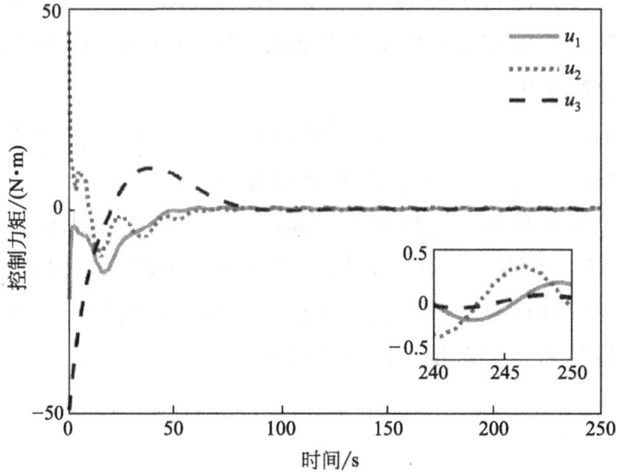

图 6-10　控制力矩响应

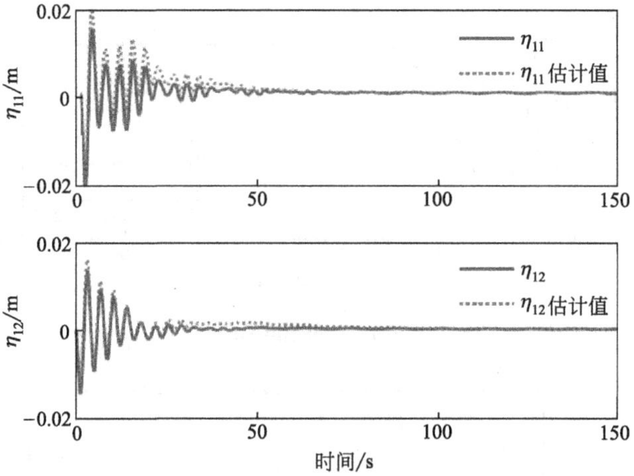

图 6-11　液体晃动响应及其估计值

图 6-12～图 6-15 分别给出了三种控制器的控制力矩响应、姿态角速度响应、姿态四元数响应及其液体燃料晃动响应的对比图。可见模糊控制器减小了控制力矩的整体幅值，减小了初始力矩的大小，使控制力矩的变化更加平稳，也因此使得系统角速度以及姿态四元数的响应的变化更加平稳。模糊控制器性能优越，能够有效地优化系统的控制力矩，改善角速度以及姿态四元数的响应，使系统获得更好的控制效果。仿真结果证明了模糊控制器的有效性。

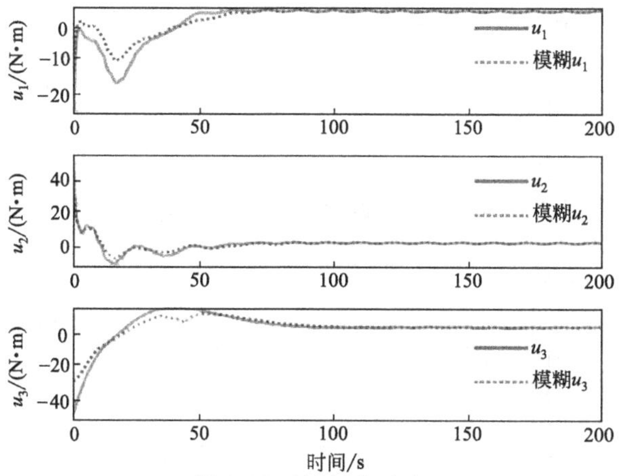

图 6-12 控制力矩响应

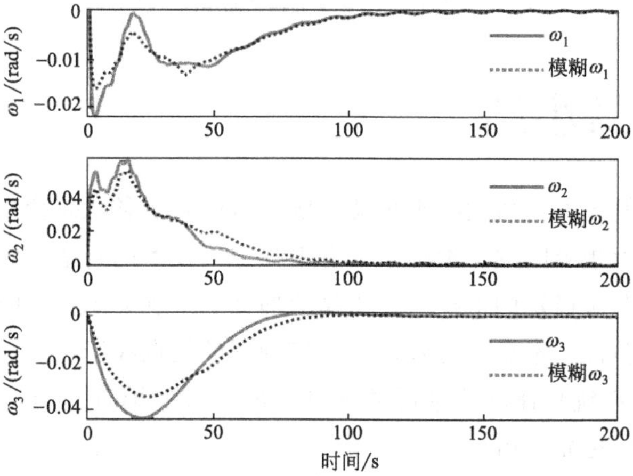

图 6-13 姿态角速度响应

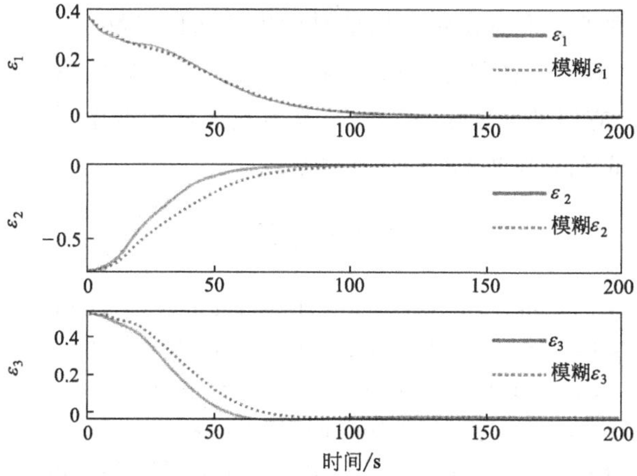

图 6-14 姿态四元数响应

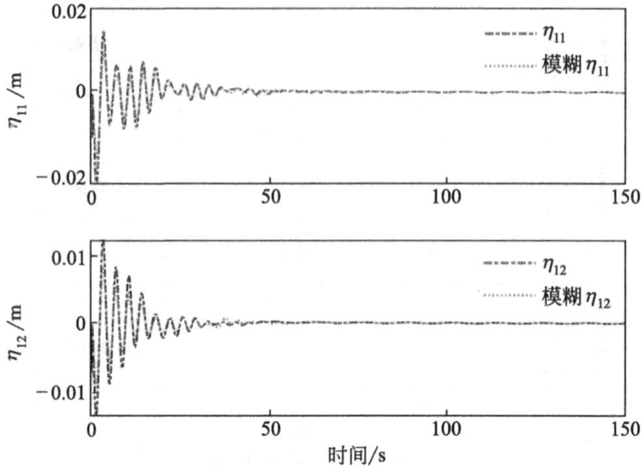

图 6-15 液体燃料晃动响应

6.5 本章小结

针对充液航天器大角度姿态机动问题，考虑系统各状态变量不可测、会受到未知的干扰力矩等问题，设计了结合模糊控制技术的自适应输出反馈复合控制器。在保证系统稳定的前提下，明显的抑制了系统姿态机动时引起的颤振响应，仿真结果验证了本章的有效性，本控制器的优点在于：

① 只需要系统角速度信息反馈就可保证系统的渐近稳定，其中各状态变量的值由自适应更新律得到；

② 对控制律内的参数进行了模糊动态优化，提高了系统的鲁棒性；

③ 有效抑制了航天器在姿态机动时产生的液体晃动。

本章所建立的三轴稳定充液航天器，液体贮箱假定为球形，将晃动液体等效为单摆模型，应用动量矩定理建立了充液航天器耦合系统动力学方程，后续7～9 章将采用同样的刚-液耦合动力学模型。

参考文献

[1] Anderson J G, Turan Ö F, Semercigil S E. Experiments to control sloshing in cylindrical containers [J]. Journal of Sound and Vibration, 2001, 240 (2): 398-404.

[2] Shageer H, Tao G. Modeling and adaptive control of spacecraft with fuel slosh: overview and case studies [C]. AIAA Guidance, Navigation & Control Conference and Exhibit, August 2007, Hilton Head, South Carolina: AIAA, 2007.

[3] De Queiroz M S, Kapila V, Yan Q. Adaptive nonlinear control of multiple spacecraft formation flying [J]. Journal of Guidance, Control and Dynamics, 2000, 23 (3): 561-564.
[4] 沈少萍，吴宏鑫. 一种航天器智能自适应控制方法 [J]. 空间控制技术与应用，2008，34 (3)：7-11.
[5] 宋斌，李传江，马广富. 航天器姿态机动的鲁棒自适应控制器设计 [J]. 宇航学报，2008，29 (1)：121-125.
[6] Sales T P, Rade D A, de Souza L. Passive vibration control of flexible spacecraft using shunted piezoelectric transducers [J]. Aerospace Science and Technology, 2013, 29 (1): 403-412.
[7] 潘非，朱宏玉. 航天器非奇异自适应终端滑模姿轨联合控制 [J]. 北京航空航天大学学报，2020，46 (7)：1354-1362.
[8] 夏冬冬，岳晓奎. 基于浸入与不变理论的航天器姿态跟踪自适应控制 [J]. 航空学报，2020，41 (2)：307-318.

第7章 考虑测量不确定和输入饱和的充液航天器姿态机动控制

7.1 引言

现代航天器通常携带大量的液体燃料用于支撑自身机体完成复杂的航天任务，贮箱内液体的晃动会影响航天器的控制及稳定性[1-3]。设计充液航天器控制器过程中需要充分考虑其在轨运行的实际条件，例如外部环境干扰[4]、参数不确定[5]、控制输入饱和[4,6]、无角速度反馈[7,8]、有限时间收敛[9,10] 等问题，但测量不确定问题往往没有被充分地考虑。由于姿态测量的环境条件受到较大外部环境的干扰，测量装置无法获得准确的姿态和角速度，因此姿态控制器的设计中通常会涉及测量不确定性的问题。为了保证闭环系统的稳定性和鲁棒性，应设计一种有效的姿态稳定控制器，以同时处理外部干扰、参数不确定性、控制输入饱和以及测量不确定性。一般来说，控制输入饱和可以通过使用稳定的辅助设计系统直接处理，例如抗饱和补偿器[11,12]、前馈神经网络补偿器[13,14]、指令滤波器[15,16] 等补偿输入饱和的不利影响。此外，通过适当的模型变换，可以将外部干扰、参数不确定性和测量不确定性视为集总干扰。干扰观测器技术[17-19] 作为一种典型的鲁棒自适应控制方法，已经应用于航天器控制系统中处理系统模型的集总干扰。然而，在上述研究中，在干扰观测器设计中并未明确考虑测量不确定性的影响。Sun 等人[20] 针对刚体航天器存在外部未知干扰、参数不确定、测量不确定性以及输入饱和等问题，基于反步控制结合非线性干扰观测器和抗饱和技术设计了饱和鲁棒控制律实现刚体航天器姿态稳定。Miao 等人[21] 针对测量不确定、外部未知干扰和参数不确定，基于反步控制结合有限时间积分滑模扰动观测器实现了挠性航天器姿态稳定。特别需要强调的是，控制输入饱和以及测量不确定性会降低控制系统的动态控制性能和稳态精度。

本章研究了考虑控制输入饱和及测量不确定的充液航天器大角度姿态机动鲁棒控制问题，主要内容包括：①在航天器姿态控制器设计中，将测量不确定性视为失配和匹配的扰动，并设计相应的非线性扰动观测器对这些未知的集总扰动进行补偿。②针对控制输入饱和的影响，设计指令滤波器对控制输入饱和进行补偿。③在设计的控制器作用下，姿态四元数、角速度、非线性干扰观测器和指令滤波器的状态均渐近收敛到零。

7.2 考虑不确定性充液航天器动力学建模

本章延续使用 6.2 节所建立的充液航天器动力学模型，航天器的动力学方程、液体燃料晃动的动力学方程以及航天器姿态动力学方程可分别表示为

$$\boldsymbol{J}_{\text{sat}}\dot{\boldsymbol{\omega}}+\boldsymbol{\delta}^{\mathrm{T}}\ddot{\boldsymbol{\eta}}=-\boldsymbol{\omega}^{\times}(\boldsymbol{J}_{\text{sat}}\boldsymbol{\omega}+\boldsymbol{\delta}^{\mathrm{T}}\dot{\boldsymbol{\eta}})-\dot{\boldsymbol{J}}_{\text{sat}}\boldsymbol{\omega}+\boldsymbol{d}(t)+\boldsymbol{u} \tag{7-1}$$

$$\ddot{\boldsymbol{\eta}}+\boldsymbol{M}_{\mathrm{f}}^{-1}\boldsymbol{\delta}\dot{\boldsymbol{\omega}}+\boldsymbol{C}_{\mathrm{f}}\dot{\boldsymbol{\eta}}+\boldsymbol{K}_{\mathrm{f}}\boldsymbol{\eta}=\boldsymbol{A}_1(\boldsymbol{\omega})\dot{\boldsymbol{\eta}}+\boldsymbol{A}_2(\boldsymbol{\omega}) \tag{7-2}$$

$$\begin{bmatrix}\dot{\varepsilon}_0\\ \dot{\boldsymbol{\varepsilon}}\end{bmatrix}=\frac{1}{2}\begin{bmatrix}-\boldsymbol{\varepsilon}\\ \boldsymbol{G}(\boldsymbol{\varepsilon})\end{bmatrix}\boldsymbol{\omega} \tag{7-3}$$

式中，各个参数含义与 6.2 节相同。

由于航天器姿态和角速度是由多个传感器测量的，而传感器通常受到复杂的空间环境的影响，所以其测量值一般是不确定的。因此本章考虑的不确定性包括：航天器上姿态传感器的测量不确定，分别表示为 $\Delta\boldsymbol{\varepsilon}$ 和 $\Delta\boldsymbol{\omega}$；未知的外部干扰 $\boldsymbol{d}(t)$；航天器惯性矩阵的不确定 $\Delta\boldsymbol{J}_{\mathrm{b}}$。测量的姿态四元数和角速度表示为

$$\hat{\boldsymbol{\varepsilon}}=\boldsymbol{\varepsilon}+\Delta\boldsymbol{\varepsilon} \tag{7-4}$$

$$\hat{\boldsymbol{\omega}}=\boldsymbol{\omega}+\Delta\boldsymbol{\omega} \tag{7-5}$$

根据式（7-3）和式（7-5），可以得到

$$\dot{\hat{\boldsymbol{\varepsilon}}}=\boldsymbol{G}(\hat{\boldsymbol{\varepsilon}}-\Delta\boldsymbol{\varepsilon})(\hat{\boldsymbol{\omega}}-\Delta\boldsymbol{\omega})+\Delta\dot{\boldsymbol{\varepsilon}}=\boldsymbol{G}(\hat{\boldsymbol{\varepsilon}})\hat{\boldsymbol{\omega}}+\boldsymbol{\Xi}_1 \tag{7-6}$$

式中，$\boldsymbol{\Xi}_1=-\boldsymbol{G}(\hat{\boldsymbol{\varepsilon}})\Delta\boldsymbol{\omega}-\boldsymbol{G}(\Delta\boldsymbol{\varepsilon})\boldsymbol{\omega}$。

假设 7.1 测量不确定 $\Delta\boldsymbol{\varepsilon}$ 和 $\Delta\boldsymbol{\omega}$ 随时间变化缓慢，且连续一致有界，满

足$\lim\limits_{t\to\infty}\Delta\dot{\boldsymbol{\varepsilon}}=0$，$\lim\limits_{t\to\infty}\Delta\dot{\boldsymbol{\omega}}=0$，在控制系统设计过程中，可以不考虑其一阶导数及高阶导数对机动系统的影响。

假设液体为小幅度晃动，可将式（7-1）和式（7-2）做线性化处理。为了控制系统简述方便，方程式（7-2）引入新的变量 $\boldsymbol{\psi}$，结合式（7-4）~式(7-6)，测量的航天器动力学方程可表示为如下形式

$$\begin{cases}\dot{\hat{\boldsymbol{\varepsilon}}}=G(\hat{\boldsymbol{\varepsilon}})\hat{\boldsymbol{\omega}}+\boldsymbol{\Xi}_1 \\ \boldsymbol{J}\dot{\hat{\boldsymbol{\omega}}}=-\hat{\boldsymbol{\omega}}^{\times}(\boldsymbol{J}\hat{\boldsymbol{\omega}}+\boldsymbol{\delta}^{\mathrm{T}}\boldsymbol{\psi})+\boldsymbol{\delta}^{\mathrm{T}}(\boldsymbol{C}_{\mathrm{f}}\boldsymbol{\psi}+\boldsymbol{K}_{\mathrm{f}}\boldsymbol{\eta}-\boldsymbol{C}_{\mathrm{f}}\boldsymbol{M}_{\mathrm{f}}^{-1}\boldsymbol{\delta}\hat{\boldsymbol{\omega}})+\boldsymbol{u}+\boldsymbol{\Xi}_2\end{cases} \tag{7-7}$$

其中，$\boldsymbol{J}+\Delta\boldsymbol{J}=\boldsymbol{J}_{\mathrm{sat}}-\boldsymbol{\delta}^{\mathrm{T}}\boldsymbol{M}_{\mathrm{f}}^{-1}\boldsymbol{\delta}$；$\boldsymbol{\Xi}_2=\boldsymbol{d}(t)-\Delta\boldsymbol{J}\dot{\hat{\boldsymbol{\omega}}}-\hat{\boldsymbol{\omega}}^{\times}(-\boldsymbol{J}\Delta\boldsymbol{\omega}+\Delta\boldsymbol{J}\hat{\boldsymbol{\omega}}-\Delta\boldsymbol{J}\Delta\boldsymbol{\omega})+\Delta\boldsymbol{\omega}^{\times}\boldsymbol{J}_{\mathrm{mb}}\boldsymbol{\omega}$；$\boldsymbol{C}_{\mathrm{f}}$、$\boldsymbol{K}_{\mathrm{f}}$、$\boldsymbol{M}_{\mathrm{f}}$ 与第 6.2 节表示含义相同，控制系统中控制力矩存在饱和约束，即 $|\boldsymbol{u}(t)|\leqslant\bar{u}_{\mathrm{m}}$，其中 $\bar{u}_{\mathrm{m}}$ 为执行机构提供的最大输出幅值。

7.3 控制律设计和稳定性分析

控制系统模型式（7-7）具有失配不确定性 $\boldsymbol{\Xi}_1$ 和匹配不确定性 $\boldsymbol{\Xi}_2$ 的典型串级结构。将经典的反步技术、非线性干扰观测器和指令滤波相结合，针对航天器控制输入饱和以及传感器测量不确定，设计鲁棒饱和姿态控制器，实现航天器姿态机动的稳定性。

7.3.1 基于非线性干扰观测器的反步控制

反步法是一种基于递归的 Lyapunov 方法。其思想是通过将一些状态变量视为虚拟控制并为它们设计中间控制律来递归地设计控制器。与其它控制方法相比，反步法的优势在于其设计灵活性。

步骤 1 定义反步变量

$$\boldsymbol{x}_2=\hat{\boldsymbol{\omega}}-\boldsymbol{\alpha},\ \boldsymbol{x}_1=\hat{\boldsymbol{\varepsilon}} \tag{7-8}$$

式中，$\boldsymbol{\alpha}\in\mathbb{R}^{3\times1}$ 表示虚拟控制律。关于 $\boldsymbol{x}_1$ 的动力学方程可以写成

$$\dot{\boldsymbol{x}}_1=\boldsymbol{G}(\boldsymbol{x}_1)(\boldsymbol{x}_2+\boldsymbol{\alpha})+\boldsymbol{\Xi}_1 \tag{7-9}$$

设计虚拟变量输入为

$$\boldsymbol{\alpha}=-\boldsymbol{G}^{-1}(\boldsymbol{x}_1)(k_1\boldsymbol{x}_1+\hat{\boldsymbol{\Xi}}_1) \tag{7-10}$$

式中，$\boldsymbol{G}^{-1}(\boldsymbol{x}_1)$ 是 $\boldsymbol{G}(\boldsymbol{x}_1)$的广义逆矩阵；$k_1$ 是正常数；$\hat{\boldsymbol{\Xi}}_1$ 是 $\boldsymbol{\Xi}_1$ 的估计值。非线性干扰观测器提供了有效的方法估计系统式（7-8)中的失配干扰，设

计为

$$
\begin{cases}\dot{\boldsymbol{z}}_{\mathrm{w}}=-k_2[(k_2\boldsymbol{x}_1+\boldsymbol{z}_{\mathrm{w}})+\boldsymbol{G}(\boldsymbol{x}_1)(\boldsymbol{x}_2+\boldsymbol{\alpha})]\\ \hat{\boldsymbol{\Xi}}_1=\boldsymbol{z}_{\mathrm{w}}+k_2\boldsymbol{x}_1\end{cases}\tag{7-11}
$$

式中，$\boldsymbol{z}_{\mathrm{w}}$ 为非线性观测器的状态向量；常数 $k_2>0$ 为干扰观测器增益。将式（7-9）代入式（7-10）得到闭环系统姿态动力学方程

$$
\dot{\boldsymbol{x}}_1=\boldsymbol{G}(\boldsymbol{x}_1)\boldsymbol{x}_2-k_1\boldsymbol{x}_1+\widetilde{\boldsymbol{\Xi}}_1\tag{7-12}
$$

假设 7.2 集总扰动 $\boldsymbol{\Xi}_1$ 随时间变化缓慢，即 $\dot{\boldsymbol{\Xi}}_1\approx 0$。

考虑 Lyapunov 函数

$$
V_1=\frac{1}{2}(\boldsymbol{x}_1^{\mathrm{T}}\boldsymbol{x}_1+\widetilde{\boldsymbol{\Xi}}_1^{\mathrm{T}}\widetilde{\boldsymbol{\Xi}}_1)
$$

将其对时间求一阶导数结合假设 7.2 可得

$$
\begin{aligned}\dot{V}_1&=\boldsymbol{x}_1^{\mathrm{T}}[\boldsymbol{G}(\boldsymbol{x}_1)\boldsymbol{x}_2-k_1\boldsymbol{x}_1+\widetilde{\boldsymbol{\Xi}}_1]+\widetilde{\boldsymbol{\Xi}}_1^{\mathrm{T}}(-k_2\widetilde{\boldsymbol{\Xi}}_1+\dot{\boldsymbol{\Xi}}_1)\\&=-k_1\boldsymbol{x}_1^{\mathrm{T}}\boldsymbol{x}_1+\boldsymbol{x}_1^{\mathrm{T}}G(\boldsymbol{x}_1)\boldsymbol{x}_2+\boldsymbol{x}_1^{\mathrm{T}}\widetilde{\boldsymbol{\Xi}}_1-k_2\widetilde{\boldsymbol{\Xi}}_1^{\mathrm{T}}\widetilde{\boldsymbol{\Xi}}_1\end{aligned}\tag{7-13}
$$

步骤 2 根据式（7-7）、式（7-8）、式（7-10）、式（7-11）可以得到关于 $\boldsymbol{x}_2$ 的动力学方程

$$
\begin{aligned}\dot{\boldsymbol{x}}_2=&\boldsymbol{J}^{-1}[-(\boldsymbol{x}_2+\boldsymbol{\alpha})^{\times}\boldsymbol{J}(\boldsymbol{x}_2+\boldsymbol{\alpha})+\boldsymbol{\delta}^{\mathrm{T}}(\boldsymbol{C}_{\mathrm{f}}\boldsymbol{\psi}+\boldsymbol{K}_{\mathrm{f}}\boldsymbol{\eta})-\boldsymbol{\delta}^{\mathrm{T}}\boldsymbol{C}_{\mathrm{f}}\boldsymbol{M}_{\mathrm{f}}^{-1}\boldsymbol{\delta}(\boldsymbol{x}_2+\boldsymbol{\alpha})]\\&+k_1(\boldsymbol{x}_2+\boldsymbol{\alpha})+\boldsymbol{G}^{-1}(\boldsymbol{x}_1)\dot{\boldsymbol{z}}_{\mathrm{w}}+k_2(\boldsymbol{x}_2+\boldsymbol{\alpha})+\boldsymbol{J}^{-1}\boldsymbol{u}+\boldsymbol{\Xi}_3\end{aligned}\tag{7-14}
$$

式中，$\boldsymbol{\Xi}_3=\boldsymbol{J}^{-1}(\boldsymbol{\Xi}_2-\hat{\boldsymbol{\omega}}^{\times}\boldsymbol{\delta}^{\mathrm{T}}\boldsymbol{\psi})+\dot{\boldsymbol{G}}^{-1}(\boldsymbol{x}_1)(k_1\boldsymbol{x}_2+\hat{\boldsymbol{\Xi}}_1)+k_1\boldsymbol{G}^{-1}(\boldsymbol{x}_1)\boldsymbol{\Xi}_1+k_2\boldsymbol{G}^{-1}(\boldsymbol{x}_1)\boldsymbol{\Xi}_1$。

针对式（7-14）中的匹配干扰 $\boldsymbol{\Xi}_3$，设计非线性干扰观测器如下

$$
\begin{cases}\dot{\boldsymbol{d}}_{\mathrm{w}}=-k_3[(k_3\boldsymbol{x}_2+\boldsymbol{d}_{\mathrm{w}})-\boldsymbol{J}^{-1}\hat{\boldsymbol{\omega}}^{\times}\boldsymbol{J}\hat{\boldsymbol{\omega}}+\boldsymbol{J}^{-1}\boldsymbol{\delta}^{\mathrm{T}}(\boldsymbol{C}_{\mathrm{f}}\boldsymbol{\psi}+\boldsymbol{K}_{\mathrm{f}}\boldsymbol{\eta})\\\qquad-\boldsymbol{J}^{-1}\boldsymbol{\delta}^{\mathrm{T}}\boldsymbol{C}_{\mathrm{f}}\boldsymbol{M}_{\mathrm{f}}^{-1}\boldsymbol{\delta}\hat{\boldsymbol{\omega}}+k_1(\boldsymbol{x}_2+\boldsymbol{\alpha})+\boldsymbol{G}^{-1}(\boldsymbol{x}_1)\dot{\boldsymbol{z}}_{\mathrm{w}}+k_2(\boldsymbol{x}_2+\boldsymbol{\alpha})+\boldsymbol{J}^{-1}\boldsymbol{u}]\\\hat{\boldsymbol{\Xi}}_3=\boldsymbol{d}_{\mathrm{w}}+k_3\boldsymbol{x}_2\end{cases}\tag{7-15}
$$

式中，$\boldsymbol{d}_{\mathrm{w}}$ 为非线性观测器的状态向量；常数 $k_3>0$ 为干扰观测器增益。

假设 7.3 集总扰动 $\boldsymbol{\Xi}_3$ 随时间变化缓慢，也就是说 $\dot{\boldsymbol{\Xi}}_3\approx 0$。

考虑 Lyapunov 函数条件

$$
V_2=V_1+\frac{1}{2}\boldsymbol{x}_2^{\mathrm{T}}\boldsymbol{J}\boldsymbol{x}_2+\frac{1}{2}\widetilde{\boldsymbol{\Xi}}_3^{\mathrm{T}}\widetilde{\boldsymbol{\Xi}}_3\tag{7-16}
$$

将式（7-16）对时间求一阶导数并结合假设 7.3 可得

$$\begin{aligned}\dot{V}_2 &=\dot{V}_1+\boldsymbol{x}_2^{\mathrm{T}}\boldsymbol{J}\dot{\boldsymbol{x}}_2+\widetilde{\boldsymbol{\Xi}}_3^{\mathrm{T}}\dot{\widetilde{\boldsymbol{\Xi}}}_3 \\ &=-k_1\boldsymbol{x}_1^{\mathrm{T}}\boldsymbol{x}_1+\boldsymbol{x}_1^{\mathrm{T}}G(\boldsymbol{x}_1)\boldsymbol{x}_2+\boldsymbol{x}_1^{\mathrm{T}}\widetilde{\boldsymbol{\Xi}}_1-k_2\widetilde{\boldsymbol{\Xi}}_1^{\mathrm{T}}\widetilde{\boldsymbol{\Xi}}_1 \\ &\quad+\boldsymbol{x}_2^{\mathrm{T}}[-\hat{\boldsymbol{\omega}}^{\times}\boldsymbol{J}\hat{\boldsymbol{\omega}}+\boldsymbol{\delta}^{\mathrm{T}}(\boldsymbol{C}_{\mathrm{f}}\boldsymbol{\psi}+\boldsymbol{K}_{\mathrm{f}}\boldsymbol{\eta}-\boldsymbol{C}\boldsymbol{M}_{\mathrm{f}}^{-1}\boldsymbol{\delta}\hat{\boldsymbol{\omega}})] \\ &\quad+\boldsymbol{x}_2^{\mathrm{T}}[k_1\boldsymbol{J}(\boldsymbol{x}_2+\boldsymbol{\alpha})+\boldsymbol{J}\boldsymbol{G}^{-1}(\boldsymbol{x}_1)\dot{z}_{\mathrm{w}}+k_2\boldsymbol{J}(\boldsymbol{x}_2+\boldsymbol{\alpha})+\boldsymbol{u}+\boldsymbol{J}\boldsymbol{\Xi}] \\ &\quad-k_3\widetilde{\boldsymbol{\Xi}}_3^{\mathrm{T}}\widetilde{\boldsymbol{\Xi}}_3+\widetilde{\boldsymbol{\Xi}}_3^{\mathrm{T}}\dot{\widetilde{\boldsymbol{\Xi}}}_3\end{aligned} \tag{7-17}$$

设计状态反馈反步控制律

$$\begin{aligned}\boldsymbol{u}=&\hat{\boldsymbol{\omega}}\times\boldsymbol{J}\hat{\boldsymbol{\omega}}-k_4\boldsymbol{x}_2-\boldsymbol{G}^{\mathrm{T}}(\boldsymbol{x}_1)\boldsymbol{x}_1-\boldsymbol{\delta}^{\mathrm{T}}(\boldsymbol{K}\boldsymbol{\eta}+\boldsymbol{C}\boldsymbol{\psi}) \\ &-k_1\boldsymbol{J}(\boldsymbol{x}_2+\boldsymbol{\alpha})-\boldsymbol{J}\boldsymbol{G}^{-1}(\boldsymbol{x}_1)\dot{z}_{\mathrm{w}}-k_2\boldsymbol{J}(\boldsymbol{x}_2+\boldsymbol{\alpha})-\boldsymbol{J}\hat{\boldsymbol{\Xi}}_3\end{aligned} \tag{7-18}$$

式中，k_4 为正常数。

将式（7-18）代入式（7-17）可得

$$\begin{aligned}\dot{V}_2=&-k_1\boldsymbol{x}_1^{\mathrm{T}}\boldsymbol{x}_1-k_4\boldsymbol{x}_2^{\mathrm{T}}\boldsymbol{x}_2+\boldsymbol{x}_1^{\mathrm{T}}\widetilde{\boldsymbol{\Xi}}_1-k_2\widetilde{\boldsymbol{\Xi}}_1^{\mathrm{T}}\widetilde{\boldsymbol{\Xi}}_1 \\ &-\boldsymbol{x}_2^{\mathrm{T}}\boldsymbol{\delta}^{\mathrm{T}}\boldsymbol{C}\boldsymbol{M}^{-1}\boldsymbol{\delta}\hat{\boldsymbol{\omega}}+\boldsymbol{x}_2^{\mathrm{T}}\boldsymbol{J}\widetilde{\boldsymbol{\Xi}}_3-k_3\widetilde{\boldsymbol{\Xi}}_3^{\mathrm{T}}\widetilde{\boldsymbol{\Xi}}_3+\dot{\widetilde{\boldsymbol{\Xi}}}_3^{\mathrm{T}}\dot{\widetilde{\boldsymbol{\Xi}}}_3\end{aligned} \tag{7-19}$$

定理 7.1 考虑姿态机动控制系统式（7-7），若设计状态反馈反步控制器式（7-18），且设计非线性干扰观测器式（7-11）和式（7-15），存在外部未知干扰、航天器转动惯量不确定以及传感器测量不确定的情况下，通过选择合适的控制增益，能够保证姿态 $\Delta\boldsymbol{\varepsilon}$ 和角速度 $\hat{\boldsymbol{\omega}}$ 渐近稳定。

证明：由式（7-19）可以得到

$$\begin{aligned}\dot{V}_2\leqslant&-k_1\|\boldsymbol{x}_1\|^2-\left(\lambda_{\mathrm{M}}(\boldsymbol{\delta}^{\mathrm{T}}\boldsymbol{C}_{\mathrm{f}}\boldsymbol{M}_{\mathrm{f}}^{-1}\boldsymbol{\delta})+\frac{k_4}{2}\right)\|\boldsymbol{x}_2\|^2 \\ &+\|\boldsymbol{x}_1\|\|\widetilde{\boldsymbol{\Xi}}_1\|-k_2\|\widetilde{\boldsymbol{\Xi}}_1\|^2+\lambda_{\mathrm{M}}(\boldsymbol{J})\|\boldsymbol{x}_2\|\|\widetilde{\boldsymbol{\Xi}}_3\| \\ &-\lambda_{\mathrm{m}}(\boldsymbol{\delta}^{\mathrm{T}}\boldsymbol{C}_{\mathrm{f}}\boldsymbol{M}_{\mathrm{f}}^{-1}\boldsymbol{\delta})\|\boldsymbol{x}_2\|\|\boldsymbol{\alpha}\|-(k_3-1)\|\widetilde{\boldsymbol{\Xi}}_3\|^2+\varpi^2\|\tilde{\boldsymbol{x}}_1\|^2\end{aligned}$$

结合假设 7.3，以及不等式 $\widetilde{\boldsymbol{\Xi}}_3\dot{\widetilde{\boldsymbol{\Xi}}}_3\leqslant\|\widetilde{\boldsymbol{\Xi}}_3\|^2+\|\dot{\widetilde{\boldsymbol{\Xi}}}_3\|^2\leqslant\|\widetilde{\boldsymbol{\Xi}}_3\|^2+\varpi^2\|\tilde{\boldsymbol{x}}_1\|^2$，上式进一步整理可得

$$\dot{V}_2\leqslant-\boldsymbol{\Theta}^{\mathrm{T}}\begin{bmatrix}\boldsymbol{M} & \boldsymbol{H} \\ \boldsymbol{H}^{\mathrm{T}} & \boldsymbol{Y}\end{bmatrix}\boldsymbol{\Theta}-\lambda_{\mathrm{m}}(\boldsymbol{\delta}^{\mathrm{T}}\boldsymbol{C}_{\mathrm{f}}\boldsymbol{M}_{\mathrm{f}}^{-1}\boldsymbol{\delta})\|\boldsymbol{x}_2\|\|\boldsymbol{\alpha}\| \tag{7-20}$$

式中，$\boldsymbol{\Theta}=[\|\boldsymbol{x}_1\|\|\boldsymbol{x}_2\|\|\widetilde{\boldsymbol{\Xi}}_1\|\|\widetilde{\boldsymbol{\Xi}}_3\|]^{\mathrm{T}}$；$\lambda_{\mathrm{M}}(\cdot)$ 为矩阵 $(\cdot)$ 的最大奇异值；$\lambda_{\mathrm{m}}(\cdot)$ 为矩阵 $(\cdot)$ 的最小奇异值；$\boldsymbol{M}=\begin{bmatrix}k_1 & 0 \\ 0 & \left(\lambda_{\mathrm{M}}(\boldsymbol{\delta}^{\mathrm{T}}\boldsymbol{C}_{\mathrm{f}}\boldsymbol{M}_{\mathrm{f}}^{-1}\boldsymbol{\delta})+\frac{k_4}{2}\right)\end{bmatrix}$；

$$
\boldsymbol{H}=\begin{bmatrix} \left(-\dfrac{1}{2}\right) & 0 \\ 0 & \left(\dfrac{-\lambda_{\mathrm{M}}(\boldsymbol{J})}{2}\right) \end{bmatrix};\ \boldsymbol{Y}=\begin{bmatrix} k_2 & 0 \\ 0 & k_3 \end{bmatrix}。
$$

由矩阵的 Schur 补引理可证明，存在足够大的常数 k_1、k_4 和足够小的 k_2、k_3，使得矩阵 $\begin{bmatrix} \boldsymbol{M} & \boldsymbol{H} \\ \boldsymbol{H}^{\mathrm{T}} & \boldsymbol{Y} \end{bmatrix}$ 为正定矩阵，这样 $\dot{V}_2 \leqslant 0$。证明在控制律式(7-18) 的作用下，控制系统是渐近稳定的。状态变量 $\boldsymbol{x}_1$ 和 $\boldsymbol{x}_2$ 会渐近收敛到零，即 $\lim\limits_{t\to\infty}\hat{\boldsymbol{\varepsilon}}=\hat{\boldsymbol{\omega}}=0$。此外，$V_2$ 从有界初始值 $V_2(0)$ 减小到零。因此，在式(7-18) 的作用下，闭环系统中的所有状态变量都是有界的。

注解 7.1 针对姿态运动学中的失配干扰 $\boldsymbol{\Xi}_1$，在虚拟控制中设计了非线性干扰观测器式 (7-11)来补偿失配干扰的影响。为了补偿未知的集总匹配扰动 $\boldsymbol{\Xi}_3$，在控制指令中设计了非线性干扰观测器式 (7-15)。所提出的非线性干扰观测器在控制设计上简单有效，而观测器的性能只需调整一个参数就能实现。

注解 7.2 在航天器姿态机动过程中，由于在轨航天器总是受到各种有效载荷和外部干扰等的影响，很难获取关于贮箱内液体燃料晃动的动力学特性。因此状态反馈控制律式 (7-18)在实际应用中受到限制，在这种情况下，输出反馈控制策略能够很好地解决这种问题。

注解 7.3 与上述控制器有关的一个问题是：控制器式 (7-18)没有考虑控制输入饱和的情况，针对这种情况，引入指令滤波器补偿控制输入饱和。

7.3.2 输出反馈反步控制律设计

针对在实际应用中液体晃动位移变量难以测量的问题，将之前设计的状态反馈控制器延伸到输出反馈控制器，并且设计合适的自适应更新率对液体晃动位移变量进行估计，得到的输出反馈控制器如下。

定理 7.2 针对充液航天器姿态机动控制系统式 (7-7)，设计如下控制律式 (7-21)，以及自适应更新律式 (7-21b)，能够保证闭环系统的渐近稳定。

$$
\begin{aligned}
\boldsymbol{u}=&(\boldsymbol{x}_2+\boldsymbol{\alpha})^{\times}\boldsymbol{J}(\boldsymbol{x}_2+\boldsymbol{\alpha})-k_3\boldsymbol{x}_2-\boldsymbol{G}^{\mathrm{T}}(\boldsymbol{x}_1)\boldsymbol{x}_1-\boldsymbol{\delta}^{\mathrm{T}}(\boldsymbol{K}_{\mathrm{f}}\hat{\boldsymbol{\eta}}+\boldsymbol{C}_{\mathrm{f}}\hat{\boldsymbol{\psi}})- \\
&k_1\boldsymbol{J}(\boldsymbol{x}_2+\boldsymbol{\alpha})-\boldsymbol{J}\boldsymbol{G}^{-1}(\boldsymbol{x}_1)\dot{\boldsymbol{z}}_{\mathrm{w}}-k_2\boldsymbol{J}(\boldsymbol{x}_2+\boldsymbol{\alpha})-\boldsymbol{J}\hat{\boldsymbol{\Xi}}_3
\end{aligned}
\tag{7-21a}
$$

自适应控制律

$$\begin{bmatrix}\dot{\hat{\boldsymbol{\eta}}}\\ \dot{\hat{\boldsymbol{\psi}}}\end{bmatrix}=\boldsymbol{A}\begin{bmatrix}\boldsymbol{\eta}\\ \boldsymbol{\psi}\end{bmatrix}-\begin{bmatrix}\boldsymbol{I}\\ -\boldsymbol{C}_{\mathrm{f}}\end{bmatrix}\boldsymbol{\delta}(\boldsymbol{x}_2+\boldsymbol{\alpha})+\boldsymbol{\Gamma}^{-1}\boldsymbol{\delta}^{\mathrm{T}}\begin{bmatrix}\boldsymbol{K}_{\mathrm{f}}\\ \boldsymbol{C}_{\mathrm{f}}\end{bmatrix}\boldsymbol{x}_2 \tag{7-21b}$$

式中，$\boldsymbol{A}=\begin{bmatrix}\boldsymbol{0} & \boldsymbol{I}\\ -\boldsymbol{K}_{\mathrm{f}} & -\boldsymbol{C}_{\mathrm{f}}\end{bmatrix}$；$\boldsymbol{\Gamma}\in\mathbb{R}^4$ 为正定对称矩阵；$\hat{\boldsymbol{\eta}}$ 和 $\hat{\boldsymbol{\psi}}$ 分别为变量 $\boldsymbol{\eta}$ 和 $\boldsymbol{\psi}$ 的估计值。

证明：考虑 Lyapunov 函数

$$V_3=V_1+\frac{1}{2}\boldsymbol{x}_2^{\mathrm{T}}\boldsymbol{J}\boldsymbol{x}_2+\frac{1}{2}\widetilde{\boldsymbol{\Xi}}_3^{\mathrm{T}}\widetilde{\boldsymbol{\Xi}}_3+[\boldsymbol{e}_{\boldsymbol{\eta}}\quad \boldsymbol{e}_{\boldsymbol{\psi}}]\boldsymbol{\Gamma}\begin{bmatrix}\boldsymbol{e}_{\boldsymbol{\eta}}\\ \boldsymbol{e}_{\boldsymbol{\psi}}\end{bmatrix} \tag{7-22}$$

式中，$\boldsymbol{e}_{\boldsymbol{\eta}}=\boldsymbol{\eta}-\hat{\boldsymbol{\eta}}$、$\boldsymbol{e}_{\boldsymbol{\psi}}=\boldsymbol{\psi}-\hat{\boldsymbol{\psi}}$ 分别为变量 $\boldsymbol{\eta}$ 和 $\boldsymbol{\psi}$ 的估计误差。

将式（7-22）对时间求一阶导数，然后将控制律式（7-21）代入可得

$$\dot{V}_3\leqslant-\boldsymbol{\Theta}^{\mathrm{T}}\begin{bmatrix}\boldsymbol{M} & \boldsymbol{H}\\ \boldsymbol{H}^{\mathrm{T}} & \boldsymbol{Y}\end{bmatrix}\boldsymbol{\Theta}-\lambda_{\mathrm{M}}(\boldsymbol{\delta}^{\mathrm{T}}\boldsymbol{C}_{\mathrm{f}}\boldsymbol{M}_{\mathrm{f}}^{-1}\boldsymbol{\delta})\|\boldsymbol{x}_2\|\|\boldsymbol{\alpha}\|-[\boldsymbol{e}_{\boldsymbol{\eta}}\quad \boldsymbol{e}_{\boldsymbol{\psi}}]\boldsymbol{Q}\begin{bmatrix}\boldsymbol{e}_{\boldsymbol{\eta}}\\ \boldsymbol{e}_{\boldsymbol{\psi}}\end{bmatrix} \tag{7-23}$$

式中，$\boldsymbol{\Gamma}$ 可由 Lyapunov 方程 $\boldsymbol{\Gamma}\boldsymbol{A}+\boldsymbol{A}^{\mathrm{T}}\boldsymbol{\Gamma}=-2\boldsymbol{Q}$ 计算，其中 $\boldsymbol{Q}\in\mathbb{R}^4$ 为任意正定对称矩阵。根据第 7.3.1 小节已经证明 $\begin{bmatrix}\boldsymbol{M} & \boldsymbol{H}\\ \boldsymbol{H}^{\mathrm{T}} & \boldsymbol{Y}\end{bmatrix}$ 为正定矩阵，这样 $\dot{V}_3\leqslant 0$，可以得到在控制律式（7-21）的作用下，闭环系统是渐近稳定的。

7.3.3 输入饱和的输出反馈控制律设计

根据 7.3.2 小节设计的控制律结合指令滤波器来设计输入饱和的控制律，图 7-1 描述了指令滤波器的工作原理。图 7-1 表示的是信号 n_{c}^0 的滤波，经过指令滤波器可以产生一个幅度、速率和带宽受限的信号 n_{c} 及其导数 $\dot{n}_{\mathrm{c}}$，状态空间表示

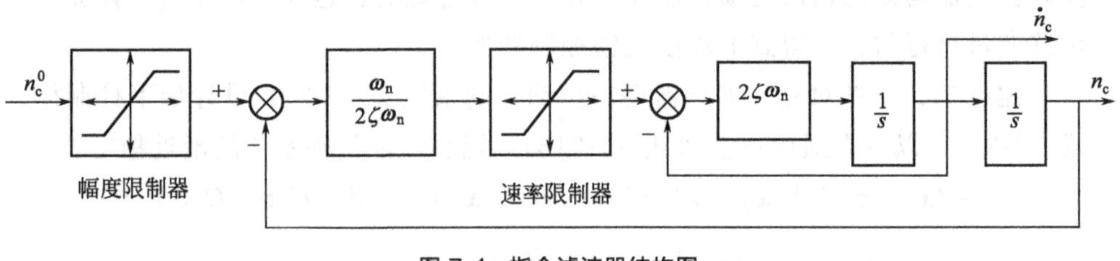

图 7-1 指令滤波器结构图

$$\begin{bmatrix}\dot{y}_1(t)\\ \dot{y}_2(t)\end{bmatrix}=\begin{bmatrix}y_2(t)\\ 2\zeta\omega_n\left\{S_R\left[\frac{\omega_n^2}{2\zeta\omega_n}(S_M(n_c^0)-y_1)\right]-y_2\right\}\end{bmatrix} \tag{7-24}$$

$$\begin{bmatrix}n_c\\ \dot{n}_c\end{bmatrix}=\begin{bmatrix}y_1\\ y_2\end{bmatrix} \tag{7-25}$$

式中，$S_M(x)$和$S_R(x)$分别代表幅度和速率限制函数，表示为

$$S_M(x)=\begin{cases}M, x\geqslant M\\ x, |x|<M\\ -M, x\leqslant -M\end{cases}$$

$S_R(x)$与$S_M(x)$定义相同。在函数$S_M(x)$、$S_R(x)$的线性范围内，滤波器动态为

$$\begin{bmatrix}\dot{y}_1(t)\\ \dot{y}_2(t)\end{bmatrix}=\begin{bmatrix}0 & 1\\ -\omega_n & -2\zeta\omega_n\end{bmatrix}\begin{bmatrix}y_1\\ y_2\end{bmatrix}+\begin{bmatrix}0\\ \omega_n^2\end{bmatrix}n_c^0 \tag{7-26}$$

从输入n_c^0到第一个输出n_c的传递函数定义为

$$\frac{N_c(s)}{N_c^0(s)}=\frac{\omega_n}{s^2+2\zeta\omega_n s+\omega_n^2} \tag{7-27}$$

注解 7.4 这是一个典型的单位增益低通滤波器，指令滤波器可以过滤输入信号n_c^0，产生一个幅度、速率和带宽受限的信号n_c及其导数$\dot{n}_c$。除此之外，另一个显著的优点是：计算导数$\dot{n}_c$时除了积分运算外没有任何微分运算。这些优点使得滤波器在设计输入饱和下的控制器成为很好的工具。

利用上述指令滤波器的优点，输入饱和的控制器设计过程如下：

步骤 1 定义信号

$$\boldsymbol{\alpha}^0=\boldsymbol{\alpha}-\boldsymbol{\xi}_2 \tag{7-28}$$

式中，$\boldsymbol{\xi}_2$将在随后的步骤 4 中定义。根据上述滤波器的工作原理，将会产生有界连续且幅值、速率和带宽受限的虚拟控制信号$\boldsymbol{\alpha}$及其导数$\dot{\boldsymbol{\alpha}}$。接下来定义

$$\boldsymbol{\xi}_1=\boldsymbol{G}(\boldsymbol{x}_1)\left[\boldsymbol{G}^{-1}(\boldsymbol{x}_1)(k_1+\hat{\boldsymbol{\Xi}}_1)\boldsymbol{\xi}_1+(\boldsymbol{\alpha}^0-\boldsymbol{\alpha})\right] \tag{7-29}$$

式（7-29）可以看作是$\boldsymbol{\xi}_1$的自适应算法，它的作用是将在随后的步骤 2 中对$\boldsymbol{x}_1$进行补偿。

步骤 2 定义补偿误差

$$\bar{\boldsymbol{x}}_1=\boldsymbol{x}_1-\boldsymbol{\xi}_1 \tag{7-30}$$

$$\bar{\boldsymbol{x}}_2=\boldsymbol{x}_2-\boldsymbol{\xi}_2=\hat{\boldsymbol{\omega}}-\boldsymbol{\alpha}-\boldsymbol{\xi}_2 \tag{7-31}$$

步骤 3 定义未经过滤波器处理的控制输入

$$\boldsymbol{u}^0=(\bar{\boldsymbol{x}}_2+\boldsymbol{\alpha})^{\times}\boldsymbol{J}(\bar{\boldsymbol{x}}_2+\boldsymbol{\alpha})-k_4\bar{\boldsymbol{x}}_2-\boldsymbol{G}^{\mathrm{T}}(\boldsymbol{x}_1)\bar{\boldsymbol{x}}_1-\boldsymbol{\delta}^{\mathrm{T}}\begin{bmatrix}\boldsymbol{K}_{\mathrm{f}}\\ \boldsymbol{C}_{\mathrm{f}}\end{bmatrix}\begin{bmatrix}\hat{\boldsymbol{\eta}}\\ \hat{\boldsymbol{\psi}}\end{bmatrix}$$

$$-k_1\boldsymbol{J}(\bar{\boldsymbol{x}}_2+\boldsymbol{\alpha})-\boldsymbol{J}\boldsymbol{G}^{-1}(\boldsymbol{x}_1)\dot{\boldsymbol{z}}_{\mathrm{w}}-k_2\boldsymbol{J}(\bar{\boldsymbol{x}}_2+\boldsymbol{\alpha})-\boldsymbol{J}\hat{\boldsymbol{\Xi}}_3 \tag{7-32}$$

$$\begin{bmatrix}\dot{\hat{\boldsymbol{\eta}}}\\ \dot{\hat{\boldsymbol{\psi}}}\end{bmatrix}=\boldsymbol{A}\begin{bmatrix}\boldsymbol{\eta}\\ \boldsymbol{\psi}\end{bmatrix}-\begin{bmatrix}\boldsymbol{I}\\ -\boldsymbol{C}_{\mathrm{f}}\end{bmatrix}\boldsymbol{\delta}(\bar{\boldsymbol{x}}_2+\boldsymbol{\alpha})+\boldsymbol{\Gamma}^{-1}\boldsymbol{\delta}^{\mathrm{T}}\begin{bmatrix}\boldsymbol{K}_{\mathrm{f}}\\ \boldsymbol{C}_{\mathrm{f}}\end{bmatrix}\bar{\boldsymbol{x}}_2 \tag{7-33}$$

无论 $\boldsymbol{u}^0$ 幅值多么大，当 $\boldsymbol{u}^0$ 被过滤后，$\boldsymbol{u}^0$ 产生的 $\boldsymbol{u}$ 可以直接作为控制信号，而且 $\boldsymbol{u}$ 在幅度、速率和带宽这些方面都会得到限制。

步骤 4 定义 $\boldsymbol{\xi}_2$ 的自适应算法，其目的是补偿步骤 2 中的 $\boldsymbol{x}_2$。

$$\dot{\boldsymbol{\xi}}_2=(k_1\boldsymbol{I}_3+k_2\boldsymbol{I}_3+\boldsymbol{J}^{-1}\boldsymbol{\delta}^{\mathrm{T}}\boldsymbol{C}\boldsymbol{M}^{-1}\boldsymbol{\delta})\boldsymbol{\xi}_2-\boldsymbol{J}^{-1}(\boldsymbol{u}-\boldsymbol{u}^0) \tag{7-34}$$

假设 7.4 假设存在足够大的控制增益 k_1 和 k_3 满足如下不等式

$$k_1\|\bar{\boldsymbol{x}}_1\|\geqslant\|\tilde{\boldsymbol{\Xi}}_1\|+\|\hat{\boldsymbol{\Xi}}_1\|\|\boldsymbol{\xi}_1\|+\bar{\omega}^2\|\bar{\boldsymbol{x}}_1\|$$

$$k_3\|\bar{\boldsymbol{x}}_2\|\geqslant\|\tilde{\boldsymbol{\Xi}}_3\|$$

注解 7.5 系统状态变量 $\boldsymbol{x}_1$、$\boldsymbol{x}_2$ 以及集总扰动估计误差 $\tilde{\boldsymbol{\Xi}}_1$、$\tilde{\boldsymbol{\Xi}}_3$ 都是有界变量，通过式（7-28）和式（7-29）可以得出补偿变量 $\boldsymbol{\xi}_1$ 也是有界的。若存在足够大的控制增益 k_1 和 k_3，使假设 7.4 成立。

至此，将本章最后的结论总结在如下的定理 7.3 中。

定理 7.3 对于充液航天器姿态机动控制系统式（7-7），设计式（7-28）～式(7-34）的控制律，存在测量不确定以及控制输入饱和的情况下，能够保证闭环系统渐近稳定性。

证明 考虑 Lyapunov 函数

$$V_4=\frac{1}{2}\bar{\boldsymbol{x}}_1^{\mathrm{T}}\bar{\boldsymbol{x}}_1+\frac{1}{2}\tilde{\boldsymbol{\Xi}}_1^{\mathrm{T}}\tilde{\boldsymbol{\Xi}}_1+\frac{1}{2}\bar{\boldsymbol{x}}_2^{\mathrm{T}}\boldsymbol{J}\bar{\boldsymbol{x}}_2+\frac{1}{2}\tilde{\boldsymbol{\Xi}}_3{}^{\mathrm{T}}\tilde{\boldsymbol{\Xi}}_3+\frac{1}{2}\begin{bmatrix}\boldsymbol{e}_{\boldsymbol{\eta}} & \boldsymbol{e}_{\boldsymbol{\psi}}\end{bmatrix}\boldsymbol{\Gamma}\begin{bmatrix}\boldsymbol{e}_{\boldsymbol{\eta}}\\ \boldsymbol{e}_{\boldsymbol{\psi}}\end{bmatrix} \tag{7-35}$$

将式（7-35）对时间求一阶导数可得

$$\dot{V}_4=\bar{\boldsymbol{x}}_1^{\mathrm{T}}\dot{\bar{\boldsymbol{x}}}_1+\tilde{\boldsymbol{\Xi}}_1^{\mathrm{T}}\dot{\tilde{\boldsymbol{\Xi}}}_1+\bar{\boldsymbol{x}}_2^{\mathrm{T}}\boldsymbol{J}\dot{\bar{\boldsymbol{x}}}_2+\tilde{\boldsymbol{\Xi}}_3{}^{\mathrm{T}}\dot{\tilde{\boldsymbol{\Xi}}}_3+\begin{bmatrix}\boldsymbol{e}_{\boldsymbol{\eta}} & \boldsymbol{e}_{\boldsymbol{\psi}}\end{bmatrix}\boldsymbol{\Gamma}\begin{bmatrix}\dot{\boldsymbol{e}}_{\boldsymbol{\eta}}\\ \dot{\boldsymbol{e}}_{\boldsymbol{\psi}}\end{bmatrix} \tag{7-36}$$

通过式（7-28）和式（7-30）可以得到

$$\begin{aligned}\dot{\bar{\boldsymbol{x}}}_1&=\dot{\boldsymbol{x}}_1-\boldsymbol{\xi}_1\\ &=\boldsymbol{G}(\boldsymbol{x}_1)\boldsymbol{x}_2-k_1\boldsymbol{x}_1+\tilde{\boldsymbol{\Xi}}_1+\boldsymbol{G}(\boldsymbol{x}_1)[\boldsymbol{G}^{-1}(\boldsymbol{x}_1)(k_1+\hat{\boldsymbol{\Xi}}_1)(\boldsymbol{x}_1-\bar{\boldsymbol{x}}_1)-\boldsymbol{\alpha}+\boldsymbol{\alpha}^0]\end{aligned}$$

$$=\boldsymbol{G}(\boldsymbol{x}_1)[\boldsymbol{x}_2+\boldsymbol{G}^{-1}(\boldsymbol{x}_1)(k_1+\hat{\boldsymbol{\Xi}}_1)\boldsymbol{x}_1-\boldsymbol{G}^{-1}(\boldsymbol{x}_1)(k_1+\hat{\boldsymbol{\Xi}}_1)\bar{\boldsymbol{x}}_1-\boldsymbol{\alpha}+\boldsymbol{\alpha}^0]$$

$$-k_1\boldsymbol{x}_1+\tilde{\boldsymbol{\Xi}}_1$$

$$=\boldsymbol{G}(\boldsymbol{x}_1)\bar{\boldsymbol{x}}_2-\hat{\boldsymbol{\Xi}}_1\boldsymbol{\xi}_1-k_1\bar{\boldsymbol{x}}_1+\tilde{\boldsymbol{\Xi}}_1 \tag{7-37}$$

通过式（7-31）和式（7-34）可以得到

$$\begin{aligned}\dot{\bar{\boldsymbol{x}}}_2&=\dot{\boldsymbol{x}}_2-\boldsymbol{\xi}_2\\&=\boldsymbol{J}^{-1}[-(\boldsymbol{x}_2+\boldsymbol{\alpha})^{\times}\boldsymbol{J}(\boldsymbol{x}_2+\boldsymbol{\alpha})+\boldsymbol{\delta}^{\mathrm{T}}(\boldsymbol{C}_{\mathrm{f}}\boldsymbol{\psi}+\boldsymbol{K}_{\mathrm{f}}\boldsymbol{\eta}-\boldsymbol{C}_{\mathrm{f}}\boldsymbol{M}_f^{-1}\boldsymbol{\delta}(\boldsymbol{x}_2+\boldsymbol{\alpha}))]\\&\quad+k_1(\boldsymbol{x}_2+\boldsymbol{\alpha})+\boldsymbol{G}^{-1}(\boldsymbol{x}_1)\dot{\boldsymbol{z}}_{\mathrm{w}}+k_2(\boldsymbol{x}_2+\boldsymbol{\alpha})+\boldsymbol{J}^{-1}\boldsymbol{\Xi}_3\\&\quad-(k_1\boldsymbol{I}_3+k_2\boldsymbol{I}_3-\boldsymbol{J}^{-1}\boldsymbol{\delta}^{\mathrm{T}}\boldsymbol{C}_{\mathrm{f}}\boldsymbol{M}_{\mathrm{f}}^{-1}\boldsymbol{\delta})\boldsymbol{\xi}_2+\boldsymbol{J}^{-1}\boldsymbol{u}^0\end{aligned} \tag{7-38}$$

将式（7-32）代入式（7-38）中，进一步整理可得

$$\begin{aligned}\dot{\bar{\boldsymbol{x}}}_2&=\boldsymbol{J}^{-1}[-(\bar{\boldsymbol{x}}_2+\boldsymbol{\alpha})^{\times}\boldsymbol{J}\boldsymbol{\xi}_2-\boldsymbol{\xi}_2^{\times}\boldsymbol{J}(\bar{\boldsymbol{x}}_2+\boldsymbol{\alpha}+\boldsymbol{\xi}_2)]\\&\quad-k_4\boldsymbol{J}^{-1}\bar{\boldsymbol{x}}_2-\boldsymbol{J}^{-1}\boldsymbol{G}^{\mathrm{T}}(\boldsymbol{x}_1)\bar{\boldsymbol{x}}_1+\boldsymbol{J}^{-1}\boldsymbol{\delta}^{\mathrm{T}}(\boldsymbol{K}_{\mathrm{f}}\boldsymbol{e}_{\boldsymbol{\eta}}+\boldsymbol{C}_{\mathrm{f}}\boldsymbol{e}_{\boldsymbol{\psi}})\\&\quad+\boldsymbol{J}^{-1}\tilde{\boldsymbol{\Xi}}_3-\boldsymbol{J}^{-1}\boldsymbol{\delta}^{\mathrm{T}}\boldsymbol{C}_{\mathrm{f}}\boldsymbol{M}_{\mathrm{f}}^{-1}\boldsymbol{\delta}(\boldsymbol{x}_2+\boldsymbol{\alpha}+\boldsymbol{\xi}_2)\end{aligned} \tag{7-39}$$

将式（7-37）、式（7-39）代入式（7-36）可得

$$\begin{aligned}\dot{V}_4&=\bar{\boldsymbol{x}}_1^{\mathrm{T}}\boldsymbol{G}(\boldsymbol{x}_1)\bar{\boldsymbol{x}}_2+\bar{\boldsymbol{x}}_1^{\mathrm{T}}\hat{\boldsymbol{\Xi}}_1\boldsymbol{\xi}_1-k_1\bar{\boldsymbol{x}}_1^{\mathrm{T}}\bar{\boldsymbol{x}}_1+\bar{\boldsymbol{x}}_1^{\mathrm{T}}\tilde{\boldsymbol{\Xi}}_1-k_2\tilde{\boldsymbol{\Xi}}_1^{\mathrm{T}}\tilde{\boldsymbol{\Xi}}_1\\&\quad-k_4\bar{\boldsymbol{x}}_2^{\mathrm{T}}\bar{\boldsymbol{x}}_2-\bar{\boldsymbol{x}}_2^{\mathrm{T}}\boldsymbol{G}^{\mathrm{T}}(\boldsymbol{x}_1)+\bar{\boldsymbol{x}}_1\bar{\boldsymbol{x}}_2^{\mathrm{T}}\boldsymbol{\delta}^{\mathrm{T}}(\boldsymbol{K}_{\mathrm{f}}\boldsymbol{e}_{\boldsymbol{\eta}}+\boldsymbol{C}_{\mathrm{f}}\boldsymbol{e}_{\boldsymbol{\psi}})\\&\quad-\bar{\boldsymbol{x}}_2^{\mathrm{T}}[(\bar{\boldsymbol{x}}_2+\boldsymbol{\alpha})^{\times}\boldsymbol{J}\boldsymbol{\xi}_2+\boldsymbol{\xi}_2^{\times}\boldsymbol{J}(\bar{\boldsymbol{x}}_2+\boldsymbol{\alpha}+\boldsymbol{\xi}_2)]\\&\quad+\bar{\boldsymbol{x}}_2^{\mathrm{T}}\tilde{\boldsymbol{\Xi}}_3-\bar{\boldsymbol{x}}_2^{\mathrm{T}}\boldsymbol{\delta}^{\mathrm{T}}\boldsymbol{C}_{\mathrm{f}}\boldsymbol{M}_{\mathrm{f}}^{-1}\boldsymbol{\delta}(\bar{\boldsymbol{x}}_2+\boldsymbol{\alpha}-\boldsymbol{\xi}_2)\\&\quad-k_3\tilde{\boldsymbol{\Xi}}_3{}^{\mathrm{T}}\tilde{\boldsymbol{\Xi}}_3+[\boldsymbol{e}_{\boldsymbol{\eta}}\quad\boldsymbol{e}_{\boldsymbol{\psi}}]\boldsymbol{\Gamma}\begin{bmatrix}\boldsymbol{e}_{\boldsymbol{\eta}}\\\boldsymbol{e}_{\boldsymbol{\psi}}\end{bmatrix}+\tilde{\boldsymbol{\Xi}}_3{}^{\mathrm{T}}\dot{\tilde{\boldsymbol{\Xi}}}_3\end{aligned}$$

进一步简化

$$\begin{aligned}\dot{V}_4&=-k_1\bar{\boldsymbol{x}}_1^{\mathrm{T}}\bar{\boldsymbol{x}}_1-k_4\bar{\boldsymbol{x}}_2^{\mathrm{T}}\bar{\boldsymbol{x}}_2-k_2\tilde{\boldsymbol{\Xi}}_1^{\mathrm{T}}\tilde{\boldsymbol{\Xi}}_1-k_3\tilde{\boldsymbol{\Xi}}_3^{T}\tilde{\boldsymbol{\Xi}}_3\\&\quad-\bar{\boldsymbol{x}}_2^{\mathrm{T}}\boldsymbol{\delta}^{\mathrm{T}}\boldsymbol{C}\boldsymbol{M}^{-1}\boldsymbol{\delta}(\bar{\boldsymbol{x}}_2+\boldsymbol{\alpha})-\bar{\boldsymbol{x}}_2^{\mathrm{T}}\boldsymbol{\delta}^{\mathrm{T}}\boldsymbol{C}_{\mathrm{f}}\boldsymbol{M}_{\mathrm{f}}^{-1}\delta\boldsymbol{\xi}_2\\&\quad-\bar{\boldsymbol{x}}_2^{\mathrm{T}}[(\bar{\boldsymbol{x}}_2+\boldsymbol{\alpha}-\boldsymbol{\xi}_2)^{\times}\boldsymbol{J}\boldsymbol{\xi}_2+\boldsymbol{\xi}_2^{\times}\boldsymbol{J}(\bar{\boldsymbol{x}}_2+\boldsymbol{\alpha})]\\&\quad+\bar{\boldsymbol{x}}_1^{\mathrm{T}}\tilde{\boldsymbol{\Xi}}_1+\bar{\boldsymbol{x}}_2^{\mathrm{T}}\tilde{\boldsymbol{\Xi}}_3+\bar{\boldsymbol{x}}_1^{\mathrm{T}}\hat{\boldsymbol{\Xi}}_1\boldsymbol{\xi}_1+\bar{\boldsymbol{x}}_2^{\mathrm{T}}\boldsymbol{\delta}^{\mathrm{T}}(\boldsymbol{K}_{\mathrm{f}}\boldsymbol{e}_{\boldsymbol{\eta}}+\boldsymbol{C}_{\mathrm{f}}\boldsymbol{e}_{\boldsymbol{\psi}})\end{aligned}$$

$$+\begin{bmatrix}\boldsymbol{e}_{\boldsymbol{\eta}} & \boldsymbol{e}_{\boldsymbol{\psi}}\end{bmatrix}\boldsymbol{\Gamma}\begin{bmatrix}\boldsymbol{e}_{\boldsymbol{\eta}}\\ \boldsymbol{e}_{\boldsymbol{\psi}}\end{bmatrix}+\widetilde{\boldsymbol{\Xi}}_3^{\mathrm{T}}\dot{\widetilde{\boldsymbol{\Xi}}}_3$$

将式（7-33）代入上式中，进一步整理可得

$$\begin{aligned}\dot{V}_4\leqslant&-\|\bar{\boldsymbol{x}}_1\|\left[(k_1-\varpi^2)\|\bar{\boldsymbol{x}}_1\|-\|\widetilde{\boldsymbol{\Xi}}_1\|-\|\hat{\boldsymbol{\Xi}}_1\|\|\boldsymbol{\xi}_1\|\right]-k_2\|\widetilde{\boldsymbol{\Xi}}_1\|^2\\&-\|\bar{\boldsymbol{x}}_2\|(k_4\|\bar{\boldsymbol{x}}_2\|-\|\widetilde{\boldsymbol{\Xi}}_3\|)-(k_3-1)\|\widetilde{\boldsymbol{\Xi}}_3\|^2-\lambda_{\mathrm{m}}(\boldsymbol{\delta}^{\mathrm{T}}\boldsymbol{C}_{\mathrm{f}}\boldsymbol{M}_{\mathrm{f}}^{-1}\boldsymbol{\delta})\|\bar{\boldsymbol{x}}_2\|^2\\&-\lambda_{\mathrm{m}}(\boldsymbol{\delta}^{\mathrm{T}}\boldsymbol{C}_{\mathrm{f}}\boldsymbol{M}_{\mathrm{f}}^{-1}\boldsymbol{\delta})\|\bar{\boldsymbol{x}}_2\|\|\boldsymbol{\alpha}\|\\&-\lambda_{\mathrm{m}}(\boldsymbol{J})\|\bar{\boldsymbol{x}}_2\|\|\boldsymbol{\xi}_2\|(2\|\bar{\boldsymbol{x}}_2\|+2\|\boldsymbol{\alpha}\|+\|\boldsymbol{\xi}_2\|)-\begin{bmatrix}\boldsymbol{e}_{\boldsymbol{\eta}} & \boldsymbol{e}_{\boldsymbol{\psi}}\end{bmatrix}\boldsymbol{\Gamma}\begin{bmatrix}\boldsymbol{e}_{\boldsymbol{\eta}}\\ \boldsymbol{e}_{\boldsymbol{\psi}}\end{bmatrix}\end{aligned}$$

结合假设 7.3 可以证明 $\dot{V}_4\leqslant 0$，闭环系统的渐近稳定性得以证明。状态 $\bar{\boldsymbol{x}}_1$ 和 $\bar{\boldsymbol{x}}_2$ 会渐近收敛到零，即 $\lim\limits_{t\to\infty}\bar{\boldsymbol{x}}_1=\lim\limits_{t\to\infty}\bar{\boldsymbol{x}}_2=\lim\limits_{t\to\infty}\boldsymbol{\xi}_1=\lim\limits_{t\to\infty}\boldsymbol{\xi}_2=0$。另外，需要注意的是，虚拟控制 $\boldsymbol{\alpha}$ 和实际控制输入 $\boldsymbol{u}$ 在过滤后都会受到大小、速率和带宽的限制。此外，对 $S_{\mathrm{R}}(\cdot)$ 与 $S_{\mathrm{M}}(\cdot)$ 函数的幅值没有特定的限制，也就是说，对输入信号的约束可以随着实际执行器任意小。

注解 7.6 虽然 $S_{\mathrm{R}}(\cdot)$ 与 $S_{\mathrm{M}}(\cdot)$ 函数的幅值理论上可以设计得任意小，但如果选择的任意小，根据式（7-29）和式（7-34），补偿变量 $\boldsymbol{\xi}_1$ 和 $\boldsymbol{\xi}_2$ 会相当大，这将导致 $\boldsymbol{\xi}_1$ 和 $\boldsymbol{\xi}_2$ 的收敛时间较长。

7.4 数值模拟

在数值仿真过程中，假设航天器受到的外部干扰为

$$\boldsymbol{d}(t)=0.02\begin{bmatrix}2+\sin(0.3t)\\3+\sin(0.1t)\\4+\cos(0.2t)\end{bmatrix}(\mathrm{N\cdot m}).$$

不确定惯性矩阵 $\Delta\boldsymbol{J}=0.5\boldsymbol{J}$，测量不确定为

$$\Delta\boldsymbol{q}=\Delta\boldsymbol{\omega}=0.01\begin{bmatrix}1+\sin(0.1\pi t)\\2+\cos(0.2\pi t)\\3+\sin(0.3\pi t)\end{bmatrix}.$$

控制器参数选择 $k_1=30$，$k_2=5$，$k_3=5$，$\boldsymbol{Q}=\boldsymbol{I}_4$。指令滤波器相关参数选取为 $\omega_n=2\mathrm{rad/s}$，幅值限制选取 10N，速率限制选取为 0.5N/s。执行机构提供的最大输出幅值 $\bar{u}_{\mathrm{m}}=10\mathrm{N\cdot m}$。

仿真结果如图 7-2～图 7-18 所示。

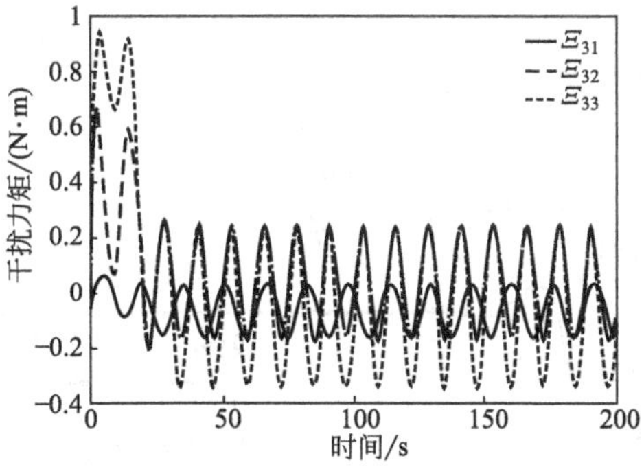

图 7-2 集总匹配干扰时间历程图

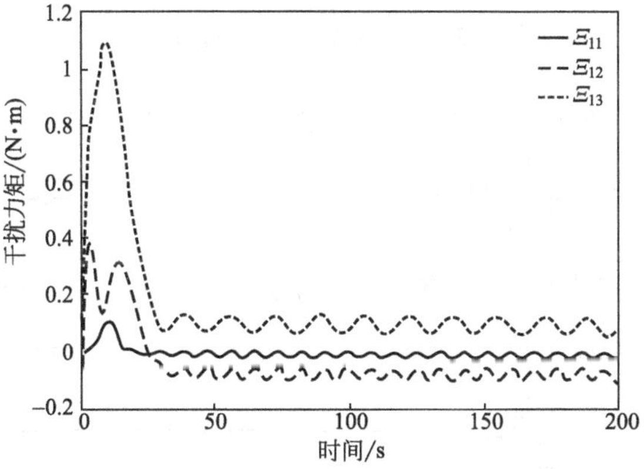

图 7-3 集总失配干扰时间历程图

情形一：只考虑输出反馈反步控制律，仿真结果如图 7-4～图 7-9 所示。

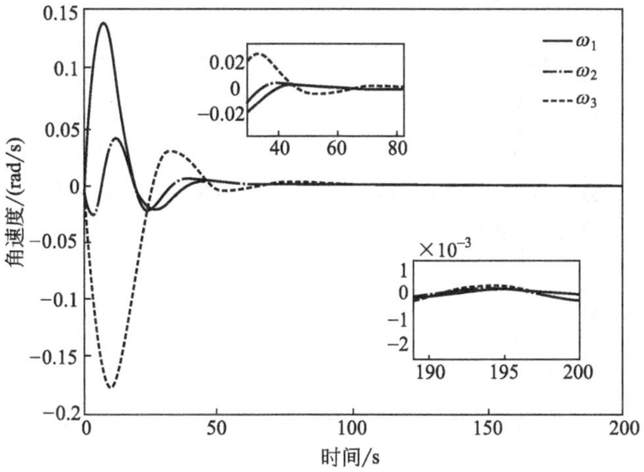

图 7-4 姿态角速度响应图

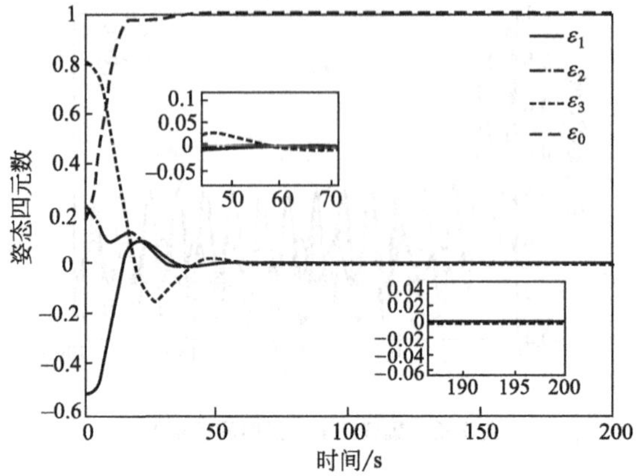

图 7-5　姿态四元数响应图

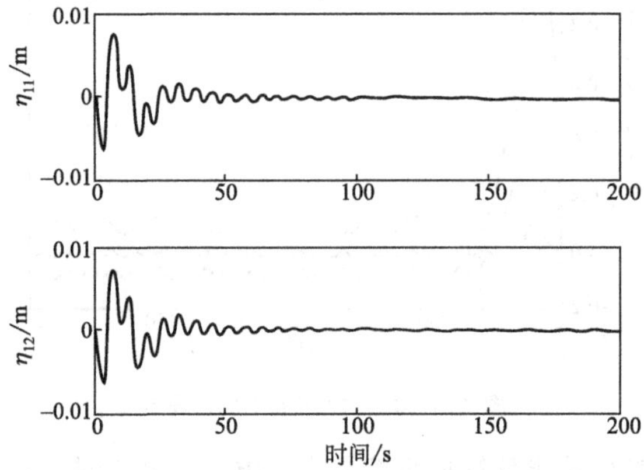

图 7-6　液体晃动位移变量时间历程图

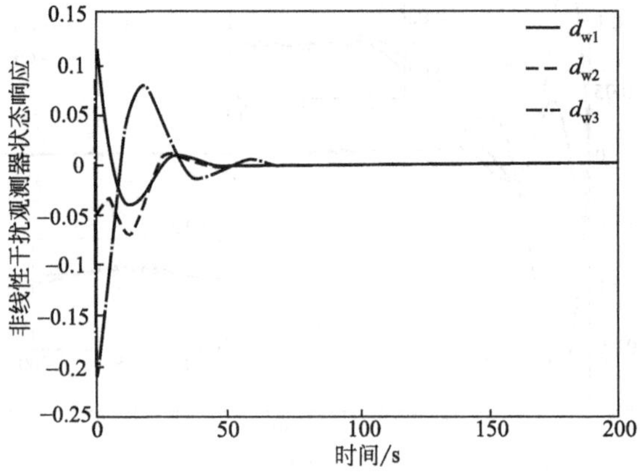

图 7-7　非线性干扰观测器状态响应（一）

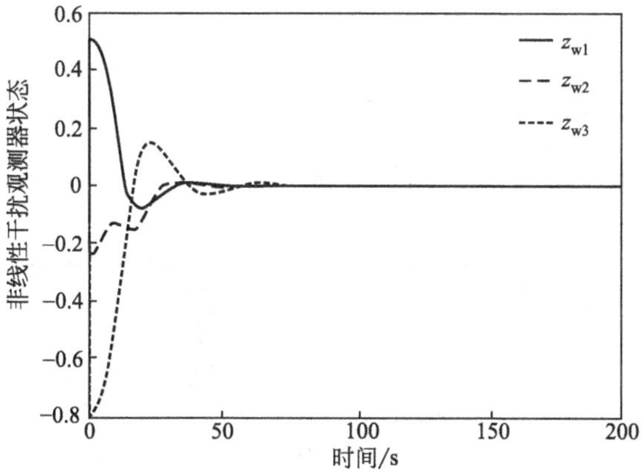

图 7-8　非线性干扰观测器状态响应（二）

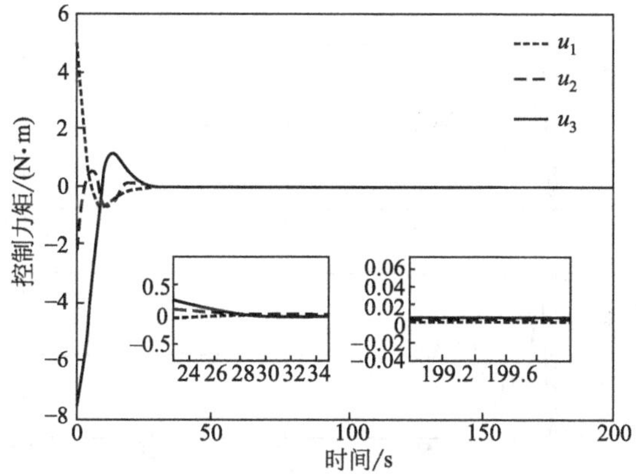

图 7-9　控制力矩时间历程图

情形二：考虑输出反馈反步控制律结合指令滤波器。

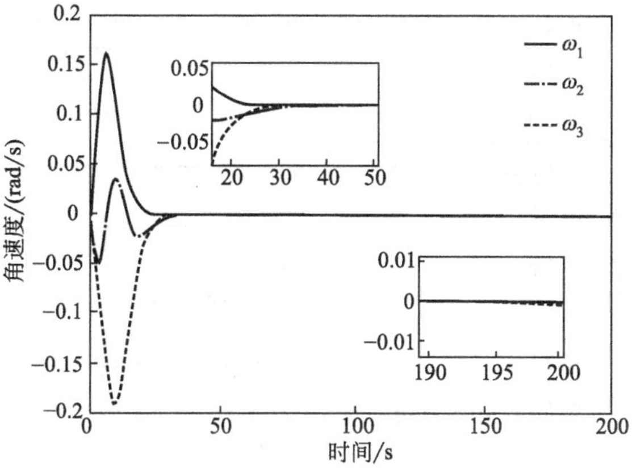

图 7-10　姿态角速度时间历程图

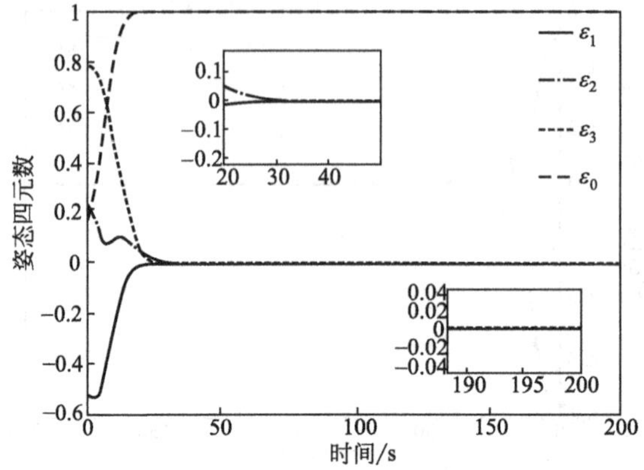

图 7-11　姿态四元数时间历程图

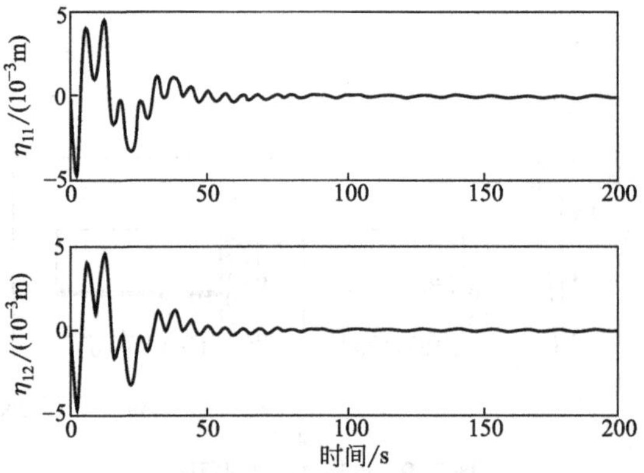

图 7-12　液体晃动位移变量时间历程图

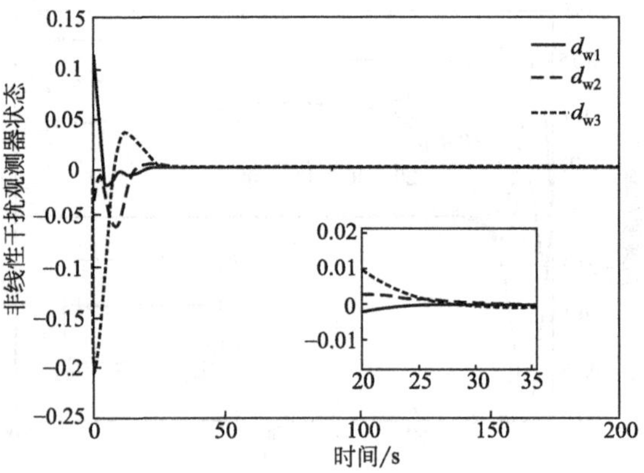

图 7-13　非线性干扰观测器状态响应（一）

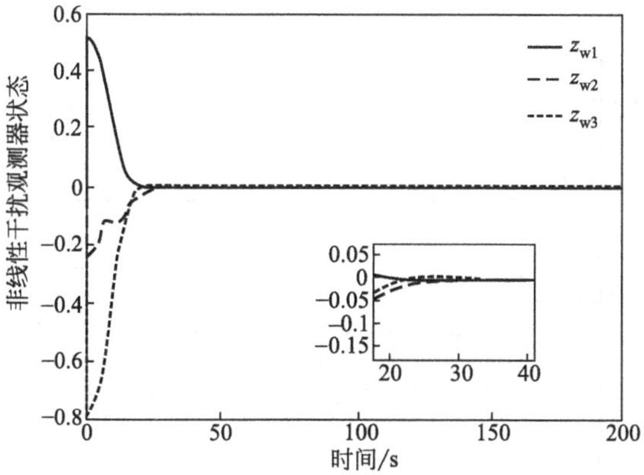

图 7-14 非线性干扰观测器状态响应（二）

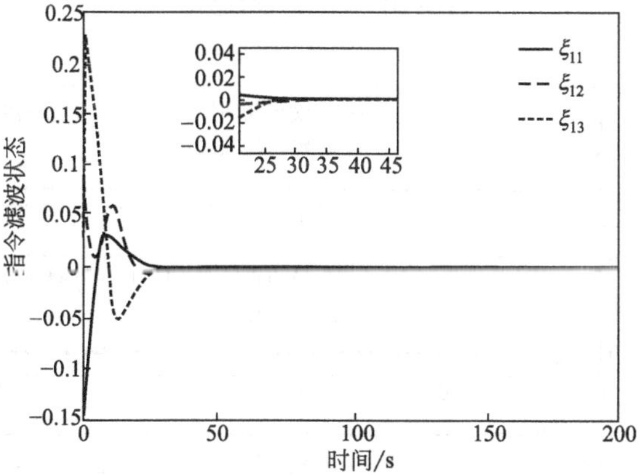

图 7-15 指令滤波器状态响应图（一）

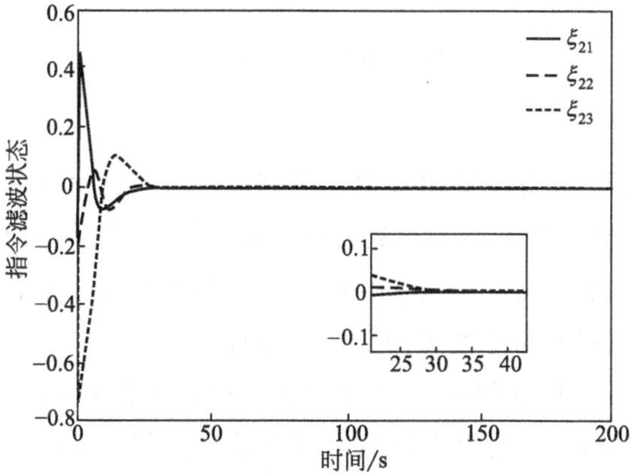

图 7-16 指令滤波器状态响应图（二）

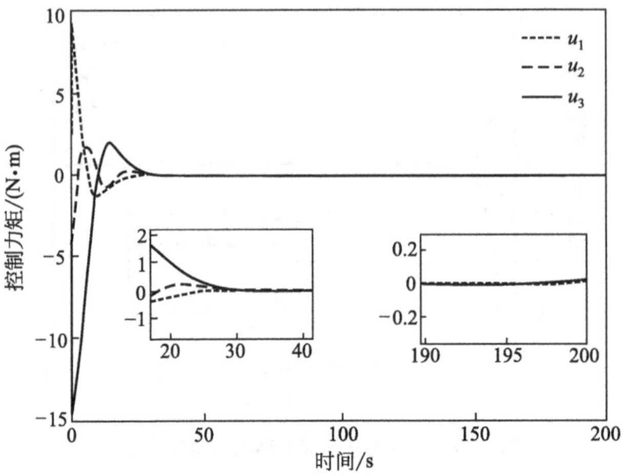

图 7-17　控制力矩响应图

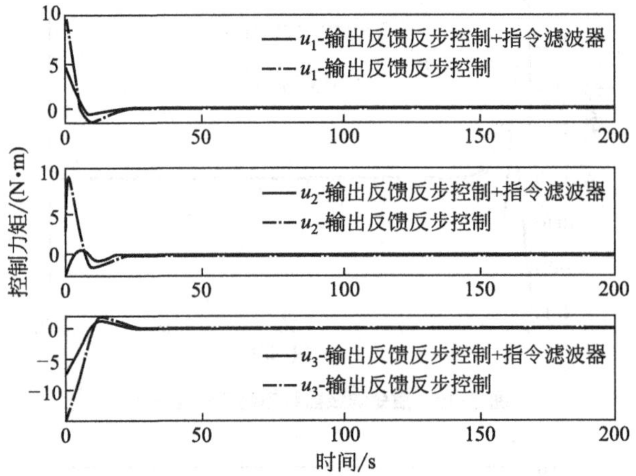

图 7-18　两种情形的控制力矩对比

仿真分析如下：

① 图 7-2 和图 7-3 分别给出集总匹配和失配干扰时间历程图。图 7-4 和图 7-5 分别为姿态角速度和姿态四元数的时间历程图，姿态角速度在 60s 内收敛到平衡位置，具有平滑的瞬态响应性能。这意味着所提出的输出反馈反步控制器很好地抑制了模型不确定性和测量不确定性。

② 图 7-6 为液体晃动位移变量时间历程图，由图可以看出：液体晃动位移变量幅值≪0.01m，表明提出的输出反馈反步控制器能够有效克服液体晃动对航天器姿态机动稳定性的影响。在晃动位移变量未知的情况下，所设计的自

适应更新率能够有效估计位移变量。

③ 图 7-7 和图 7-8 给出了非线性干扰观测器状态响应，由图可以看出：干扰器状态渐近收敛到平衡位置，这表明通过选择合适的观测器增益可以有效补偿参数不确定、外部干扰、测量不确定引起的不利影响。图 7-9 给出了控制力矩时间历程图，可以看出，控制力矩光滑平稳且力矩幅值限定在$|\boldsymbol{u}(t)|\leqslant 15\text{N}\cdot\text{m}$。

④ 图 7-10 和图 7-11 为考虑输入饱和的条件下，姿态角速度和姿态四元数的时间历程图。相比较图 7-4 和图 7-5 而言，由图 7-10 和图 7-11 可看出：姿态角速度和姿态四元数响应时间缩短，大约 30s 时间收敛到平衡位置，而且具有良好的平滑的瞬态响应性能。这表明加入指令滤波器可以很好地改善控制系统的响应。

⑤ 图 7-12 为液体晃动位移变量时间历程图，晃动位移变量幅值＜0.005m，相比较图 7-6 可以看出，图 7-12 的晃动位移变量远远小于图 7-6 的位移变量，这表明加入滤波指令可以实现对液体晃动的有效抑制，进而克服液体晃动对航天器姿态机动的影响。

⑥ 图 7-13 和图 7-14 为非线性干扰观测器的状态响应，相比较图 7-7 和图 7-8，图 7-13 和图 7-14 收敛速度快，表明加入指令滤波器能够缩短干扰补偿器对集总扰动的补偿时间。图 7-15 和图 7-16 为指令滤波器的状态时间历程图。由图可以看出，滤波器状态也能渐近收敛到平衡位置，表明滤波器可以有效补偿反步变量 $\boldsymbol{x}_1$ 和 $\boldsymbol{x}_2$，进而有效补偿控制输入饱和对控制系统的不利影响。

⑦ 图 7-17 为输出反馈反步控制结合指令滤波器的控制力矩时间历程图，由图可以看出，控制力幅值$|\boldsymbol{u}(t)|\leqslant 8\text{N}\cdot\text{m}$，相比较图 7-9 而言，加入指令滤波器后，力矩幅值大幅度降低，若引入能量指标 $E_n=\int_0^t\|\boldsymbol{u}(t)\|\mathrm{d}t$ ，很容易看出图 7-18 完成大角度姿态机动需要较少的能量，而且控制力矩响应保留了图 7-9 光滑平稳的特性。

7.5 本章小结

本章考虑充液航天器在轨机动过程中，存在外部未知干扰、参数不确定、测量不确定以及控制输入饱和的问题，同时，考虑贮箱内晃动液体位移变量不可测量的特性，基于经典反步法结合非线性干扰观测器和指令滤波器提出了一种饱和输出反馈反步控制策略。将外部未知干扰、参数不确定和测量不确定看作集总扰动，非线性干扰观测器对这种集总扰动可以实现有效补偿，指令滤波器可以实现对控制输入饱和的补偿。所提出的控制策略，既保留了反步控制法的优点，又能利用非线性干扰观测器和指令滤波器的补偿能力消除对模型不确定和控制输入饱和的不利影响。Lyapunov 稳定性分析方法证明了闭环系统的渐近稳定性。仿真结果表明本章提出的控制方法的有效性。

参考文献

[1] 岳宝增，宋晓娟. 具有刚-柔-液-控耦合的航天器动力学研究进展 [J]. 力学进展，2013，43 (1)：162-172.

[2] 吴文军，岳宝增，黄华. 带多充液圆柱贮箱航天器刚-液耦合动力学研究 [J]. 宇航学报，2015，36 (6)：648-660.

[3] Yong T，Yue B Z. Simulation of large-amplitude three-dimensional liquid sloshing in spherical tanks [J]. AIAA Journal，2017，55 (6)：2052-2059.

[4] Cui H T，Cheng X J. Anti-unwinding attitude maneuver control of spacecraft considering bounded disturbance and input saturation [J]. Science China Technological Sciences，2012，55 (9)：2518-2529.

[5] Park Y. Robust and optimal attitude control of spacecraft with inertia uncertainties using minimal kinematic parameters [J]. Aerospace Science and Technology，2016，54：276-285.

[6] Su Y，Zheng C. Globally asymptotic stabilization of spacecraft with simple saturated proportional-derivative control [J]. Journal of Guidance，Control，and Dynamics，2011，34 (6)：1932-1936.

[7] Hu J，Zhang H. Output feedback control for rigid-body attitude with constant disturbances [J]. International Journal of Control，2015，88 (3)：602-612.

[8] Akella M R，Valdivia A，Kotamraju G R. Velocity-free attitude controllers subject to actuator magnitude and rate saturations [J]. Journal of Guidance，Control，and Dynamics，2005，28 (4)：659-666.

[9] Hu Q，Li B，Qi J. Disturbance observer based finite-time attitude control for rigid spacecraft under input saturation [J]. Aerospace Science and Technology，2014，39：13-21.

[10] Su Y，Zheng C. Simple nonlinear proportional-derivative control for global finite-time stabilization of spacecraft [J]. Journal of Guidance，Control，and Dynamics，2014，38 (1)：173-178.

[11] Lv Y，Hu Q，Ma G，et al. 6 DOF synchronized control for spacecraft formation flying with input constraint and parameter uncertainties [J]. ISA transactions，2011，50 (4)：573-580.

[12] Rehan M，Khan A Q，Abid M，et al. Anti-windup-based dynamic controller synthesis for nonlinear systems under input saturation [J]. Applied Mathematics and Computation，2013，220：382-393.

[13] Hu Q，Xiao B. Intelligent proportional-derivative control for flexible spacecraft attitude

stabilization with unknown input saturation [J]. Aerospace Science and Technology, 2012, 23 (1): 63-74.

[14] Li M, Hou M, Yin C. Adaptive attitude stabilization control design for spacecraft under physical limitations [J]. Journal of Guidance, Control, and Dynamics, 2016: 2179-2183.

[15] Sonneveldt L, Chu Q P, Mulder J A. Nonlinear flight control design using constrained adaptive backstepping [J]. Journal of Guidance, Control, and Dynamics, 2007, 30 (2): 322-336.

[16] Farrell J, Sharma M, Polycarpou M. Backstepping-based flight control with adaptive function approximation [J]. Journal of Guidance, Control, and Dynamics, 2005, 28 (6): 1089-1102.

[17] Li S, Yang J, Chen W H, et al. Disturbance observer-based control: methods and applications [M]. Florida: CRC press, 2016.

[18] Yang J, Li S, Chen W H. Nonlinear disturbance observer-based control for multi-input multi-output nonlinear systems subject to mismatching condition [J]. International Journal of Control, 2012, 85 (8): 1071-1082.

[19] Yang J, Chen W H, Li S. Non-linear disturbance observer-based robust control for systems with mismatched disturbances/uncertainties [J]. IET control theory & applications, 2011, 5 (18): 2053-2062.

[20] Sun L, Zheng Z. Disturbance-observer-based robust backstepping attitude stabilization of spacecraft under input saturation and measurement uncertainty [J]. IEEE Transactions on Industrial Electronics, 2017, 64 (10): 7994-8002.

[21] Miao Y, Wang F, Liu M. Anti-disturbance backstepping attitude control for rigid-flexible coupling spacecraft [J]. IEEE Access, 2018, 6: 50729-50736.

第8章 充液航天器的固定时间终端滑模容错控制

8.1 引言

现代航天任务要求航天器系统实现各种高精度、快速的全局响应姿态机动指令[1,2]。大多数控制策略只考虑外部未知干扰和参数不确定的影响，并且假设航天器系统部件不会发生故障或失效，但实际工作环境通常复杂恶劣，长时间的工作负荷容易造成执行机构和传感器的老化，由此导致的执行器故障也是实际控制系统中不可避免的问题。如果所设计的姿态控制器不具备任何容错能力，严重的性能退化和系统不稳定极有可能导致航天任务的失败。因此，航天器姿态容错控制研究受到学者们的广泛关注[3-7]。Han 等人[3] 针对刚体航天器存在执行器故障的问题，提出了自适应容错控制策略。Hu 等人[4] 采用自适应时变滑模控制策略结合自适应控制算法，解决了航天器的姿态追踪问题。基于干扰观测器技术，Li 等人[5-7] 设计了鲁棒容错控制器，保证了刚体航天器姿态运动的稳定性。

在航天器闭环系统中，除了考虑执行器故障之外，还应重视执行器的输入饱和问题，执行器输入饱和会导致指令输入信号和实际控制力矩之间产生严重的差异。当执行器达到输入极限时，任何期望的控制输入信号都会致使执行器迅速饱和，从而降低系统的动态性能，导致闭环系统的不稳定。因此，研究控制系统中存在输入饱和的问题既具有理论意义，又具有实际意义[8-11]。Zou 等人[8] 针对刚体航天器设计了饱和的有限时间控制律。Guo 等人[9] 使用积分滑模面流形设计了饱和有限时间策略，解决了刚体航天器控制输入饱和的问题。Jiang 等人[10,11] 构造了稳定的辅助系统处理控制输入信号的饱和约束问题，实现了期望的控制目标。

上述文献中设计的控制器能够保证航天器系统的渐进稳定性或有限时间稳定性。与渐近稳定控制器相比，有限时间控制可将系统状态在有限时间内稳定到平衡位置。除了更快的收敛速度外，有限时间控制下的闭环系统通常表现出更高的控制精度、更好的抗干扰性能。虽然在有限时间控制的作用下，系统状态的稳定时间可以精确地被估计，但是其稳定时间的上限取决于系统初始状态，这意味着当系统初始状态未知时，很难获取精确估计的收敛时间上限。相比于有限时间控制，固定时间控制的稳定时间上限不依赖于系统初始状态，而是仅依赖于控制参数，同时还能保留有限时间良好的控制性能，这使得许多学者对固定时间控制产生了巨大的兴趣。Gao 等人[12] 提出了固定时间控制策略，提高了刚体航天器的固定时间收敛性能。Sheng 等人[13] 设计非奇异固定时间追踪控制器，获得较好的期望控制性能。Chen 等人[14] 设计了非奇异终端固定时间滑模面和饱和容错固定时间控制律，保证刚体航天器的姿态稳定性。

本章研究了执行器故障和输入饱和的充液航天器大角度姿态机动固定时间容错控制问题。本章的主要内容有：

① 采用固定时间控制策略和自适应控制算法设计鲁棒自适应容错控制，其中自适应控制算法用于估计系统集总扰动的范数上界；

② 通过引入饱和函数克服了终端滑模控制策略存在的奇异性问题；

③ 基于 Lyapunov 稳定性理论证明了容错闭环系统状态的最终一致有界性，航天器姿态和角速度会在固定时间内收敛到平衡位置的较小邻域内。

8.2 考虑执行器故障的充液航天器动力学建模

8.2.1 执行器的故障模型

反作用轮和推进器是通常用于航天器姿态控制的执行器。由于润滑不足、老化、边缘故障和增加摩擦等原因，执行器不可避免地会发生故障。以下是四种典型的反作用轮故障[13]：①反作用力矩减小；②偏置力矩增大；③对控制信号不响应；④连续产生反作用力矩。这些故障可能以乘法或加法的方式影响执行器的输出效率。如果其中一个故障发生，反作用轮的响应可能会变慢，降低执行器工作的有效性，甚至发生安全故障。

令 $\boldsymbol{u}_{\mathrm{c}}$ 表示指令控制力矩矢量。指令控制力矩矢量和作用在航天器上的实际控制力矩矢量之间的关系可以表示为

$$\boldsymbol{u}=\boldsymbol{D}(t)\boldsymbol{u}_{\mathrm{c}}+\bar{\boldsymbol{u}} \tag{8-1}$$

式中，$\boldsymbol{D}(t)=\mathrm{diag}\{e_1,e_2,e_3\}$描述了执行器的效率损失，其对角线元素满足 $0\leqslant e_i\leqslant 1$，$i=1,2,3$。情形 $e_i=0$ 表示第 i 个执行机构完全失效，不能提供作用于航天器的控制力矩；情形 $0<e_i<1$ 表示第 i 个执行机构部分失效，但是仍可以提供控制力矩；情形 $e_i=1$ 表示第 i 个执行机构正常工作。$\bar{\boldsymbol{u}}\in\mathbb{R}^{3\times 1}$ 表示附加的偏差故障。

8.2.2 充液航天器的姿态动力学方程

本章延续使用 6.2 节所建立的充液航天器动力学模型，航天器的动力学方程、液体燃料晃动的动力学方程分别表示为

$$\boldsymbol{J}_{\mathrm{sat}}\dot{\boldsymbol{\omega}}+\boldsymbol{\delta}^{\mathrm{T}}\ddot{\boldsymbol{\eta}}=-\boldsymbol{\omega}^{\times}(\boldsymbol{J}_{\mathrm{sat}}\boldsymbol{\omega}+\boldsymbol{\delta}^{\mathrm{T}}\dot{\boldsymbol{\eta}})-\dot{\boldsymbol{J}}_{\mathrm{sat}}\boldsymbol{\omega}+\boldsymbol{d}(t)+\boldsymbol{u} \tag{8-2}$$

$$\ddot{\boldsymbol{\eta}}+\boldsymbol{M}_{\mathrm{f}}^{-1}\boldsymbol{\delta}\dot{\boldsymbol{\omega}}+\boldsymbol{C}_{\mathrm{f}}\dot{\boldsymbol{\eta}}+\boldsymbol{K}_{\mathrm{f}}\boldsymbol{\eta}=\boldsymbol{A}_1(\boldsymbol{\omega})\dot{\boldsymbol{\eta}}+\boldsymbol{A}_2(\boldsymbol{\omega}) \tag{8-3}$$

航天器姿态动力学方程表示为

$$\begin{bmatrix}\dot{\varepsilon}_0\\ \dot{\boldsymbol{\varepsilon}}\end{bmatrix}=\frac{1}{2}\begin{bmatrix}-\boldsymbol{\varepsilon}\\ \boldsymbol{G}(\boldsymbol{\varepsilon})\end{bmatrix}\boldsymbol{\omega} \tag{8-4}$$

假设液体燃料为小幅度晃动，航天器动力学方程式 (8-2)、式 (8-3) 做线性化处理，引入新的变量 $\boldsymbol{\psi}$，将得到的方程结合式 (8-1)，得到考虑执行器故障的航天器姿态动力学模型表示为

$$\boldsymbol{J}\dot{\boldsymbol{\omega}}=-\boldsymbol{\omega}^{\times}(\boldsymbol{J}\boldsymbol{\omega}+\boldsymbol{\delta}^{\mathrm{T}}\boldsymbol{\psi})+\boldsymbol{\delta}^{\mathrm{T}}(\boldsymbol{C}_{\mathrm{f}}\boldsymbol{\psi}+\boldsymbol{K}_{\mathrm{f}}\boldsymbol{\eta}-\boldsymbol{C}_{\mathrm{f}}\boldsymbol{M}_{\mathrm{f}}^{-1}\boldsymbol{\delta}\boldsymbol{\omega})+\boldsymbol{D}(t)\mathrm{sat}(\boldsymbol{u}_{\mathrm{c}})+\bar{\boldsymbol{u}}+\boldsymbol{\Xi}_2 \tag{8-5}$$

$$\dot{\boldsymbol{\eta}}=\boldsymbol{\psi}-\boldsymbol{M}_{\mathrm{f}}^{-1}\boldsymbol{\delta}\boldsymbol{\omega} \tag{8-6}$$

$$\dot{\boldsymbol{\psi}}=-(\boldsymbol{C}_{\mathrm{f}}\boldsymbol{\psi}+\boldsymbol{K}_{\mathrm{f}}\boldsymbol{\eta}-\boldsymbol{C}_{\mathrm{f}}\boldsymbol{M}_{\mathrm{f}}^{-1}\boldsymbol{\delta}\boldsymbol{\omega}) \tag{8-7}$$

式中，各个参数与 6.2 节表示意义相同，为了在方程中引入参数不确定，可定义 $\boldsymbol{J}_{\mathrm{sat}}-\boldsymbol{\delta}^{\mathrm{T}}\boldsymbol{M}_{\mathrm{f}}^{-1}\boldsymbol{\delta}=\boldsymbol{J}+\Delta\boldsymbol{J}$，$\mathrm{sat}(\boldsymbol{u}_{\mathrm{c}})$表示执行器的非线性饱和特性，其形式可以写成 $\mathrm{sat}(\boldsymbol{u}_{\mathrm{c}})=\boldsymbol{\Theta}(\boldsymbol{u}_{\mathrm{c}})\boldsymbol{u}_{\mathrm{c}}$，其中 $\boldsymbol{\Theta}(\boldsymbol{u}_{\mathrm{c}})=\mathrm{diag}\{\Theta(u_{\mathrm{c1}}),\Theta(u_{\mathrm{c2}}),\Theta(u_{\mathrm{c3}})\}$。$\boldsymbol{\Theta}(\boldsymbol{u}_{\mathrm{c}})$可以看作是控制向量的饱和度指标。从实际应用的角度讲，$\boldsymbol{\Theta}(\boldsymbol{u}_{\mathrm{c}})$永远不会等于零，且存在一个很小的下界。因此，$\boldsymbol{\Theta}(\boldsymbol{u}_{\mathrm{c}})$满足 $\boldsymbol{\Theta}(\boldsymbol{u}_{\mathrm{c}})\in(0,1]$，并且

存在一个常数 κ，使得 $0<\kappa\leqslant\min\{\Theta(u_1),\Theta(u_2),\Theta(u_3)\}\leqslant 1$ 成立。

$$\boldsymbol{\Xi}_2=\boldsymbol{d}(t)-\Delta\boldsymbol{J}\dot{\boldsymbol{\omega}}-\boldsymbol{\omega}^{\times}\Delta\boldsymbol{J}\boldsymbol{\omega} \tag{8-8}$$

式中，$\Delta\boldsymbol{J}$ 为参数不确定矩阵。

假设 8.1 参数不确定性矩阵 $\Delta\boldsymbol{J}$ 和外部未知干扰 $\boldsymbol{d}(t)$ 是有界变量，这样存在两个正常数 $\Delta\bar{J}$ 和 Δd，其范数满足关系 $\|\Delta\boldsymbol{J}\|\leqslant\Delta\bar{J}$ 和 $\|\boldsymbol{d}(t)\|\leqslant\Delta d$。

假设 8.2 不确定故障 $\bar{\boldsymbol{u}}$ 是未知但是有界变量，这样满足 $\|\bar{\boldsymbol{u}}\|\leqslant\Delta u$，$\Delta u$ 为正常数。

本节的控制目标描述为：考虑充液航天器模型式 (8-5) 存在外部未知干扰、参数不确定、执行器故障和控制输入饱和的问题，设计了一种饱和鲁棒容错控制策略，对于任意初始位置的姿态和角速度：

① 容错闭环系统中的所有状态向量信号都是最终一致有界的 (GUUB)；

② 设计的非奇异滑动模态流形在固定时间内收敛到 $\boldsymbol{S}(t)=0$ 的较小邻域内；

③ 姿态 $\boldsymbol{q}$ 和角度速度 $\boldsymbol{\omega}$ 在固定时间内收敛到原点的小邻域内。

8.3 固定时间控制器设计和稳定性分析

8.3.1 基本定义和基本引理

为了后文控制器设计简便，定义如下符号

$$\mathrm{sig}^{\gamma}(\boldsymbol{x})=\left[|x_1|^{\gamma}\mathrm{sgn}(x_1)\quad |x_2|^{\gamma}\mathrm{sgn}(x_2)\quad |x_3|^{\gamma}\mathrm{sgn}(x_3)\right]^{\mathrm{T}}$$

式中，$\boldsymbol{x}\in\left[x_1\quad x_2\quad x_3\right]^{\mathrm{T}}$；$\mathrm{sgn}(\cdot)$ 表示符号函数；γ 为常数。

考虑一个非线性系统

$$\dot{\boldsymbol{x}}(t)=f[\boldsymbol{x}(t)],\ x(0)=x_0 \tag{8-9}$$

式中，$\boldsymbol{x}(t)$ 为状态矢量；$f[\boldsymbol{x}(t)]$ 为非线性函数。

下面给出控制器设计和稳定性分析中用到的定义和引理。

定义 8.1[16] 如果系统式 (8-9) 是有限时间稳定的，并且其稳定时间 $T(x_0)$ 是一致有界的，即存在一个正标量 $T_{\max}$，并且满足 $T(x_0)\leqslant T_{\max}$，则系统式 (8-9) 是固定时间稳定的。

引理 8.1[16] 系统式 (8-9) 是固定时间稳定的，这样存在一个正函数 $\bar{V}(x)$ 满足

$$\dot{\bar{V}}(x)\leqslant-\alpha_1 V^{r_1}(x)-\beta_1 V^{r_2}(x)+\chi \tag{8-10}$$

式中，α_1、β_1、χ、r_1 均大于 1；$0<r_2<1$ 为正常数。

所需的有限时间 $T_{\max}$ 限定为

$$T_{\max}\leqslant\frac{1}{\alpha_1(r_1-1)}+\frac{1}{\beta_1(1-r_2)},\quad \forall x_0\in\mathbb{R}^n$$

引理 8.2[15]　考虑如下微分方程

$$\dot{y}=-\alpha y^{\frac{m}{n}}-\beta y^{\frac{p}{r}},\quad y(0)=y_0 \tag{8-11}$$

式中，$\alpha>0$，$\beta>0$，并且 m、n、p、r 是正奇整数，满足 $m>n$，$p<r$。系统式（8-11）收敛到平衡位置是固定时间稳定的，稳定时间 T_R 满足

$$T_R\leqslant\frac{1}{\alpha}\times\frac{n}{m-n}+\frac{1}{\beta}\times\frac{r}{r-p}$$

引理 8.3[11]　对于所有实数 x_i，$i=1,2,3,\cdots,n$ 和 $0<\gamma<1$，以下不等式成立

$$(|x_1|+\cdots+|x_n|)^{\gamma}<|x_1|^{\gamma}+\cdots+|x_n|^{\gamma} \tag{8-12}$$

8.3.2　固定时间滑模面设计

受到引理 8.2 的启发，考虑充液航天器系统模型式（8-5）～式（8-7），固定时间滑模面设计为

$$\boldsymbol{S}=\boldsymbol{\omega}+\alpha_1\boldsymbol{\varepsilon}^{\frac{m_1}{n_1}}+\beta_1\boldsymbol{\varepsilon}^{\frac{p_1}{r_1}} \tag{8-13}$$

式中，$\alpha_1>0$，$\beta_1>0$，并且 m_1、n_1、p_1、r_1 是正奇整数，且满足 $m_1>n_1$，$p_1<r_1$。

定理 8.1　当式（8-13）的滑模面收敛到平衡位置时，即满足 $\boldsymbol{S}=0$，姿态 $\boldsymbol{\varepsilon}$ 和角速度 $\boldsymbol{\omega}$ 在固定时间内收敛到平衡位置。

证明： 当式（8-13）满足 $\boldsymbol{S}=0$ 时，可以得到

$$\boldsymbol{\omega}=-\alpha_1\boldsymbol{\varepsilon}^{\frac{m_1}{n_1}}-\beta_1\boldsymbol{\varepsilon}^{\frac{p_1}{r_1}} \tag{8-14}$$

考虑李雅普诺夫函数

$$V_1=\frac{1}{2}[\boldsymbol{\varepsilon}^{\mathrm{T}}\boldsymbol{\varepsilon}+(1-\varepsilon_0)^2] \tag{8-15}$$

将式（8-15）对时间求一阶导数，并且将式（8-14）代入可得

$$\begin{aligned}\dot{V}_1&=-\frac{1}{2}\boldsymbol{\varepsilon}^{\mathrm{T}}(\alpha_1\boldsymbol{\varepsilon}^{\frac{m_1}{n_1}}+\beta_1\boldsymbol{\varepsilon}^{\frac{p_1}{r_1}})=-\frac{\alpha_1}{2}\boldsymbol{\varepsilon}^{\frac{m_1}{n_1}+1}-\frac{\beta_1}{2}\boldsymbol{\varepsilon}^{\frac{p_1}{r_1}+1}\\&\leqslant-\frac{\alpha_1}{2}2^{\frac{m_1+n_1}{2n_1}}\left(\frac{1}{2}\boldsymbol{\varepsilon}^{\mathrm{T}}\boldsymbol{\varepsilon}\right)^{\frac{m_1+n_1}{2n_1}}-\frac{\beta_1}{2}2^{\frac{p_1+r_1}{2r_1}}\left(\frac{1}{2}\boldsymbol{\varepsilon}^{\mathrm{T}}\boldsymbol{\varepsilon}\right)^{\frac{p_1+r_1}{2r_1}}\end{aligned}$$

$$\leqslant -\theta V_1^{\frac{m_1+n_1}{2n_1}} - \vartheta V_1^{\frac{p_1+r_1}{2r_1}} \tag{8-16}$$

式中，$\theta=\frac{\alpha_1}{2}2^{\frac{m_1+n_1}{2n_1}}$；$\vartheta=\frac{\beta_1}{2}2^{\frac{p_1+r_1}{2r_1}}$；$\frac{m_1+n_1}{2n_1}>1$；$0<\frac{p_1+r_1}{2r_1}<1$。

由引理8.2可得，姿态 $\boldsymbol{\varepsilon}$ 在固定时间内收敛到平衡位置。根据式（8-4）和四元数的约束关系 $\boldsymbol{\varepsilon}^{\mathrm{T}}\boldsymbol{\varepsilon}+\varepsilon_0{}^2=1$ 可得，$\dot{\boldsymbol{\varepsilon}}$ 在固定时间内到达平衡位置，这将使 $\boldsymbol{\omega}$ 在固定时间内收敛到平衡位置。所以，当式（8-13）达到平衡位置时，$\varepsilon_0=1$，姿态 $\boldsymbol{\varepsilon}$ 和角速度 $\boldsymbol{\omega}$ 在固定时间内收敛到平衡位置。证毕。

到达时间的上界为

$$\overline{T}_{\mathrm{R}}\leqslant\frac{1}{\theta}\times\frac{2n_1}{m_1-n_1}+\frac{1}{\vartheta}\times\frac{2r_1}{r_1-p_1}$$

注解8.1 需要注意的是，对式（8-13）求一阶导数得到

$$\dot{\boldsymbol{S}}=\dot{\boldsymbol{\omega}}+\alpha_1\frac{m_1}{n_1}\boldsymbol{\varepsilon}^{\frac{m_1}{n_1}-1}\dot{\boldsymbol{\varepsilon}}+\beta_1\frac{p_1}{r_1}\boldsymbol{\varepsilon}^{\frac{p_1}{r_1}-1}\dot{\boldsymbol{\varepsilon}} \tag{8-17}$$

注意到式（8-17）含有 $\beta_1\frac{p_1}{r_1}\boldsymbol{\varepsilon}^{\frac{p_1}{r_1}-1}\dot{\boldsymbol{\varepsilon}}$ 项，当 $\boldsymbol{\varepsilon}=0$，$\dot{\boldsymbol{\varepsilon}}\neq 0$ 时，会产生奇异问题。Ni等人[16,17] 提出一种饱和函数方法克服滑模面奇异问题的方法，本章将此方法应用到第8.2.1小节的控制系统设计过程当中，从而克服式（8-17）出现的奇异问题。

8.3.3 固定时间控制器设计

将式（8-3）和式（8-4）代入式（8-17）可得

$$\begin{aligned}\dot{\boldsymbol{S}}&=\boldsymbol{J}^{-1}[\boldsymbol{\omega}^{\times}(\boldsymbol{J\omega}+\boldsymbol{\delta}^{\mathrm{T}}\boldsymbol{\psi})+\boldsymbol{D\Theta}(\boldsymbol{u}_{\mathrm{c}})\boldsymbol{u}_{\mathrm{c}}+\bar{\boldsymbol{u}}+\boldsymbol{\Xi}_2+\boldsymbol{\delta}^{\mathrm{T}}(\boldsymbol{C}_{\mathrm{f}}\boldsymbol{\psi}+\boldsymbol{K}_{\mathrm{f}}\boldsymbol{\eta}-\boldsymbol{C}_{\mathrm{f}}\boldsymbol{M}_{\mathrm{f}}^{-1}\boldsymbol{\delta\omega})]\\&\quad+\alpha_1\frac{m_2}{2n_2}\boldsymbol{\varepsilon}^{\frac{m_2}{n_2}-1}\boldsymbol{G}(\boldsymbol{\varepsilon})\boldsymbol{\omega}+\beta_1\frac{p_2}{2r_2}\boldsymbol{\varepsilon}^{\frac{p_1}{r_1}-1}\boldsymbol{G}(\boldsymbol{\varepsilon})\boldsymbol{\omega}\\&=\boldsymbol{F}+\boldsymbol{J}^{-1}\boldsymbol{D\Theta}(\boldsymbol{u}_{\mathrm{c}})\boldsymbol{u}_{\mathrm{c}}+\boldsymbol{u}_{\mathrm{f}}\end{aligned} \tag{8-18}$$

式中，$\boldsymbol{F}=\alpha_1\frac{m_2}{2n_2}\boldsymbol{\varepsilon}^{\frac{m_2}{n_2}-1}\boldsymbol{G}(\boldsymbol{\varepsilon})\boldsymbol{\omega}+\boldsymbol{J}^{-1}\{\boldsymbol{\omega}^{\times}(\boldsymbol{J\omega}+\boldsymbol{\delta}^{\mathrm{T}}\boldsymbol{\psi})+$

$\boldsymbol{\delta}^{\mathrm{T}}(\boldsymbol{C}_{\mathrm{f}}\boldsymbol{\psi}+\boldsymbol{K}_{\mathrm{f}}\boldsymbol{\eta}-\boldsymbol{C}_{\mathrm{f}}\boldsymbol{M}_{\mathrm{f}}^{-1}\boldsymbol{\delta\omega})+\bar{\boldsymbol{u}}+\boldsymbol{\Xi}_2\}$；$\boldsymbol{u}_{\mathrm{f}}=\beta_1\frac{p_2}{2r_2}\boldsymbol{q}^{\frac{p_1}{r_1}-1}\boldsymbol{G}(\boldsymbol{\varepsilon})\boldsymbol{\omega}$。

根据假设8.1、假设8.2和 $\|\boldsymbol{\varepsilon}\|\leqslant 1$，以及 $\|\boldsymbol{G}(\boldsymbol{\varepsilon})\|\leqslant 1$，可以得到如下合理的不等式

$$
\begin{aligned}
\boldsymbol{F} \leqslant & \alpha_1 \frac{m_2}{2n_2}\|\boldsymbol{\varepsilon}^{\frac{m_2}{n_2}-1}\|\|\boldsymbol{G}(\boldsymbol{\varepsilon})\boldsymbol{\omega}\|+\|\boldsymbol{J}^{-1}\boldsymbol{\omega}^{\times}\boldsymbol{J}\boldsymbol{\omega}\|+\|\boldsymbol{J}^{-1}\boldsymbol{\delta}^{\mathrm{T}}\boldsymbol{\psi}\| \\
& +\|\boldsymbol{J}^{-1}\boldsymbol{\delta}^{\mathrm{T}}(\boldsymbol{C}_{\mathrm{f}}\boldsymbol{\psi}+\boldsymbol{K}_{\mathrm{f}}\boldsymbol{\eta})\|+\|\boldsymbol{J}^{-1}\boldsymbol{\delta}^{\mathrm{T}}\boldsymbol{C}_{\mathrm{f}}\boldsymbol{M}_{\mathrm{f}}^{-1}\boldsymbol{\delta}\boldsymbol{\omega}\|+\|\boldsymbol{J}^{-1}\bar{\boldsymbol{u}}\|+\|\boldsymbol{J}^{-1}\boldsymbol{\Xi}_2\| \\
\leqslant & k_1+k_2\|\boldsymbol{\omega}\|+k_3\|\boldsymbol{\omega}\|^2
\end{aligned} \tag{8-19}
$$

式中，k_1、k_2 和 k_3 为正常数。

由于 $0<\boldsymbol{D}(t)\leqslant 1$，$0<\boldsymbol{\Theta}(\boldsymbol{u}_{\mathrm{c}})\leqslant 1$，因此下面的不等式是合理的

$$
0<\rho\leqslant \min(\boldsymbol{D}\boldsymbol{\Theta}(\boldsymbol{u}_{\mathrm{c}}))\leqslant 1 \tag{8-20}
$$

固定时间控制器设计为

$$
\boldsymbol{u}_{\mathrm{c}}=-k\boldsymbol{J}(\boldsymbol{S}+\operatorname{sig}^{\frac{m_2}{n_2}}(\boldsymbol{S})+\operatorname{sig}^{\frac{p_2}{r_2}}(\boldsymbol{S}))+\boldsymbol{J}\operatorname{sat}(\boldsymbol{u}_{\mathrm{f}},\boldsymbol{u}_{\mathrm{s}})+\boldsymbol{J}\boldsymbol{u}_{\mathrm{p}} \tag{8-21}
$$

$$
\boldsymbol{u}_{\mathrm{p}}=\frac{\boldsymbol{S}}{\|\boldsymbol{S}\|}\hat{\rho}(\hat{k}_1+\hat{k}_2\|\boldsymbol{\omega}\|+\hat{k}_3\|\boldsymbol{\omega}\|^2) \tag{8-22}
$$

自适应更新律设计为

$$
\dot{\hat{k}}_1=\lambda_1(\|\boldsymbol{S}\|-\chi_1\hat{k}_1) \tag{8-23}
$$

$$
\dot{\hat{k}}_2=\lambda_2(\|\boldsymbol{S}\|\|\boldsymbol{\omega}\|-\chi_2\hat{k}_2) \tag{8-24}
$$

$$
\dot{\hat{k}}_3=\lambda_3(\|\boldsymbol{S}\|\|\boldsymbol{\omega}\|^2-\chi_3\hat{k}_3) \tag{8-25}
$$

$$
\dot{\hat{\rho}}=\lambda_4[\hat{\rho}^3(\hat{k}_1+\hat{k}_2\|\boldsymbol{\omega}\|+\hat{k}_3\|\boldsymbol{\omega}\|^2)+\chi_4\hat{\rho}] \tag{8-26}
$$

式中，k、λ_1、χ_1、λ_2、χ_2、λ_3、χ_3、χ_4 为正常数；$\hat{k}_1$、$\hat{k}_2$、$\hat{k}_3$、$\hat{\rho}$ 分别为 k_1、k_2、k_3、ρ 的估计值；sat(·)为饱和函数。这里设计 $\operatorname{sat}(\boldsymbol{u}_{\mathrm{f}},\boldsymbol{u}_{\mathrm{s}})$的目的在于补偿 $\boldsymbol{u}_{\mathrm{f}}$ 带来的奇异性，$\boldsymbol{u}_{\mathrm{s}}$ 表示饱和函数的门限参数。

定理 8.2 考虑航天器系统式（7-3）～式（7-7）存在外部未知干扰、参数不确定、执行器故障和控制输入饱和的问题。在假设 8.1 和假设 8.2 成立的条件下，若设计固定时间控制律式（8-21）、式(8-22）和自适应更新律式（8-23）～式（8-26），那么航天器闭环系统的状态轨迹是固定时间稳定的。

证明：考虑李雅普诺夫函数

$$
V_2=\frac{1}{2}(\boldsymbol{S}^{\mathrm{T}}\boldsymbol{S}+\lambda_1\tilde{k}_1^{\,2}+\lambda_2\tilde{k}_2^2+\lambda_3\tilde{k}_3^2+\lambda_4\tilde{\rho}^2) \tag{8-27}
$$

式中，$\tilde{k}_1=k_1-\hat{k}_1$；$\tilde{k}_2=k_2-\hat{k}_2$；$\tilde{k}_3=k_3-\hat{k}_3$；$\tilde{\rho}=\rho-\hat{\rho}^{-1}$。
将式（8-27）对时间求一阶导数可得

$$
\begin{aligned}
\dot{V}_2 &= \boldsymbol{S}^{\mathrm{T}}\dot{\boldsymbol{S}}+\lambda_1\tilde{k}_1\dot{\tilde{k}}_1+\lambda_2\tilde{k}_2\dot{\tilde{k}}_2+\lambda_3\tilde{k}_3\dot{\tilde{k}}_3+\lambda_4\tilde{\rho}\hat{\rho}^{-2}\dot{\tilde{\rho}} \\
&= \boldsymbol{S}^{\mathrm{T}}\dot{\boldsymbol{S}}-\lambda_1\tilde{k}_1\dot{\hat{k}}_1-\lambda_2\tilde{k}_2\dot{\hat{k}}_2-\lambda_3\tilde{k}_3\dot{\hat{k}}_3+\lambda_4\tilde{\rho}\hat{\rho}^{-2}\dot{\hat{\rho}} \\
&= \boldsymbol{S}^{\mathrm{T}}(\boldsymbol{F}+\boldsymbol{J}^{-1}\boldsymbol{D}\boldsymbol{\Theta}(\boldsymbol{u}_{\mathrm{c}})\boldsymbol{u}_{\mathrm{c}}+\boldsymbol{u}_{\mathrm{f}}) \\
&\quad -\lambda_1\tilde{k}_1\dot{\hat{k}}_1-\lambda_2\tilde{k}_2\dot{\hat{k}}_2-\lambda_3\tilde{k}_3\dot{\hat{k}}_3+\lambda_4\tilde{\rho}\hat{\rho}^{-2}\dot{\hat{\rho}}
\end{aligned}
\tag{8-28}
$$

将式（8-21）～式（8-26）代入式（8-28）中可以得到

$$
\begin{aligned}
\dot{V}_2 &= \boldsymbol{S}^{\mathrm{T}}(\boldsymbol{F}+\boldsymbol{J}^{-1}\boldsymbol{D}\boldsymbol{\Theta}(\boldsymbol{u}_{\mathrm{c}})\boldsymbol{u}_{\mathrm{c}}+\boldsymbol{u}_{\mathrm{f}})-\lambda_1\tilde{k}_1\dot{\hat{k}}_1-\lambda_2\tilde{k}_2\dot{\hat{k}}_2-\lambda_3\tilde{k}_3\dot{\hat{k}}_3+\lambda_4\tilde{\rho}\hat{\rho}^{-2}\dot{\hat{\rho}} \\
&\leqslant -k\rho\|\boldsymbol{S}\|^2-k\rho\sum_{i=1}^{3}|S_i|^{\frac{m_2}{n_2}+1}-k\rho\sum_{i=1}^{3}|S_i|^{\frac{p_2}{r_2}+1}+\boldsymbol{S}^{\mathrm{T}}[\rho\mathrm{sat}(\boldsymbol{u}_{\mathrm{f}},\boldsymbol{u}_{\mathrm{s}})+\boldsymbol{u}_{\mathrm{f}}] \\
&\quad +k_1\|\boldsymbol{S}\|+k_2\|\boldsymbol{S}\|\|\boldsymbol{\omega}\|+k_3\|\boldsymbol{S}\|\|\boldsymbol{\omega}\|^2-\rho\hat{\rho}(\hat{k}_1\|\boldsymbol{S}\|+\hat{k}_2\|\boldsymbol{S}\|\|\boldsymbol{\omega}\|+\hat{k}_3\|\boldsymbol{S}\|\|\boldsymbol{\omega}\|^2) \\
&\quad -\tilde{k}_1(\|\boldsymbol{S}\|-\chi_1\hat{k}_1)-\tilde{k}_2(\|\boldsymbol{S}\|\|\boldsymbol{\omega}\|-\chi_2\hat{k}_2)-\tilde{k}_3(\|\boldsymbol{S}\|\|\boldsymbol{\omega}\|^2-\chi_3\hat{k}_3) \\
&\quad +\tilde{\rho}\hat{\rho}^{-2}[\hat{\rho}^3(\hat{k}_1+\hat{k}_2\|\boldsymbol{\omega}\|+\hat{k}_3\|\boldsymbol{\omega}\|^2)+\chi_4\hat{\rho}] \\
&= -k\rho\|\boldsymbol{S}\|^2-k\rho\sum_{i=1}^{3}|S_i|^{\frac{m_2}{n_2}+1}-k\rho\sum_{i=1}^{3}|S_i|^{\frac{p_2}{r_2}+1}+\boldsymbol{S}^{\mathrm{T}}[\rho\mathrm{sat}(\boldsymbol{u}_{\mathrm{f}},\boldsymbol{u}_{\mathrm{s}})+\boldsymbol{u}_{\mathrm{f}}] \\
&\quad +k_1\|\boldsymbol{S}\|+k_2\|\boldsymbol{S}\|\|\boldsymbol{\omega}\|+k_3\|\boldsymbol{S}\|\|\boldsymbol{\omega}\|^2-\rho\hat{\rho}(\hat{k}_1\|\boldsymbol{S}\|+\hat{k}_2\|\boldsymbol{S}\|\|\boldsymbol{\omega}\|+\hat{k}_3\|\boldsymbol{S}\|\|\boldsymbol{\omega}\|^2) \\
&\quad -\tilde{k}_1\|\boldsymbol{S}\|-\tilde{k}_2\|\boldsymbol{S}\|\|\boldsymbol{\omega}\|-\tilde{k}_3\|\boldsymbol{S}\|\|\boldsymbol{\omega}\|^2+\tilde{\rho}\hat{\rho}(\hat{k}_1\|\boldsymbol{S}\|+\hat{k}_2\|\boldsymbol{\omega}\|+\hat{k}_3\|\boldsymbol{\omega}\|^2) \\
&\quad +\chi_1\tilde{k}_1\hat{k}_1+\chi_2\tilde{k}_2\hat{k}_2+\chi_3\tilde{k}_3\hat{k}_3+\chi_4\tilde{\rho}\hat{\rho}^{-1} \\
&\leqslant -k\rho\|\boldsymbol{S}\|^2-k\rho\sum_{i=1}^{3}|S_i|^{\frac{m_2}{n_2}+1}+\boldsymbol{S}^{\mathrm{T}}[\rho\mathrm{sat}(\boldsymbol{u}_{\mathrm{f}},\boldsymbol{u}_{\mathrm{s}})+\boldsymbol{u}_{\mathrm{f}}] \\
&\quad +\chi_1\tilde{k}_1\hat{k}_1+\chi_2\tilde{k}_2\hat{k}_2+\chi_3\tilde{k}_3\hat{k}_3+\chi_4\tilde{\rho}\hat{\rho}^{-1}
\end{aligned}
\tag{8-29}
$$

考虑到如下不等式成立

$$
\chi_1\tilde{k}_1\hat{k}_1\leqslant\chi_1\tilde{k}_1(k_1-\tilde{k}_1)\leqslant\chi_1\frac{k_1^2}{2}-\chi_1\frac{\tilde{k}_1^2}{2} \tag{8-30}
$$

$$
\chi_2\tilde{k}_2\hat{k}_2\leqslant\chi_2\tilde{k}_2(k_2-\tilde{k}_2)\leqslant\chi_2\frac{k_2^2}{2}-\chi_2\frac{\tilde{k}_2^2}{2} \tag{8-31}
$$

$$
\chi_3\tilde{k}_3\hat{k}_3\leqslant\chi_3\tilde{k}_3(k_3-\tilde{k}_3)\leqslant\chi_3\frac{k_3^2}{2}-\chi_3\frac{\tilde{k}_3^2}{2} \tag{8-32}
$$

$$
\chi_4\tilde{\rho}\hat{\rho}^{-1}\leqslant\chi_4\tilde{\rho}(\rho-\tilde{\rho})\leqslant\chi_4\frac{\rho^2}{2}-\chi_4\frac{\tilde{\rho}^2}{2} \tag{8-33}
$$

注意到式（8-29）含有项 $\rho\mathrm{sat}(\boldsymbol{u}_{\mathrm{f}},u_{\mathrm{s}})+\boldsymbol{u}_{\mathrm{f}}$，为了方便定理 8.2 的证明，将状态向量 $[\boldsymbol{\varepsilon}\quad\boldsymbol{\omega}]^{\mathrm{T}}$ 分成两个不同的区域 A 和 B，分别定义如下

$$\mathrm{A}=\left\{(\boldsymbol{\varepsilon},\boldsymbol{\omega})\mid\beta_1\frac{p_2}{2r_2}\boldsymbol{\varepsilon}^{\frac{p_2}{r_2}-1}\|\boldsymbol{G}(\boldsymbol{\varepsilon})\boldsymbol{\omega}\|\leqslant\frac{u_{\mathrm{s}}}{\rho}\right\} \tag{8-34}$$

$$\mathrm{B}=\left\{(\boldsymbol{\varepsilon},\boldsymbol{\omega})\mid\beta_1\frac{p_2}{2r_2}\boldsymbol{\varepsilon}^{\frac{p_2}{r_2}-1}\|\boldsymbol{G}(\boldsymbol{\varepsilon})\boldsymbol{\omega}\|>\frac{u_{\mathrm{s}}}{\rho}\right\} \tag{8-35}$$

当系统状态 $[\boldsymbol{\varepsilon}\quad\boldsymbol{\omega}]^{\mathrm{T}}$ 在区域 A 中时，式（8-27）中的饱和函数可以重写为

$$\rho\mathrm{sat}(\boldsymbol{u}_{\mathrm{f}},\boldsymbol{u}_{\mathrm{s}})=-\boldsymbol{u}_{\mathrm{f}}=-\beta_1\frac{p_2}{2r_2}\boldsymbol{\varepsilon}^{\frac{p_2}{r_2}-1}\boldsymbol{G}(\boldsymbol{\varepsilon})\boldsymbol{\omega} \tag{8-36}$$

当系统状态处于区域 B 时，饱和函数可以写成

$$\rho\mathrm{sat}(\boldsymbol{u}_{\mathrm{f}},\boldsymbol{u}_{\mathrm{s}})=u_{\mathrm{s}}\mathrm{sign}(\boldsymbol{u}_{\mathrm{f}}) \tag{8-37}$$

根据式（8-4），可以得到

$$\boldsymbol{\varepsilon}(t)=\boldsymbol{\varepsilon}(0)+\frac{1}{2}\int_0^t\boldsymbol{G}[\boldsymbol{\varepsilon}(\tau)]\boldsymbol{\omega}(\tau)\mathrm{d}t \tag{8-38}$$

如果 $\boldsymbol{\omega}(t)>0$ 和 $\boldsymbol{G}(\boldsymbol{\varepsilon})>0$ 成立，$\boldsymbol{\varepsilon}(t)$将单调增加并离开奇异区域 B。如果 $\boldsymbol{\omega}(t)<0$ 和 $\boldsymbol{G}(\boldsymbol{\varepsilon})<0$ 成立，$\boldsymbol{\varepsilon}(t)$将单调减少并且也将离开奇异区域 B。这意味着不论 $\boldsymbol{\varepsilon}(t)$增加或减少，系统的状态将短暂的处于奇异区域 B。换句话说，系统状态不会永远停留在 B 区域，而是在有限时间内从 B 区域过渡到 A 区域。一旦系统状态 $[\boldsymbol{\varepsilon}\quad\boldsymbol{\omega}]^{\mathrm{T}}$ 进入 A 区域，系统将满足滑动模态的存在条件。因此，正如文献［15］～文献［17］所描述的那样，奇异区域的存在并不影响系统稳定性的分析。

根据以上分析，并且结合式（8-30）～式（8-33），式（8-29）可以写成

$$\begin{aligned}\dot{V}_2&\leqslant-k\rho\|\boldsymbol{S}\|^2+\chi_1\tilde{k}_1\hat{k}_1+\chi_2\tilde{k}_2\hat{k}_2+\chi_3\tilde{k}_3\hat{k}_3\\&\quad+\chi_4\tilde{\rho}\hat{\rho}^{-1}\leqslant-k\rho\|\boldsymbol{S}\|^2-\chi_1\frac{\tilde{k}_1^2}{2}-\chi_2\frac{\tilde{k}_2^2}{2}\\&\quad-\chi_3\frac{\tilde{k}_3^2}{2}-\chi_4\frac{\tilde{\rho}^2}{2}+\chi_1\frac{k_1^2}{2}+\chi_2\frac{k_2^2}{2}\\&\quad+\chi_3\frac{k_3^2}{2}+\chi_4\frac{\rho^2}{2}\leqslant-\bar{\eta}V_2+\kappa\end{aligned} \tag{8-39}$$

式中，$\bar{\eta}=\min\left\{k\rho,\frac{\chi_1}{2},\frac{\chi_2}{2},\frac{\chi_3}{2},\frac{\chi_4}{2}\right\}$；$\kappa=\chi_1\frac{k_1^2}{2}+\chi_2\frac{k_2^2}{2}+\chi_3\frac{k_3^2}{2}+\chi_4\frac{\rho^2}{2}$。

根据一致有界性理论，$\boldsymbol{S}$、$\tilde{k}_1$、$\tilde{k}_2$、$\tilde{k}_3$ 和 $\tilde{k}_4$ 是一致有界的，由固定时间

滑模面的形式，可知 $\boldsymbol{\varepsilon}$、$\boldsymbol{\omega}$ 也是有界的，这样不等式 $k_1+k_2\|\boldsymbol{\omega}\|+k_3\|\boldsymbol{\omega}\|^2\leqslant\zeta$ 是合理的。

为了证明系统的固定时间稳定性，考虑以下李雅普诺夫函数

$$V=\frac{1}{2}\boldsymbol{S}^{\mathrm{T}}\boldsymbol{S} \tag{8-40}$$

将式（8-38）对时间求一阶导数，结合式（8-21）～式（8-26）可得

$$\begin{aligned}\dot{V}=&\ \boldsymbol{S}^{\mathrm{T}}\dot{\boldsymbol{S}}\leqslant-k\rho\|\boldsymbol{S}\|^2-k\rho\sum_{i=1}^{3}|S_i|^{\frac{m_2}{n_2}+1}-k\rho\sum_{i=1}^{3}|S_i|^{\frac{p_2}{r_2}+1}+\boldsymbol{S}^{\mathrm{T}}[\rho\mathrm{sat}(\boldsymbol{u}_{\mathrm{f}},u_{\mathrm{s}})+\boldsymbol{u}_{\mathrm{f}}]\\&+k_1\|\boldsymbol{S}\|+k_2\|\boldsymbol{S}\|\|\boldsymbol{\omega}\|+k_3\|\boldsymbol{S}\|\|\boldsymbol{\omega}\|^2-\rho\hat{\rho}(\hat{k}_1\|\boldsymbol{S}\|+\hat{k}_2\|\boldsymbol{S}\|\|\boldsymbol{\omega}\|+\hat{k}_3\|\boldsymbol{S}\|\|\boldsymbol{\omega}\|^2)\\=&-k\rho\|\boldsymbol{S}\|^2-k\rho\sum_{i=1}^{3}|S_i|^{\frac{m_2}{n_2}+1}-k\rho\sum_{i=1}^{3}|S_i|^{\frac{p_2}{r_2}+1}+\boldsymbol{S}^{\mathrm{T}}[\rho\mathrm{sat}(\boldsymbol{u}_{\mathrm{f}},u_{\mathrm{s}})+\boldsymbol{u}_{\mathrm{f}}]\\&+k_1\|\boldsymbol{S}\|+k_2\|\boldsymbol{S}\|\|\boldsymbol{\omega}\|+k_3\|\boldsymbol{S}\|\|\boldsymbol{\omega}\|^2-\rho\hat{\rho}(\hat{k}_1\|\boldsymbol{S}\|+\hat{k}_2\|\boldsymbol{S}\|\|\boldsymbol{\omega}\|+\hat{k}_3\|\boldsymbol{S}\|\|\boldsymbol{\omega}\|^2)\\\leqslant&-k\rho\sum_{i=1}^{3}|S_i|^{\frac{m_2}{n_2}+1}-k\rho\sum_{i=1}^{3}|S_i|^{\frac{p_2}{r_2}+1}+\boldsymbol{S}^{\mathrm{T}}[\rho\mathrm{sat}(\boldsymbol{u}_{\mathrm{f}},u_{\mathrm{s}})+\boldsymbol{u}_{\mathrm{f}}]\\&+k_1\|\boldsymbol{S}\|+k_2\|\boldsymbol{S}\|\|\boldsymbol{\omega}\|+k_3\|\boldsymbol{S}\|\|\boldsymbol{\omega}\|^2\end{aligned} \tag{8-41}$$

根据以上分析，式（8-41）可以进一步写成

$$\dot{V}\leqslant-\bar{\alpha}V^{\frac{m_2+n_2}{2n_2}}-\bar{\beta}V^{\frac{p_2+r_2}{2r_2}}+\zeta \tag{8-42}$$

式中，$\bar{\alpha}=k\rho 2^{\frac{m_2+n_2}{2n_2}}$；$\bar{\beta}=k\rho 2^{\frac{p_2+r_2}{2r_2}}$；$\frac{m_2+n_2}{2n_2}>1$；$0<\frac{p_2+r_2}{2r_2}<1$。

根据引理 8.1 和式（8-42），终端滑模面式（8-13）的轨迹是固定时间稳定的，收敛区域为

$$\Omega=\lim_{t\to T_1}\{\boldsymbol{S}(t)V(\boldsymbol{S})\leqslant\zeta\} \tag{8-43}$$

$$\zeta=\min\left\{\left[\frac{\zeta}{(1-\theta)\bar{\alpha}}\right]^{\frac{2n_2}{m_2+n_2}},\left[\frac{\zeta}{(1-\theta)\bar{\beta}}\right]^{\frac{2r_2}{p_2+r_2}}\right\}$$

式中，稳定时间为

$$T_1=\frac{1}{\bar{\alpha}}\frac{2r_2}{r_2-p_2}+\frac{1}{\bar{\beta}}\frac{2n_2}{m_2-n_2} \tag{8-44}$$

因此，总收敛时间的上界为

$$\bar{T}=\bar{T}_{\mathrm{R}}+T_1\leqslant\frac{1}{\theta}\frac{2n_1}{m_1-n_1}+\frac{1}{\vartheta}\frac{2r_1}{r_1-p_1}+\frac{1}{\bar{\alpha}}\frac{2r_2}{r_2-p_2}+\frac{1}{\bar{\beta}}\frac{2n_2}{m_2-n_2} \tag{8-45}$$

证毕。

注解 8.2 由式（8-45）可以看出系统状态到达平衡位置的稳定时间上界只取决于控制参数，而不依赖于系统状态的初始值。当系统状态的初始值未知时，与有限时间控制策略相比，本章提出控制策略的稳定时间可以按照规定的方式进行收敛。

8.4 数值模拟

为了验证本章提出的控制方法有效性和鲁棒性，选取了 Lu 等人[18] 提出的自适应有限时间容错控制方法进行对比分析，给出了两种控制策略下的仿真结果。为了有效地进行对比，将这两种控制策略在文中充液航天器控制系统式(8-5)的环境下进行数值仿真研究。所选取的具体参数如下：

在仿真中，执行机构的有效性为 $e_i=\begin{cases}1, & t\leqslant 7\text{s} \\ 0.75+0.1\times\sin\left(0.5t+\dfrac{i\pi}{3}\right) & t>7\text{s}\end{cases}$。

控制器参数选择 $k=10$，$m_1=m_2=11$，$n_1=n_2=r_1=r_2=7$，$p_1=p_2=5$，$\alpha_1=0.8$，$\beta_1=1$。$\lambda_i=0.1$，$\chi_i=0.09$，$i=1,2,3,4$，$u_s=5$。

估计的控制器参数初始值 $\hat{k}_1(0)=\hat{k}_2(0)=\hat{k}_3(0)=\hat{\rho}(0)=0$。

控制力矩幅值限定在 $|u_i|\leqslant 6\text{N}\cdot\text{m}$，$i=1,2,3$。

两种控制策略的详细仿真结果如情形一和情形二所示。

情形一：采用控制器式（8-21）～式（8-26）进行数值仿真研究，仿真结果如图 8-1～图 8-5。

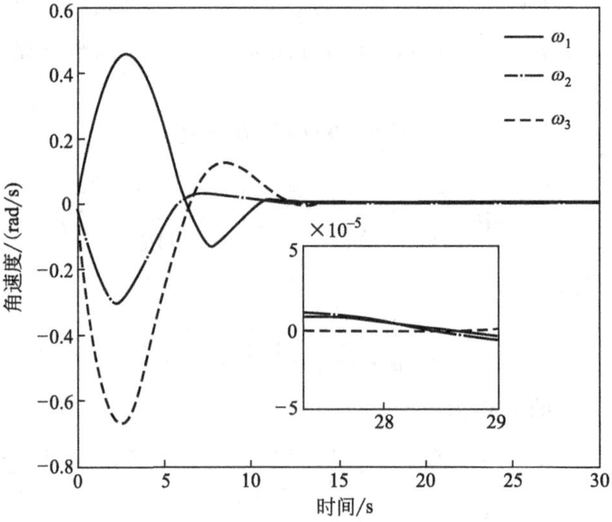

图 8-1 角速度时间历程图（一）

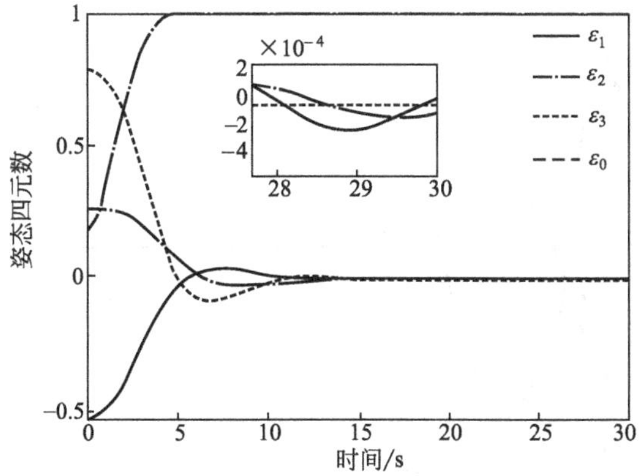

图 8-2　姿态四元数时间历程图（一）

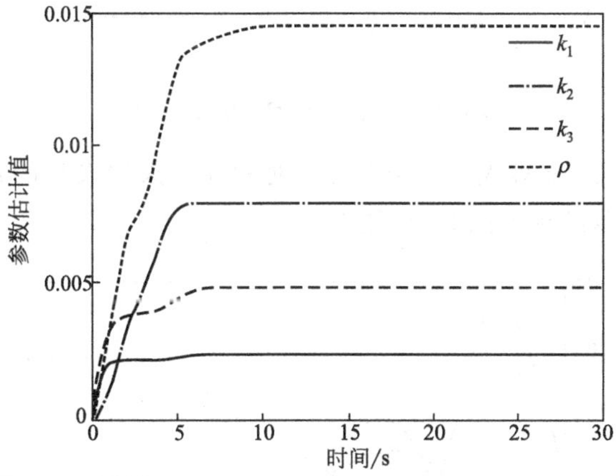

图 8-3　参数估计时间历程图

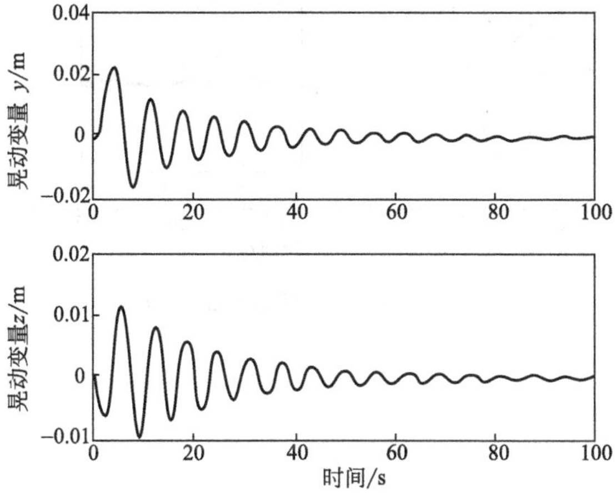

图 8-4　液体晃动变量时间历程图

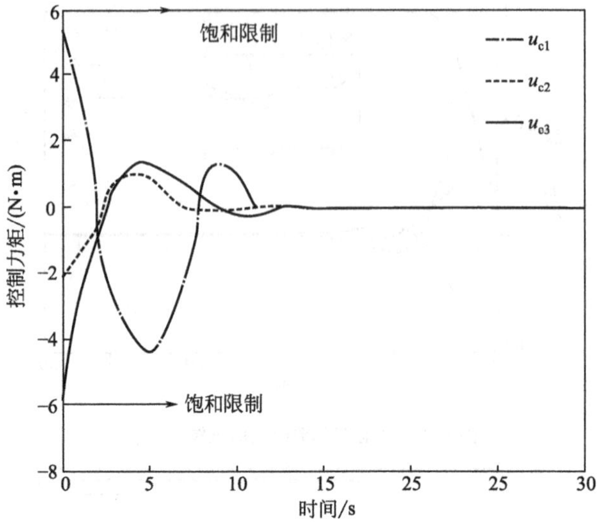

图 8-5 控制力矩时间历程图（一）

情形二：采用 Lu 等人[18] 提出的针对刚体航天器设计的自适应有限时间容错控制器，仿真结果如图 8-6～图 8-8。

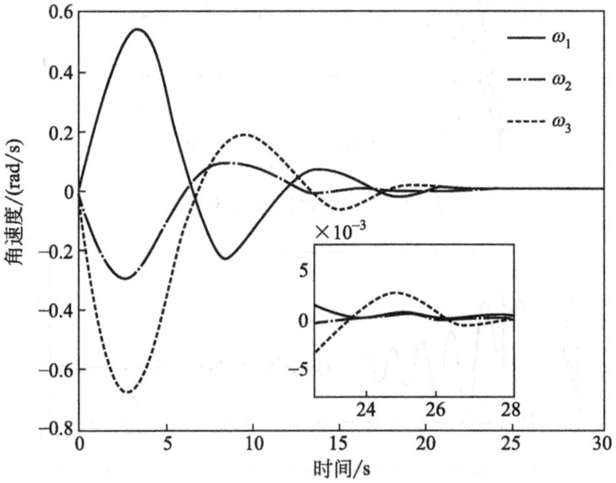

图 8-6 角速度时间历程图（二）

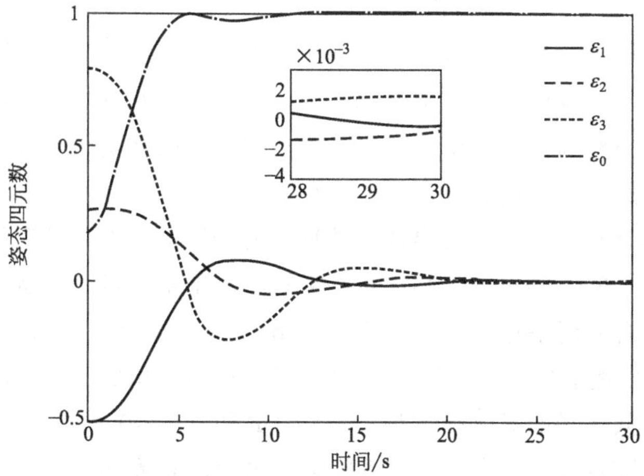

图 8-7　姿态四元数时间历程图（二）

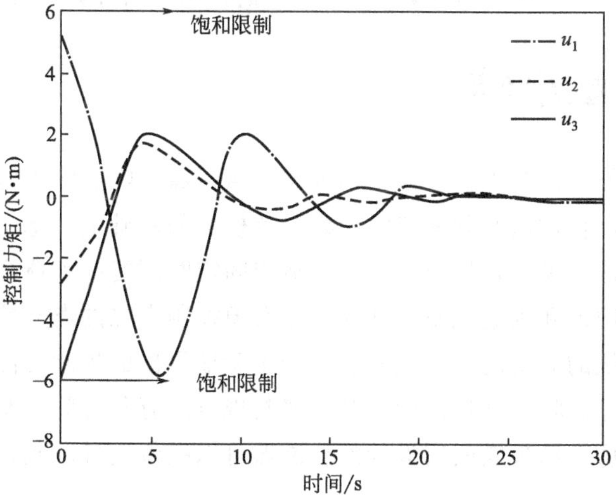

图 8-8　控制力矩时间历程图（二）

① 图 8-1 和图 8-6 分别给出了两种情形下的角速度时间历程图。由图可以看出，在控制器式（8-21）～式（8-26）的作用下，角速度收敛到平衡位置需要大约 12s 的时间，在稳态响应区间，最终误差精度为 $|\omega_i|\leqslant5\times10^{-5}$ rad/s。由图 8-1 可以看出，在文献［18］设计的控制器作用下，角速度收敛到平衡位置需要花费大约 22s 的时间，稳态区间的最终误差精度为 $|\omega_i|\leqslant5\times10^{-3}$ rad/s。对比两种情形下角速度在瞬态响应区间的响应，相比较图 8-6 而言，图 8-1 拥有相对良好的瞬态响应。

② 图 8-2 和图 8-7 分别给出了两种情形下的姿态四元数时间历程图。从图

8-2 可以看出，在本章设计的控制器的作用下，姿态大约需要 12s 的时间收敛到期望的平衡位置，在向稳态区间过渡的过程中，拥有相对良好的瞬态响应，在稳态响应区间，最终误差精度为 $|q_i| \leqslant 2\times10^{-5}$。由图 8-7 可以看出，在 Lu 等人[18] 设计的控制器的作用下，姿态收敛到期望的平衡位置需要大约 22s 的时间，最终稳态误差精度为 $|q_i| \leqslant 2\times10^{-3}$。

③ 图 8-5 和图 8-8 分别给出两种情形下的控制力矩时间历程图。通过对比图 8-5 和图 8-8 不难看出，图 8-8 存在多次较大幅度的抖动行为，图 8-5 描绘的情形拥有相对光滑平稳的特性。图 8-3 给出控制器中参数估计时间历程图。图 8-5 给出了描述液体晃动位移变量的时间历程图，由图 8-4 可以看出液体晃动变量拥有较低水平的晃动幅度 $|y| \leqslant 0.04$m 和 $|z| \leqslant 0.02$m。

在相同的外部未知干扰、参数不确定、执行器故障和控制输入饱和的条件下，通过对比两种情形下的系统性能收敛指标，可以得出结论：所提出的控制器式 (8-21)～式 (8-26)比 Lu 等人[18] 提出的控制器拥有更好的控制性能。

8.5 本章小结

针对存在外部未知干扰、参数不确定、执行器故障和输入饱和的鲁棒容错姿态机动问题，在构造新颖固定时间终端滑模面的基础上，基于固定时间控制理论和自适应估计策略，提出了一种自适应固定时间终端鲁棒容错姿态控制策略。该方法采用饱和函数克服设计的终端滑模控制存在的奇异性问题，同时还能保证闭环系统的固定时间收敛性能。为了验证提出的控制方法有效性和鲁棒性，采用数值方法将本章提出的控制策略与现有的有限时间控制方法进行了仿真对比研究，仿真结果表明所设计的控制器可以提供更好的收敛速度、指向精度和容错能力。

参考文献

[1] 武云丽，林波，曾海波. 带有超大型挠性网状天线航天器姿控系统的参数化多目标设计 [J]. 控制理论与应用，2019 (5)：766-773.

[2] 陈中天，陈强，孙明轩，等. 航天器全状态约束输出反馈控制 [J]. 控制理论与应用，2020，37 (2)，355-364.

[3] Han Y，Biggs J D，Cui N. Adaptive fault-tolerant control of spacecraft attitude dynamics with actuator failures [J]. Journal of Guidance，Control，and Dynamics，2015，38 (10)：2033-2042.

[4] Hu Q，Shao X，Chen W H. Robust fault-tolerant tracking control for spacecraft proximity

operations using time-varying sliding mode [J]. IEEE Transactions on Aerospace and Electronic Systems, 2017, 54 (1): 2-17.
[5] Li B, Hu Q, Yang Y. Continuous finite-time extended state observer based fault tolerant control for attitude stabilization [J]. Aerospace Science and Technology, 2019, 84: 204-213.
[6] Yin L, Xia Y, Deng Z, et al. Extended state observer-based attitude fault-tolerant control of rigid spacecraft [J]. International Journal of Systems Science, 2018, 49 (12): 2525-2535.
[7] Li B, Qin K, Xiao B, et al. Finite-time Extended State Observer based fault tolerant output feedback control for attitude stabilization [J]. ISA Transactions, 2019, 91: 11-20.
[8] Zou A M, Kumar K D, De Rutter A H J. Finite-time spacecraft attitude control under input magnitude and rate saturation [J]. Nonlinear Dynamics, 2019, 99: 2201-2217.
[9] Guo Y, Huang B, Song S, et al. Robust saturated finite-time attitude control for spacecraft using integral sliding mode [J]. Journal of Guidance, Control, and Dynamics, 2019, 42 (2): 440-446.
[10] Jiang T, Zhang F, Lin D. Finite-time Backstepping for Attitude Tracking with Disturbances and Input Constraints [J]. International Journal of Control, Automation and Systems, 2019, 18: 1487-1497.
[11] Chen H T, Song S M, Zhu Z B. Robust finite-time attitude tracking control of rigid spacecraft under actuator saturation [J]. International Journal of Control, Automation and Systems, 2018, 16 (1): 1-15.
[12] Gao J, Cai Y. Fixed-time control for spacecraft attitude tracking based on quaternion [J]. Acta Astronautica, 2015, 115: 303-313.
[13] Sheng X N, Zhou Z G, Zhou D. Adaptive Fault - Tolerant Attitude Tracking Control of Rigid Spacecraft on Lie Group with Fixed-Time Convergence [J]. Asian Journal of Control, 2020, 22 (1): 423-435.
[14] Chen Q, Xie S, Sun M, et al. Adaptive nonsingular fixed-time attitude stabilization of uncertain spacecraft [J]. IEEE Transactions on Aerospace and Electronic Systems, 2018, 54 (6): 2937-2950.
[15] Zuo Z. Non-singular fixed-time terminal sliding mode control of non-linear systems [J]. IET Control Theory & Applications, 2014, 9 (4): 545-552.
[16] Ni J, Liu L, Liu C, et al. Fast fixed-time nonsingular terminal sliding mode control and its application to chaos suppression in power system [J]. IEEE Transactions on Circuits and Systems II: Express Briefs, 2016, 64 (2): 151-155.
[17] Feng Y, Yu X, Han F. On nonsingular terminal sliding-mode control of nonlinear systems [J]. Automatica, 2013, 49 (6): 1715-1722.
[18] Lu K, Xia Y, Fu M, et al. Adaptive finite - time attitude stabilization for rigid spacecraft with actuator faults and saturation constraints [J]. International Journal of Robust and Nonlinear Control, 2016, 26 (1): 28-4.

第9章

考虑测量不确定的充液航天器自适应容错控制

9.1 引言

先进控制方法的引入使得航天器控制有了更好的效果，一些学者将先进控制方法引入到航天器控制的研究中以获得到更好的效果，如滑模控制[1-3]、自适应控制[4]、反步控制[5] 和基于观测器的控制[6,7] 等。在设计控制律过程中，由于航天器在轨运行不可避免地受到外部未知干扰和自身参数不确定的影响[8]，需进一步考虑执行机构和传感器的老化及故障问题，为了提高航天工程的安全性和可靠性，航天器闭环系统须考虑容错控制。Shen 等人[9] 针对刚体航天器，采用积分类型的滑模面流形和自适应估计技术设计了鲁棒容错控制。Shen 等人[10] 基于故障辨识技术设计了主动容错控制器获得了期望的控制目标。Bustan 等人[11-13] 研究了刚体航天器存在干扰不确定和执行器故障的问题，采用变结构控制策略设计了鲁棒容错控制，实现了良好的控制性能。Li 和 Yin 等人[14,15] 考虑刚体航天器存在集总扰动和执行器故障的问题，利用干扰观测器技术设计鲁棒容错控制器，保证了闭环系统的稳定性。

航天器姿态控制系统除了考虑执行器故障和干扰不确定性，还需考虑测量不确定的问题[16-18]。测量不确定会降低控制系统的动态特性和稳态精度。考虑航天器控制系统为典型的串级结构，Sun 等人[16] 在反步控制策略中分别设计了范数自适应估算法和层级模糊逻辑系统来补偿包含测量不确定的集总扰动。Sun 等人[17] 针对刚体航天器存在集总扰动的问题，将反步控制方法结合非线性干扰观测器设计了鲁棒控制策略。Miao 等人[18] 在反步控制方案中设计了有限时间积分滑模干扰观测器，有效地估计系统的集总扰动，保证了航天器姿态机动的稳定性。

本章研究了执行器失效和测量不确定的充液航天器大角度姿态机动鲁棒容错控制问题。主要内容包含：①在第 6 章动量矩守恒定律推导出航天器的耦合动力学模型基础上，考虑姿态的测量不确定性，进一步得到测量的动力学模型；②采用时变变结构控制策略和自适应控制算法设计鲁棒适应容错控制，其中自适应控制算法用于估计匹配集总扰动和失配集总扰动的范数上界，以及用于估计描述液体晃动的位移变量；③与 Sun 等人[16-18] 提出的利用反步控制方法设计的控制器相比，本章在变结构控制器的设计过程中考虑了测量不确定的估计和补偿算法，同时还考虑了执行器的失效故障问题；④基于 Lyapunov 稳定性理论证明了容错闭环系统状态变量的一致有界性，实际的姿态和角速度会最终收敛到平衡位置的较小邻域内。

9.2 充液航天器动力学建模

9.2.1 航天器的数学模型

本章延续使用 6.2 节所建立的充液航天器动力学模型，航天器的动力学方程、液体燃料晃动的动力学方程分别表示为

$$\boldsymbol{J}_{\text{sat}}\dot{\boldsymbol{\omega}}+\boldsymbol{\delta}^{\text{T}}\ddot{\boldsymbol{\eta}}=-\boldsymbol{\omega}^{\times}(\boldsymbol{J}_{\text{sat}}\boldsymbol{\omega}+\boldsymbol{\delta}^{\text{T}}\dot{\boldsymbol{\eta}})-\dot{\boldsymbol{J}}_{\text{sat}}\boldsymbol{\omega}+\boldsymbol{d}(t)+\boldsymbol{u} \tag{9-1}$$

$$\ddot{\boldsymbol{\eta}}+\boldsymbol{M}^{-1}\boldsymbol{\delta}\dot{\boldsymbol{\omega}}+\boldsymbol{C}_{\text{f}}\dot{\boldsymbol{\eta}}+\boldsymbol{K}_{\text{f}}\boldsymbol{\eta}=\boldsymbol{A}_1(\boldsymbol{\omega})\dot{\boldsymbol{\eta}}+\boldsymbol{A}_2(\boldsymbol{\omega}) \tag{9-2}$$

采用欧拉四元数描述航天器姿态动力学方程，表示为

$$\begin{bmatrix}\dot{\varepsilon}_0\\ \dot{\boldsymbol{\varepsilon}}\end{bmatrix}=\frac{1}{2}\begin{bmatrix}-\boldsymbol{\varepsilon}\\ \boldsymbol{G}(\boldsymbol{\varepsilon})\end{bmatrix}\boldsymbol{\omega} \tag{9-3}$$

式中，所有的参数均与本书第 6.2 节相同。

9.2.2 测量的动力学模型

由于航天器姿态和角速度是由多个传感器测量得到的，传感器的测量条件通常会受到复杂空间环境的影响，所以其测量值一般是不确定的。因此本章考虑的不确定性包括：未知的外部干扰 $\boldsymbol{d}(t)$、航天器惯性矩阵的不确定 $\Delta\boldsymbol{J}$ 和航天器上姿态传感器的测量不确定（分别表示为 $\Delta\boldsymbol{\varepsilon}$ 和 $\Delta\boldsymbol{\omega}$）。测量的姿态四元数和角速度表示为

$$\hat{\boldsymbol{\varepsilon}}=\boldsymbol{\varepsilon}+\Delta\boldsymbol{\varepsilon} \tag{9-4}$$

$$\hat{\boldsymbol{\omega}}=\boldsymbol{\omega}+\Delta\boldsymbol{\omega} \tag{9-5}$$

根据式（9-4）和式（9-5），可以得到

$$\dot{\hat{\boldsymbol{\varepsilon}}}=\frac{1}{2}\boldsymbol{G}(\hat{\boldsymbol{\varepsilon}}-\Delta\boldsymbol{\varepsilon})(\hat{\boldsymbol{\omega}}-\Delta\boldsymbol{\omega})+\Delta\dot{\boldsymbol{\varepsilon}}=\frac{1}{2}\boldsymbol{G}(\hat{\boldsymbol{\varepsilon}})\hat{\boldsymbol{\omega}}+\boldsymbol{\Xi}_1 \tag{9-6}$$

式中，$\boldsymbol{\Xi}_1=-\boldsymbol{G}(\hat{\boldsymbol{q}})\Delta\boldsymbol{\omega}-\boldsymbol{G}(\Delta\boldsymbol{q})\boldsymbol{\omega}$ 表示失配的集总扰动。

假设 9.1 测量不确定 $\Delta\boldsymbol{\varepsilon}$ 和 $\Delta\boldsymbol{\omega}$ 随时间变化缓慢并且是有界的，也就是说 $\Delta\dot{\boldsymbol{\varepsilon}}\leqslant\infty$ 和 $\Delta\dot{\boldsymbol{\omega}}\leqslant\infty$，且满足 $\lim\limits_{t\to\infty}\Delta\dot{\boldsymbol{\omega}}=0$ 和 $\lim\limits_{t\to\infty}\Delta\dot{\boldsymbol{\varepsilon}}=0$。因此，$\Delta\dot{\boldsymbol{\varepsilon}}\approx 0$ 和 $\Delta\dot{\boldsymbol{\omega}}\approx 0$ 是合理的[4,5]。那么，$\Delta\dot{\boldsymbol{\varepsilon}}$ 和 $\Delta\dot{\boldsymbol{\omega}}$ 以及其高阶导数在机动系统中的影响可忽略不计。

假设航天器在进行姿态机动过程中，液体燃料为小幅度晃动，可将式（9-1）和式（9-2）做线性化处理。为了控制系统简述方便，引入新的变量 $\boldsymbol{\psi}$，结合假设 9.1，同时考虑执行器存在失效故障的情形，测量的充液航天器动力学模型表示为

$$\dot{\hat{\boldsymbol{\varepsilon}}}=\frac{1}{2}\boldsymbol{G}(\hat{\boldsymbol{\varepsilon}})\hat{\boldsymbol{\omega}}+\boldsymbol{\Xi}_1 \tag{9-7}$$

$$\boldsymbol{J}\dot{\hat{\boldsymbol{\omega}}}=-\hat{\boldsymbol{\omega}}^{\times}(\boldsymbol{J}\hat{\boldsymbol{\omega}}+\boldsymbol{\delta}^{\mathrm{T}}\boldsymbol{\psi})+\boldsymbol{\delta}^{\mathrm{T}}(\boldsymbol{C}_{\mathrm{f}}\boldsymbol{\psi}+\boldsymbol{K}_{\mathrm{f}}\boldsymbol{\eta}-\boldsymbol{C}_{\mathrm{f}}\boldsymbol{M}_{\mathrm{f}}^{-1}\boldsymbol{\delta}\hat{\boldsymbol{\omega}})+\boldsymbol{E}(t)\boldsymbol{u}+\bar{\boldsymbol{u}}+\boldsymbol{\Xi}_2 \tag{9-8}$$

式中，$\boldsymbol{J}=\boldsymbol{J}_{\mathrm{sat}}+\boldsymbol{\delta}^{-1}\boldsymbol{M}_{\mathrm{f}}^{-1}\boldsymbol{\delta}$；且 $\dot{\boldsymbol{\eta}}=\boldsymbol{\psi}-\boldsymbol{M}_{\mathrm{f}}^{-1}\boldsymbol{\delta}\hat{\boldsymbol{\omega}}$；$\dot{\boldsymbol{\psi}}=-(\boldsymbol{C}_{\mathrm{f}}\boldsymbol{\psi}+\boldsymbol{K}_{\mathrm{f}}\boldsymbol{\eta}-\boldsymbol{C}_{\mathrm{f}}\boldsymbol{M}_{\mathrm{f}}^{-1}\boldsymbol{\delta}\hat{\boldsymbol{\omega}})$。$\boldsymbol{E}(t)=\mathrm{diag}(e_1,e_2,e_3)$表示执行机构的有效性，且满足 $0<e_i\leqslant 1$，$i=1,2,3$。情形 $0<e_i<1$ 表示第 i 个执行机构部分失效，但是可以提供控制力矩；情形 $e_i=1$ 表示第 i 个执行机构正常工作。$\bar{\boldsymbol{u}}$ 表示执行器存在的不确定故障。匹配的集总扰动表示为

$$\boldsymbol{\Xi}_2=\boldsymbol{d}(t)-\Delta\boldsymbol{J}\dot{\hat{\boldsymbol{\omega}}}+(\Delta\boldsymbol{\omega})^{\times}(\boldsymbol{J}+\Delta\boldsymbol{J})\boldsymbol{\omega}-\hat{\boldsymbol{\omega}}^{\times}(-\boldsymbol{J}\Delta\boldsymbol{\omega}+\Delta\boldsymbol{J}\hat{\boldsymbol{\omega}}-\Delta\boldsymbol{J}\Delta\boldsymbol{\omega}) \tag{9-9}$$

式中，$\boldsymbol{J}_{\mathrm{mb}}=\boldsymbol{J}+\Delta\boldsymbol{J}$，$\Delta\boldsymbol{J}$ 为参数不确定矩阵。

本节的控制目标可以用图 9-1 简单地描述，其中期望的姿态和角速度等于零。考虑控制系统存在外部未知干扰、参数不确定、测量不确定和执行器部分失效的问题，本章的控制目标为：

① 容错闭环系统中的所有状态向量信号都是最终一致有界的（GUUB）。

② 测量的姿态和角速度是一致最终有界的，实际的姿态和角速度同时收敛到原点的较小邻域内。

③ 性能指标定义为

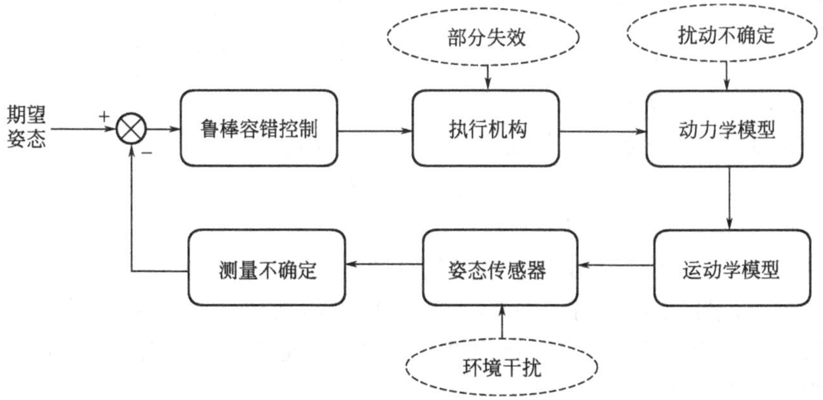

图 9-1　控制器设计问题描述示意图

$$I_{\mathrm{P}}=\lim_{t\to\infty}\frac{1}{t}\int_{0}^{t}(\|\boldsymbol{s}_1\|^2+\|\boldsymbol{s}_2\|^2)\mathrm{d}t \tag{9-10}$$

是有界的，其中 $\boldsymbol{s}_1$ 和 $\boldsymbol{s}_2$ 为辅助变量，定义为

$$\boldsymbol{s}_1=\hat{\boldsymbol{\omega}}+(k^2+1)\hat{\boldsymbol{\varepsilon}} \tag{9-11}$$

$$\begin{aligned}\boldsymbol{s}_2&=(k^2+1)\rho\varepsilon_0\boldsymbol{G}(\hat{\boldsymbol{\varepsilon}})\hat{\boldsymbol{\omega}}\\&=(k^2+1)\rho\varepsilon_0(\varepsilon_0\boldsymbol{I}_3+\hat{\boldsymbol{\varepsilon}}^{\times})\hat{\boldsymbol{\omega}}\\&=(k^2+1)\rho\varepsilon_0\begin{bmatrix}\hat{\boldsymbol{\omega}} & -\hat{\boldsymbol{\omega}}^{\times}\end{bmatrix}\begin{bmatrix}\varepsilon_0\\ \hat{\boldsymbol{\varepsilon}}\end{bmatrix}\end{aligned} \tag{9-12}$$

式中，$k(t)$是待设计的时变函数；ρ 是正常数，其决定整个闭环系统的瞬态响应[11]。

9.3　鲁棒容错控制律设计和稳定性分析

针对控制系统式（9-7)、式（9-8)存在失配集总扰动 $\boldsymbol{\Xi}_1$ 和匹配集总扰动 $\boldsymbol{\Xi}_2$，将变结构控制策略和自适应估计算法相结合，提出了一种自适应鲁棒容错控制方法，实现上述控制目标。为了便于控制器设计，先考虑以下合理的假设：

假设 9.2　参数不确定矩阵 $\Delta\boldsymbol{J}$ 和外部未知干扰 $\boldsymbol{d}(t)$都为有界变量。测量不确定也是有界变量，满足条件$\|\Delta\boldsymbol{\omega}\|\leqslant\Delta\bar{\omega}$，$\|\Delta\boldsymbol{\varepsilon}\|\leqslant\Delta\bar{\boldsymbol{\varepsilon}}$，其中 $\Delta\bar{\omega}$ 和 $\Delta\bar{\boldsymbol{\varepsilon}}$ 为两个正常数。通过以上合理的假设，结合失配集总扰动 $\boldsymbol{\Xi}_1$ 和匹配集总扰动 $\boldsymbol{\Xi}_2$ 的表达形式可知，存在两个正常数 $\bar{\omega}$ 和 χ，使得$\|\boldsymbol{\Xi}_1\|\leqslant\bar{\omega}$ 和$\|\boldsymbol{\Xi}_2\|\leqslant\chi$ 成立。

假设 9.3 e_i 是未知但是有界变量，这样存在两个已知的正常数 γ_m 和 γ_M，使其满足关系 $\gamma_m \leqslant e_i \leqslant \gamma_M$。不确定故障 $\bar{\boldsymbol{u}}$ 也为有界变量，满足关系 $\|\bar{\boldsymbol{u}}\| \leqslant d$，其中 d 为正常数。

假设 9.4 存在足够大的控制增益满足不等式

$$u_{\max}\gamma_m \geqslant d$$

式中，$u_{\max}$ 为待设计的控制参数。

注解 9.1 假设 9.3 反映了故障信息的不确定性，因为 $0 < e_i \leqslant 1$，所以假设 9.3 的合理性在于 e_i 可由两个极限值进行限定。假设 9.4 描述了足够大的控制增益抑制执行器故障的不确定性，该假设满足实际应用条件，从而实现期望的姿态机动任务。

定理 9.1 考虑充液航天器姿态机动控制系统式（9-7）、式（9-8）存在扰动不确定，测量不确定和执行器失效的问题，如果假设 9.1～假设 9.4 得到满足，设计如下的自适应鲁棒容错控制律和自适应更新律，闭环系统的轨迹是全局一致最终有界的。

$$\begin{aligned}\boldsymbol{u} = & -u_{\max}\left[\frac{s_{1i}}{|s_{1i}| + (k^2+1)\kappa} + \frac{s_{2i}}{\|\boldsymbol{s}_2\| + (k^2+1)\kappa}\right] \\ & -\frac{\hat{\chi}}{\gamma_m}\tanh\left(\frac{\hat{\chi}\hat{\boldsymbol{\omega}}}{\varepsilon}\right)\operatorname{sgn}(\boldsymbol{s}_1) - \frac{1}{\gamma_m}\boldsymbol{\delta}^{\mathrm{T}}\begin{bmatrix}\boldsymbol{K}_f \\ \boldsymbol{C}_f\end{bmatrix}^{\mathrm{T}}\begin{bmatrix}\hat{\boldsymbol{\eta}} \\ \hat{\boldsymbol{\psi}}\end{bmatrix}, \quad i=1,2,3\end{aligned} \tag{9-13a}$$

自适应控制律设计为

$$\dot{\hat{\chi}} = \frac{k^2}{2\sigma\gamma}[\|\hat{\boldsymbol{\omega}}\| - \sigma_1\hat{\chi}] \tag{9-13b}$$

$$\dot{\hat{\bar{\omega}}} = \frac{k^2}{4\lambda}[\|\hat{\boldsymbol{\varepsilon}}\| - \lambda_1\hat{\bar{\omega}}] \tag{9-13c}$$

$$\begin{bmatrix}\dot{\hat{\boldsymbol{\eta}}} \\ \dot{\hat{\boldsymbol{\psi}}}\end{bmatrix} = \begin{bmatrix}\boldsymbol{0} & \boldsymbol{I} \\ -\boldsymbol{K}_f & -\boldsymbol{C}_f\end{bmatrix}\begin{bmatrix}\boldsymbol{\eta} \\ \boldsymbol{\psi}\end{bmatrix} - \begin{bmatrix}\boldsymbol{I} \\ -\boldsymbol{C}_f\end{bmatrix}\boldsymbol{\delta}\hat{\boldsymbol{\omega}} + \frac{k^2}{\gamma}\boldsymbol{P}^{-1}\boldsymbol{\delta}^{\mathrm{T}}\begin{bmatrix}\boldsymbol{K}_f \\ \boldsymbol{C}_f\end{bmatrix}\hat{\boldsymbol{\omega}} \tag{9-13d}$$

式中，$u_{\max}$、κ、γ、σ、σ_1、λ、λ_1 均为正常数；$\tanh(\cdot)$表示为双曲正切函数；$\operatorname{sgn}(\cdot)$表示为符号函数；$\hat{\chi}$ 为 χ 的估计值；$\hat{\bar{\omega}}$ 为 $\bar{\omega}$ 的估计值；$\boldsymbol{P} \in \mathbb{R}^4$ 为正定对称矩阵。

证明： 考虑 Lyapunov 函数

$$V = \frac{k^2}{2\gamma}\hat{\boldsymbol{\omega}}^{\mathrm{T}}\boldsymbol{J}\hat{\boldsymbol{\omega}} + \frac{k^2}{2}[\hat{\boldsymbol{\varepsilon}}^{\mathrm{T}}\hat{\boldsymbol{\varepsilon}} + (1-\varepsilon_0)^2] + \frac{1}{2}[\boldsymbol{e}_\eta \quad \boldsymbol{e}_\psi]\boldsymbol{P}\begin{bmatrix}\boldsymbol{e}_\eta \\ \boldsymbol{e}_\psi\end{bmatrix} + \sigma\tilde{\chi}^2 + \lambda\tilde{\varpi}^2 \tag{9-14}$$

将式（9-14）对时间求一阶导数

$$
\begin{aligned}
\dot{V}=&\frac{k^2}{\gamma}\hat{\boldsymbol{\omega}}^{\mathrm{T}}\boldsymbol{J}\dot{\hat{\boldsymbol{\omega}}}+k^2\left[\hat{\boldsymbol{\varepsilon}}^{\mathrm{T}}\dot{\hat{\boldsymbol{\varepsilon}}}-(1-\varepsilon_0)\dot{\varepsilon}_0\right]\\
&+k\dot{k}\left[\frac{\hat{\boldsymbol{\omega}}^{\mathrm{T}}\boldsymbol{J}\hat{\boldsymbol{\omega}}}{\gamma}+\hat{\boldsymbol{\varepsilon}}^{\mathrm{T}}\hat{\boldsymbol{\varepsilon}}+(1-\varepsilon_0)^2\right]-2\sigma\tilde{\chi}\dot{\hat{\chi}}-2\lambda\tilde{\varpi}\dot{\hat{\varpi}}\\
&+\begin{bmatrix}\boldsymbol{e}_\eta & \boldsymbol{e}_\psi\end{bmatrix}^{\mathrm{T}}\boldsymbol{P}\left(\begin{bmatrix}\boldsymbol{0} & \boldsymbol{I}\\ -\boldsymbol{K}_{\mathrm{f}} & -\boldsymbol{C}_{\mathrm{f}}\end{bmatrix}\begin{bmatrix}\boldsymbol{\eta}\\ \boldsymbol{\psi}\end{bmatrix}-\begin{bmatrix}\boldsymbol{I}\\ -\boldsymbol{C}_{\mathrm{f}}\end{bmatrix}\boldsymbol{M}_{\mathrm{f}}^{-1}\boldsymbol{\delta}\hat{\boldsymbol{\omega}}-\begin{bmatrix}\dot{\hat{\boldsymbol{\eta}}}\\ \dot{\hat{\boldsymbol{\psi}}}\end{bmatrix}\right)
\end{aligned}
\tag{9-15}
$$

将式（9-7)、式（9-13a)、式（9-13b）和式（9-13c）代入式（9-15）可得

$$
\begin{aligned}
\dot{V}=&\frac{k^2}{\gamma}\hat{\boldsymbol{\omega}}^{\mathrm{T}}\left\{\boldsymbol{\delta}^{\mathrm{T}}(\boldsymbol{C}_{\mathrm{f}}\boldsymbol{\psi}+\boldsymbol{K}_{\mathrm{f}}\boldsymbol{\eta}-\boldsymbol{C}_{\mathrm{f}}\boldsymbol{M}_{\mathrm{f}}^{-1}\boldsymbol{\delta}\hat{\boldsymbol{\omega}})-\boldsymbol{E}(t)\frac{1}{\gamma_{\mathrm{m}}}\boldsymbol{\delta}^{\mathrm{T}}\begin{bmatrix}\boldsymbol{K}_{\mathrm{f}}\\ \boldsymbol{C}_{\mathrm{f}}\end{bmatrix}^{\mathrm{T}}\begin{bmatrix}\hat{\boldsymbol{\eta}}\\ \hat{\boldsymbol{\psi}}\end{bmatrix}\right\}\\
&+k\dot{k}\left[\frac{\hat{\boldsymbol{\omega}}^{\mathrm{T}}\boldsymbol{J}\hat{\boldsymbol{\omega}}}{\gamma}+\hat{\boldsymbol{\varepsilon}}^{\mathrm{T}}\hat{\boldsymbol{\varepsilon}}+(1-\varepsilon_0)^2\right]\\
&-\boldsymbol{E}(t)u_{\max}\frac{k^2}{\gamma}\hat{\boldsymbol{\omega}}^{\mathrm{T}}\left(\frac{s_{1i}}{|s_{1i}|+(k^2+1)\kappa}+\frac{s_{2i}}{\|\boldsymbol{s}_2\|+(k^2+1)\kappa}\right)\\
&-\boldsymbol{E}(t)\frac{k^2}{\gamma}\frac{\hat{\chi}}{\gamma_{\mathrm{m}}}\hat{\boldsymbol{\omega}}^{\mathrm{T}}\tanh\left(\frac{\hat{\chi}\hat{\boldsymbol{\omega}}}{\varepsilon}\right)+\frac{k^2}{\gamma}\hat{\boldsymbol{\omega}}^{\mathrm{T}}\bar{\boldsymbol{u}}+\frac{k^2}{\gamma}\hat{\boldsymbol{\omega}}^{\mathrm{T}}\boldsymbol{\Xi}_2+\frac{k^2}{2}\hat{\boldsymbol{\varepsilon}}^{\mathrm{T}}\hat{\boldsymbol{\omega}}+\frac{k^2}{2}\hat{\boldsymbol{\varepsilon}}^{\mathrm{T}}\boldsymbol{\Xi}_1\\
&-\begin{bmatrix}\boldsymbol{e}_\eta & \boldsymbol{e}_\psi\end{bmatrix}^{\mathrm{T}}\boldsymbol{P}\left(\begin{bmatrix}\boldsymbol{0} & \boldsymbol{I}\\ -\boldsymbol{K}_{\mathrm{f}} & -\boldsymbol{C}_{\mathrm{f}}\end{bmatrix}\begin{bmatrix}\boldsymbol{\eta}\\ \boldsymbol{\psi}\end{bmatrix}-\begin{bmatrix}\boldsymbol{I}\\ -\boldsymbol{C}_{\mathrm{f}}\end{bmatrix}\boldsymbol{M}_{\mathrm{f}}^{-1}\boldsymbol{\delta}\hat{\boldsymbol{\omega}}-\begin{bmatrix}\dot{\hat{\boldsymbol{\eta}}}\\ \dot{\hat{\boldsymbol{\psi}}}\end{bmatrix}\right)\\
&-\frac{k^2}{\gamma}\tilde{\chi}\|\hat{\boldsymbol{\omega}}\|-\frac{k^2}{2}\tilde{\varpi}\|\hat{\boldsymbol{\varepsilon}}\|+\frac{k^2\sigma_1}{\gamma}\tilde{\chi}\hat{\chi}+\frac{k^2\lambda_1}{\gamma}\tilde{\varpi}\hat{\varpi}
\end{aligned}
\tag{9-16}
$$

将式（9-13d）代入式（9-16)，并结合定理 6.2 和定理 6.3，进一步简化可得

$$
\begin{aligned}
\dot{V}\leqslant&-\frac{k^2}{\gamma}\hat{\boldsymbol{\omega}}^{\mathrm{T}}\boldsymbol{\delta}^{\mathrm{T}}\boldsymbol{C}_{\mathrm{f}}\boldsymbol{M}_{\mathrm{f}}^{-1}\boldsymbol{\delta}\hat{\boldsymbol{\omega}}-\frac{k^2u_{\max}\gamma_{\mathrm{m}}}{\gamma}\sum_{i=1}^{3}\frac{\hat{\omega}_i^2}{|s_{1i}|+(k^2+1)\kappa}\\
&-\frac{k^2u_{\max}\gamma_{\mathrm{m}}}{\gamma}\sum_{i=1}^{3}\frac{(k^2+1)\hat{\omega}_i\hat{\varepsilon}_i}{|s_{1i}|+(k^2+1)\kappa}-\frac{k^2u_{\max}\gamma_{\mathrm{m}}}{\gamma}\sum_{i=1}^{3}\frac{s_{2i}\hat{\boldsymbol{\omega}}_i}{\|\boldsymbol{s}_2\|+(k^2+1)\kappa}\\
&+\frac{k^2}{\gamma}\hat{\chi}\|\hat{\boldsymbol{\omega}}\|-\frac{k^2}{\gamma}\hat{\chi}\hat{\boldsymbol{\omega}}^{\mathrm{T}}\tanh\left(\frac{\hat{\chi}\hat{\boldsymbol{\omega}}}{\varepsilon}\right)+\frac{k^2}{\gamma}\hat{\boldsymbol{\omega}}^{\mathrm{T}}d+\frac{k^2}{2}\hat{\boldsymbol{\varepsilon}}^{\mathrm{T}}\boldsymbol{s}_1\\
&-\frac{k^2}{2}(k^2+1)\hat{\boldsymbol{\varepsilon}}^{\mathrm{T}}\hat{\boldsymbol{\varepsilon}}+\frac{k^2}{2}\hat{\varpi}\|\boldsymbol{\varepsilon}\|+k\dot{k}\left[\frac{\hat{\boldsymbol{\omega}}^{\mathrm{T}}\boldsymbol{J}\hat{\boldsymbol{\omega}}}{\gamma}+\hat{\boldsymbol{\varepsilon}}^{\mathrm{T}}\hat{\boldsymbol{\varepsilon}}+(1-\varepsilon_0)^2\right]\\
&-\frac{k^2}{\gamma}\begin{bmatrix}\boldsymbol{e}_\eta & \boldsymbol{e}_\psi\end{bmatrix}^{\mathrm{T}}\boldsymbol{Q}\begin{bmatrix}\boldsymbol{e}_\eta\\ \boldsymbol{e}_\psi\end{bmatrix}+\frac{k^2\sigma_1}{\gamma}\tilde{\chi}\hat{\chi}+\frac{k^2\lambda_1}{\gamma}\tilde{\varpi}\hat{\varpi}
\end{aligned}
\tag{9-17}
$$

式中，$\boldsymbol{P}$ 可由 Lyapunov 方程 $\boldsymbol{P}\begin{bmatrix}\boldsymbol{0} & \boldsymbol{I}\\ -\boldsymbol{K}_{\mathrm{f}} & -\boldsymbol{C}_{\mathrm{f}}\end{bmatrix}+\begin{bmatrix}\boldsymbol{0} & \boldsymbol{I}\\ -\boldsymbol{K}_{\mathrm{f}} & -\boldsymbol{C}_{\mathrm{f}}\end{bmatrix}^{\mathrm{T}}\boldsymbol{P}=-2\boldsymbol{Q}$ 计算，其中 $\boldsymbol{Q}$ 为任意正定对称矩阵。

同时，注意到以下不等式成立

$$-\frac{\hat{\omega}_i^{\ 2}}{|s_{1i}|+(k^2+1)\kappa}\leqslant-\frac{\hat{\omega}_i^{\ 2}}{|\hat{\omega}_i|+(k^2+1)(\kappa+1)}=-|\hat{\omega}_i|+\frac{|\hat{\omega}_i|(k^2+1)(\kappa+1)}{|\hat{\omega}_i|+(k^2+1)(\kappa+1)} \tag{9-18}$$

$$\tilde{\varpi}\hat{\varpi}=\tilde{\varpi}(-\tilde{\varpi}+\varpi)\leqslant-\frac{2k_1-1}{2k_1}\tilde{\varpi}^2+\frac{k_1}{2}\varpi^2 \tag{9-19}$$

$$\tilde{\chi}\hat{\chi}=\tilde{\chi}(-\tilde{\chi}+\chi)\leqslant-\frac{2k_2-1}{2k_2}\tilde{\chi}^2+\frac{k_2}{2}\chi^2 \tag{9-20}$$

式中，k_1 和 k_2 为正常数，且满足 $k_1>\frac{1}{2}$，$k_2>\frac{1}{2}$。

正切双曲函数具有性质

$$0\leqslant|y|-|y|\tanh\left(\frac{y}{q}\right)\leqslant k_{\mathrm{u}}q$$

式中，$k_{\mathrm{u}}=0.2785$；$q>0$；$y\in\mathbb{R}$。根据此性质可以证明

$$\hat{\chi}\|\hat{\boldsymbol{\omega}}\|-\hat{\boldsymbol{\omega}}^{\mathrm{T}}\hat{\chi}\tanh\left(\frac{\hat{\chi}\hat{\omega}}{\varepsilon}\right)\leqslant\sum_{i=1}^{3}\left[|\hat{\omega}_i|\hat{\chi}-\hat{\omega}_i\hat{\chi}\tanh\left(\frac{\hat{\chi}\hat{\omega}_i}{q}\right)\right]\leqslant 3k_{\mathrm{u}}q \tag{9-21}$$

考虑式（9-11）和式（9-12），并且将式（9-18）～式（9-21）代入式（9-17），进一步化简可得

$$\begin{aligned}\dot{V}\leqslant&-\frac{k^2}{\gamma}\|\hat{\boldsymbol{\omega}}\|(u_{\max}\gamma_{\mathrm{m}}-d)\\&-\frac{k^2}{\gamma}\left[\lambda_{\mathrm{m}}(\boldsymbol{\delta}^{\mathrm{T}}\boldsymbol{C}_{\mathrm{f}}\boldsymbol{M}_{\mathrm{f}}^{\ -1}\boldsymbol{\delta})+u_{\max}\gamma_{\mathrm{m}}\frac{(k^2+1)\rho\varepsilon_0^{\ 2}}{\|\boldsymbol{s}_2\|+(k^2+1)\kappa}\right]\|\hat{\boldsymbol{\omega}}\|^2\\&+\frac{k^2u_{\max}\gamma_{\mathrm{m}}}{\gamma}\sum_{i=1}^{3}\frac{|\hat{\omega}_i|(k^2+1)(\kappa+1)}{|\hat{\omega}_i|+(k^2+1)(\kappa+1)}-\frac{k^2}{2}(k^2+1)\|\hat{\boldsymbol{\varepsilon}}\|^2\\&+\frac{k^2u_{\max}\gamma_{\mathrm{M}}}{\gamma}\sum_{i=1}^{3}\frac{(k^2+1)|\hat{\omega}_i||\hat{\boldsymbol{\varepsilon}}_i|}{|s_{1i}|+(k^2+1)\kappa}+\frac{k^2}{2}\hat{\boldsymbol{\varepsilon}}^{\mathrm{T}}\boldsymbol{s}_1+\frac{k^2}{2}\hat{\bar{\omega}}\|\hat{\boldsymbol{\varepsilon}}\|\\&-\frac{k^2}{\gamma}[\boldsymbol{e}_\eta\quad\boldsymbol{e}_\psi]^{\mathrm{T}}\boldsymbol{Q}\begin{bmatrix}\boldsymbol{e}_\eta\\\boldsymbol{e}_\psi\end{bmatrix}+k\dot{k}\left[\frac{\hat{\boldsymbol{\omega}}^{\mathrm{T}}\boldsymbol{J}\hat{\boldsymbol{\omega}}}{\gamma}+\hat{\boldsymbol{\varepsilon}}^{\mathrm{T}}\hat{\boldsymbol{\varepsilon}}+(1-\varepsilon_0)^2\right]\\&-\frac{k^2\sigma_1(2k_2-1)}{2\gamma k_2}\tilde{\chi}^2-\frac{k^2\lambda_1(2k_1-1)}{2\gamma k_1}\tilde{\varpi}^2+3\frac{k^2k_{\mathrm{u}}q}{\gamma}\end{aligned}$$

$$+\frac{k^2\sigma_1 k_2}{2\gamma}\chi^2+\frac{k^2\lambda_1 k_1}{2\gamma}\varpi^2 \tag{9-22}$$

姿态增益 k 的自适应算法设计为

$$\dot{k}=-\frac{\vartheta}{k\left[\frac{\hat{\boldsymbol{\omega}}^{\mathrm{T}}\boldsymbol{J}\hat{\boldsymbol{\omega}}}{\gamma}+\hat{\boldsymbol{\varepsilon}}^{\mathrm{T}}\hat{\boldsymbol{\varepsilon}}+(1-\varepsilon_0)^2\right]} \tag{9-23}$$

式中，$\vartheta=\frac{k^2 u_{\max}\gamma_{\mathrm{m}}}{\gamma}\sum_{i=1}^{3}\frac{|\hat{\omega}_i|(k^2+1)(\kappa+1)}{|\omega_i|+(k^2+1)(\kappa+1)}+\frac{k^2 u_{\max}\gamma_{\mathrm{M}}}{\gamma}$
$\sum_{i=1}^{3}\frac{(k^2+1)|\hat{\omega}_i||\hat{\boldsymbol{\varepsilon}}_i|}{|s_{1i}|+(k^2+1)}+\frac{k^2}{2}\hat{\boldsymbol{\varepsilon}}^{\mathrm{T}}\boldsymbol{s}_1+\frac{k^2}{2}\hat{\varpi}\|\hat{\boldsymbol{\varepsilon}}\|$。

将式 (9-23) 代入式 (9-22) 得到

$$\begin{aligned}\dot{V}\leqslant&-\frac{k^2}{\gamma}\|\hat{\boldsymbol{\omega}}\|(u_{\max}\gamma_{\mathrm{m}}-d)\\&-\frac{k^2}{\gamma}\left[\lambda_{\mathrm{m}}(\boldsymbol{\delta}^{\mathrm{T}}\boldsymbol{C}_{\mathrm{f}}\boldsymbol{M}_{\mathrm{f}}^{-1}\boldsymbol{\delta})+u_{\max}\gamma_{\mathrm{m}}\frac{(k^2+1)\rho\varepsilon_0^2}{\|\boldsymbol{s}_2\|+(k^2+1)\kappa}\right]\|\hat{\boldsymbol{\omega}}\|^2\\&-\frac{k^2}{2}(k^2+1)\|\hat{\boldsymbol{\varepsilon}}\|^2-\frac{k^2}{\gamma}[\boldsymbol{e}_\eta\quad\boldsymbol{e}_\psi]^{\mathrm{T}}\boldsymbol{Q}\begin{bmatrix}\boldsymbol{e}_\eta\\\boldsymbol{e}_\psi\end{bmatrix}\\&-\frac{k^2\sigma_1(2k_2-1)}{2\gamma k_2}\tilde{\chi}^2-\frac{k^2\lambda_1(2k_1-1)}{2\gamma k_1}\tilde{\varpi}^2+3\frac{k^2 k_{\mathrm{u}}q}{\gamma}\\&+\frac{k^2\sigma_1 k_2}{2\gamma}\chi^2+\frac{k^2\lambda_1 k_1}{2\gamma}\varpi^2\end{aligned} \tag{9-24}$$

定义 $\boldsymbol{x}=(k\|\hat{\boldsymbol{\omega}}\|,\|\hat{\boldsymbol{\varepsilon}}\|,\|[\boldsymbol{e}_\eta\quad\boldsymbol{e}_\psi]\|,|\tilde{\chi}|,|\tilde{\varpi}|)^{\mathrm{T}}$，$\boldsymbol{\Theta}=\mathrm{diag}\left[A,B,C,\frac{k^2\sigma_1(2k_2-1)}{2\gamma k_2},\right.$
$\left.\frac{k^2\lambda_1(2k_1-1)}{2\gamma k_1}\right]$，

其中，$A=\frac{\lambda_{\mathrm{m}}(\boldsymbol{\delta}^{\mathrm{T}}\boldsymbol{C}_{\mathrm{f}}\boldsymbol{M}_{\mathrm{f}}^{-1}\boldsymbol{\delta})}{\gamma}+\frac{u_{\max}\gamma_{\mathrm{m}}}{\gamma}\frac{(k^2+1)\rho\varepsilon_0^2}{\|\boldsymbol{s}_2\|+(k^2+1)\kappa}$；$B=\frac{k^2(k^2+1)}{2}$；
$C=\frac{k^2}{\gamma}\lambda_{\mathrm{m}}(\boldsymbol{Q})$；$\lambda_{\mathrm{m}}(\cdot)$为矩阵$(\cdot)$的最小奇异值。

式 (9-24) 可以进一步写为

$$\dot{V}\leqslant-\frac{k^2}{\gamma}\|\hat{\boldsymbol{\omega}}\|(u_{\max}\gamma_{\mathrm{m}}-d)-\boldsymbol{x}^{\mathrm{T}}\boldsymbol{\Theta}\boldsymbol{x}+3\frac{k^2 k_{\mathrm{u}}q}{\gamma}+\frac{k^2\sigma_1 k_2}{2\gamma}\chi^2+\frac{k^2\lambda_1 k_1}{2\gamma}\varpi^2 \tag{9-25}$$

接下来，证明闭环系统的一致有界性。首先定义一个新的变量 $\boldsymbol{X}=[1-\varepsilon_0, k\|\hat{\boldsymbol{\omega}}\|, \|\hat{\boldsymbol{\varepsilon}}\|, \|[\boldsymbol{e}_\eta \quad \boldsymbol{e}_\psi]\|, |\tilde{\chi}|, |\tilde{\varpi}|]^{\mathrm{T}}$。

根据式（9-21）定义的 Lyapunov 函数满足 $V \leqslant \boldsymbol{X}^{\mathrm{T}}\boldsymbol{R}\boldsymbol{X}$，并且以下不等式关系成立

$$\lambda_{\mathrm{m}}(\boldsymbol{R})\|\boldsymbol{X}\|^2 \leqslant \boldsymbol{X}^{\mathrm{T}}\boldsymbol{R}\boldsymbol{X} \leqslant \lambda_{\mathrm{M}}(\boldsymbol{R})\|\boldsymbol{X}\|^2 \tag{9-26}$$

式中，$\boldsymbol{R}=\operatorname{diag}\left[\frac{k^2}{2}, \frac{\lambda_{\mathrm{M}}(\boldsymbol{J})}{\gamma}, \frac{k^2}{2}, \frac{\lambda_{\mathrm{M}}(\boldsymbol{P})}{2}, \sigma, \lambda\right]$；$\lambda_{\mathrm{M}}(\cdot)$为矩阵$(\cdot)$的最大奇异值。

注意到如下不等式成立

$$\begin{aligned}\|\boldsymbol{X}\|^2 &\leqslant (1-\varepsilon_0)^2+\hat{\boldsymbol{\omega}}^{\mathrm{T}}\hat{\boldsymbol{\omega}}+\hat{\boldsymbol{\varepsilon}}^{\mathrm{T}}\hat{\boldsymbol{\varepsilon}} \\ &\quad +[\boldsymbol{e}_\eta \quad \boldsymbol{e}_\psi]^{\mathrm{T}}\begin{bmatrix}\boldsymbol{e}_\eta \\ \boldsymbol{e}_\psi\end{bmatrix}+\tilde{\chi}^2+\tilde{\varpi}^2 \\ &\leqslant (1-\varepsilon_0)+\hat{\boldsymbol{\omega}}^{\mathrm{T}}\hat{\boldsymbol{\omega}}+\hat{\boldsymbol{\varepsilon}}^{\mathrm{T}}\hat{\boldsymbol{\varepsilon}} \\ &\quad +[\boldsymbol{e}_\eta \quad \boldsymbol{e}_\psi]^{\mathrm{T}}\begin{bmatrix}\boldsymbol{e}_\eta \\ \boldsymbol{e}_\psi\end{bmatrix}+\tilde{\chi}^2+\tilde{\varpi}^2\end{aligned} \tag{9-27}$$

根据假设 9.4，式（9-25）可以写为

$$\begin{aligned}\dot{V} &\leqslant -\phi\|\boldsymbol{X}\|^2+\phi(1-\varepsilon_0)+\sup\left(\frac{k^2}{\gamma}\|\hat{\boldsymbol{\omega}}\|(u_{\max}\gamma_{\mathrm{m}}-d)\right) \\ &\quad +3\frac{k^2k_{\mathrm{u}}q}{\gamma}+\frac{k^2\sigma_1k_2}{2\gamma}\chi^2+\frac{k^2\lambda_1k_1}{2\gamma}\varpi^2 \\ &\leqslant \phi\|\boldsymbol{X}\|^2+2\phi\|\boldsymbol{X}\|^2+\sup\left(\frac{k^2}{\gamma}(u_{\max}\gamma_{\mathrm{m}}-d)\right)\|\boldsymbol{X}\|^2 \\ &\quad +3\frac{k^2k_{\mathrm{u}}q}{\gamma}+\frac{k^2\sigma_1k_2}{2\gamma}\chi^2+\frac{k^2\lambda_1k_1}{2\gamma}\varpi^2\end{aligned} \tag{9-28}$$

式中，$\phi=\lambda_{\mathrm{m}}(\boldsymbol{\Theta})$。

引入新的变量 $0<\theta<1$，式（9-28）可进一步写为

$$\begin{aligned}\dot{V} &\leqslant -\phi\theta\|\boldsymbol{X}\|^2-\|\boldsymbol{X}\|^2((1-\theta)\phi\|\boldsymbol{X}\|) \\ &\quad +\|\boldsymbol{X}\|^2\left\{2\phi+\sup\left[\frac{k^2}{\gamma}(u_{\max}\gamma_{\mathrm{m}}-d)\right]\right\} \\ &\quad +3\frac{k^2k_uq}{\gamma}+\frac{k^2\sigma_1k_2}{2\gamma}\chi^2+\frac{k^2\lambda_1k_1}{2\gamma}\varpi^2\end{aligned}$$

$$
\begin{aligned}
&\leqslant -\phi\theta\|\boldsymbol{X}\|^2+3\frac{k^2k_{\mathrm{u}}q}{\gamma}+\frac{k^2\sigma_1k_2}{2\gamma}\chi^2+\frac{k^2\lambda_1k_1}{2\gamma}\varpi^2\\
&+\|\boldsymbol{X}\|^2\left\{\sup\left[\frac{k^2}{\gamma}(u_{\max}\gamma_{\mathrm{m}}-d)\right]+2\phi-[(1-\theta)\phi]\|\boldsymbol{X}\|\right\}
\end{aligned}
\tag{9-29}
$$

若$\|\boldsymbol{X}\|$满足关系

$$
\|\boldsymbol{X}\|\geqslant\frac{\sup\left[\frac{k^2}{\gamma}(u_{\max}\gamma_{\mathrm{m}}-d)\right]+2\phi}{(1-\theta)\phi}
\tag{9-30}
$$

式（9-30）可以写为

$$
\dot{V}\leqslant-\phi\theta\|\boldsymbol{X}\|^2+\zeta\leqslant-\xi V+\zeta
\tag{9-31}
$$

式中，$\xi=\dfrac{\phi\theta}{\lambda_{\mathrm{M}}(\boldsymbol{R})}$；$\zeta=3\dfrac{k^2k_{\mathrm{u}}q}{\gamma}+\dfrac{k^2\sigma_1k_2}{2\gamma}\chi^2+\dfrac{k^2\lambda_1k_1}{2\gamma}\varpi^2$。

将式（9-31）两边积分可得

$$
0\leqslant V(t)\leqslant\left(V(0)-\frac{\zeta}{\xi}\right)\mathrm{e}^{-\xi t}+\frac{\zeta}{\xi}
\tag{9-32}
$$

因此，根据式（9-14）和式（9-32），可以得到

$$
k\|\hat{\boldsymbol{\omega}}\|\leqslant\sqrt{\left(V(0)-\frac{\zeta}{\xi}\right)\mathrm{e}^{-\xi t}+\frac{\zeta}{\xi}}
\tag{9-33}
$$

$$
\|\hat{\boldsymbol{\varepsilon}}\|\leqslant\sqrt{\left(V(0)-\frac{\zeta}{\xi}\right)\mathrm{e}^{-\xi t}+\frac{\zeta}{\xi}}
\tag{9-34}
$$

根据一致有界性理论[16]，存在一个有限时间 $T>0$，对于任何正常数 $q^*>\sqrt{\dfrac{\zeta}{\xi}}$，使得 $k\|\hat{\boldsymbol{\omega}}\|\leqslant q^*$ 和$\|\hat{\boldsymbol{\varepsilon}}\|\leqslant q^*$ 成立。换句话说，$k\|\hat{\boldsymbol{\omega}}\|$和$\|\hat{\boldsymbol{\varepsilon}}\|$最终会收敛到不变集合 $\Omega_{\hat{\omega}}=\{k\|\hat{\boldsymbol{\omega}}\|\in\mathbb{R}^3\,|\,k\|\hat{\boldsymbol{\omega}}\|\leqslant q^*\}$和 $\Omega_{\hat{q}}=\{\|\hat{\boldsymbol{\varepsilon}}\|\in\mathbb{R}^3\,|\,\|\hat{\boldsymbol{\varepsilon}}\|\leqslant q^*\}$。

根据以上得到的结论，可以得到姿态增益 k 也是一致有界的。根据式（9-11）和式（9-12），并且结合假设 9.2 可以得到

$$
\lim_{t\to\infty}\|\boldsymbol{\omega}\|\leqslant\lim_{t\to\infty}\|\hat{\boldsymbol{\omega}}\|\leqslant\frac{q^*}{k}
\tag{9-35}
$$

$$
\lim_{t\to\infty}\|\boldsymbol{\varepsilon}\|\leqslant\lim_{t\to\infty}\|\hat{\boldsymbol{\varepsilon}}\|\leqslant q^*
\tag{9-36}
$$

根据式（9-35）和式（9-36）可知：角速度 $\boldsymbol{\omega}$ 和姿态 $\boldsymbol{\varepsilon}$ 也是一致有界的，可收敛到平衡位置的较小邻域内。证毕。

注解 9.2 根据式（9-13）和式（9-29），所提出的控制器不依赖于故障的准确信息，仅使用估计故障信息的上限和下限。在不存在故障检测与隔离

(FDI) 的情况下，这些值可用故障信息的极值来代替以获得良好的控制性能，例如 $\gamma_m=0.1$，$\gamma_M=1$。

注解 9.3 注意到所提出的控制器式（9-13）的表达式具有开关项 $\hat{\chi}/\gamma_m\tanh(\hat{\chi}\hat{\omega}/q)\mathrm{sgn}(\boldsymbol{s}_1)$，其幅值大小 $\hat{\chi}/\gamma_m\tanh(\hat{\chi}\hat{\omega}/q)$ 取决于自适应更新律式 (9-13b)。通过以上证明，$\hat{\chi}/\gamma_m\tanh(\hat{\chi}\hat{\omega}/q)\mathrm{sgn}(\boldsymbol{s}_1)$ 项可以抵消系统模型的匹配集总扰动。因此，匹配集总扰动幅值越大，需要的幅值 $\hat{\chi}/\gamma_m\tanh(\hat{\chi}\hat{\omega}/q)$ 越大。

注解 9.4 根据式（9-32），在理论分析中，状态变量 $1-\varepsilon_0$、$k\|\hat{\boldsymbol{\omega}}\|$、$\|\hat{\boldsymbol{\varepsilon}}\|$、$\|[\boldsymbol{e}_\eta \quad \boldsymbol{e}_\psi]\|$、$|\tilde{\chi}|$ 和 $|\tilde{\varpi}|$ 的大小取决于控制参数 q、σ_1、λ_1、γ。他们的最终稳态误差精度大小可以通过合理地选取控制参数，也就是说足够小的 q、σ_1、λ_1 和足够大的 γ 能够保证 $k\|\hat{\boldsymbol{\omega}}\|$、$\|\hat{\boldsymbol{\varepsilon}}\|$、$\|[\boldsymbol{e}_\eta \quad \boldsymbol{e}_\psi]\|$、$|\tilde{\chi}|$ 和 $|\varpi|$ 实现足够小的稳态误差精度。

9.4 数值模拟

数值仿真中，假设测量不确定为

$$\Delta\boldsymbol{\varepsilon}=\Delta\boldsymbol{\omega}=0.02\begin{bmatrix}1+\sin(0.2\pi t)\\2+\cos(0.3\pi t)\\3+\sin(0.4\pi t)\end{bmatrix}(\mathrm{N\cdot m})$$

执行机构的有效性为

$$e_i=\begin{cases}1, & f_i>1\\0.1, & f_i<0.1\\f_i, & \text{其它}\end{cases},\quad \bar{u}_i=\begin{cases}0.5, & t\leqslant 10\\0, & \text{其它}\end{cases}$$

式中，$f_i=0.3+0.1\sin(0.5t+i\pi/3)$，$i=1,2,3$。

控制器参数选择为：$u_{\max}=5$，$\kappa=0.01$，$q=0.1$，$\gamma=10$，$\lambda=\sigma=0.2$，$\sigma_1=\lambda_1=0.5$，$\gamma_m=0.1$，$\gamma_M=1$，$\rho=1.5$，$\boldsymbol{Q}=\boldsymbol{I}_{4\times4}$。

为了验证本章提出的控制方法的鲁棒性和有效性，给出两种情形下的仿真结果。

情形一：采用控制器式（9-13）进行数值仿真研究，仿真结果如图 9-2～图 9-7。

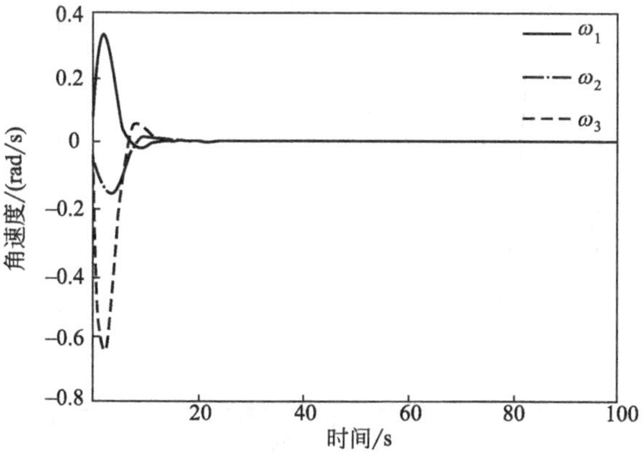

图 9-2 角速度时间历程图（一）

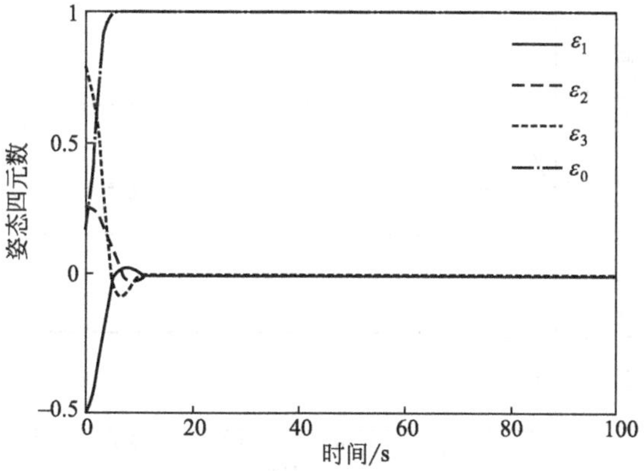

图 9-3 姿态四元数时间历程图（一）

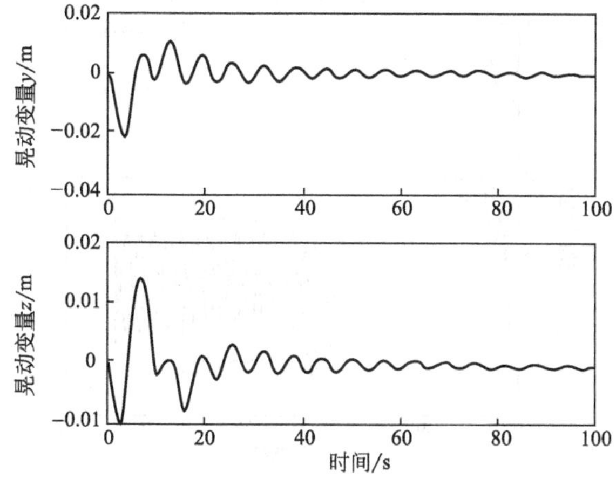

图 9-4 估计的晃动位移变量时间历程图

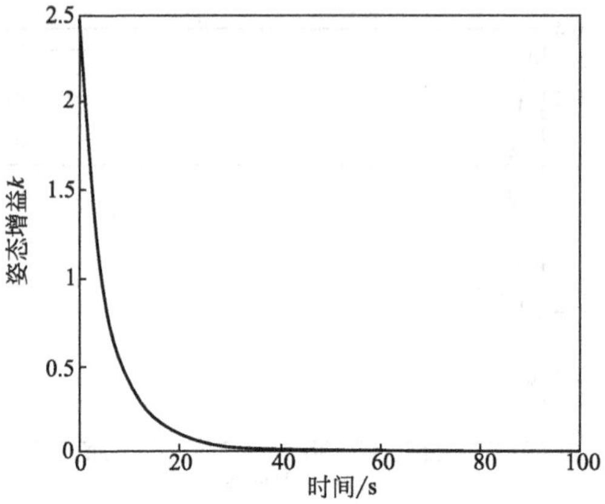

图 9-5　姿态增益时间历程图

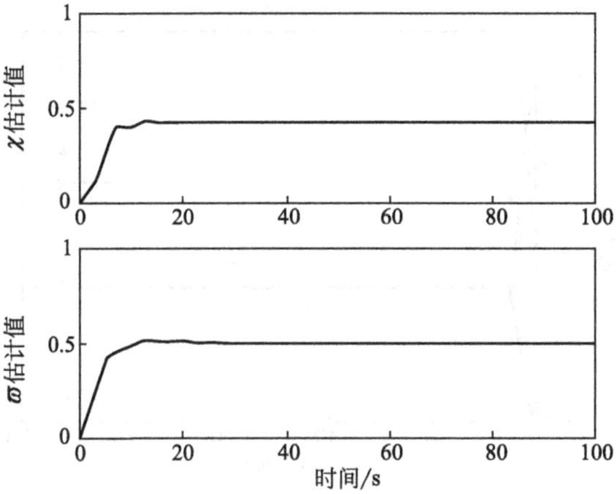

图 9-6　参数估计时间历程图

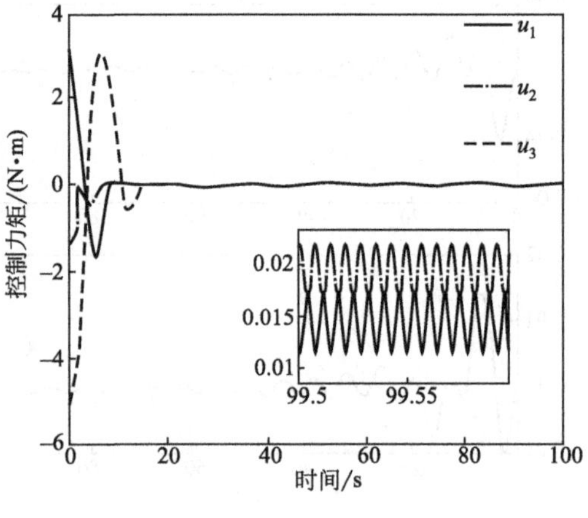

图 9-7　控制力矩时间历程图（一）

情形二：采用 Bustan 等人[11] 针对刚体航天器设计的鲁棒容错控制器，为了便于控制效果对比，将其设计的控制器在本章充液航天器的控制系统式(9-7)～式（9-8）的环境下进行数值仿真研究。给出了航天器姿态角速度、姿态四元数以及控制力矩的响应曲线图，仿真结果如图 9-8～图 9-10。

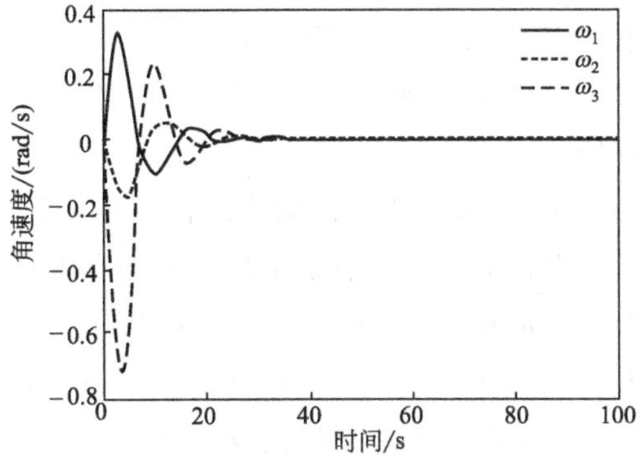

图 9-8 角速度时间历程图（二）

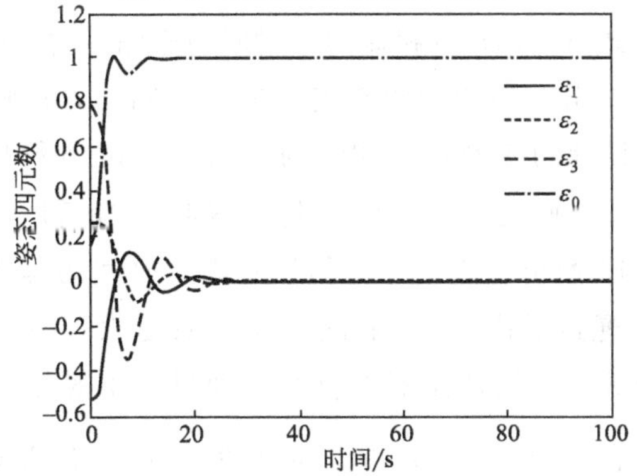

图 9-9 姿态四元数时间历程图（二）

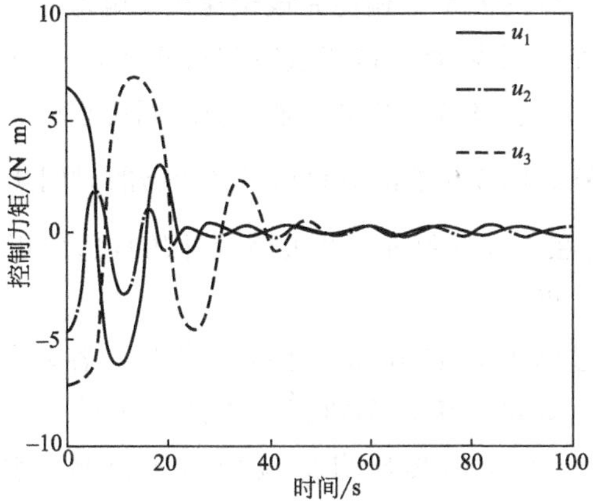

图 9-10 控制力矩时间历程图（二）

通过以上的仿真结果，可以得到以下结论：

① 如图 9-2 所示，在控制器式（9-13)的作用下，角速度收敛到平衡位置需要大约 20s 的时间，在稳态响应区间，具有较高的控制精度，误差精度为 $|\omega_i| \leqslant 1\times 10^{-4}$ rad · s。如图 9-8 所示，在 Bustan 等人[11] 设计控制策略下，角速度收敛到平衡位置需要大约 50s 的时间，在整个稳态响应区间，误差精度为 $|\omega_i| \leqslant 5\times 10^{-3}$ r/s。同时，在瞬态响应区间，相比图 9-8 而言，很明显可以看出图 9-2 拥有较好的瞬态响应。

② 如图 9-3 所示，在本章设计的控制律的作用下，姿态四元数收敛到平衡位置需要大约 20s 的时间，而且在稳态响应区间具有较高的稳态精度，稳态误差为 $|\varepsilon_i| \leqslant 1\times 10^{-4}$。如图 9-9 所示，在 Bustan 等人[11] 的控制策略下，姿态四元数收敛到平稳位置需要大约 50s 的时间，在稳态响应区间的稳态精度误差为 $|\varepsilon_i| \leqslant 5\times 10^{-3}$。在瞬态响应区间相比较而言，图 9-3 拥有相对较好的瞬态响应。

③ 图 9-7 给出式（9-13）的控制力矩时间历程图，力矩幅值限定在 $|u_i| \leqslant$ 6N · m，从图可以看出在控制力矩在稳态响应区间，力矩响应表现出不光滑的特性，这是由于设计的控制器由测量的姿态 $\hat{\boldsymbol{\varepsilon}}$ 和 $\hat{\boldsymbol{\omega}}$ 进行反馈，而反馈值并不是实际的 $\boldsymbol{\varepsilon}$ 和 $\boldsymbol{\omega}$，注意到 $\hat{\boldsymbol{\varepsilon}}$ 和 $\hat{\boldsymbol{\omega}}$ 含有测量不确定 $\Delta\boldsymbol{\varepsilon}$ 和 $\Delta\boldsymbol{\omega}$，这导致了力矩的不光滑性。图 9-10 给出文献［11］的控制力矩时间历程图，力矩幅值限定在 $|u_i| \leqslant$ 8N · m。通过对比图 9-7 和图 9-10 不难看出，图 9-10 存在连续的抖动现象。为了说明所提出的控制器在整个机动过程中对航天器能量的消耗问题，引入能量指标 $E_n = \int_0^T \|\boldsymbol{u}(t)\| \mathrm{d}t$ ，其中 $T=100$。很容易得出本章提出的控制策略需要消耗更少的能量，还能完成快速机动响应指令。

④ 图 9-4 给出估计的晃动位移变量时间历程图，从图可以看出估计的晃动变量幅值小于 0.02m。图 9-5 给出姿态增益时间历程图，可以看出姿态增益最终收敛到平衡位置。图 9-6 给出参数估计 $\hat{\chi}$ 和 $\hat{\varpi}$ 的时间历程图，从图可以看出，$\hat{\chi}$ 和 $\hat{\varpi}$ 的值稳定在 0.5 的附近，这说明设计的自适应更新律能够很好地估计集总扰动的未知上界。

综上所述，通过比较系统响应的性能收敛指标，容易得出在相同外部未知干扰、参数不确定，测量不确定和执行器失效的条件下，相比于 Bustan 等人[11] 提出的方法，本章所提出自适应变结构控制方法拥有更好的控制性能。

9.5 本章小结

本章以三轴稳定充液航天器为被控研究对象，研究了存在外部未知干扰、参数不确定、测量不确定和未知执行器故障的鲁棒容错控制问题，提出了一种基于变结构控制的自适应鲁棒容错姿态控制方案。将时变变结构控制器结合自适应算法设计了自适应鲁棒容错控制器，提出的控制算法既保留了变结构控制策略优点，同时又能利用自适应算法估计系统的集总扰动。基于 Lyapunov 稳定性理论证明了整个容错系统中状态变量的一致最终有界性。与现有的变结构控制方法进行了仿真对比研究，仿真结果表明，所设计的控制器可以提供更快的收敛性能和更好的容错能力。

本书第 5～9 章，贮液腔体采用球形贮箱，液体晃动等效模型采用的单摆模型，后序章节针对多模态充液挠性航天器进行动力学建模及控制研究，将液体燃料的多阶晃动纳入航天器动力学系统中，贮液腔体采用椭球形贮箱，液体燃料晃动等效为多模态弹簧质量系统。

参考文献

[1] 刘将辉，李海阳. 对失控翻滚目标逼近的神经网络自适应滑模控制 [J]. 宇航学报，2019，40 (6)：684-693.

[2] BoĬskovic J D，Li S M，Mehra R K. Robust adaptive variable structure control of spacecraft under control input saturation [J]. Journal of Guidance，Control，and Dynamics，2001，24 (1)：14-22.

[3] Wallsgrove R J，Akella M R. Globally stabilizing saturated attitude control in the presence of bounded unknown disturbances [J]. Journal of guidance，Control，and Dynamics，2005，28 (5)：957-963.

[4] Thakur D，Srikant S，Akella M R. Adaptive attitude-tracking control of spacecraft with uncertain time-varying inertia parameters [J]. Journal of Guidance，Control，and Dynamics，2015，38 (1)：41-52.

[5] Cao X，Shi P，Li Z，et al. Neural-network-based adaptive backstepping control with application to spacecraft attitude regulation. IEEE transactions on neural networks and learning systems，2017，29 (9)：4303-4313.

[6] Lee D. Nonlinear disturbance observer-based robust control for spacecraft formation flying [J]. Aerospace Science and Technology，2018，76：82-90.

[7] Wang Z，Wu Z. Nonlinear attitude control scheme with disturbance observer for flexible spacecrafts [J]. Nonlinear Dynamics，2015，81 (1-2)：257-264.

[8] 张秀云，宗群，朱婉婉，等. 柔性航天器姿态机动轨迹设计及跟踪控制 [J]. 宇航学

报，2019，40 (11)：9.
[9] Shen Q，Wang D，Zhu S，et al. Integral-type sliding mode fault-tolerant control for attitude stabilization of spacecraft [J]. IEEE Transactions on Control Systems Technology，2014，23 (3)：1131-1138.
[10] Shen Q，Yue C，Goh C H，et al. Active fault-tolerant control system design for spacecraft attitude maneuvers with actuator saturation and faults [J]. IEEE Transactions on Industrial Electronics，2018，66 (5)：3763-3772.
[11] Bustan D，Sani S K H，Pariz N. Adaptive fault-tolerant spacecraft attitude control design with transient response control [J]. IEEE/ASME Transactions on Mechatronics，2013，19 (4)：1404-1411.
[12] Bustan D，Pariz N，Sani S K H. Robust fault-tolerant tracking control design for spacecraft under control input saturation [J]. ISA Transactions，2014，53 (4)：1073-1080.
[13] Hu Q，Xiao B，Friswell M I. Robust fault-tolerant control for spacecraft attitude stabilization subject to input saturation [J]. IET Control Theory & Applications，2011，5 (2)：271-282.
[14] Li B，Hu Q，Yang Y. Continuous finite-time extended state observer based fault tolerant control for attitude stabilization [J]. Aerospace Science and Technology，2019，84：204-213.
[15] Yin L，Xia Y，Deng Z，et al. Extended state observer-based attitude fault-tolerant control of rigid spacecraft [J]. International Journal of Systems Science，2018，49 (12)：2525-2535.
[16] Sun L，Zheng Z. Saturated adaptive hierarchical fuzzy attitude-tracking control of rigid spacecraft with modeling and measurement uncertainties [J]. IEEE Transactions on Industrial Electronics，2018，66 (5)：3742-3751.
[17] Sun L，Zheng Z. Disturbance-observer-based robust backstepping attitude stabilization of spacecraft under input saturation and measurement uncertainty [J]. IEEE Transactions on Industrial Electronics，2017，64 (10)：7994-8002.
[18] Miao Y，Wang F，Liu M. Anti-disturbance backstepping attitude control for rigid-flexible coupling spacecraft [J]. IEEE Access，2018，6：50729-50736.

第10章 多模态充液航天器自适应滑模控制

10.1 引言

目前有关充液航天器刚-液-控-耦合动力学研究的文献报道中，大部分工作只涉及液体晃动的基阶模态，即只考虑单一质量摆模型和单一弹簧质量模型，而忽略了高阶模态。虽然高阶模态的晃动幅值很小，但在建立耦合系统更精确模型时应适当增加模态的阶数。有文献报道，如果在耦合系统建模时加入前两阶或前三阶模态，将能更加准确地反映液体晃动动力学特征[1,2]。

随着航天任务日趋复杂，要求控制系统具有很强的自适应与鲁棒性[3,4]。适应滑模变结构控制是滑模变结构控制与自适应控制的有机结合，该方法具有良好的过渡过程性能和鲁棒性，而且在工程中有很好的应用。Wallsgrove 等人[5] 提出了一种自适应滑模算法，对有界干扰具有强鲁棒性，显式地处理输入饱和约束。Hu 等人[6] 在 Reyhanoglu 等人[1] 的基础上，利用双曲函数来替换切换函数，并引入附加时变姿态增益函数对含有未知干扰的刚体航天器进行姿态控制。Zheng 等人[7] 设计了控制受限的自适应变结构鲁棒控制器实现对大型挠性航天器大角度机动控制，该方法对系统不确定项有良好的鲁棒性能，但是要求航天器转动惯量的精确数值。王靓玥等人[8] 研究了惯性矩阵及外部扰动不确定的刚体航天器，提出了一种自适应滑模控制策略，对有限控制输入进行了有效的处理。Hashem 等人[9] 针对航天器姿态控制输入饱和问题的解决方法进行了梳理和归纳，将技术途径主要分为三类，对每一类中具体方法的设计思想、数学形式及工作特征进行了分析与比较，总结得出特点、效果效用以及适用范围。

本章对三轴稳定充液航天器姿态机动进行研究，应用动量矩守恒定理建立航天器系统的姿态动力学方程和弹簧质量等效力学模型的前两阶模态液体晃动动力学方程。将 Zheng 等人[7] 对刚体航天器设计的自适应滑模控制策略推广到部分充液航天器系统中，对于这类欠驱动控制系统，滑模面的选取借鉴了 Hashem 等人[9] 的方法，同时设计了多模态输入成型 ZVD 前馈控制器，并对所设计的控制器进行了数值仿真试验研究来证明所设计控制器的有效性。

10.2　多模态充液航天器动力学建模

充液航天器模型如图 10-1、图 10-2 所示，液体晃动部分用二阶弹簧质量模型来等效。图中的各个参数如下：o 为航天器质心，$OXYZ$ 为与刚体航天器固连的参考坐标系，假设航天器的椭球形燃料贮箱部分充液且整个系统处于零重力环境，将液体晃动等效为弹簧质量模型并考虑其 N 阶模态振动，等效晃动模型参数为晃动质量 $m_{\mathrm{f}i}$，弹簧刚度系数 $k_{\mathrm{f}i}$，系统阻尼为 $c_{\mathrm{f}i}$，其距离质心的距离为 $b_{\mathrm{f}i}$，晃动模态为 $\boldsymbol{\eta}_i=[\eta_{i1}\quad \eta_{i2}]^{\mathrm{T}}$，本章选取前两阶（$i=2$）等效弹簧质量模型，不参与晃动液体参数 $I_{\mathrm{f}0}$、$m_{\mathrm{f}0}$、$b_{\mathrm{f}0}$。下面建立多模态充液航天器动力学方程。

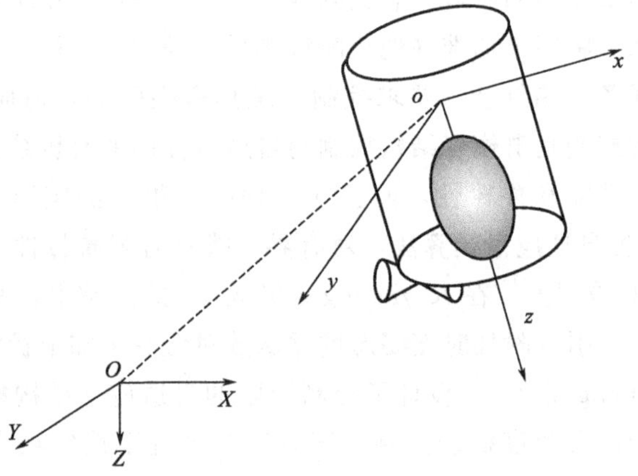

图 10-1　充液航天器系统动力学模型

刚体航天器动量方程

$$\boldsymbol{P}_{\mathrm{hub}}=\boldsymbol{\omega}^{\times}\boldsymbol{c}_{\mathrm{hub}} \tag{10-1}$$

式中，$\boldsymbol{c}_{\mathrm{hub}}$ 为刚体航天器的一阶惯性矩。

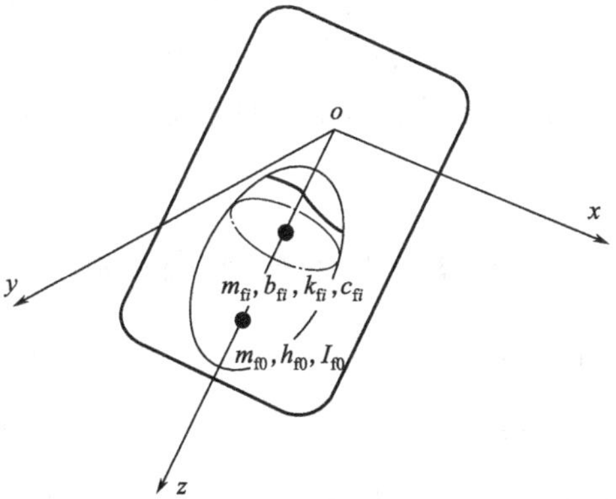

(a) 贮液腔体内部二阶液体晃动等效模型

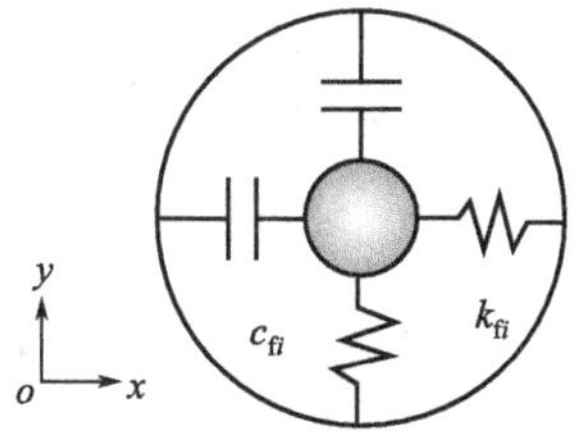

(b) 沿 ox、oy 轴的等效弹簧质量晃动模型

图 10-2　航天器液体贮箱内部结构图

等效弹簧质量模型的动量方程

$$\boldsymbol{P}_{\mathrm{f}}=m_{\mathrm{f}}\boldsymbol{\omega}^{\times}\boldsymbol{r}_{\mathrm{f}}+\sum_{i=1}^{N}m_{\mathrm{f}i}\dot{\boldsymbol{\eta}}_{i} \tag{10-2}$$

式中，m_{f} 为液体燃料的总质量；$\boldsymbol{r}_{\mathrm{f}}$ 为其到质心的距离。

航天器系统总的动量方程

$$\boldsymbol{P}_{\mathrm{sat}}=\boldsymbol{P}_{\mathrm{hub}}+\boldsymbol{P}_{\mathrm{f}}=\boldsymbol{\omega}^{\times}\boldsymbol{c}_{\mathrm{sat}}+\sum_{i=1}^{N}m_{\mathrm{f}i}\dot{\boldsymbol{\eta}}_{i} \tag{10-3}$$

式中，$\boldsymbol{c}_{\mathrm{sat}}=\boldsymbol{c}_{\mathrm{hub}}+m_{\mathrm{f}}\boldsymbol{r}_{\mathrm{f}}$。

根据方程（10-3），建立航天器系统总的动量矩方程

$$\boldsymbol{H}_{\mathrm{sat}}=\boldsymbol{J}_{\mathrm{sat}}\boldsymbol{\omega}+\boldsymbol{h}_{\mathrm{f}} \tag{10-4}$$

式中，$\boldsymbol{J}_{\mathrm{sat}}=\boldsymbol{J}_{\mathrm{hub}}+m_{\mathrm{f}0}(\boldsymbol{r}_{\mathrm{f}0}^{\mathrm{T}}\boldsymbol{r}_{\mathrm{f}0}\boldsymbol{I}-\boldsymbol{r}_{\mathrm{f}0}\boldsymbol{r}_{\mathrm{f}0}^{\mathrm{T}})+\sum_{i=1}^{2}m_{\mathrm{f}i}(\boldsymbol{r}_{\mathrm{f}i}^{\mathrm{T}}\boldsymbol{r}_{\mathrm{f}i}\boldsymbol{I}-\boldsymbol{r}_{\mathrm{f}i}\boldsymbol{r}_{\mathrm{f}i}^{\mathrm{T}})$；$\boldsymbol{h}_{\mathrm{f}}=\sum_{i=1}^{N}m_{\mathrm{f}i}\boldsymbol{r}_{\mathrm{f}i}^{\times}\dot{\boldsymbol{\eta}}_{i}$。

在旋转坐标系下，根据动量矩守恒定理，动力学系统方程为

$$\boldsymbol{J}_{\mathrm{sat}}\dot{\boldsymbol{\omega}}+\sum_{i=1}^{N}m_{\mathrm{f}i}\boldsymbol{r}_{\mathrm{f}i}^{\times}\ddot{\boldsymbol{\eta}}_{i}=-\boldsymbol{\omega}^{\times}\left(\boldsymbol{J}_{\mathrm{sat}}\boldsymbol{\omega}+\sum_{i=1}^{N}m_{\mathrm{f}i}\boldsymbol{r}_{\mathrm{f}i}^{\times}\dot{\boldsymbol{\eta}}_{i}\right)+\boldsymbol{T}_{\mathrm{d}}+\boldsymbol{u} \tag{10-5}$$

式中，$\boldsymbol{u}$ 为控制力矩；$\boldsymbol{T}_{\mathrm{d}}$ 为外部扰动。

在旋转坐标系下，等效晃动液体的弹簧质量动量守恒，可得到液体晃动动力学方程

$$-m_{fi}\boldsymbol{r}_{fi}^{\times}\dot{\boldsymbol{\omega}}+m_{fi}\ddot{\boldsymbol{\eta}}=-\boldsymbol{\omega}^{\times}(-m_{fi}\boldsymbol{r}_{fi}^{\times}\boldsymbol{\omega}+m_{fi}\dot{\boldsymbol{\eta}}_i)-c_{fi}\dot{\boldsymbol{\eta}}_i-k_{fi}\boldsymbol{\eta}_i \tag{10-6}$$

上述方程式（10-5）、式（10-6）为充液航天器动力学方程。考虑液体为小幅晃动，省略掉式（10-6）中的二阶以上变量。为了控制系统表述方便，引入了一个新的变量 $\boldsymbol{\alpha}$。新的控制系统为

$$\dot{\boldsymbol{\omega}}=\boldsymbol{J}_{mb}^{-1}\left[-\sum_{i=1}^{2}m_{fi}\boldsymbol{\delta}_i^{T}(-C_{fi}\boldsymbol{\alpha}_i-K_{fi}\boldsymbol{\eta}_i+C_{fi}\boldsymbol{\delta}_i\boldsymbol{\omega})+\overline{\boldsymbol{T}}_d+\boldsymbol{u}\right] \tag{10-7}$$

$$\dot{\boldsymbol{\eta}}_1=\boldsymbol{\alpha}_1-\boldsymbol{\delta}_1\boldsymbol{\omega} \tag{10-8}$$

$$\dot{\boldsymbol{\eta}}_2=\boldsymbol{\alpha}_2-\boldsymbol{\delta}_2\boldsymbol{\omega} \tag{10-9}$$

$$\dot{\boldsymbol{\alpha}}_1=-C_{f1}\boldsymbol{\alpha}_1-K_{f1}\boldsymbol{\eta}_1+C_{f1}\boldsymbol{\delta}_1\boldsymbol{\omega} \tag{10-10}$$

$$\dot{\boldsymbol{\alpha}}_2=-C_{f2}\boldsymbol{\alpha}_2-K_{f2}\boldsymbol{\eta}_2+C_{f2}\boldsymbol{\delta}_2\boldsymbol{\omega} \tag{10-11}$$

式中，$\boldsymbol{\delta}_i=-\boldsymbol{r}_{fi}^{\times}$；$\boldsymbol{J}_{mb}=\boldsymbol{J}_{sat}-\sum_{i=1}^{2}m_{fi}\boldsymbol{\delta}_i^{T}\boldsymbol{\delta}_i$；$C_{fi}=c_{fi}/m_{fi}$；$K_{fi}=k_{fi}/m_{fi}(i=1,2)$；$\boldsymbol{u}$ 为动量轮所产生的控制力矩；$\overline{\boldsymbol{T}}_d=-\boldsymbol{\omega}^{\times}(\boldsymbol{J}_{mb}\boldsymbol{\omega}+m_{f1}\boldsymbol{\delta}_1{}^{T}\boldsymbol{\alpha}_1+m_{f2}\boldsymbol{\delta}_2^{T}\boldsymbol{\alpha}_2)+\boldsymbol{T}_d$。

航天器姿态运动方程如下

$$\dot{\boldsymbol{\varepsilon}}=\frac{1}{2}\boldsymbol{G}(\boldsymbol{\varepsilon})\boldsymbol{\omega} \tag{10-12}$$

$$\dot{\varepsilon}_0=-\frac{1}{2}\boldsymbol{\varepsilon}^{T}\boldsymbol{\omega} \tag{10-13}$$

10.3 欠驱动反馈控制率设计

10.2 节给出了三轴稳定航天器欠驱动系统的动力学方程，所建立的动力学模型有 15 个输出变量，包含：姿态角、姿态角速度及二阶液体晃动的位移及速度，控制输入提供的三个方向的控制力矩。此问题为典型的欠驱动系统姿态控制问题，即控制力矩小于系统状态向量。以下对这类欠驱动控制系统设计滑模控制器。

10.3.1 滑动模态控制律

滑模控制本质上是一类特殊的非线性控制，其非线性特性表现为控制的不连续性，即在动态控制过程中，根据系统的当前状态有目的的不断变化，迫使系统按照预定的滑动模态的状态轨迹运动。这种控制方法具有快速响应、对参

数变化及扰动不灵敏、无需系统在线识别、物理实现简单等特点。将这种方法应用于欠驱动多体系统的控制可以达到很好的效果。

假设 10.1 控制系统中的所有状态变量都是可以进行反馈的。所考虑的等效晃动液体的振动模态及速度是有界的。

假设 10.2 对于存在干扰力矩的充液航天器姿态控制系统，外部扰动 $\boldsymbol{T}_{\mathrm{d}}$ 具有连续性及一致有界性，满足如下条件

$$\|\boldsymbol{T}_{\mathrm{d}}\| \leqslant c < \infty$$

式中，c 为关于 $\|\boldsymbol{T}_{\mathrm{d}}\|$ 的最大未知边界。

由于航天器系统总是存在着各种不确定性的干扰，本小节设计了一种对于干扰具有鲁棒性的滑模控制律，确保航天器在姿态机动过程中的稳定性。对于欠驱动控制系统式（10-4）～式（10-10）及假设 10.1，设计滑模控制律，首先选取滑模面

$$\boldsymbol{S}=\boldsymbol{\omega}+\lambda_1\boldsymbol{\varepsilon}+\boldsymbol{\lambda}_{\mu}\boldsymbol{\mu} \tag{10-14}$$

式中，$\boldsymbol{\lambda}_{\mu}=[\lambda_2 I \quad \lambda_3 I \quad \lambda_4 I \quad \lambda_5 I]$；$\boldsymbol{\mu}=[\boldsymbol{\alpha}_1 \quad \boldsymbol{\alpha}_2 \quad \boldsymbol{\eta}_1 \quad \boldsymbol{\eta}_2]^{\mathrm{T}}$；$\lambda_i$（$i=1,\cdots,5$）为待设计的大于零的正常数。

当 $t \to \infty$ 时，系统在滑模面上运动时，则有

$$\boldsymbol{S}=\boldsymbol{\omega}+\lambda_1\boldsymbol{\varepsilon}+\boldsymbol{\lambda}_{\mu}\boldsymbol{\mu}=0$$

滑模参数的 λ_i（$i=1,\cdots,5$）设计原则：在平衡点附近使方程（10-14）满足 Hurwitz 条件。

考虑等效趋近律，当 $\dot{\boldsymbol{S}}=\kappa\,\mathrm{sgn}(\boldsymbol{S})$ 时，此时设计抗干扰鲁棒控制律为

$$\boldsymbol{u}=-\kappa\,\mathrm{sgn}(\boldsymbol{S})-\frac{1}{2}\lambda_1\boldsymbol{J}_{\mathrm{mb}}\boldsymbol{G}(\boldsymbol{\varepsilon})\boldsymbol{\omega}-A_1\boldsymbol{\omega}-A_2\boldsymbol{\alpha}_1-A_3\boldsymbol{\alpha}_2-A_4\boldsymbol{\eta}_1-A_5\boldsymbol{\eta}_2-\frac{\boldsymbol{S}}{\|\boldsymbol{S}\|}c \tag{10-15}$$

定理 10.1 考虑航天器系统式（10-7）～式（10-13）及滑模面式（10-14），采用抗干扰鲁棒控制律式（10-15），确保闭环系统是渐近稳定或者一致最终有界稳定的。

证明： 取李雅普诺夫函数为

$$V=\frac{1}{2}\boldsymbol{S}^{\mathrm{T}}\boldsymbol{J}_{\mathrm{mb}}\boldsymbol{S} \tag{10-16}$$

设计控制律应该满足 $\dot{V} \leqslant 0$，上式对时间求一阶导数，有

$$V=\boldsymbol{S}^{T}\boldsymbol{J}_{\mathrm{mb}}\dot{\boldsymbol{S}} \leqslant -\sum_{i=1}^{3}\boldsymbol{\kappa}_i\,|S_i|+\|\boldsymbol{S}\|(\|\boldsymbol{T}_{\mathrm{d}}\|-c)<0 \tag{10-17}$$

闭环系统是全局一致最终有界稳定的。

在卫星进行姿态机动过程中，由于模型的不确定性，惯性矩阵 J_{mb} 很难确定其精确的数值，而外部扰动有多种形式，其上界很难找到，就导致控制律式（10-15）很难确定，这时通过设计自适应控制律来解决系统惯性矩阵的不确定性及扰动干扰。

10.3.2 设计自适应滑动模态控制律

对于控制系统式（10-7）～式（10-13）这种既存在惯性不确定量又存在扰动不确定参数的情况，设计自适应控制律是一个很好的选择。

假设 10.3 对于存在干扰力矩的充液航天器姿态控制系统，外部扰动 $\boldsymbol{T}_d$ 具有连续性及一致有界性，满足如下条件

$$\|\boldsymbol{T}_d\| \leqslant c + k_0\|\boldsymbol{\varepsilon}\| + k_{01}\|\boldsymbol{\omega}\| \tag{10-18}$$

式中，c、k_0、k_{01} 为未知边界。

假设 10.4 对于正定的惯性矩阵 $\boldsymbol{J}_{mb}$，满足如下等效条件

$$\|\boldsymbol{J}_{mb}\| \leqslant \lambda_J \tag{10-19}$$

式中，$\lambda_J > 0$ 为惯性矩阵的上边界。

假设 10.5 存在正的不确定参数 k_1，使其满足以下条件

$$\frac{1}{2}\lambda_1\|\boldsymbol{J}_{mb}\|\|\boldsymbol{\omega}\| \leqslant (k_1 - 2k_{01})\|\boldsymbol{\omega}\| \tag{10-20}$$

因为有 $\|\boldsymbol{J}_{mb}\| \leqslant \lambda_J$，而且 $\lambda_1 > 0$，$k_1 > 2k_{01}$，可知假设条件可以达到。自适应滑模控制律可重新表示为

$$\boldsymbol{u} = -\kappa \operatorname{sgn}(\boldsymbol{S}) - \boldsymbol{u}_p \tag{10-21}$$

等效控制律可表示为

$$\boldsymbol{u}_p = \frac{\boldsymbol{S}}{\|\boldsymbol{S}\|}\hat{\rho} \tag{10-22a}$$

考虑假设 10.1 及假设 10.2，自适应控制为

$$\begin{aligned}\hat{\rho} = {} & \hat{c}(t) + \hat{k}_0(t)\|\boldsymbol{\varepsilon}\| + \hat{k}_1(t)\|\boldsymbol{\omega}\| + \hat{k}_2(t)\|\boldsymbol{\alpha}_1\| \\ & + \hat{k}_3(t)\|\boldsymbol{\alpha}_2\| + \hat{k}_4(t)\|\boldsymbol{\eta}_1\| + \hat{k}_5(t)\|\boldsymbol{\eta}_2\|\end{aligned} \tag{10-22b}$$

式中，$\hat{c}(t) = p_c\|\boldsymbol{S}(t)\|$；$\hat{k}_0 = p_0\|\boldsymbol{S}(t)\|\|\boldsymbol{\varepsilon}(t)\|$；$\hat{k}_1 = p_1\|\boldsymbol{S}(t)\|\|\boldsymbol{\omega}(t)\|$；$\hat{k}_2 = p_2$；$\|\boldsymbol{S}(t)\|\|\boldsymbol{\alpha}(t)\|$；$\hat{k}_3 = p_3\|\boldsymbol{S}(t)\|\|\boldsymbol{\eta}(t)\|$；$\hat{k}_4 = p_4\|\boldsymbol{S}(t)\|\|\boldsymbol{\alpha}_2\|$。

定理 10.2 考虑航天器系统式（10-7）～式（10-13），及滑模面式（10-14），控制律采用式（10-21），并且参数 $\hat{\rho}$ 具有式（10-22）的自适应更新形式，则系统轨迹收敛于滑动平面 $\boldsymbol{S}(t) = 0$。

证明： 滑模面上的李雅普诺夫函数可表示为

$$V=\frac{1}{2}\boldsymbol{S}^{\mathrm{T}}\boldsymbol{J}_{\mathrm{mb}}\boldsymbol{S}+\frac{1}{p_{\mathrm{c}}}\tilde{c}^{2}+\frac{1}{p_{0}}\tilde{k}_{0}^{2}$$
$$+\frac{1}{p_{1}}\tilde{k}_{1}{}^{2}+\frac{1}{p_{2}}\tilde{k}_{2}^{2}+\frac{1}{p_{2}}\tilde{k}_{2}^{2}+\frac{1}{p_{3}}\tilde{k}_{3}^{2}+\frac{1}{p_{4}}\tilde{k}_{4}^{2}+\frac{1}{p_{5}}\tilde{k}_{5}^{2} \tag{10-23}$$

式中，$\tilde{c}=c-\hat{c}(t)$；$\tilde{k}_{i}=k_{i}-\hat{k}_{i}(t)$，$i=0,\cdots,5$。

李亚普诺夫的一阶导数可以表示为

$$\dot{V}=\boldsymbol{S}^{\mathrm{T}}\boldsymbol{J}_{\mathrm{mb}}\dot{\boldsymbol{S}}-\frac{1}{p_{\mathrm{c}}}\tilde{c}\dot{\hat{c}}-\frac{1}{p_{i}}\tilde{k}_{i}\dot{\hat{k}}_{i}$$
$$=S^{\mathrm{T}}\left[\frac{1}{2}\lambda_{1}\boldsymbol{J}_{\mathrm{mb}}\boldsymbol{G}(\boldsymbol{\varepsilon})\omega+A_{1}\boldsymbol{\omega}+A_{2}\boldsymbol{\alpha}_{1}+A_{3}\boldsymbol{\alpha}_{2}+A_{4}\boldsymbol{\eta}_{1}+A_{5}\boldsymbol{\eta}_{2}+T_{\mathrm{d}}+\boldsymbol{u}\right]$$
$$-\frac{1}{p_{c}}\tilde{c}\dot{\hat{c}}-\frac{1}{p_{0}}\tilde{k}_{0}\dot{\hat{k}}_{0}-\frac{1}{p_{1}}\tilde{k}_{1}\dot{\hat{k}}_{1}-\frac{1}{p_{2}}\tilde{k}_{2}\dot{\hat{k}}_{2}-\frac{1}{p_{3}}\tilde{k}_{3}\dot{\hat{k}}_{3}-\frac{1}{p_{4}}\tilde{k}_{4}\dot{\hat{k}}_{4}-\frac{1}{p_{5}}\tilde{k}_{5}\dot{\hat{k}}_{5} \tag{10-24}$$

根据姿态四元数的基本性质，有$\|\boldsymbol{\varepsilon}\|\leqslant 1$及$\|q_{0}\boldsymbol{I}+\boldsymbol{\varepsilon}^{\times}\|\leqslant 1$。式（10-24）可以重新写成

$$\dot{V}_{2}\leqslant\frac{1}{2}\lambda_{1}\|\boldsymbol{J}_{\mathrm{mb}}\|\|\boldsymbol{S}\|\|\boldsymbol{\omega}\|+\|\boldsymbol{S}\|\|\boldsymbol{T}_{\mathrm{d}}\|+\boldsymbol{S}^{\mathrm{T}}\boldsymbol{u}$$
$$-\frac{1}{p_{c}}\tilde{c}\dot{\hat{c}}-\frac{1}{p_{0}}\tilde{k}_{0}\dot{\hat{k}}_{0}-\frac{1}{p_{1}}\tilde{k}_{1}\dot{\hat{k}}_{1}-\frac{1}{p_{2}}\tilde{k}_{2}\dot{\hat{k}}_{2}-\frac{1}{p_{3}}\tilde{k}_{3}\dot{\hat{k}}_{3}-\frac{1}{p_{4}}\tilde{k}_{4}\dot{\hat{k}}_{4}-\frac{1}{p_{5}}\tilde{k}_{5}\dot{\hat{k}}_{5} \tag{10-25}$$

结合控制律式（10-21），及自适应控制律式（10-18）、式（10-25）可得到

$$\dot{V}\leqslant-\sum_{i=1}^{3}\boldsymbol{\kappa}_{i}|S_{i}|<0 \tag{10-26}$$

根据 Barbalat 引理，系统轨迹收敛于滑动平面$\lim\limits_{t\to\alpha}\boldsymbol{S}(t)=0$，证明完毕。

对于控制律式（10-21），当系统轨迹穿过滑模面$\boldsymbol{S}(t)=0$时具有不连续性，这极易导致控制过程中产生抖振。为了避免这种情况，自适应等效控制律式（10-21）可以用如下方程重新定义为

$$\boldsymbol{u}_{\mathrm{p}}(t)=\begin{cases}\dfrac{\boldsymbol{S}}{\|\boldsymbol{S}\|}\hat{\rho} & \|\boldsymbol{S}\|>\Delta\\ \dfrac{\boldsymbol{S}}{\Delta}\hat{\rho}^{2} & \|\boldsymbol{S}\|\leqslant\Delta\end{cases} \tag{10-27}$$

式中，Δ 为边界层。采用这种控制形式，在边界层之外，采用切换控制，使系统状态快速趋于滑动模态；在边界层之内，采用反馈控制，以降低在滑动模态快速切换时产生的抖动。

10.4 多模态输入成型控制方法

输入成型器是通过改变期望输入的形状和作用点位置，使得系统达到预定位置，同时不会出现颤振现象。即通过整型之后的系统输入不仅可以满足刚体的需求，而且可以抑制液体的晃动现象。对于线性系统，设计单个脉冲的响应可描述为

$$y_i(t)=A_i\mathrm{e}^{-\zeta\omega_f(t-t_i)}\sin[(t-t_i)\omega_f\sqrt{1-\zeta^2}] \tag{10-28}$$

式中，$y_i(t)$是输出；A_i 是幅值；t_i 为时间；ω_f 为无阻尼系统的频率；ζ 为系统的阻尼。为了使系统在多个脉冲作用下的响应最终相互抵消而趋于零，则必须满足

$$\sum_{i=1}^{N}A_i\mathrm{e}^{-\zeta\omega_f t_i}\sin(t_i\omega_f\sqrt{1-\zeta^2})=0$$

$$\sum_{i=1}^{N}A_i\mathrm{e}^{-\zeta\omega_f t_i}\cos(t_i\omega_f\sqrt{1-\zeta^2})=0$$

具有一定鲁棒性的三阶脉冲 ZVD 成型器，有如下形式

$$\begin{aligned} A_1&=\frac{1}{1+2K+K^2},\ T_1=0\\ A_2&=\frac{2K}{1+2K+K^2},\ T_2=\frac{T_d}{2}\\ A_3&=\frac{K^2}{1+2K+K^2},\ T_3=T_d \end{aligned} \tag{10-29}$$

式中，$K=\mathrm{e}^{-(\zeta\pi/\sqrt{1-\zeta^2})}$，$T_d=\dfrac{2\pi}{\omega_f\sqrt{1-\zeta^2}}$。

以上分析仅仅考虑了系统存在单个模态的情况，对于多阶振动模态的系统，输入成型器可以先设计抑制各个单独振动模态的成型器，然后将这些成型器卷积起来，从而得到一个新的成型器

$$A_{mult}=A_{1S}*A_{2S}*\cdots A_{NS} \tag{10-30}$$

式中，$*$ 表示卷积运算。

10.5 数值模拟

三轴稳定充液航天器，惯性张量 $\boldsymbol{J}_{hub}=\begin{bmatrix}443&0&0\\0&179&0\\0&0&429\end{bmatrix}(\mathrm{kg\cdot m^2})$；液体晃

动相应的参数，$m_{f0}=100\text{kg}$，$b_{f0}=1.35\text{m}$，$I_{f0}=7.5\text{kg}\cdot\text{m}^3$，$m_{f1}=40\text{kg}$，$b_{f1}=1.1\text{m}$，$k_{f1}=73\text{N/m}$，$c_{f1}=4.5\text{N}\cdot\text{s/m}$，$m_{f2}=10\text{kg}$，$b_{f2}=0.85\text{m}$，$k_{f2}=90\text{N/m}$，$c_{f2}=2.4\text{N}\cdot\text{s/m}$。初始四元数为 $\boldsymbol{\varepsilon}(0)=[0.5324\quad -0.2362\quad 0.4073\quad 0.7035]^{\text{T}}$，初始角速率为 $\boldsymbol{\omega}(0)=[0\quad 0\quad 0]^{T}$，目标四元数即指令四元数为 $\boldsymbol{q}_{\text{c}}(0)=[0\quad 0\quad 0\quad 1]^{\text{T}}$。

自适应等效控制律式（10-22）中所得到的估计参数如图 10-3、图 10-4 所示，可以看出参数均趋于稳定值。修正后自适应滑模控制律式（10-27）及自适应更新律式（10-22）对三轴稳定充液航天器进行大角度机动仿真如图 10-5～图 10-11 所示。在航天器系统存在由燃料晃动引起的惯性矩阵不确定及外部扰动情况下，考虑多模态液体晃动的影响，图 10-5 为航天器姿态角速度在 98.7s 达到稳定，图 10-6 为姿态角四元数响应曲线图，其在 66.6s 达到稳定效果。图 10-7 和图 10-8 给出了一阶、二阶液体燃料沿着偏航轴、滚动轴的晃动模态时间历程图，由图中可以看出二阶晃动模态响应幅值比一阶晃动模态幅值小 10^{-1} 数量级，且晃动频率大于一阶滑动模态响应，另外在航天器机动达到稳定后，晃动幅值也趋于零。图 10-9～图 10-11 为充液航天器姿态机动过程中沿着三个坐标轴方向的控制力矩。仿真结果表明，自适应滑模控制具有较好的鲁棒特性及抗干扰能力。

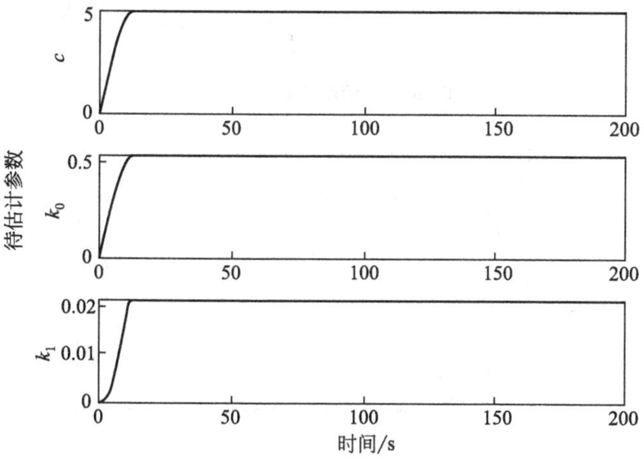

图 10-3　估计参数 c、k_0、k_1

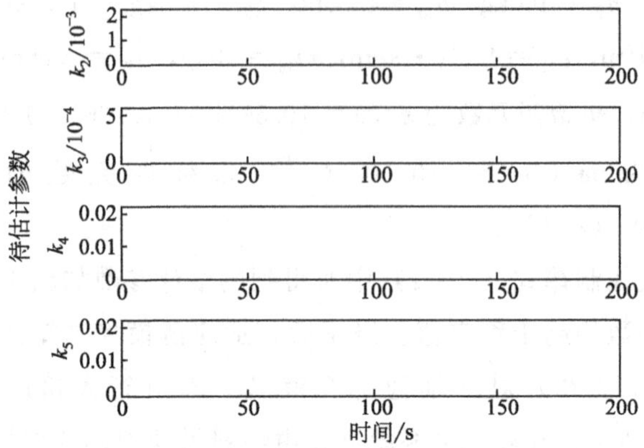

图 10-4　估计参数 k_2、k_3、k_4、k_5

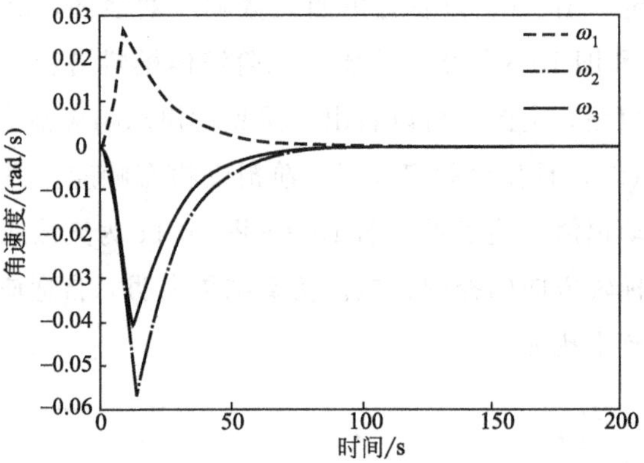

图 10-5　姿态角速度的响应

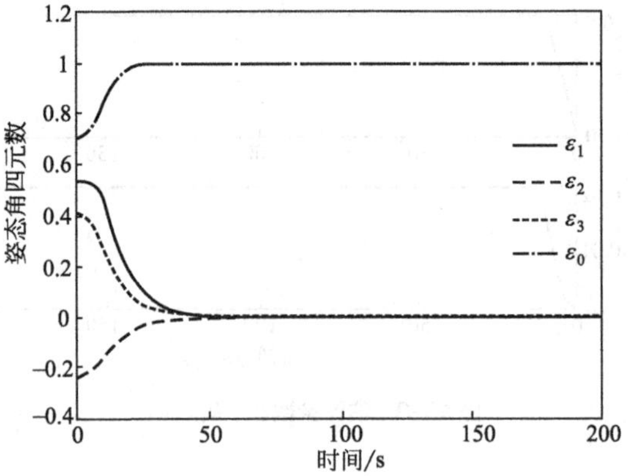

图 10-6　姿态角四元数的响应

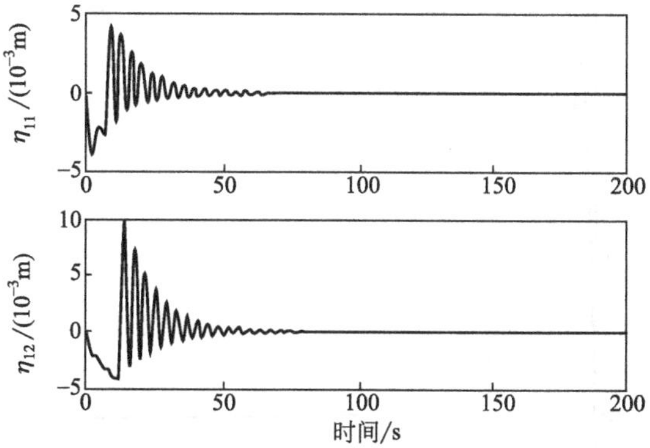

图 10-7　液体一阶晃动模态时间历程图

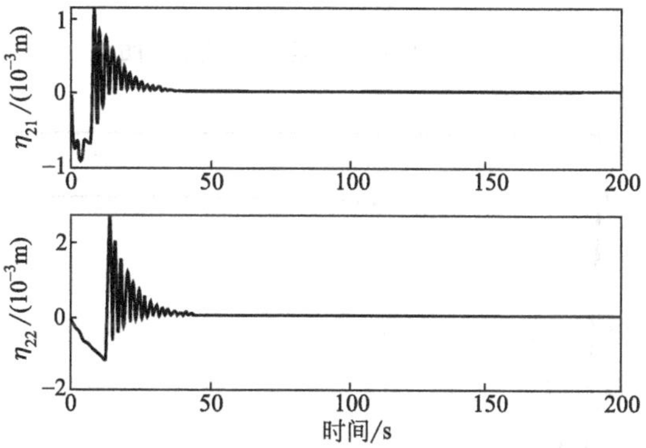

图 10-8　液体二阶晃动模态时间历程图

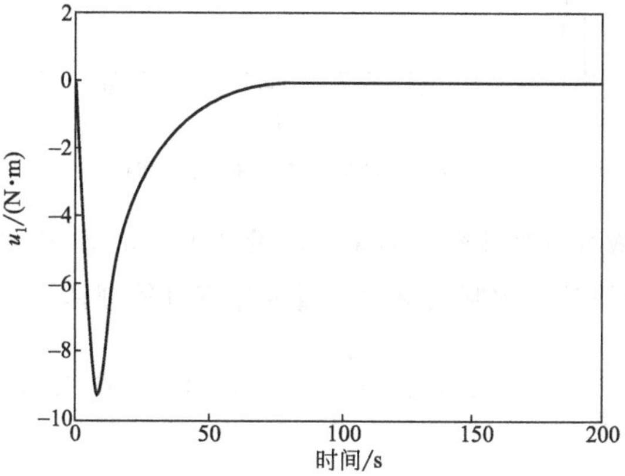

图 10-9　控制力矩 $\boldsymbol{u}_1$ 时间历程图

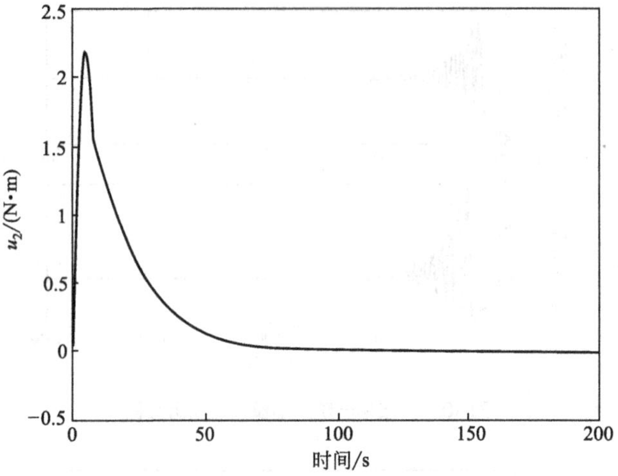

图 10-10　控制力矩 u_2 时间历程图

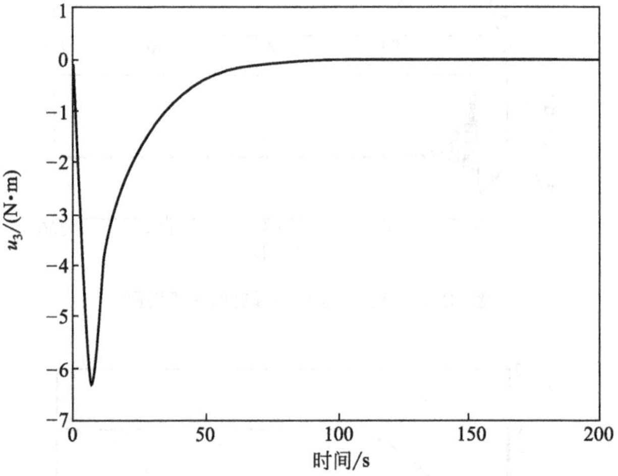

图 10-11　控制力矩 u_3 时间历程图

为了能够有效抑制液体燃料的晃动，设计了二阶 ZVD 输入成型器，将其引入第 10.3 节所设计的控制系统中，通过计算可得液体一阶晃动的原频率及阻尼为 $f=\frac{1}{2\pi}\sqrt{\frac{k_{f1}}{m_{f1}}}=0.2644$，$\xi=\frac{c_{f1}}{m_{f1}}=0.0834$，可得 ZVD 输入成型器的脉冲作用矩阵

$$\begin{bmatrix} t_i \\ A_i \end{bmatrix}=\begin{bmatrix} 0 & 1.9177 & 3.8354 \\ 0.3966 & 0.4663 & 0.1371 \end{bmatrix}，\ i=1,2,3$$

二阶晃动的原频率阻尼 $f=\frac{1}{2\pi}\sqrt{\frac{k_{f2}}{m_{f2}}}=0.4944$，$\xi=\frac{c_{f2}}{m_{f2}}=0.2963$，可得 ZVD 输入成型器的脉冲作用矩阵

$$\begin{bmatrix} t_i \\ A_i \end{bmatrix}=\begin{bmatrix} 0 & 1.0911 & 2.1822 \\ 0.5271 & 0.3978 & 0.0751 \end{bmatrix},\ i=1,2,3$$

将两个 ZVD 成型器再进行卷积，设计二阶成型后的输入指令变为如图 10-12 所示的形式。

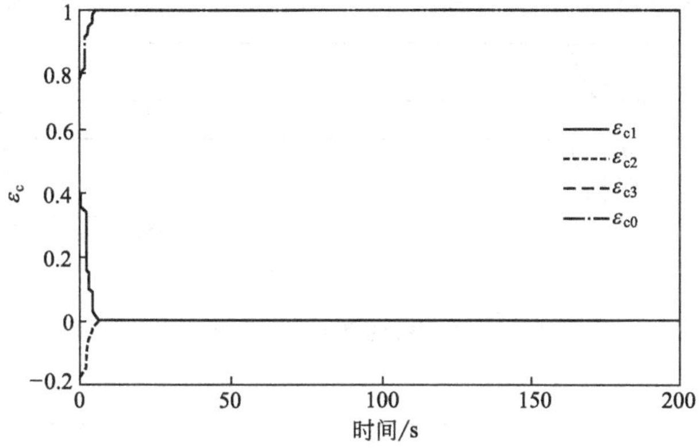

图 10-12　成型后的姿态四元数输入指令

加入多模态输入成型器的自适应滑模复合控制效果图如图 10-13～图 10-21 所示，图 10-13、图 10-14 为利用更新律求得的参数，均趋于稳定值；图 10-15、图 10-16 为航天器姿态角速度、姿态四元数的响应图；图 10-17、图

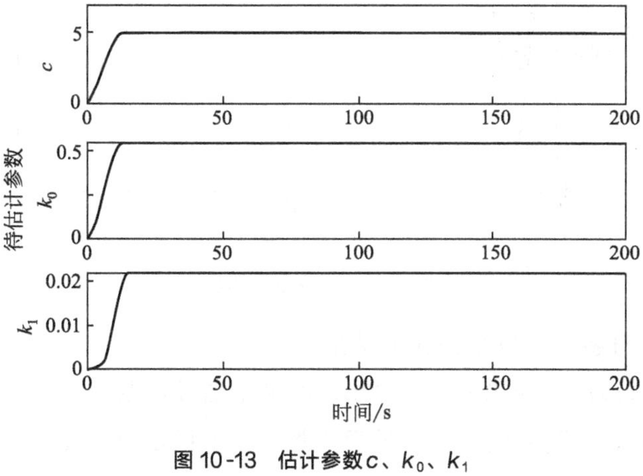

图 10-13　估计参数 c、k_0、k_1

10-18 为成型后液体一阶、二阶晃动响应曲线图；图 10-19～图 10-21 为成型后的控制力矩，相比于图 10-9～图 10-11 的控制输入，提供更小的控制输入达到更好的控制效果。可知，加入输入成型技术的复合控制不但能够确保控制系统的鲁棒性，还能同时抑制贮腔中的液体晃动行为。

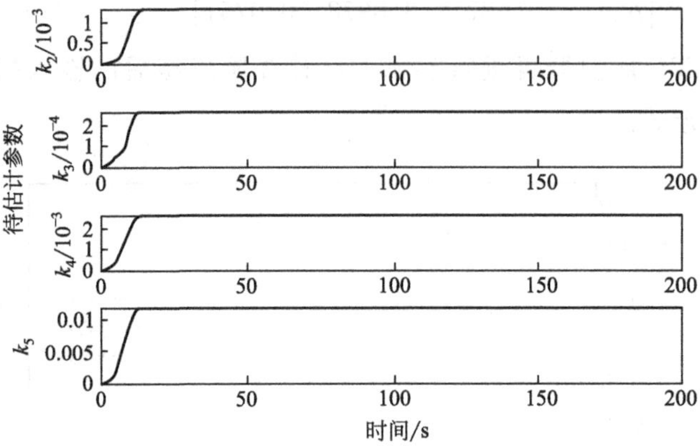

图 10-14　估计参数 k_2、k_3、k_4、k_5

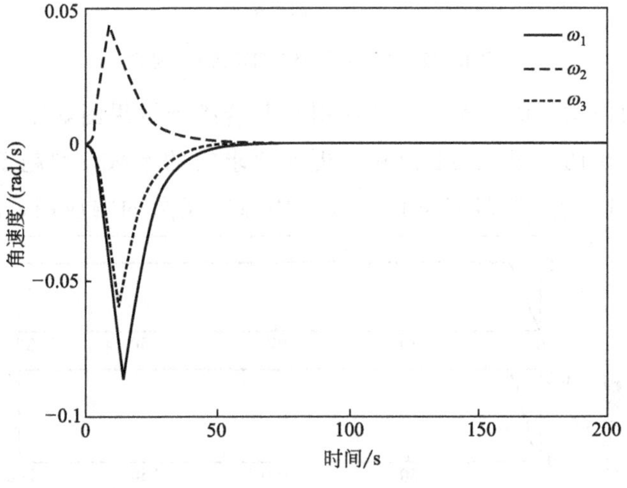

图 10-15　姿态角速度的响应

通过以上分析，可以得到如下结论：

① 应用自适应更新律式（10-22b）所求得估计参数 c、k_0、k_1、k_2、k_3、k_4、k_5 的具体数值，其随时间改变，最后均趋于一个稳定值。在仿真过程中选取，$\lambda_1=0.15$，$\lambda_2=\lambda_3=0.001$，$\lambda_4=\lambda_5=0.005$，$\Delta=0.1$。

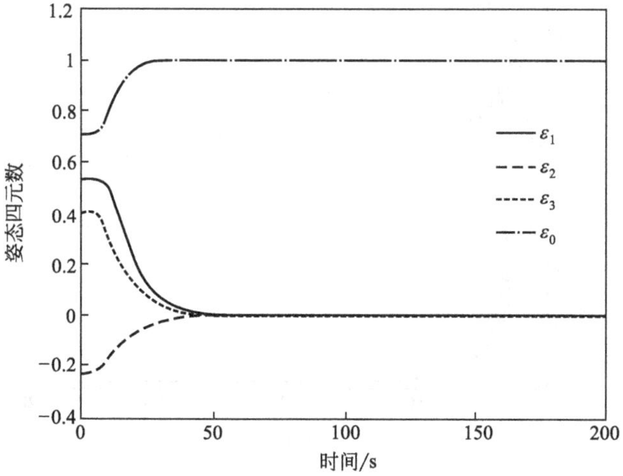

图 10-16　姿态四元数的响应

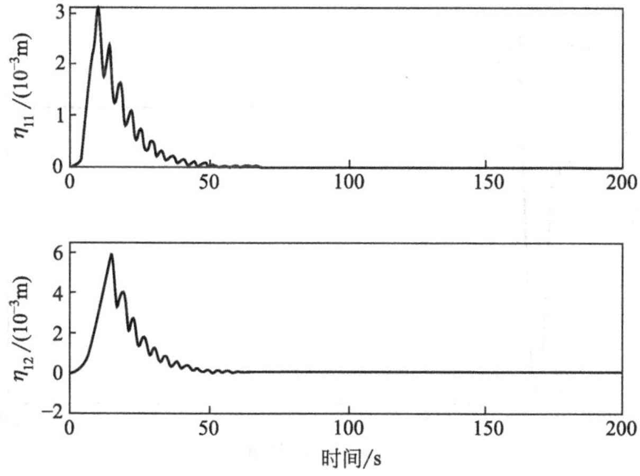

图 10-17　液体一阶晃动模态响应曲线图

② 通过对比航天器姿态角速率及姿态四元数响应图，可以看出：系统在96s左右达到稳定效果。带有多模态输入成型技术的复合控制器可以稍快达到稳定；而由修正后的自适应滑模反馈控制律式（10-27），及自适应更新律式（10-22）所得到的控制效果与复合控制器所达到的控制效果几乎相当，这也从另一角度说明自适应滑模控制器具有较好的鲁棒性、稳定性及抗干扰的能力。

③ 通过对比采用成型器技术前后液体燃料晃动动力学响应图可以看出：液体晃动沿着偏航轴、滚动轴的一阶晃动的瞬态响应特征非常明显；虽然二阶

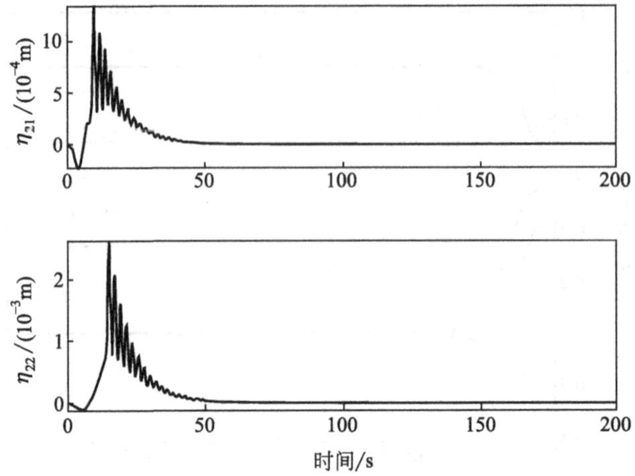

图 10-18　液体二阶晃动模态响应曲线图

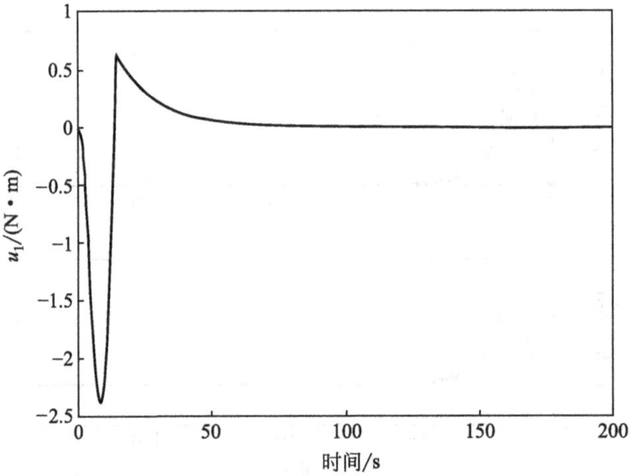

图 10-19　控制力矩 u_1 时间历程图

晃动响应幅值比一阶晃动幅值小 10^{-1} 数量级，但也显示出其不可忽略的瞬态响应特性。仿真结果显示，本章所设计的基于成型器技术的多模态复合控制器对液体晃动的抑制效果非常明显。

④ 对比控制力矩输入时间历程图，在数值仿真的实施过程中，可以发现：加入成型器后的复合控制器将使航天器系统更快达到稳定姿态，且控制过程中所需要的控制力矩输入更小。

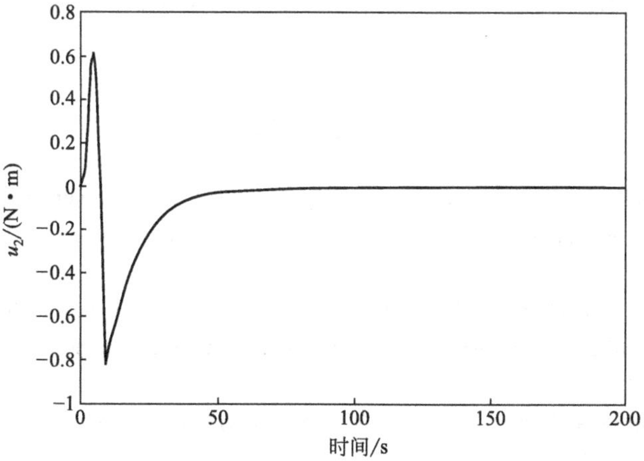

图 10-20　控制力矩 $\boldsymbol{u}_2$ 时间历程图

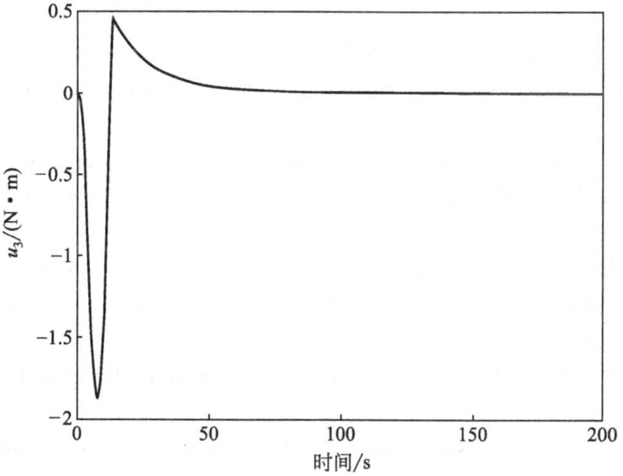

图 10-21　控制力矩 $\boldsymbol{u}_3$ 时间历程图

10.6　本章小结

本章考虑多模态充液航天器姿态机动控制问题，液体贮箱假定为椭球形，将晃动液体等效为二阶弹簧质量模型，应用动量矩定理建立了充液航天器耦合系统动力学方程。设计了结合自适应滑模控制器及具有鲁棒特性的二阶 ZVD 输入成型器的复合控制策略，从而达到对航天器姿态机动进行控制的同时又抑制液体燃料晃动动力学的效果。数值仿真试验所给出的控制效果图验证了本章方法的有效性。

参考文献

[1] Reyhanoglu M, Hervas J R. Robotically controlled sloshing suppression in point-to-point liquid container transfer [J]. Journal of Vibration and Control, 2013, 19 (14): 2137-2144.

[2] Reyhanoglu M, Hervas J R. Nonlinear control of space vehicles with multi-mass fuel slosh dynamics [C]. International Conference on Recent Advances in Space Technologies IEEE, 2011.

[3] 岳宝增，宋晓娟. 具有刚-柔-液耦合的航天器动力学研究进展 [J]. 力学进展，2013，43 (1): 162-172.

[4] Boskovi J D, Li S M, Mehra R K. Robust adaptive variable structure control of spacecraft under control input saturation [J]. Journal of Guidance, Control and Dynamics, 2001, 24 (1): 14-22

[5] Wallsgrove R J, Akella M R. Globally stabilizing saturated attitude control in the presence of bounded unknown disturbances [J]. Journal of Guidance, Control and Dynamics, 2005, 28 (5): 957-963

[6] Hu Q. Robust adaptive sliding mode attitude maneuvering and vibration damping of three-axis-stabilized flexible spacecraft with actuator saturation limits [J]. Nonlinear Dynamics. 2009, 55: 301-321.

[7] Zheng Z, Yuanqing X, Mengyin F. Adaptive sliding mode control for attitude stabilization with actuator saturation [J]. IEEE Transactions on Industrial Electronics. 2011, 58 (10): 4898-4907.

[8] 王靓玥，郭延宁，马广富，等. 航天器姿态控制输入饱和问题综述 [J]. 宇航学报，2021，42 (1): 11-21.

[9] Hashem A, R. Scott E. Sliding mode control of underactuated multibody systems and its application to shape change control [J]. International Journal of Control. 2008, 81 (12): 1849-1858.

第11章 光压扰动下充液挠性航天器的姿态机动控制研究

11.1 引言

现代大型航天器，为了实现日趋复杂的航天任务，要求航天器具有灵活的机动能力和较高的稳定能力。这种高精度指向的要求，导致航天器在执行任务过程中需要严格控制颤振的发生。对于颤振的抑制控制近年来成为航空航天领域发展的一个极具挑战性的课题。如 1990 年发射的哈勃望远镜（HST），要求指向稳定性在 24h 内小于 0.007s；而 James Webb 空间望远镜（JWST）和陆地探测日冕仪（JPF-C）更是要求指向稳定性小于 4μs。颤振的振动来源主要包括[1]：航天器内置动量轮（离散频率与动量轮的速度和激励有关）；控制力矩陀螺（CMG）（离散频率与 CMG 的速度和激励有关）；热冲击（航天器由本影区驶向半影区过程中太阳光压改变引起的温度变化）；推进剂点火过程引起的颤振；贮液箱体中液体燃料的晃动等。在航天器执行任务的过程中，往往伴随着几种颤振行为同时发生的情况，如何有效迅速地抑制不必要的颤振，在航天器设计中是非常重要的一环。

针对充液挠性多体航天器姿态机动控制策略的研究，Yang 和 Yue[2,3] 设计了动量轮反馈控制律，讨论了液体容器位置和附件参数对航天器机动稳态时间的影响。Fonseca 等人[4] 使用 PD 控制器通过推进器和反作用轮对包含大型液体容器的大型空间结构进行姿态机动。针对 EO-I 航天器，Walchko[5] 开发了一种鲁棒滑模控制器，与传统的 PD 控制器进行了对比，并使用了彩色噪声滤波器来补偿燃料晃动扰动。虞文杰等[6] 所设计滑模姿态控制器采用平方根函数替代符号函数，大大减小了抖动，并设计了通过可测量的姿态角速度来估计液体晃动模态的液体晃动观测器，显著提高了液体挠性航天器的姿态指向精度和稳定度。朱志浩等[7] 基于路径规划、输入成型技术以及有限时间理论，设计了一种有限时间控制方法，可保证多模态挠性充液航天器的大角度机动任务在有限时间内完成。

本章利用动量矩定理及拉格朗日原理推导了在热载荷作用下充液挠性航天器的姿态动力学方程，将挠性振动位移分解为两部分，温度变化引起的准静态位移及自由振动动力学位移，并分析了响应的数值结果。随后设计了考虑非线性饱和约束的滑模控制律对航天器进行姿态机动，及 PPF 正位置内回路反馈控制来抑制挠性结构的颤振。

11.2 充液挠性航天器动力学模型

进入二十一世纪以来，世界航天大国相继加快了对太阳系深空探测的步伐。航天器推进能量的需求成为限制深空探测任务距离的瓶颈。在现有研究的诸多推进方式中，太阳光压推进作为最实际且最有效的方式之一，已经成为航天研究的焦点问题。研究空间热-结构动力学的目的是预测当温度骤然变化时，空间大型结构发生的瞬态响应及由此产生的热弯矩对航天器系统的影响。航天器在轨运行中，要周期性的穿越太阳日照区、半影区及本影区，如图 11-1 所示，使得温度场发生剧烈变化，从而引起结构发生热振动。热振动反过来会改变结构的几何形状和空间姿态，进而影响结构的温度场[8]。

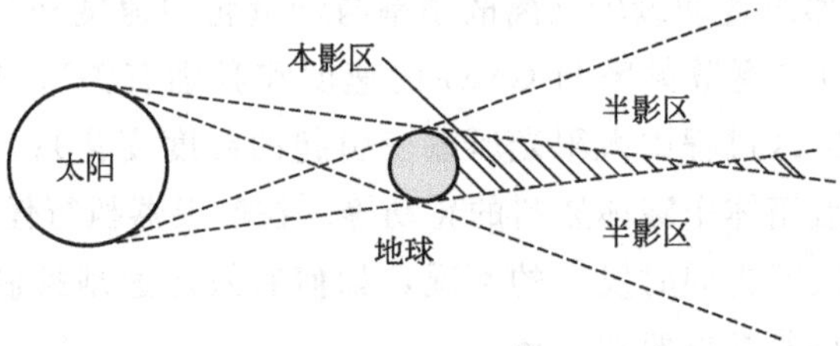

图 11-1 太阳本影区、半影区示意图

本章对于充液挠性航天器热响应分析是以 Thornton 等人[8-10] 的研究为背景，Thornton 等人通过对哈勃望远镜观测到的大量实验数据的研究，给出了一个航天器近地轨道运行进出太阳半影区时温度变化引起热弯矩响应的经验公式[10]，下文中均利用该公式来求解热弯矩。

充液挠性航天器系统动力学模型如图 11-2 和图 11-3 所示，假设挠性附件为 Euler-Bernoulli 梁模型，长为 L，单位密度为 ρ_A，弯曲刚度为 EI，$OXYZ$ 为航天器本体坐标系，坐标原点 O 为航天器的质心。坐标系 $oxyz$ 为太阳帆板与航天器固连的随体坐标系，坐标原点为 o。其它参数变量同第 7 章，根据第 7 章充液航天器的建模基础，航天器系统的姿态动力学方程和等效液体弹簧质量多模态模型晃动方程由动量矩守恒定理得到。利用拉格朗日方程来建立挠性附件的运动方程。

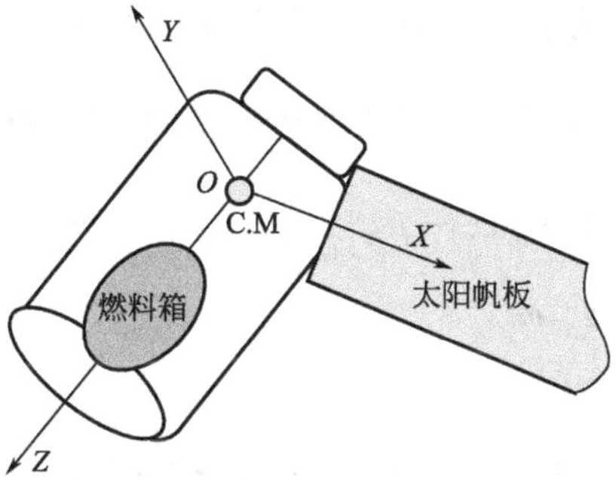

图 11-2 充液挠性航天器系统动力学模型（一）

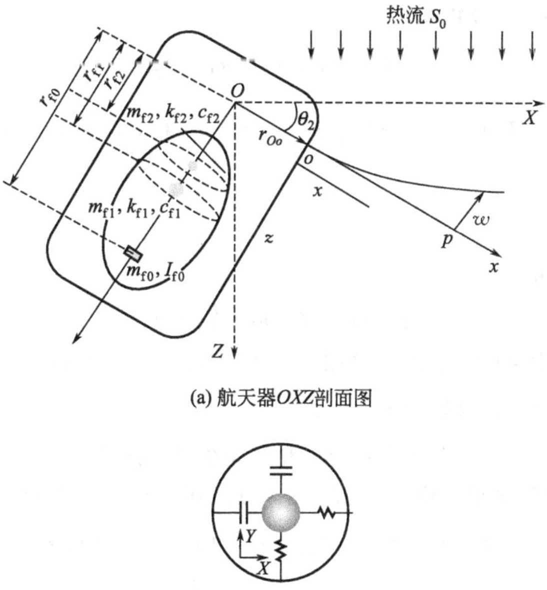

(a) 航天器OXZ剖面图

(b) 等效弹簧质量模型示意图

图 11-3 充液挠性航天器系统动力学模型（二）

假设 p 为挠性结构上任意一单元，其位置矢量可表示为

$$\boldsymbol{r}_p=\boldsymbol{r}_{Op}+\boldsymbol{r}_{\mathrm{d}} \tag{11-1}$$

式中，挠性结构上任意一点到航天器质心的距离 $\boldsymbol{r}_{Op}=\boldsymbol{r}_{Oo}+\boldsymbol{r}_{op}$；航天器质心到随体坐标原点 o 的距离 $\boldsymbol{r}_{Oo}=[\boldsymbol{r}_{Ox}\quad 0\quad r_{Oz}]^{\mathrm{T}}$；随体坐标原点 o 到 p 点的距离 $\boldsymbol{r}_{op}=[x\quad 0\quad 0]^{\mathrm{T}}$；挠性结构位移 $\boldsymbol{r}_{\mathrm{d}}=[0\quad 0\quad w_0]^{\mathrm{T}}$。则 p 点的速度表示为

$$\boldsymbol{v}_p=\dot{\boldsymbol{r}}_p=\boldsymbol{\omega}^{\times}\boldsymbol{r}_{Op}+\dot{\boldsymbol{r}}_{\mathrm{d}} \tag{11-2}$$

挠性附件的动量矩方程为，略去二阶以上的小项，有

$$\begin{aligned}\boldsymbol{H}_p&=\rho_{\mathrm{A}}\int_0^L\boldsymbol{r}_p^{\times}(\boldsymbol{\omega}^{\times}\boldsymbol{r}_p+\dot{\boldsymbol{r}}_d)\mathrm{d}x=\rho_{\mathrm{A}}\int_0^L\boldsymbol{r}_{Op}^{\times}(\boldsymbol{\omega}^{\times}\boldsymbol{r}_{Op}+\dot{\boldsymbol{r}}_{\mathrm{d}})d\mathrm{x}\\&=\rho_{\mathrm{A}}\int_0^L\boldsymbol{r}_{Op}^{\times}\dot{\boldsymbol{r}}_{\mathrm{d}}\mathrm{d}x-\rho_{\mathrm{A}}\int_0^L\boldsymbol{r}_{Op}^{\times}\boldsymbol{r}_{Op}^{\times}\mathrm{d}x\cdot\boldsymbol{\omega}\\&=\boldsymbol{h}_p+\boldsymbol{I}_{p0}\boldsymbol{\omega}\end{aligned} \tag{11-3}$$

式中，$\boldsymbol{h}_p=\rho_{\mathrm{A}}\int_0^L\boldsymbol{r}_{Op}^{\times}\dot{\boldsymbol{r}}_{\mathrm{d}}\mathrm{d}x$；$\boldsymbol{I}_{p0}=-\rho_{\mathrm{A}}\int_0^L\boldsymbol{r}_{Op}^{\times}\boldsymbol{r}_{Op}^{\times}\mathrm{d}x=-\rho_{\mathrm{A}}\int_0^L(\boldsymbol{r}_{Op}^{\mathrm{T}}\boldsymbol{r}_{Op}\boldsymbol{E}-\boldsymbol{r}_{Op}\boldsymbol{r}_{Op}^{\mathrm{T}})\mathrm{d}x$。

航天器系统的动量矩为

$$\boldsymbol{H}_{\mathrm{sat}}=\boldsymbol{J}_{\mathrm{sat}}\boldsymbol{\omega}+\boldsymbol{h}_{\mathrm{f}}+\boldsymbol{h}_p \tag{11-4}$$

式中，$\boldsymbol{J}_{\mathrm{sat}}=\boldsymbol{J}_{\mathrm{hub}}+I_0\boldsymbol{I}+m_{\mathrm{f0}}(\boldsymbol{r}_{\mathrm{f0}}^{\mathrm{T}}\boldsymbol{r}_{\mathrm{f0}}\boldsymbol{I}-\boldsymbol{r}_{\mathrm{f0}}\boldsymbol{r}_{\mathrm{f0}}^{\mathrm{T}})+\boldsymbol{I}_{p0}+\sum_{i=1}^{N}m_{\mathrm{f}i}(\boldsymbol{r}_{\mathrm{f}i}^{\mathrm{T}}\boldsymbol{r}_{\mathrm{f}i}\boldsymbol{I}-\boldsymbol{r}_{\mathrm{f}i}\boldsymbol{r}_{\mathrm{f}i}^{\mathrm{T}})$；$\boldsymbol{h}_{\mathrm{f}}=\sum_{i=1}^{N}m_{\mathrm{f}i}\boldsymbol{r}_{\mathrm{f}i}^{\times}\dot{\boldsymbol{\eta}}_i$。

系统总动量矩守恒

$$\boldsymbol{J}_{\mathrm{sat}}\dot{\boldsymbol{\omega}}=\boldsymbol{H}_{\mathrm{sat}}^{\times}\boldsymbol{\omega}-\dot{\boldsymbol{h}}_{\mathrm{f}}-\dot{\boldsymbol{h}}_p \tag{11-5}$$

等效晃动液体的动力学方程如式（10-2）、式（10-3）所示，将其写成矩阵形式，同时略去二阶以上小量，有

$$-m_{\mathrm{f}i}\boldsymbol{r}_{\mathrm{f}i}^{\times}\dot{\boldsymbol{\omega}}+m_{\mathrm{f}i}\ddot{\boldsymbol{\eta}}+c_{\mathrm{f}i}\dot{\boldsymbol{\eta}}_i+k_{\mathrm{f}i}\boldsymbol{\eta}_i=0 \tag{11-6}$$

为了后续计算方便，将方程式（11-5）、式（11-6）展开

$$\begin{aligned}&J_1\dot{\omega}_1-m_{\mathrm{f1}}r_{o\mathrm{f1}}\ddot{\eta}_{12}-m_{\mathrm{f2}}r_{o\mathrm{f2}}\ddot{\eta}_{22}+(J_3-J_2)\omega_2\omega_3\\&-\omega_3(m_{\mathrm{f1}}r_{o\mathrm{f1}}\dot{\eta}_{11}+m_{\mathrm{f2}}r_{o\mathrm{f2}}\dot{\eta}_{21})+\rho_{\mathrm{A}}\int_0^L(r_0+x)\dot{w}_0\mathrm{d}x\omega_3=0\end{aligned} \tag{11-7}$$

$$\begin{aligned}&J_2\dot{\omega}_2+m_{\mathrm{f1}}r_{o\mathrm{f1}}\ddot{\eta}_{11}+m_{\mathrm{f2}}r_{o\mathrm{f2}}\ddot{\eta}_{21}-\rho_{\mathrm{A}}\int_0^L(r_0+x)\ddot{w}_0\mathrm{d}x\\&+(J_1-J_3)\omega_1\omega_3-\omega_3(m_{\mathrm{f1}}r_{o\mathrm{f1}}\dot{\eta}_{12}+m_{\mathrm{f2}}r_{o\mathrm{f2}}\dot{\eta}_{22})=0\end{aligned} \tag{11-8}$$

$$J_3\dot{\omega}_3+(J_2-J_1)\omega_2\omega_1+(m_{f1}r_{of1}\dot{\eta}_{12}+m_{f2}r_{of2}\dot{\eta}_{22})\omega_2$$
$$+(m_{f1}r_{of1}\dot{\eta}_{11}+m_{f2}r_{of2}\dot{\eta}_{21})\omega_1-\rho_A\int_0^L(r_0+x)\dot{w}_0\mathrm{d}x\omega_1=0 \quad (11\text{-}9)$$
$$m_{f1}r_{Of1}\dot{\omega}_2+m_{f1}\ddot{\eta}_{11}+c_{f1}\dot{\eta}_{11}+k_{f1}\eta_{11}=0 \quad (11\text{-}10)$$
$$-m_{f1}r_{Of1}\dot{\omega}_1+m_{f1}\ddot{\eta}_{12}+c_{f1}\dot{\eta}_{12}+k_{f1}\eta_{12}=0 \quad (11\text{-}11)$$
$$m_{f2}r_{Of2}\dot{\omega}_2+m_{f2}\ddot{\eta}_{21}+c_{f2}\dot{\eta}_{21}+k_{f2}\eta_{21}=0 \quad (11\text{-}12)$$
$$-m_{f2}r_{Of2}\dot{\omega}_1+m_{f2}\ddot{\eta}_{22}+c_{f2}\dot{\eta}_{22}+k_{f2}\eta_{22}=0 \quad (11\text{-}13)$$

挠性附件的动能可表示为

$$\begin{aligned}T_{\text{app}}&=\frac{1}{2}\rho_A\int_{\text{app}}\boldsymbol{v}^{\mathrm{T}}\boldsymbol{v}_{\mathrm{p}}\mathrm{d}V_{\mathrm{p}}\\&=\frac{1}{2}\rho_A\int_0^L[\dot{w}_0^2-2(r_0+x)\omega_2\dot{w}_0+(\omega_1^2+\omega_2^2)w_0^2\\&\quad-2(r_0+x)\omega_1\omega_3w_0+(r_0+x)^2(\omega_2^2+\omega_3^2)]\mathrm{d}x\end{aligned} \quad (11\text{-}14)$$

挠性附件的势能，不考虑重力势能的影响，只考虑弹性体形变能，与温度变化引起的势能改变，系统的势能方程表示为

$$U_{\text{app}}=\frac{1}{2}\int_0^L EI{w''_0}^2\mathrm{d}x+\int_0^L M_T(t)w''_0\mathrm{d}x \quad (11\text{-}15)$$

利用方程式（11-14）、式（11-15）建立拉格朗日方程 $\hat{L}=T_{\text{app}}-U_{\text{app}}$，应用拉格朗日定理

$$\frac{\mathrm{d}}{\mathrm{d}t}\left(\frac{\partial\hat{L}}{\partial\dot{w}_0}\right)-\frac{\partial\hat{L}}{\partial w_0}+\frac{\partial}{\partial x}\left(\frac{\partial\hat{L}}{\partial w'_0}\right)-\frac{\partial^2}{\partial x^2}\left(\frac{\partial\hat{L}}{\partial w''_0}\right)=\hat{W}_{\text{Nc}} \quad (11\text{-}16)$$

式中，$\hat{W}_{\text{Nc}}$ 为挠性结构的非保守力，此时为挠性结构的阻尼力

$$W_a=-\int_0^L C_{\text{damp}}\dot{w}_0\mathrm{d}x \quad (11\text{-}17)$$

式中，C_{damp} 为挠性结构的阻尼常数。

综上，挠性附件的动力学方程为如下表达式

$$-\rho_A(r_0+x)\dot{\omega}_2+\rho_A\ddot{w}_0+C_{\text{damp}}\dot{w}_0+EIw_0^{(4)}+\rho_A(\omega_1^2+\omega_2^2)w_0-\rho_A(r_0+x)\omega_1\omega_3=0$$

略去上式中的二阶以上小量

$$-\rho_A(r_0+x)\dot{\omega}_2+\rho_A\ddot{w}_0+C_{\text{damp}}\dot{w}_0+EIw_0^{(4)}=0 \quad (11\text{-}18)$$

挠性附件的边界条件

当 $x=0$ 时，　　$w_0(0,t)=0$，$w'_0(0,t)=0$ （11-19）

当 $x=L$ 时，　　$EIw''_0(L,t)=-M_T(t)$ （11-20）

这里，w_0 可由两部分组成 $w_0(x,t)=w_{\text{qs}}(x,t)+\tilde{w}_0(x,t)$，第一部分由

热应力引起的准静态位移，第二部分为系统自由振动部分。此时，如果施加热的进程是缓慢的，挠性结构的位移也是缓慢的，不考虑由重力引起的准静态位移，也没有其它动力影响。准静态结构响应由瞬时温度改变引起的，不考虑方程式（11-18）、式（11-19）惯性力的影响，准静态位移动力学方程及其边界条件可表示为

$$EIw_{qs}^{(4)}=0 \tag{11-21}$$

$$w_{qs}(0,t)=0,\ w'_{qs}(0,t)=0$$

$$w''_{qs}(L,t)=-\frac{M_T(t)}{EI},\ w'''_{qs}(L,t)=0 \tag{11-22}$$

将边界条件式（11-22）代入式（11-21）中，求得太阳帆板准静态位移为

$$w_{qs}(x,t)=-\frac{M_T(t)}{2EI}x^2 \tag{11-23}$$

自由振动响应 $\bar{w}_0$，应用模态分析法可表示为

$$\widetilde{w}_0(x,t)=\varphi(x)e^{i\Omega_a t} \tag{11-24}$$

式中，$\varphi(x)$为模态函数；Ω_a 为固有频率。

由于 M_T 只在截面上随时间变化而沿梁的轴向不变。梁自由振动的表达式为

$$\frac{\partial}{\partial x^2}\left(EI\frac{\partial^2\widetilde{w}_0}{\partial x^2}\right)+\rho A\frac{\partial^2\widetilde{w}_0}{\partial t^2}=0 \tag{11-25}$$

将边界条件式（11-19）、式（11-20）代入式（11-24）中

$$\varphi_{xxxx}-k^4\varphi=0 \tag{11-26}$$

式中，令 $k^4=\frac{\rho A\Omega_a{}^2}{EI}$，$\varphi(0)=0$，$\varphi'(0)=0$，$\varphi''(L)=0$。

方程式（11-26）的一般解表达式可用形函数表示为

$$\varphi_n(x)=a_n\{\sin(k_nx)-\sinh(k_nx)-\alpha_n[\cos(k_nx)-\cosh(k_nx)]\} \tag{11-27}$$

$$\Omega_n=k_n^2\sqrt{\frac{EI}{\rho A}},\ k_n^4=\frac{\rho_A\Omega_n^2}{EI},\ \alpha_n=\frac{\sinh(k_nL)+\sin(k_nL)}{\cosh(k_nL)+\sin(k_nL)}$$

上式中的系数 a_n 可由下式进行求解

$$\rho_A\int_0^L a_n{}^2\{\sin(k_nx)-\sinh(k_nx)-\alpha_n[\cos(k_nx)-\cosh(k_nx)]\}^2dx=1$$

由此，形函数中各个未知系数都可求得。

将位移表达式 $w(x,t)=w_{qs}(x,t)+\sum_{n=i}^{N}\varphi_n(x)q_n(t)$ 代入到运动学方程式

(11-7) ～ 式(11-9) 中，可得

$$J_1\dot{\omega}_1-m_{f1}r_{of1}\ddot{\eta}_{12}-m_{f2}r_{of2}\ddot{\eta}_{22}+(J_3-J_2)\omega_2\omega_3-$$
$$\omega_3(m_{f1}r_{of1}\dot{\eta}_{11}+m_{f2}r_{of2}\dot{\eta}_{21})+\rho_A\sum_{n=1}^{N}\int_0^L(r_0+x)\varphi_n(x)\,\mathrm{d}x\dot{q}_n\omega_3$$
$$=-\rho_A\int_0^L(r_0+x)\dot{w}_{qs}\,\mathrm{d}x\omega_3 \tag{11-28}$$

$$J_2\dot{\omega}_2+m_{f1}r_{of1}\ddot{\eta}_{11}+m_{f2}r_{of2}\ddot{\eta}_{21}-\rho_A\sum_{n=1}^{N}\int_0^L(r_0+x)\varphi_n(x)\,\mathrm{d}x\ddot{q}_n+$$
$$(J_1-J_3)\omega_1\omega_3-\omega_3(m_{f1}r_{of1}\dot{\eta}_{12}+m_{f2}r_{of2}\dot{\eta}_{22})$$
$$=\rho_A\int_0^L(r_0+x)\ddot{w}_{qs}\,\mathrm{d}x \tag{11-29}$$

$$J_3\dot{\omega}_3+(J_2-J_1)\omega_2\omega_1+(m_{f1}r_{of1}\dot{\eta}_{12}+m_{f2}r_{of2}\dot{\eta}_{22})\omega_2+$$
$$(m_{f1}r_{of1}\dot{\eta}_{11}+m_{f2}r_{of2}\dot{\eta}_{21})\omega_1-\rho_A\sum_{n=1}^{N}\int_0^L(r_0+x)\varphi_n(x)\,\mathrm{d}x\dot{q}_n\omega_1$$
$$=\rho_A\int_0^L(r_0+x)\dot{w}_{qs}\,\mathrm{d}x\omega_1 \tag{11-30}$$

同时将位移表达式代入到方程式（11-18）中，在方程的两侧同时乘以 $\varphi_m(x)$，进行积分，并且考虑如下条件

$$\begin{aligned}EI\int_0^L\varphi_n^{(4)}\varphi_m\,\mathrm{d}x&=EI\varphi_n^{(3)}(L)\varphi_m(L)-EI\int_0^L\varphi_n^{(3)}\varphi_m^{(1)}\,\mathrm{d}x\\&=EI\varphi_n^{(3)}(L)\varphi_m(L)-EI\varphi_n^{(2)}(L)\varphi_m^{(1)}(L)+\int_0^L EI\varphi_n^{(2)}\varphi_m^{(2)}\,\mathrm{d}x\end{aligned} \tag{11-31}$$

式中，有表达式 $\sum_{n=1}^{N}EI\varphi_n^{(2)}(L)q=-EIv_{qs}^{(2)}(L,t)-M_T(L)=0$。

结合以上方程，则方程式（11-18）可重新表示为

$$-\rho_A\int_0^L(r_0+x)\varphi_m(x)\,\mathrm{d}x\dot{\omega}_2+\rho_A\sum_{n=1}^{N}\int_0^L\varphi_n(x)\varphi_m(x)\,\mathrm{d}x\ddot{q}_n+$$
$$C_{damp}\sum_{n=1}^{N}\int_0^L\varphi_n(x)\varphi_m(x)\,\mathrm{d}x\dot{q}_n+EI\sum_{n=1}^{N}\int_0^L\varphi_n(x)^{(2)}\varphi_m(x)^{(2)}\,\mathrm{d}xq_n$$
$$=-\rho_A\int_0^L\ddot{w}_{qs}\varphi_m(x)\,\mathrm{d}x-C_{damp}\int_0^L\dot{w}_{qs}\varphi_m(x)\,\mathrm{d}x \tag{11-32}$$

由太阳光压引起的热弯矩 $M_T(t)$，可以表示为[10]

$$M_T(t)=\frac{EI\alpha_{\rm cte}\Delta T_{\rm SS}}{h}(1-{\rm e}^{-t/\tau_{\rm panel}}) \tag{11-33}$$

式中，$\Delta T = T_{\rm upper}(t) - T_{\rm lower}(t)$；$\alpha S_0 = \sigma\varepsilon_{\rm upper}T_{\rm upper}^4 + \sigma\varepsilon_{\rm lower}T_{\rm lower}^4$；$k_{\rm hc}\dfrac{(T_{\rm upper}-T_{\rm lower})}{h_{\rm hc}}=\sigma\varepsilon_{\rm lower}T_{\rm lower}^4$。$\Delta T$ 为沿着帆板厚度方向的温差，$T_{\rm upper}$、$T_{\rm lower}$ 为沿着帆板厚度方向上下表面的温度；S_0 挠性结构接受太阳光压产生的外热流；α 为比热容；$k_{\rm hc}$ 为传热系数。

由此，可求得系统动力学方程式（11-10）～式（11-13）、式（11-28）～式（11-30）、式（11-32），同时考虑方程 $\dot{\boldsymbol{\theta}}=S^{-1}(\theta_1,\theta_2)\boldsymbol{\omega}$，可求得航天器姿态角方程。

根据欧拉角的转换公式，$S^{-1}=\begin{bmatrix}0 & \sin\theta_1\tan\theta_2 & \cos\theta_1\tan\theta_2\\ 0 & \cos\theta_1 & -\sin\theta_1\\ 0 & \sin\theta_1\sec\theta_2 & \cos\theta_1\sec\theta_2\end{bmatrix}$。

11.3 光压响应数值分析

仿真过程中，结构结构参数定义与第 10 章相同，选取数值也与第 10 章相同：太阳帆板的参数，$EI=84{\rm N\cdot m^2}$；$\rho=300{\rm kg/m^3}$；$h_{\rm hc}=0.028{\rm m}$，$h_{\rm fc}=0.001{\rm m}$，$h=h_{\rm hc}+2h_{\rm fc}$；$b=1.428{\rm m}$；$L=11.4{\rm m}$；$\alpha_{\rm cte}=2.3\times10^{-5}{\rm K^{-1}}$；$k_{\rm hc}=1.5{\rm W/(m\cdot K)}$；$c=921{\rm J/(kg\cdot K)}$；$\alpha=0.79$；$\varepsilon_{\rm upper}=\varepsilon_{\rm lower}=0.13$；$C_{\rm damp}=0.01$；$S_0=1350{\rm W/m^2}$。

首先根据式（11-33），得出航天器在进出半影区时温度随时间变化情况，如图 11-4 所示，在接近 50s 后温度变化趋于稳定，前 50s 温度发生骤然变化势必会引起航天器姿态不必要的扰动。

充液挠性航天器受到太阳光压骤然改变引起的温度扰动，分别取前两阶液体晃动响应，及前两阶挠性附件的振动模态，动力学仿真如图 11-5～图 11-10 所示。热弯矩的方向沿着 OY 轴的方向，图 11-5 为三个方向姿态角响应图，绕 OY 轴旋转的姿态角 θ_2 受到扰动作用，姿态角扰动分为两部分，包含受到热弯矩影响的准静态姿态角及自由振动产生的抖动，图中可知当姿态角在准静态姿态角 0.03 附近发生扰动；图 11-6 为姿态角速度的响应图；图 11-7、图 11-8 为液体一阶、二阶晃动时间历程图；图 11-9 为太阳帆板的振动响应图，其位移同样包含准静态位移及自由振动引发的位移扰动，准静态位移在−0.1688m；图 11-10 为太阳帆板前二阶振动模态响应图。图中可知，太阳光压引起的热扰动对于航天器的姿态运动的精度影响是不容忽视的，在进行姿态机动的同时，必须有效地抑制这种扰动的发生，确保航天器姿态运动的精确性。

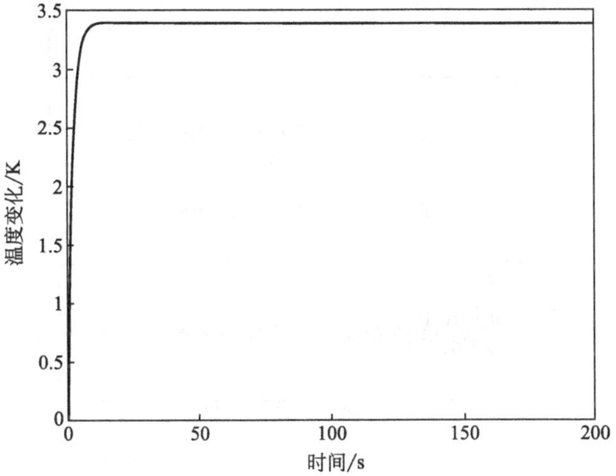

图 11-4　温度变化曲线图

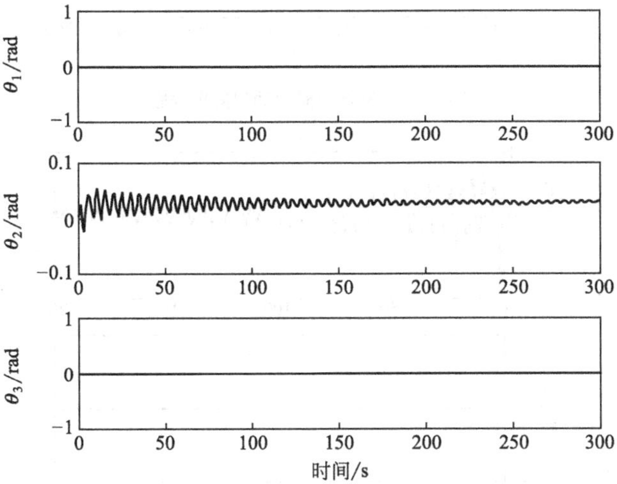

图 11-5　姿态角的响应

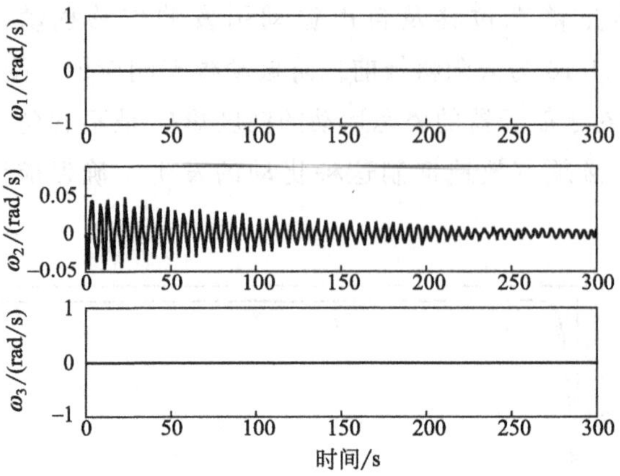

图 11-6　姿态角速度的响应

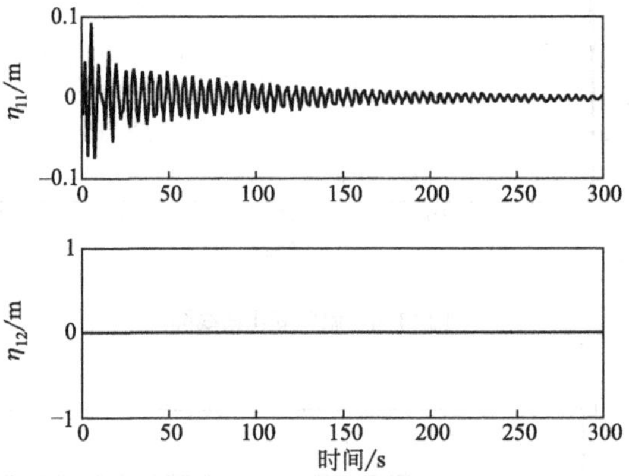

图 11-7　液体一阶晃动时间历程图

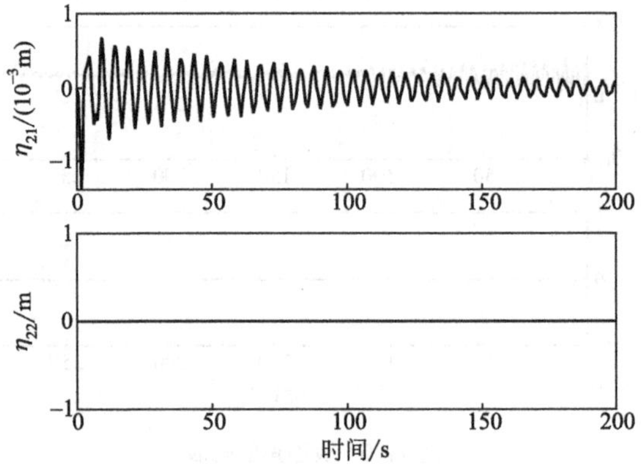

图 11-8　液体二阶晃动时间历程图

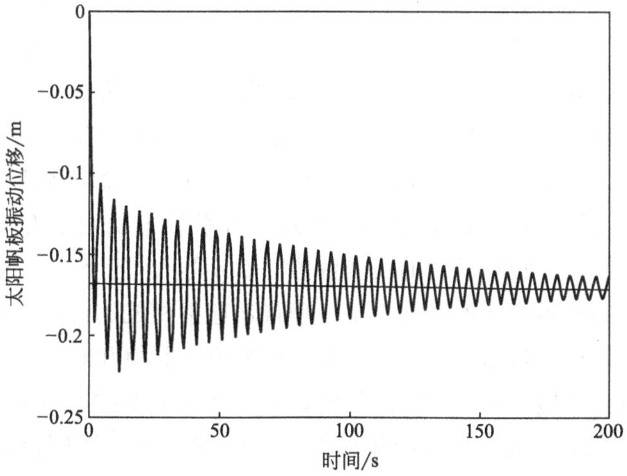

图 11-9 太阳帆板的振动响应

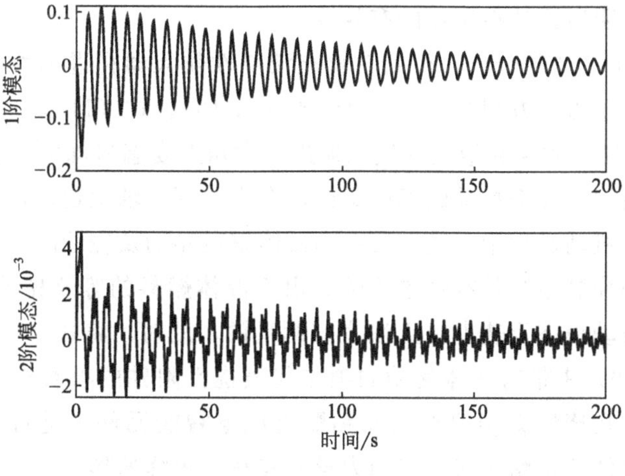

图 11-10 太阳帆板前二阶振动模态响应

11.4 充液挠性航天器姿态机动控制

本节考虑输入饱和非线性自适应滑模控制器，对在光压扰动影响下充液挠性航天器进行姿态机动。对在轨运行的航天器进行姿态机动过程中，由于执行机构提供的力矩有限，产生饱和非线性输入的问题，将降低航天器控制精度，使得控制系统不稳定。部分充液航天器耦合系统为典型的未知内动态欠驱动动力学系统。在描述被控对象及建立数学模型的过程中，由于含有一些未知因素和随机因素，使得航天器系统的惯性矩阵及外部扰动具有不确定性。Boskovi等人[11] 提出了一种自适应滑模算法，对有界干扰具有强鲁棒性，显式地处理输入饱和约束。Wallsgrove 等人[12] 在 Hu 等人[13] 的基础上，利用双曲函数来替换切换函数，并引入附加时变姿态增益函数对含有未知干扰的刚体航天器进行姿态控制。Zhu 等人[14] 设计了控制受限的自适应变结构鲁棒控制器实现对大型挠性航天器大角度机动控制，该方法对系统不确定项有良好的鲁棒性能，但是要求航天器转动惯量的精确数值。Zhu 等人[14] 研究了惯性矩阵及外部扰动不确定的刚体航天器，提出了一种自适应滑模控制策略对有限控制输入进行了有效的处理。崔祜涛等人[15] 在时变滑模控制律和时不变滑模控制律进行切换，利用其抗饱和及抗干扰的优势，对刚体航天器抗退绕机动控制进行了研究。本章将 Zhu 等人[14] 对刚体航天器设计的自适应滑模控制策略推广到部分充液航天器系统中，采用 Lyapunov 方法分析了滑动模态的存在性及稳定性，并设计了内回路 PPF 正位置补偿器，对所设计的控制器进行了数值仿真试验研究来证明所设计控制器的有效性。

根据第 11.2 节的分析，得到在轨充液挠性航天器在进出太阳本影区、半影区过程中的动力学方程式（11-10）～式（11-13）、式（11-28）～式（11-30）、式（11-32）。在对此类充液挠性航天器进行大角度姿态机动的过程中，航天器本身存在着模型及外部扰动的不确定性，考虑利用三轴稳定动量轮提供连续的控制力矩，在机动过程中，还需要抑制液体燃料晃动及挠性附件的振动。这就要求所设计的控制系统具有强鲁棒性。由于液体燃料的等效晃动模态及速度，和挠性附件振动模态及速度是无法直接测量的，此时，将式（11-7）、式（11-31）、式（11-9）中带有液体晃动的项与代表挠性附件的项看作是外部未知扰动，并且考虑在挠性太阳帆板表面粘贴有压电智能元件来进行主动控制[13]，不考虑压电元件的粘贴方式，将动力学方程写为矩阵的形式

$$\boldsymbol{J}_{\mathrm{sat}}\dot{\boldsymbol{\omega}}=-\boldsymbol{\omega}^{\times}\boldsymbol{J}_{\mathrm{sat}}\boldsymbol{\omega}+\bar{\boldsymbol{T}}_{\mathrm{d}}+\boldsymbol{\tau} \tag{11-34}$$

$$\boldsymbol{M}_{\eta\omega}\dot{\boldsymbol{\omega}}+\boldsymbol{M}_{\eta}\ddot{\boldsymbol{\eta}}+\boldsymbol{C}_{\eta}\dot{\boldsymbol{\eta}}+\boldsymbol{K}_{\eta}\boldsymbol{\eta}=0 \tag{11-35}$$

$$\boldsymbol{M}_{q\omega}\dot{\boldsymbol{\omega}}+\boldsymbol{M}_{q}\ddot{\boldsymbol{q}}+\boldsymbol{C}_{q}\dot{\boldsymbol{q}}+\boldsymbol{K}_{q}\boldsymbol{q}=\boldsymbol{F}_{qT}-\boldsymbol{R}_{\mathrm{a}}\boldsymbol{G}_{\mathrm{a}}\boldsymbol{v}_{\mathrm{a}} \tag{11-36}$$

$$\boldsymbol{v}_{\mathrm{s}}=\boldsymbol{G}_{\mathrm{s}}\boldsymbol{Q}^{-1}\boldsymbol{R}_{\mathrm{s}}\boldsymbol{q} \tag{11-37}$$

式中，$\bar{\boldsymbol{T}}_{\mathrm{d}}=-\boldsymbol{M}_{\omega\eta}\ddot{\boldsymbol{\eta}}-\boldsymbol{M}_{\omega q}\ddot{\boldsymbol{q}}-\boldsymbol{\omega}^{\times}(\boldsymbol{M}_{\omega}\boldsymbol{\omega}_{\mathrm{s}}+\boldsymbol{M}_{\omega\eta}\dot{\boldsymbol{\eta}}+\boldsymbol{M}_{\omega q}\dot{\boldsymbol{q}})+\boldsymbol{T}_{\mathrm{d}}$；$\boldsymbol{M}_{q\omega}$、$\boldsymbol{M}_{\eta\omega}$ 为耦合矩阵；$\boldsymbol{M}_{\eta}$、$\boldsymbol{M}_{q}$ 为质量矩阵；$\boldsymbol{C}_{q}$、$\boldsymbol{C}_{\eta}$ 为柔性矩阵；$\boldsymbol{K}_{q}$、$\boldsymbol{K}_{\eta}$ 为刚度矩阵；$\boldsymbol{F}_{qT}$ 是温度引起的外力矩阵；$\boldsymbol{R}_{\mathrm{a}}$、$\boldsymbol{R}_{\mathrm{s}}$ 为压电致动器、传感器耦合矩阵，有 $R_{\mathrm{a}}=R_{\mathrm{s}}$；$\boldsymbol{G}_{\mathrm{a}}$，$\boldsymbol{G}_{\mathrm{s}}$ 压电致动器、传感器增益矩阵；$\boldsymbol{Q}$ 表示正定压电材料电

容矩阵；$\boldsymbol{v}_s$ 为压电材料传感器电压矩阵；$\boldsymbol{v}_a$ 为压电材料致动器电压矩阵。

假设由动量轮来提供航天器进行姿态机动的控制力矩，对航天器姿态方程式（11-32）设计考虑输入饱和约束条件的自适应滑模控制律，同时设计内回路正位置反馈补偿器来增加挠性模态的阻尼。设计原理图如图 11-11 所示。

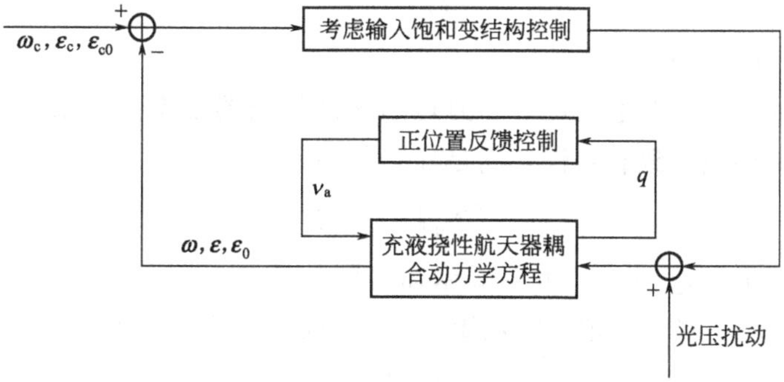

图 11-11　控制系统结构图

11.4.1　考虑饱和输入的自适应滑模控制律设计

将方程式（11-31）重新写为式（11-38），同时考虑姿态四元数方程，有

$$\boldsymbol{J}_{\text{sat}}\dot{\boldsymbol{\omega}} = -\boldsymbol{\omega}^{\times}\boldsymbol{J}_{\text{sat}}\boldsymbol{\omega} + \overline{\boldsymbol{T}}_{\text{d}} + \boldsymbol{\tau} \tag{11-38}$$

$$\dot{\boldsymbol{\varepsilon}} = \frac{1}{2}\boldsymbol{G}(\boldsymbol{\varepsilon})\boldsymbol{\omega} \tag{11-39}$$

$$\dot{\varepsilon}_0 = -\frac{1}{2}\boldsymbol{\varepsilon}^{\text{T}}\boldsymbol{\omega} \tag{11-40}$$

在航天器实际系统中，往往由动量轮等作致动器来提供控制力矩，此时，需要考虑动量轮的输入力矩本身存在饱和特性的非线性输入。此时将方程式（11-35）中的控制输入 $\boldsymbol{\tau}$ 变为 $\text{sat}(\boldsymbol{\tau})$。

假设 11.1　饱和函数 $\text{sat}(\boldsymbol{\tau})$ 是考虑飞轮的饱和特性引起的非线性，并定义其输出力矩为

$$\text{sat}\ (\tau_i) = \begin{cases} \tau_{\text{m}i} & \tau_i > \tau_{\text{m}i} \\ \tau_i & -\tau_{\text{m}i} < \tau_i < \tau_{\text{m}i} \\ -\tau_{\text{m}i} & \tau_i < -\tau_{\text{m}i} \end{cases}, \quad i = 1, \cdots, 3 \tag{11-41}$$

在计算过程中，为了方便计算，饱和函数 $\text{sat}(\boldsymbol{\tau})$ 可以表示为

$$\text{sat}(\boldsymbol{\tau}) = \chi(\boldsymbol{\tau})\boldsymbol{\tau} \tag{11-42}$$

式中，$\chi[\boldsymbol{\tau}(t)] = \text{diag}\{\chi_1[\tau(t)],\ \chi_2[\tau(t)],\ \chi_3[\tau(t)]\}$ 及

$$\chi_i(\tau)=\begin{cases}\dfrac{\tau_{mi}}{\tau_i} & \tau_i>\tau_{mi}\\ 1 & -\tau_{mi}<\tau_i<\tau_{mi}\\ -\dfrac{\tau_{mi}}{\tau_i} & \tau_i<-\tau_{mi}\end{cases} \tag{11-43}$$

且 $0<\chi_i[\tau(t)]\leqslant 1$。

假设 11.2 对于存在有干扰力矩的充液航天器姿态控制系统，外部扰动 $\bar{\boldsymbol{T}}_d$ 具有连续性及一致有界性，满足如下条件

$$\|\bar{\boldsymbol{T}}_d\|\leqslant c_\zeta\|\boldsymbol{\zeta}\|$$

式中，$\boldsymbol{\zeta}^T=[\boldsymbol{\varepsilon}\quad\boldsymbol{\omega}]^T$；$c_\zeta>0$ 为 $\boldsymbol{\zeta}$ 未知边界上限。

假设 11.3 对于正定的惯性矩阵 $\boldsymbol{J}_{sat}$ 满足如下等效条件

$$\|\boldsymbol{J}_{sat}\|\leqslant\lambda_J$$

式中，$\lambda_J>0$ 为惯性矩阵的未知上边界。

假设 11.4 存在正的不确定参数 k_ζ，使其满足以下条件

$$\frac{3}{2}\lambda\|M_\omega\|\|\boldsymbol{\omega}\|\leqslant(k_\zeta-c_\zeta)\|\boldsymbol{\zeta}\|$$

考虑到假设 11.3，$k_\zeta-c_\zeta>0$，假设条件可以达到。

选取滑模面

$$\boldsymbol{S}=\boldsymbol{\omega}+\lambda\boldsymbol{\varepsilon} \tag{11-44}$$

式中，λ 为大于零的待设计常数。

带有饱和控制输入的自适应滑模控制律为

$$\boldsymbol{\tau}=-\boldsymbol{\kappa}\mathrm{sgn}(\boldsymbol{S})-\boldsymbol{u}_s \tag{11-45}$$

式中，$\boldsymbol{\kappa}$ 为待设计的正定矩阵；$\boldsymbol{u}_s$ 为自适应等效控制律。

以第 4 章自适应动态反馈滑模控制器设计为基础，设计自适应等效控制律，表示为

$$\boldsymbol{u}_s(t)=\beta\hat{\gamma}\hat{k}_\zeta\|\boldsymbol{\zeta}\|\frac{\boldsymbol{S}(t)}{\|\boldsymbol{S}(t)\|} \tag{11-46}$$

设计估计参数 $\hat{k}_\zeta$ 及 $\hat{\delta}$ 取自适应更新律为

$$\dot{\hat{k}}_\zeta(t)=p\|\boldsymbol{S}(t)\|\|\boldsymbol{\zeta}\| \tag{11-47}$$

$$\dot{\hat{\gamma}}(t)=\beta\hat{\gamma}^3\hat{k}_\zeta\|\boldsymbol{S}(t)\|\|\boldsymbol{\zeta}\| \tag{11-48}$$

式中，需要设计的参数 $\beta>1$ 及 $p>0$。

定理 11.1 充液航天器动力学系统式（11-38）～式（11-40）在控制律

式（11-45）、式（11-46），及参数自适应更新律式（11-47）、式（11-48）作用下会收敛于平衡点。即随着时间 $t\rightarrow\infty$，系统轨迹收敛于滑动平面$\boldsymbol{S}(t)=0$。

证明：选取如下 Lyapunov 函数为

$$V=\frac{1}{2}\left[\boldsymbol{S}^{\mathrm{T}}J_{\mathrm{sat}}\boldsymbol{S}+\frac{1}{p}\tilde{k}_{\zeta}^{2}+\tilde{\gamma}^{2}\right] \tag{11-49}$$

式中，$\tilde{\gamma}=\gamma-\hat{\gamma}^{-1}$ [$\gamma(0)=\gamma_0$，γ_0 为 $\hat{\gamma}$ 初值]；$\tilde{k}_{\zeta}=k_{\zeta}-\hat{k}_{\zeta}$。

Lyapunov 函数 V 对时间求一阶导数为

$$\begin{aligned}\dot{V}=&\boldsymbol{S}^{\mathrm{T}}[-(\boldsymbol{S}-\lambda\boldsymbol{\varepsilon})^{\times}\boldsymbol{J}_{\mathrm{sat}}\omega+\overline{\boldsymbol{T}}_{\mathrm{d}}]\boldsymbol{\omega}+\frac{1}{2}\lambda\boldsymbol{S}^{\mathrm{T}}J_{\mathrm{sat}}(\boldsymbol{\varepsilon}^{\times}+\varepsilon_0\boldsymbol{I})\omega\\&+\boldsymbol{S}^{\mathrm{T}}\chi(\boldsymbol{\tau})\cdot\boldsymbol{\tau}-\frac{1}{p}\tilde{k}_{\zeta}\dot{\hat{k}}_{\zeta}+\tilde{\gamma}\hat{\gamma}^{-2}\dot{\hat{\gamma}}\end{aligned} \tag{11-50}$$

对滑模面（11-44）式进行变形后，代入上式，整理

$$\begin{aligned}\dot{V}=&\lambda\boldsymbol{S}^{\mathrm{T}}\boldsymbol{J}_{\mathrm{sat}}\boldsymbol{\varepsilon}^{\times}\boldsymbol{\omega}+\frac{1}{2}\lambda\boldsymbol{S}^{\mathrm{T}}\boldsymbol{J}_{\mathrm{sat}}(\boldsymbol{\varepsilon}^{\times}+\varepsilon_0\boldsymbol{I})\boldsymbol{\omega}+\boldsymbol{S}^{\mathrm{T}}\overline{T}_{\mathrm{d}}\\&+\boldsymbol{S}^{\mathrm{T}}\chi(\boldsymbol{\tau})\cdot\boldsymbol{\tau}-\frac{1}{p}\tilde{k}_{\zeta}\dot{\hat{k}}_{\zeta}+\tilde{\gamma}\hat{\gamma}^{-2}\dot{\hat{\gamma}}\end{aligned}$$

考虑$\|\varepsilon_0\boldsymbol{I}+\boldsymbol{\varepsilon}^{\times}\|\leqslant1$，$\|\boldsymbol{\varepsilon}\|\leqslant1$，进一步整理

$$\dot{V}=\frac{3}{2}\lambda\|J_{\mathrm{sat}}\|\|S\|\|\omega\|++\boldsymbol{S}^{\mathrm{T}}\overline{T}_{\mathrm{d}}+\boldsymbol{S}^{\mathrm{T}}\chi(\boldsymbol{\tau})\cdot\boldsymbol{\tau}-\frac{1}{p}\tilde{k}_{\zeta}\dot{\hat{k}}_{\zeta}+\tilde{\gamma}\hat{\gamma}^{-2}\dot{\hat{\gamma}} \tag{11-51}$$

上式结合假设 11.2、假设 11.4，可重新得到

$$\dot{V}\leqslant k_{\zeta}\|\boldsymbol{S}\|\|\boldsymbol{\zeta}\|+\boldsymbol{S}^{\mathrm{T}}\chi(\tau)\cdot\tau-\tilde{k}_{\zeta}\|\boldsymbol{S}\|\|\boldsymbol{\zeta}\|+\tilde{\gamma}\hat{\gamma}^{-2}\dot{\hat{\gamma}} \tag{11-52}$$

因为 $0<\chi_i[\tau(t)]<1$，由此存在参数 δ，使其满足

$$0<\delta\leqslant\min[\chi(\tau)]\leqslant1 \tag{11-53}$$

考虑更新律式（11-47）、式（11-48），及式（11-53）代入方程式（11-52）的右端

$$\dot{V}\leqslant k_{\zeta}\|\boldsymbol{S}\|\|\boldsymbol{\zeta}\|-\delta\boldsymbol{S}^{\mathrm{T}}[\kappa\operatorname{sgn}(\boldsymbol{S})]-\delta S\beta\hat{\gamma}\hat{k}_{\zeta}\|\boldsymbol{\zeta}\|\frac{\boldsymbol{S}(t)}{\|\boldsymbol{S}(t)\|}-\tilde{k}_{\zeta}\|\boldsymbol{S}\|\|\boldsymbol{\zeta}\|+\tilde{\gamma}\hat{\gamma}^{-2}\dot{\hat{\gamma}} \tag{11-54}$$

对上式进一步整理

$$\dot{V}\leqslant\hat{k}_{\zeta}\|\boldsymbol{S}\|\|\boldsymbol{\zeta}\|-\hat{\gamma}\boldsymbol{S}^{\mathrm{T}}[\kappa\operatorname{sgn}(\boldsymbol{S})]-\delta\beta\hat{\gamma}\hat{k}_{\zeta}\|\boldsymbol{\zeta}\|\|\boldsymbol{S}\|+\tilde{\delta}\beta\hat{\gamma}\hat{k}_{\zeta}\|\boldsymbol{\zeta}\|\|\boldsymbol{S}\|$$

$$\dot{V}\leqslant-\hat{\gamma}\boldsymbol{S}^{\mathrm{T}}[\kappa\operatorname{sgn}(S)]+(1-\beta)\hat{k}_{\zeta}\|\boldsymbol{S}\|\|\boldsymbol{\zeta}\| \tag{11-55}$$

当选取参数$\beta>1$时，可以使得$(1-\beta)\hat{k}_\zeta\|\boldsymbol{S}\|\|\boldsymbol{\zeta}\|$为负，则可得到 $\dot{V}<0$。根据 Barbalat 引理，系统轨迹收敛于滑动平面$\lim\limits_{t\to\alpha}\boldsymbol{S}(t)=0$。

注解 11.1 自适应更新律式（11-47）、式（11-48），并不需要知道未知参数的边界，参数k_ζ通过自适应更新律式（11-47）来得到，其初始值的选择要保证在$t\in[0,\infty)$下，$\tilde{k}_\zeta>0$。当$\boldsymbol{\tau}$趋于无限大时，$\chi(\tau)$无限接近于零，此时γ不存在。根据式（11-55），所有的输入信号都是有界的，所以$\boldsymbol{\tau}$也是有界的。这样就存在一个值γ，使得式（11-53）成立。控制力矩的上边界τ_{mi}是一个非常重要的参数，方程（11-38）～式（11-40）显示，当τ_{mi}越大时，γ的值也就越大。由式（11-55）可知，γ与系统轨迹的收敛速度有关。

对于控制律式（11-46），当系统轨迹穿过滑模面$\boldsymbol{S}(t)=0$时具有不连续性，为了消除抖振，自适应等效控制律（11-46）可以用如下方程重新定义为

$$\boldsymbol{u}_s=\begin{cases}\beta\hat{\gamma}\hat{k}_\zeta\|\boldsymbol{\zeta}\|\dfrac{\boldsymbol{S}(t)}{\|\boldsymbol{S}(t)\|} & \|\boldsymbol{S}\|\|\boldsymbol{\zeta}\|>\Delta\\ \beta\hat{\gamma}\hat{k}_\zeta\|\boldsymbol{\zeta}\|\dfrac{\boldsymbol{S}(t)}{\Delta} & \|\boldsymbol{S}\|\|\boldsymbol{\zeta}\|\leqslant\Delta\end{cases}\tag{11-56}$$

式中，Δ为边界层，当$\|\boldsymbol{S}\|>\Delta$时，式（11-46）等效于控制律式（11-56）；当$\|\boldsymbol{S}\|\leqslant\Delta$，采用切换控制，使系统状态快速趋于滑动模态。式（11-46）使控制律式（11-56）在边界层上的不连续的特点变为连续性，同时确保系统轨迹趋近于滑模面一个较小的邻域内。

11.4.2 PPF 主动振动控制补偿器设计

正位置反馈是作为一种鲁棒控制方法被提出和研究的，近年来被广泛地应用到智能材料的致动器控制中。该方法简单方便，对于一个特定的模态，可以为其提供较快的阻尼作用，并且不会引起系统的高频“溢出”问题，对振动模态频率的变化具有很好的鲁棒性。其原理是：系统位置坐标直接输入到一个二阶补偿器中，补偿器的输出乘以一个增益，然后直接输入到结构中去。如图 11-12 所示。

考虑多模态的振动抑制系统，采用如下 PPF 控制方法

$$\ddot{\boldsymbol{q}}+2\xi_f\Omega_f\dot{\boldsymbol{q}}+\Omega_f^2\boldsymbol{q}=g\Omega_f^2\boldsymbol{y}+\boldsymbol{d}\tag{11-57}$$

$$\ddot{\boldsymbol{y}}+2\xi_n\Omega_n\dot{\boldsymbol{y}}+\Omega_n^2\boldsymbol{y}=\Omega_n^2\boldsymbol{q}\tag{11-58}$$

式中，$\boldsymbol{q}$为挠性系统状态变量；$\boldsymbol{y}$为二阶补偿器；ξ_f为挠性结构的阻尼比；ξ_n补偿器的小阻尼比系统；Ω_f结构的自然频率；Ω_n补偿器频率；g为补偿器待设计正的增益；$\boldsymbol{d}$为结构扰动。当不考虑扰动的影响，将闭环系统写成矩阵

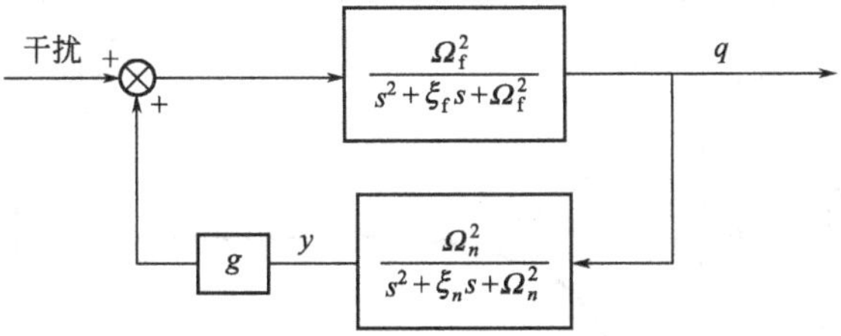

图 11-12　PPF 控制策略结构图

形式

$$\boldsymbol{M}\ddot{\boldsymbol{x}}+\boldsymbol{C}\dot{\boldsymbol{x}}+\boldsymbol{K}\boldsymbol{x}=0 \tag{11-59}$$

式中，$\boldsymbol{x}=\begin{bmatrix}\boldsymbol{q}\\ \boldsymbol{y}\end{bmatrix}$；$\boldsymbol{M}=\begin{bmatrix}1&0\\0&1\end{bmatrix}$；$\boldsymbol{C}=\begin{bmatrix}2\xi_f\Omega_f&0\\0&2\xi_n\Omega_n\end{bmatrix}$；$\boldsymbol{K}=\begin{bmatrix}\Omega_f^2&-\sqrt{G}\Omega_n\\-\sqrt{g}\Omega_n&\Omega_f^2\end{bmatrix}$。

对于方程（11-59），设计 Lyapunov 函数

$$V(\boldsymbol{\mu})=\frac{1}{2}(\dot{\boldsymbol{\mu}}^{\mathrm{T}}\boldsymbol{M}\dot{\boldsymbol{\mu}}+\boldsymbol{\mu}^{\mathrm{T}}\boldsymbol{K}\boldsymbol{\mu}) \tag{11-60}$$

根据 Lyapunov 理论两个稳定性条件：① 对 $\boldsymbol{\mu}$ 的所有非零值，有 $V(\boldsymbol{\mu})\geqslant 0$；②对 $\boldsymbol{\mu}$ 的所有非零值，有 $\dot{V}(\boldsymbol{\mu})\leqslant 0$。考虑第二个条件

$$\dot{V}(\boldsymbol{\mu})=\frac{1}{2}(\dot{\boldsymbol{\mu}}^{\mathrm{T}}\boldsymbol{M}\ddot{\boldsymbol{\mu}}+\boldsymbol{\mu}^{\mathrm{T}}\boldsymbol{K}\dot{\boldsymbol{\mu}})=-\dot{\boldsymbol{\mu}}^{\mathrm{T}}\boldsymbol{C}\dot{\boldsymbol{\mu}} \tag{11-61}$$

如果 $\boldsymbol{C}$ 为正定矩阵，$\dot{V}(\boldsymbol{\mu})$ 总是负的，对于第一个条件，$\boldsymbol{M}$、$\boldsymbol{C}$ 和 $\boldsymbol{K}$ 为正定矩阵，$\boldsymbol{K}$ 满足以下条件，$\boldsymbol{K}$ 为正定矩阵

$$\boldsymbol{\Omega}_f^2-\boldsymbol{g}>0 \tag{11-62}$$

由此可知，当正位置补偿器满足 Lyapunov 理论的两个稳定性条件时，闭环系统稳定。

11.5　仿真分析

将设计的考虑输入饱和自适应滑模控制律，与 PPF 内回路补偿器的混合控制方法相比较，控制器参数，$\lambda=0.105$、$\kappa=0.35$、$\beta=20$、$p=0.1$，输入饱和控制由动量轮提供连续的控制力矩。由于动量轮本身提供的控制力矩有限，本章假设提供的最大控制力矩为 0.5N·m，仿真结构图如图 11-13～图 11-18 所示。

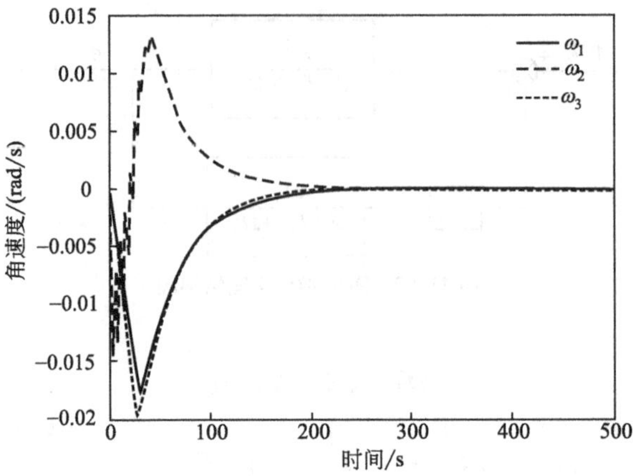

图 11-13　姿态角速度的响应

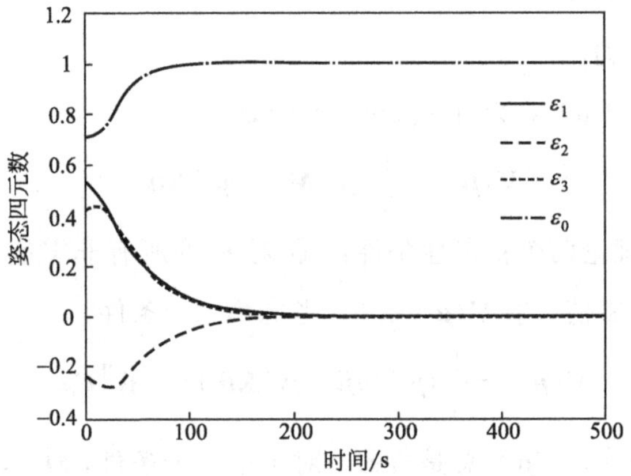

图 11-14　姿态四元数的响应

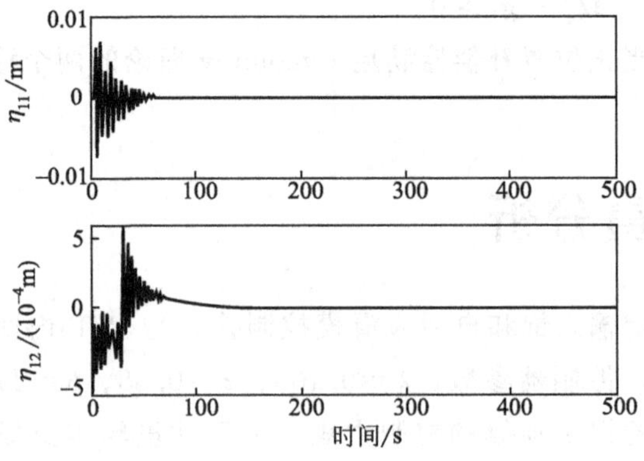

图 11-15　液体一阶晃动时域响应

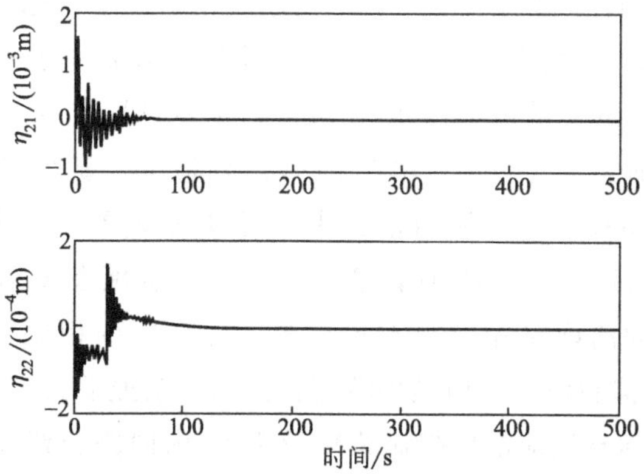

图 11-16　液体二阶晃动时域响应

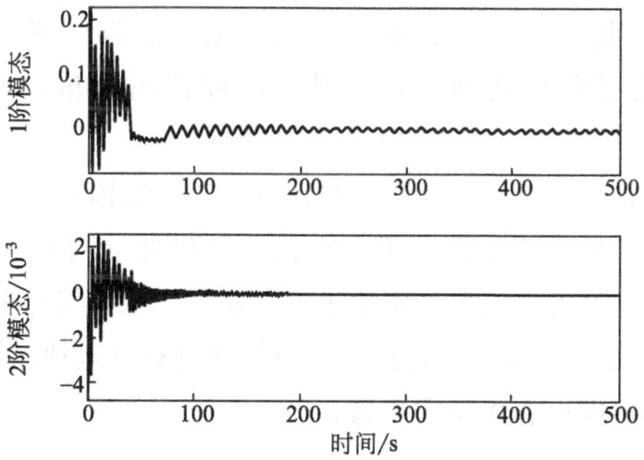

图 11-17　太阳帆板前二阶振动模态响应

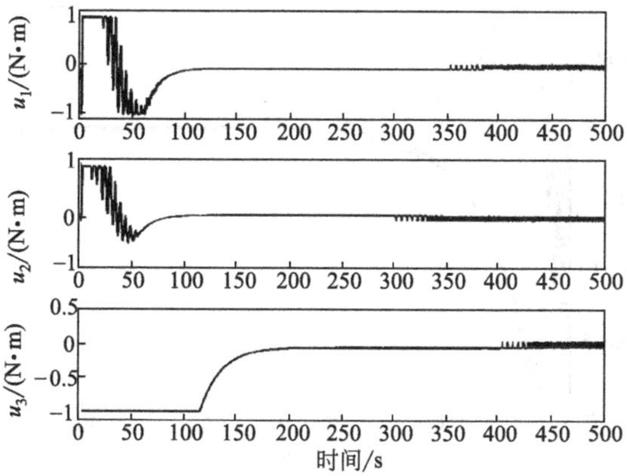

图 11-18　控制器［式（11-56）］下的控制力矩

航天器提供的控制力矩如图 11-18 所示，沿着三个坐标轴方向的控制力矩均小于 0.5N·m。利用自适应更新律所设计的参数 k_ζ，γ 对系统轨迹的收敛速度影响较大，γ 的初始值 γ_0 影响比较大，本章选取 $\gamma_0=0.01$。如图 11-13、图 11-14 所示，航天器姿态角速率在 232s 达到稳定，姿态四元数在 211s 完成姿态机动，由于所提供的控制力矩较小，所以需要更久的时间来完成姿态机动。同时观察图 11-15、图 11-16，液体一阶、二阶模态晃动时间持续到 100s 左右。图 11-17 为前两阶振动模态示意图，可以看到相比于图 11-10 振动在 100s 有了明显的抑制效果，但是仍然有较大的残余振动。

考虑输入饱和自适应滑模控制策略及 PPF 内回路补偿器混合控制方法的仿真图如图 11-19～图 11-25 所示。以紧密附着在太阳帆板智能压电材料作为致动器，在控制系统中引入内回路正位置补偿器来提高挠性附件的振动模态阻尼，进一步抑制结构的残余振动。比较图 11-24 与图 11-17 挠性附件的残余振动得到了很好的抑制，且对贮液腔体内的液体晃动也有一定的抑制效果。

通过以上仿真分析可知：对于这类含有一些未知因素及随机因素的复杂航天器，惯性矩阵及外部扰动存在不确定性及随机性，同时考虑饱和非线性约束，设计了自适应滑模控制器，相比于考虑输入饱和非线性滑模控制策略，带有内回路 PPF 正位置反馈的混合控制策略能够更有效地抑制挠性附件的振动，且航天器的控制精度也有相应的提高。

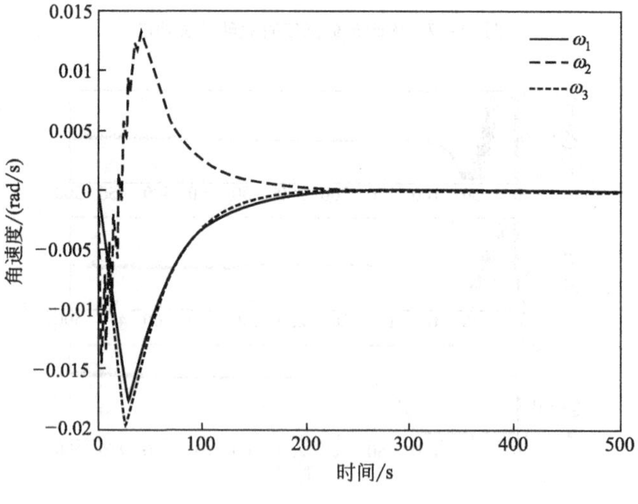

图 11-19 姿态角速度的响应

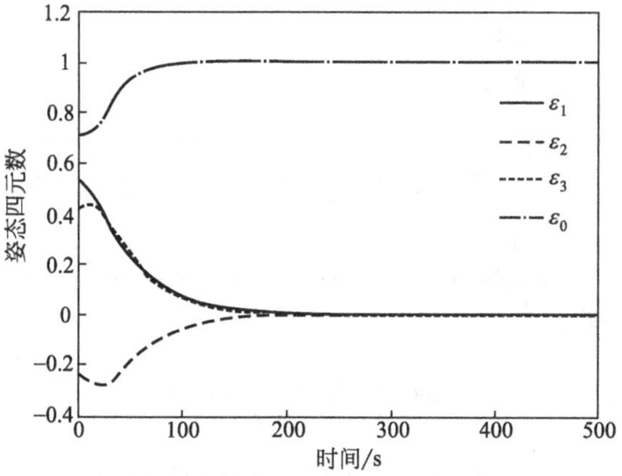

图 11-20　姿态四元数的响应

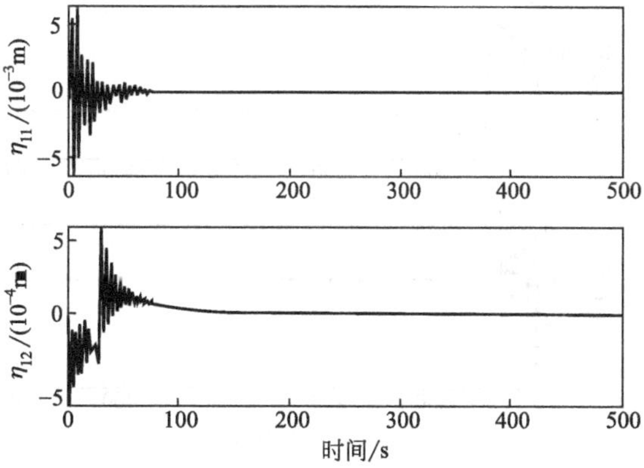

图 11-21　液体一阶晃动时域响应

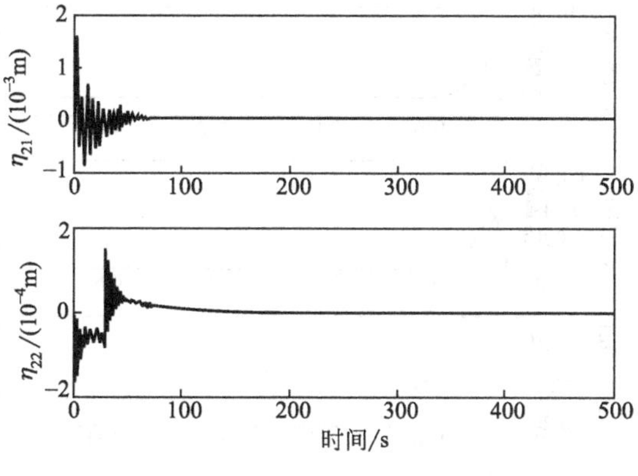

图 11-22　液体二阶晃动时域响应

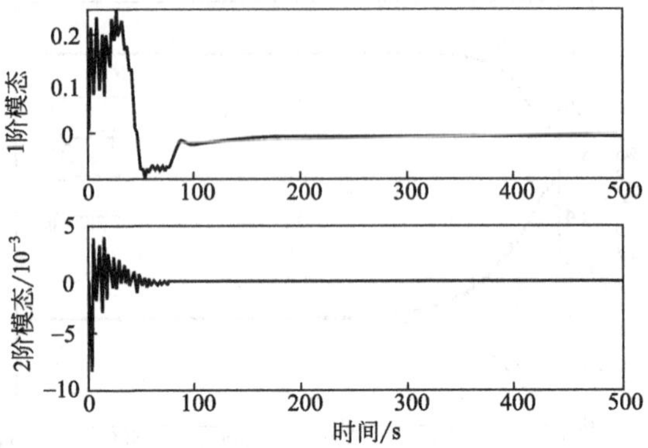

图 11-23 太阳帆板前二阶振动模态响应

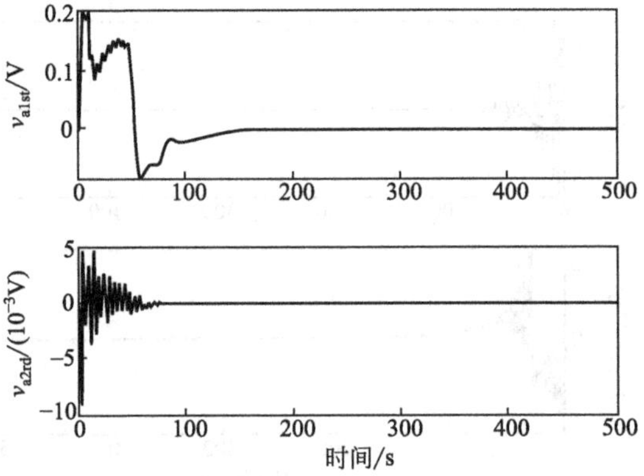

图 11-24 PPF 控制器的电压输入

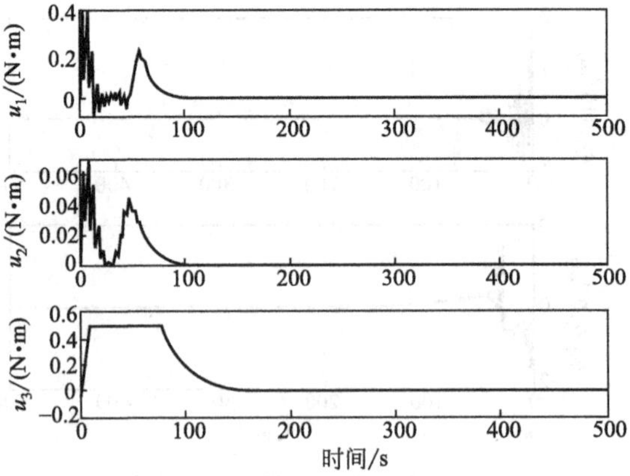

图 11-25 控制器［式（11-56）］＋ PPF 下的控制力矩

11.6 本章小结

本章的研究对象是在轨运行的带有单个挠性帆板的充液航天器，分析了在其进出太阳半影区过程中，太阳光压的改变引起温度的骤然改变，从而导致热弯矩对航天器系统的稳定性影响。假设挠性太阳帆板为 Euler-Bernoulli 梁模型，利用拉格朗日方法建立了充液挠性航天器的动力学方程，并进行了仿真分析，航天器系统位移包含自由振动所引起的位移及由温度变化引起的准静态位移。

随后讨论了在考虑温度效应影响的条件下航天器大角度姿态机动问题。对于这类存在惯性矩阵及外部扰动不确定性的航天器系统，设计了考虑输入饱和的自适应滑模控制器，在达到对充液航天器姿态大角度机动的同时又对抑制液体燃料晃动及挠性结构颤振有一定的效果，由于考虑饱和约束，航天器姿态机动需要较长时间。但是由于热弯矩作用于挠性结构上面，而控制力矩作用于刚体航天器上面，导致了挠性结构颤振依然存在。随后在控制系统中引入了内回路正位置反馈控制策略，可以很好地抑制挠性结构的颤振效应。数值仿真试验所给出的控制效果图验证了此控制方法的有效性。

参考文献

[1] Agrawal B. Jitter control for imaging spacecraft [C]. The 4th International Conference on Recent Advances in Space Technologies，2009.

[2] Yang D，Yue B. Attitude maneuver of spacecraft with long cantilever beam appendage by momentum wheel [J]. International Journal of Control，2013，86：360-368.

[3] Yang D，Yue B，Wu W，et al. Attitude maneuver of liquid-filled spacecraft with a flexible appendage by momentum wheel [J]. Acta Mechanica Sinica，2012，28：543-550.

[4] Da Fonseca I M，Bainum P M，CSI due to sloshing motion on LEO LSS [J]. Advances in the Astronautical Sciences，2012，145：1073-1086.

[5] Walchko，K. J. Robust nonlinear attitude control with disturbance compensation [M]. Florida：University of Florida，2003.

[6] 虞文杰，朱志浩，钟晨星，等. 充液挠性航天器液体晃动模态观测及滑模姿态控制 [J]. 南京理工大学学报，2019，43 (5)：640-646.

[7] 朱志浩，郭毓，陈庆伟. 多模态充液挠性航天器有限时间控制 [J]. 南京理工大学学报，2020，44 (2)：134-141.

[8] Thornton E A. Thermal buckling of plates and shells [J]. Applied Mechanics Reviews，1993，46：485-506.

[9] Johnston J D, Thornton E A. Thermally induced dynamics of satellite solar panels [J]. Journal of spacecraft and Rockets, 2000, 37: 604-613.

[10] Johnston J D, Thornton E A. Thermally induced attitude dynamics of a spacecraft with a flexible appendage [J]. Journal of Guidance, Control, and Dynamics, 1998, 21: 581-587.

[11] Boskovi J D, Li S M, Mehra R K. Robust adaptive variable structure control of spacecraft under control input saturation [J]. Journal of Guidance, Control and Dynamics, 2001, 24 (1): 14-22.

[12] Wallsgrove R J, Akella M R. Globally stabilizing saturated attitude control in the presence of bounded unknown disturbances [J]. Journal of Guidance, Control and Dynamics, 2005, 28 (5): 957-963.

[13] Hu Q. Sliding mode maneuvering control and active vibration damping of three-axis stabilized flexible spacecraft with actuator dynamics [J]. Nonlinear Dynamics, 2008, 52: 227-248.

[14] Zhu Z, Xia Y Q, Fu M Y. Adaptive sliding mode control for attitude stabilization with actuator saturation [J]. IEEE Transactions on Industrial Electronics, 2011, 58 (10): 4898-4907.

[15] 崔祜涛，程小军. 考虑有界干扰和输入饱和的航天器姿态抗退绕机动控制 [J]. 中国科学，2012，42 (9)：1004-1015.

第12章 充液挠性航天器模糊自适应姿态机动控制

12.1 引言

在航天器的姿态机动问题中，多数控制方法只追求航天器姿态机动的稳定，没有针对性的对系统内液体的晃动以及柔性附件的振动进行抑制，但其实航天器在姿态机动时产生的液体晃动和柔性附件的振动作用对航天器的稳定影响非常大，轻则影响航天器高精度的姿态机动任务，重则会与系统振动产生耦合导致控制系统失效。因此单纯的姿态控制已经不能满足现阶段复杂航天器的机动要求，既能够保证系统稳定完成高精度机动任务，又能同时抑制系统内液体燃料晃动以及柔性附件振动的复合控制方法的设计变得越来越重要。贾英宏等人[1] 采用变结构的控制方法设计了针对充液柔性航天器的姿态控制器，在满足跟踪要求的同时有效抑制了柔性附件的振动。吕建婷等人[2] 采用饱和函数代替符号函数的滑模控制法对航天器的姿态进行控制，对于刚体航天器有效地减小了抖振，但是对于柔性航天器仍会触发持续的振动。Sales 等人[3] 设计了一种动态滑模控制方法对柔性航天器进行姿态控制，在其中引入了动态切换函数，实现了对系统振动的抑制。宋晓娟等人[4] 针对液体多模态的充液航天器，设计了一种自适应动态反馈控制律与输入成型技术相结合的复合控制器，在保证航天器姿态机动稳定的同时有效地减小了液体的晃动作用。支敬德等人[5] 用连续光滑的双曲正切函数代替符号函数设计了一种模糊滑模控制律，并在控制力矩中引入了滞后因子以避免由起始控制力矩过大而引起的柔性附件的振动问题。

此外，在实际的航天工程中，航天器可能出现多种传感器的失效问题，如因老化、小型陨石撞击以及润滑不足等原因导致的传感器失效，这可能会使控制系统内的部分状态变量测量不准，甚至完全不可测得，如系统的角速度信息等不能够有效反馈利用，因此有必要发展无角速度反馈的控制方法。目前研究无角速度信息反馈的控制方法大多是针对刚体航天器的，Gennaro 等人[6] 利用无源性方法设计了无源控制器，实现了利用姿态四元数反馈控制航天器的渐近稳定；之后一些学者对这种方法进行了深入的研究[7,8]；Shao 等人[9] 采用一种角速度计算算法对系统角速度在有限时间内进行估计，仿真结果证实了该方法的有效性。

本章针对刚-液-柔耦合航天器的大角度姿态机动问题，考虑航天器在进行大角度姿态机动的过程中会受到多种干扰力矩的影响且系统的角速度等状态变量难以准确测量的情况，基于退步法设计了无角速度反馈的姿态控制器对姿态机动进行稳定控制，同时结合命令光滑技术抑制多模态的液体晃动效应及柔性附件的振动效应。

12.2 充液柔性航天器动力学建模

本章刚-柔-液-控耦合航天器系统建模过程与 11.2 节相同，忽略方程中有关太阳光压的影响项，利用动量矩定理及拉格朗日方程，得到多体航天器系统的动力学方程、液体燃料晃动方程，以及太阳帆板动力学方程，如下

$$\begin{aligned}&\boldsymbol{J}_{\text{sat}}\dot{\boldsymbol{\omega}}+\boldsymbol{F}\ddot{\boldsymbol{n}}+\boldsymbol{m}_{\text{f1}}\boldsymbol{\delta}_1\ddot{\boldsymbol{\eta}}_1+\boldsymbol{m}_{\text{f2}}\boldsymbol{\delta}_2\ddot{\boldsymbol{\eta}}_2+\boldsymbol{\omega}\times(\boldsymbol{J}_{\text{sat}}\boldsymbol{\omega}+\boldsymbol{F}\dot{\boldsymbol{n}}\\&\quad+\boldsymbol{m}_{\text{f1}}\boldsymbol{\delta}_1\dot{\boldsymbol{\eta}}_1+\boldsymbol{m}_{\text{f2}}\boldsymbol{\delta}_2\dot{\boldsymbol{\eta}}_2)=\boldsymbol{d}(t)+\boldsymbol{\tau}\end{aligned}\tag{12-1a}$$

$$\boldsymbol{\delta}_1^{\text{T}}\dot{\boldsymbol{\omega}}+\ddot{\boldsymbol{\eta}}_1+\boldsymbol{C}_{\text{f1}}\dot{\boldsymbol{\eta}}_1+\boldsymbol{K}_{\text{f1}}\boldsymbol{\eta}_1=0\tag{12-1b}$$

$$\boldsymbol{\delta}_2^{\text{T}}\dot{\boldsymbol{\omega}}+\ddot{\boldsymbol{\eta}}_2+\boldsymbol{C}_{\text{f2}}\dot{\boldsymbol{\eta}}_2+\boldsymbol{K}_{\text{f2}}\boldsymbol{\eta}_2=0\tag{12-1c}$$

$$\boldsymbol{F}^{\text{T}}\dot{\boldsymbol{\omega}}+\ddot{\boldsymbol{q}}(t)+\boldsymbol{C}_{\text{q}}\dot{\boldsymbol{q}}(t)+\boldsymbol{K}_{\text{q}}\boldsymbol{q}(t)=0\tag{12-1d}$$

式中，总的航天器转动惯量 $\boldsymbol{J}_{\text{sat}}=\sum_{0}^{2}m_{\text{f}i}(\boldsymbol{r}_{\text{f}i}^{\times}\boldsymbol{r}_{\text{f}i}^{\times\text{T}})+\rho_{\text{A}}\int_0^{l_1}\boldsymbol{r}_{p_1}^{\times}\boldsymbol{r}_{p_1}^{\times\text{T}}\text{d}x+\rho_{\text{A}}\int_0^{l_2}\boldsymbol{r}_{p_2}^{\times}\boldsymbol{r}_{p_2}^{\times\text{T}}\text{d}x+\boldsymbol{J}_{\text{hub}}$；$\boldsymbol{J}_{\text{hub}}$ 为刚体航天器的转动惯量。

挠性帆板相关参数，$\boldsymbol{C}_{\text{q}}=\text{diag}\left\{2\xi_i u_i\sqrt{2EI\int_0^l\left(\frac{\text{d}^2Y_i(x)}{\text{d}x^2}\right)^2\text{d}x},i=1,2,3\right\}$ 为阻尼矩阵；ξ_i 为第 i 阶主振动的阻尼系数；$\boldsymbol{K}_{\text{q}}$ 为刚度矩阵；$\boldsymbol{F}^{\text{T}}$ 为刚柔耦合矩

阵。令 $\boldsymbol{F}=\boldsymbol{M}_{\mathrm{wq}}\boldsymbol{U}$，$\boldsymbol{M}_{\mathrm{wq}}^{\mathrm{T}}=\begin{bmatrix}0 & -2\rho A\int_0^l (r_0+x)Y_1(x)\mathrm{d}x & 0\\ 0 & -2\rho A\int_0^l (r_0+x)Y_2(x)\mathrm{d}x & 0\\ 0 & -2\rho A\int_0^l (r_0+x)Y_3(x)\mathrm{d}x & 0\end{bmatrix}$，$\boldsymbol{U}=\mathrm{diag}\{u_i,i=1,2,3\}$，$u=\sum_{k=1}^{3}Y_k(x)q_k(t)$，$Y_k(x)$ 为挠性附件的各阶主振型函数，$q_k(t)$ 为各阶模态坐标，模态截断至前三阶。

液体晃动的相关参数，$\boldsymbol{C}_i=\dfrac{c_{\mathrm{f}i}}{m_{\mathrm{f}i}}\cdot\boldsymbol{I}$，$\boldsymbol{K}_i=\dfrac{k_{\mathrm{f}i}}{m_{\mathrm{f}i}}\cdot\boldsymbol{I}$，$\boldsymbol{\delta}_i^{\mathrm{T}}=-\boldsymbol{r}_{\mathrm{f}i}^{\times}=\boldsymbol{r}_{\mathrm{f}i}^{\times\mathrm{T}}$，$i=1,2$，$\boldsymbol{I}$ 为 3×3 的单位矩阵。

考虑航天器执行姿态机动，液体为小幅度晃动，帆板为微小振动，忽略式(12-1) 中的二阶以上的高阶小量，为了控制系统简述方便，方程引入新的变量 $\boldsymbol{\psi}$ 和 $\boldsymbol{\zeta}$，则控制系统表示为

$$\begin{aligned}\dot{\boldsymbol{\omega}}=\boldsymbol{J}_{\mathrm{mb}}^{-1}[&-\boldsymbol{\omega}\times(\boldsymbol{J}_{\mathrm{mb}}\boldsymbol{\omega})+\sum_{i=1}^{2}m_{\mathrm{f}i}\boldsymbol{\delta}_i(\boldsymbol{C}_{\mathrm{f}i}\boldsymbol{\psi}_i+\boldsymbol{K}_{\mathrm{f}i}\boldsymbol{\eta}_i-\boldsymbol{C}_{\mathrm{f}i}\boldsymbol{\delta}_i^{\mathrm{T}}\boldsymbol{\omega})\\&+\boldsymbol{F}(\boldsymbol{C}_{\mathrm{q}}\boldsymbol{\zeta}+\boldsymbol{K}_{\mathrm{q}}\boldsymbol{q}-\boldsymbol{C}_3\boldsymbol{F}^{\mathrm{T}}\boldsymbol{\omega})+\boldsymbol{T}_{\mathrm{d}}+\boldsymbol{\tau}]\end{aligned}\tag{12-2a}$$

$$\dot{\boldsymbol{\eta}}_1=\boldsymbol{\psi}_1-\boldsymbol{\delta}_1^{\mathrm{T}}\boldsymbol{\omega}\tag{12-2b}$$

$$\dot{\boldsymbol{\eta}}_2=\boldsymbol{\psi}_2-\boldsymbol{\delta}_2^{\mathrm{T}}\boldsymbol{\omega}\tag{12-2c}$$

$$\dot{\boldsymbol{\psi}}_1=-(\boldsymbol{C}_{\mathrm{f1}}\boldsymbol{\psi}_1+\boldsymbol{K}_{\mathrm{f1}}\boldsymbol{\eta}_1-\boldsymbol{C}_{\mathrm{f1}}\boldsymbol{\delta}_1^{\mathrm{T}}\boldsymbol{\omega})\tag{12-2d}$$

$$\dot{\boldsymbol{\psi}}_2=-(\boldsymbol{C}_{\mathrm{f2}}\boldsymbol{\psi}_2+\boldsymbol{K}_{\mathrm{f2}}\boldsymbol{\eta}_2-\boldsymbol{C}_{\mathrm{f2}}\boldsymbol{\delta}_2^{\mathrm{T}}\boldsymbol{\omega})\tag{12-2e}$$

$$\dot{\boldsymbol{n}}=\boldsymbol{\zeta}-\boldsymbol{F}^{\mathrm{T}}\boldsymbol{\omega}\tag{12-2f}$$

$$\dot{\boldsymbol{\zeta}}=-(\boldsymbol{C}_{\mathrm{q}}\boldsymbol{\zeta}+\boldsymbol{K}_{\mathrm{q}}\boldsymbol{q}-\boldsymbol{C}_{\mathrm{q}}\boldsymbol{F}^{\mathrm{T}}\boldsymbol{\omega})\tag{12-2g}$$

式中，$\boldsymbol{J}_{\mathrm{mb}}=\boldsymbol{J}_{\mathrm{sat}}-\sum_{i=1}^{2}m_{\mathrm{f}i}\boldsymbol{\delta}_i\boldsymbol{\delta}_i^{\mathrm{T}}-\boldsymbol{F}\boldsymbol{F}^{\mathrm{T}}$；$\boldsymbol{T}_{\mathrm{d}}=\boldsymbol{d}(t)-\boldsymbol{\omega}\times\left(\sum_{i=1}^{2}m_{\mathrm{f}i}\boldsymbol{\delta}_i\boldsymbol{\psi}_i+\boldsymbol{F}\boldsymbol{\zeta}\right)$ 为航天器的集总扰动。

假设 12.1 对于存在干扰力矩的控制系统式 (12-2)，外部干扰 $\boldsymbol{T}_{\mathrm{d}}$ 具有连续性和一致有界性，其满足 $|\boldsymbol{T}_{\mathrm{d}}|\leqslant\boldsymbol{d}_{\mathrm{m}}$。式中，$\boldsymbol{d}_{\mathrm{m}}$ 为沿着三轴航天器的三个惯性主轴关于 $|\boldsymbol{T}_{\mathrm{d}}|$ 的最大未知边界。

航天器姿态运动方程如下

$$\dot{\boldsymbol{\varepsilon}}=\frac{1}{2}\boldsymbol{G}(\boldsymbol{\varepsilon})\boldsymbol{\omega}\tag{12-3a}$$

$$\dot{\varepsilon}_0=-\frac{1}{2}\boldsymbol{\varepsilon}^{\mathrm{T}}\boldsymbol{\omega}\tag{12-3b}$$

12.3 复合控制策略的设计

本章基于无源理论，结合反步法，设计了一种不需要角速度信息的自适应状态反馈控制策略来进行航天器的姿态机动，并采用命令光滑器来抑制航天器姿态机动过程中引起的液体晃动和柔性附件振动。

12.3.1 状态反馈退步控制器设计

在这部分，首先设计了控制系统的状态反馈控制律，假设控制系统所有的状态变量都是可观可测的，忽略外部扰动 $\boldsymbol{T}_{\mathrm{d}}$，设计退步法观测器

$$\boldsymbol{x}_1=\boldsymbol{\varepsilon} \tag{12-4}$$

$$\boldsymbol{x}_2=\boldsymbol{\omega}-\boldsymbol{\alpha} \tag{12-5}$$

式中，$\boldsymbol{\alpha}$ 是中间变量，考虑如下李雅普诺夫函数

$$V_1=\frac{1}{2}\boldsymbol{k}_1\left[\boldsymbol{x}_1^{\mathrm{T}}\boldsymbol{x}_1+(1-\varepsilon_0)^2\right] \tag{12-6}$$

式中，$\boldsymbol{k}_1=\operatorname{diag}\{k_{11}\quad k_{12}\quad k_{13}\}$ 为正定矩阵。根据方程式（12-3），对方程式（12-6）求一阶导数

$$\dot{V}_1=\frac{1}{2}\boldsymbol{k}_1\boldsymbol{x}_1^{\mathrm{T}}(\boldsymbol{x}_2+\boldsymbol{\alpha}) \tag{12-7}$$

式中，$\boldsymbol{\alpha}=-k_2x_1$，$k_2$ 是正常数；$\boldsymbol{x}_1\neq 0$，$\boldsymbol{x}_2=0$，可证 $\dot{V}_1<0$。根据方程式（12-5），可得到如下表达

$$\boldsymbol{J}_{\mathrm{mb}}\dot{\boldsymbol{x}}_2=\boldsymbol{J}_{\mathrm{mb}}\dot{\boldsymbol{\omega}}-\boldsymbol{J}_{\mathrm{mb}}\dot{\boldsymbol{\alpha}} \tag{12-8}$$

考虑李雅普诺夫函数

$$V_2=V_1+\frac{1}{2}\boldsymbol{x}_2^{\mathrm{T}}\boldsymbol{J}_{\mathrm{mb}}\boldsymbol{x}_2 \tag{12-9}$$

求上式的一阶导数，并代入式（12-8）、式（12-2a），可得

$$\begin{aligned}\dot{V}_2=&\dot{V}_1+\boldsymbol{x}_2^{\mathrm{T}}\Big[-\boldsymbol{\omega}\times(\boldsymbol{J}_{\mathrm{mb}}\boldsymbol{\omega})+\sum_{i=1}^{2}m_{\mathrm{fi}}\boldsymbol{\delta}_i(\boldsymbol{C}_{\mathrm{fi}}\boldsymbol{\psi}_i+\boldsymbol{K}_{\mathrm{fi}}\boldsymbol{\eta}_i-\boldsymbol{C}_{\mathrm{fi}}\boldsymbol{\delta}_i^{\mathrm{T}}\boldsymbol{\omega})\\&+\sum_{i=1}^{2}m_{\mathrm{fi}}\boldsymbol{\delta}_i(\boldsymbol{C}_{\mathrm{fi}}\boldsymbol{\psi}_i+\boldsymbol{K}_{\mathrm{fi}}\boldsymbol{\eta}_i-\boldsymbol{C}_{\mathrm{fi}}\boldsymbol{\delta}_i^{\mathrm{T}}\boldsymbol{\omega})+\boldsymbol{F}(\boldsymbol{C}_{\mathrm{q}}\boldsymbol{\zeta}+\boldsymbol{K}_{\mathrm{q}}\boldsymbol{q}-\boldsymbol{C}_{\mathrm{q}}\boldsymbol{F}^{\mathrm{T}}\boldsymbol{\omega})+\boldsymbol{\tau}-\boldsymbol{J}_{\mathrm{mb}}\dot{\boldsymbol{\alpha}}\Big]\end{aligned} \tag{12-10}$$

为保证控制系统的稳定性，设计状态反馈控制律为

$$\boldsymbol{\tau}=-\frac{1}{2}\boldsymbol{k}_1\boldsymbol{x}_1-\boldsymbol{k}_3\boldsymbol{x}_2-\sum_{i=1}^{2}m_{\mathrm{f}i}\boldsymbol{\delta}_i\begin{bmatrix}\boldsymbol{K}_{\mathrm{f}i}\\\boldsymbol{C}_{\mathrm{f}i}\end{bmatrix}^{\mathrm{T}}\begin{bmatrix}\boldsymbol{\eta}_i\\\boldsymbol{\psi}_i\end{bmatrix}$$
$$-\boldsymbol{F}\begin{bmatrix}\boldsymbol{K}_{\mathrm{q}}\\\boldsymbol{C}_{\mathrm{q}}\end{bmatrix}^{\mathrm{T}}\begin{bmatrix}\boldsymbol{q}\\\boldsymbol{\zeta}\end{bmatrix}+\boldsymbol{\omega}\times(\boldsymbol{J}_{\mathrm{mb}}\boldsymbol{\omega})+\sum_{i=1}^{2}m_{\mathrm{f}i}\boldsymbol{\delta}_i\boldsymbol{C}_{\mathrm{f}i}\boldsymbol{\delta}_{\mathrm{f}i}{}^{\mathrm{T}}\boldsymbol{\omega}+\boldsymbol{F}\boldsymbol{C}_3\boldsymbol{F}^{\mathrm{T}}\boldsymbol{\omega}+\boldsymbol{J}_{\mathrm{mb}}\dot{\boldsymbol{\alpha}} \tag{12-11}$$

式中，$\boldsymbol{k}_3=\mathrm{diag}\{k_{31}\quad k_{32}\quad k_{33}\}$为正定矩阵。将方程式（12-11）代入式（12-10），V_2 可表达为

$$\dot{V}_2=\frac{1}{2}\boldsymbol{k}_1\boldsymbol{x}_1^{\mathrm{T}}\boldsymbol{\alpha}-\boldsymbol{k}_3\boldsymbol{x}_2^{\mathrm{T}}\boldsymbol{x}_2=-\frac{k_2}{2}\boldsymbol{k}_1\boldsymbol{x}_1^{\mathrm{T}}\boldsymbol{x}_1-\boldsymbol{k}_3\boldsymbol{x}_2^{\mathrm{T}}\boldsymbol{x}_2\leqslant 0 \tag{12-12}$$

可以证明控制系统式（12-2)是稳定的，根据李雅普诺夫条件，令

$$\Omega=\{\boldsymbol{x}\in\mathbb{R}^n\,|\,\dot{V}=0\}=\{\boldsymbol{x}\in\mathbb{R}^n\,|\,\boldsymbol{\omega},\boldsymbol{\varepsilon}=0\} \tag{12-13}$$

根据 Lasalle 最大不变集原理，闭环系统的所有轨迹都将收敛到 Ω 的最大不变集 $\bar{\Omega}$，令最大不变集表示为 $\bar{\Omega}=(\bar{\Omega}_1,\bar{\Omega}_2)$，即

$$\bar{\Omega}_1=\{\boldsymbol{x}\in\mathbb{R}^n\,|\,\dot{V}=0\}=\{\boldsymbol{x}\in\mathbb{R}^n\,|\,\boldsymbol{\omega},\boldsymbol{\varepsilon},\boldsymbol{\eta}_1,\boldsymbol{\eta}_2,\boldsymbol{q}=0,\varepsilon_0=1\} \tag{12-14a}$$
$$\bar{\Omega}_2=\{\boldsymbol{x}\in\mathbb{R}^n\,|\,\dot{V}=0\}=\{\boldsymbol{x}\in\mathbb{R}^n\,|\,\boldsymbol{\omega},\boldsymbol{\varepsilon},\boldsymbol{\eta}_1,\boldsymbol{\eta}_2,\boldsymbol{q}=0,\varepsilon_0=-1\} \tag{12-14b}$$

由上式可以看出 Ω_1 和 $\bar{\Omega}_2$ 分别对应旋转角 $\theta=0$ 和 $\theta=2\pi$，即代表相同的物理位置。控制系统可以稳定在两个平衡位置中的任意一个位置。

在实际工程中，液体晃动的位移响应和柔性附件的振动响应是难以测量的，在下一节中，设计了状态变量的自适应估计律来逼近液体晃动的位移响应及柔性附件的振动模态坐标，进一步地设计了自适应控制律对姿态机动进行稳定控制，同时考虑集总扰动 $\boldsymbol{T}_{\mathrm{d}}$。

12.3.2 自适应输出反馈控制律的设计

假设变量 $\hat{\boldsymbol{\eta}}_i$、$\hat{\boldsymbol{\psi}}_i$、$\hat{\boldsymbol{q}}$、$\hat{\boldsymbol{\zeta}}$、$\hat{\boldsymbol{d}}$为方程式（12-2）中变量 $\boldsymbol{\eta}_i$、$\boldsymbol{\psi}_i$、$\boldsymbol{q}$、$\boldsymbol{\zeta}$、$\boldsymbol{T}_{\mathrm{d}}$ 无限接近估计值，令 $\tilde{\boldsymbol{d}}=\boldsymbol{T}_{\mathrm{d}}-\hat{\boldsymbol{d}}$、$\boldsymbol{e}_\eta=\boldsymbol{\eta}-\hat{\boldsymbol{\eta}}$、$\boldsymbol{e}_\psi=\boldsymbol{\psi}-\hat{\boldsymbol{\psi}}$、$\boldsymbol{e}_q=\boldsymbol{q}-\hat{\boldsymbol{q}}$、$\boldsymbol{e}_\zeta=\boldsymbol{\zeta}-\hat{\boldsymbol{\zeta}}$，令 $\tilde{\boldsymbol{d}}$、$\boldsymbol{e}_\eta$、$\boldsymbol{e}_\psi$、$\boldsymbol{e}_q$、$\boldsymbol{e}_\zeta$ 为每个状态变量的误差值。

根据方程式（12-11)，输出反馈姿态控制律被重新定义为

$$\boldsymbol{\tau}=-\frac{1}{2}\boldsymbol{k}_1\boldsymbol{x}_1-\boldsymbol{k}_3\boldsymbol{x}_2-\sum_{i=1}^{2}m_{\mathrm{f}i}\boldsymbol{\delta}_i\begin{bmatrix}\boldsymbol{K}_{\mathrm{f}i}\\\boldsymbol{C}_{\mathrm{f}i}\end{bmatrix}^{\mathrm{T}}\begin{bmatrix}\hat{\boldsymbol{\eta}}_i\\\hat{\boldsymbol{\psi}}_i\end{bmatrix}-\boldsymbol{F}\begin{bmatrix}\boldsymbol{K}_{\mathrm{q}}\\\boldsymbol{C}_{\mathrm{q}}\end{bmatrix}^{\mathrm{T}}\begin{bmatrix}\hat{\boldsymbol{q}}\\\hat{\boldsymbol{\zeta}}\end{bmatrix}$$
$$+\boldsymbol{\omega}\times(\boldsymbol{J}_{\mathrm{mb}}\boldsymbol{\omega})+\sum_{i=1}^{2}m_{\mathrm{f}i}\boldsymbol{\delta}_i\boldsymbol{C}_{\mathrm{f}i}\boldsymbol{\delta}_i^{\mathrm{T}}\boldsymbol{\omega}+\boldsymbol{F}\boldsymbol{C}_3\boldsymbol{F}^{\mathrm{T}}\boldsymbol{\omega}-\hat{\boldsymbol{d}}+\boldsymbol{J}_{\mathrm{mb}}\dot{\boldsymbol{\alpha}} \tag{12-15}$$

为了证明控制系统的稳定性，选取如下李雅普诺夫函数

$$V_3 = V_1 + \frac{1}{2}\boldsymbol{x}_2^{\mathrm{T}}\boldsymbol{J}_{\mathrm{mb}}\boldsymbol{x}_2 + \frac{1}{2}\sum_{i=1}^{2}\begin{bmatrix}\boldsymbol{e}_{\eta i}^{\mathrm{T}} & \boldsymbol{e}_{\psi i}^{\mathrm{T}}\end{bmatrix}\boldsymbol{P}_i\begin{bmatrix}\boldsymbol{e}_{\eta i}\\ \boldsymbol{e}_{\psi i}\end{bmatrix} + \frac{1}{2}\begin{bmatrix}\boldsymbol{e}_q^{\mathrm{T}} & \boldsymbol{e}_\zeta^{\mathrm{T}}\end{bmatrix}\boldsymbol{P}_3\begin{bmatrix}\boldsymbol{e}_q\\ \boldsymbol{e}_\zeta\end{bmatrix} + \frac{1}{2}\tilde{\boldsymbol{d}}^{\mathrm{T}}\boldsymbol{\Gamma}^{-1}\tilde{\boldsymbol{d}} \tag{12-16}$$

式中，$\boldsymbol{\Gamma}$ 和 $\boldsymbol{P}_i$ 为对称正定矩阵。可通过如下关系确定

$$\boldsymbol{P}_i\begin{bmatrix}\boldsymbol{0} & \boldsymbol{I}\\ -\boldsymbol{K}_i & -\boldsymbol{C}_i\end{bmatrix} + \begin{bmatrix}\boldsymbol{0} & \boldsymbol{I}\\ -\boldsymbol{K}_i & -\boldsymbol{C}_i\end{bmatrix}^{\mathrm{T}}\boldsymbol{P}_i = -2\boldsymbol{Q}_i \tag{12-17}$$

为了保证系统的稳定性，给出了各状态变量的估计值

$$\begin{bmatrix}\dot{\hat{\boldsymbol{\eta}}}_i\\ \dot{\hat{\boldsymbol{\psi}}}_i\end{bmatrix} = \begin{bmatrix}\boldsymbol{0} & \boldsymbol{I}\\ -\boldsymbol{K}_{\mathrm{f}i} & -\boldsymbol{C}_{\mathrm{f}i}\end{bmatrix}\begin{bmatrix}\hat{\boldsymbol{\eta}}_i\\ \hat{\boldsymbol{\psi}}_i\end{bmatrix} - \begin{bmatrix}\boldsymbol{I}\\ -\boldsymbol{C}_{\mathrm{f}i}\end{bmatrix}\boldsymbol{\delta}_i^{\mathrm{T}}\boldsymbol{\omega} + \boldsymbol{P}_i^{-1}\begin{bmatrix}\boldsymbol{K}_{\mathrm{f}i}\\ \boldsymbol{C}_{\mathrm{f}i}\end{bmatrix}\boldsymbol{\delta}_i^{\mathrm{T}}\boldsymbol{x}_2 \tag{12-18a}$$

$$\begin{bmatrix}\dot{\hat{\boldsymbol{q}}}\\ \dot{\hat{\boldsymbol{\zeta}}}\end{bmatrix} = \begin{bmatrix}\boldsymbol{0} & \boldsymbol{I}\\ -\boldsymbol{K}_q & -\boldsymbol{C}_q\end{bmatrix}\begin{bmatrix}\hat{\boldsymbol{q}}\\ \hat{\boldsymbol{\zeta}}\end{bmatrix} - \begin{bmatrix}\boldsymbol{I}\\ -\boldsymbol{C}_3\end{bmatrix}\boldsymbol{F}^{\mathrm{T}}\boldsymbol{\omega} + \boldsymbol{P}_i^{-1}\begin{bmatrix}\boldsymbol{K}_q\\ \boldsymbol{C}_q\end{bmatrix}\boldsymbol{F}^{\mathrm{T}}\boldsymbol{x}_2 \tag{12-18b}$$

$$\dot{\hat{\boldsymbol{d}}} = \boldsymbol{\Gamma}\boldsymbol{x}_2 \tag{12-18c}$$

根据式（12-2）和式（12-18），误差值的更新规律可以表示为

$$\begin{bmatrix}\dot{\boldsymbol{e}}_{\eta i}\\ \dot{\boldsymbol{e}}_{\psi i}\end{bmatrix} = \begin{bmatrix}\boldsymbol{0} & \boldsymbol{I}\\ -\boldsymbol{K}_i & -\boldsymbol{C}_i\end{bmatrix}\begin{bmatrix}\boldsymbol{e}_{\eta i}\\ \boldsymbol{e}_{\psi i}\end{bmatrix} - \boldsymbol{P}_i^{-1}\begin{bmatrix}m_{\mathrm{f}i}\boldsymbol{K}_i\\ m_{\mathrm{f}i}\boldsymbol{C}_i\end{bmatrix}\boldsymbol{\delta}_i^{\mathrm{T}}\boldsymbol{x}_2 \tag{12-19a}$$

$$\begin{bmatrix}\dot{\boldsymbol{e}}_n\\ \dot{\boldsymbol{e}}_\zeta\end{bmatrix} = \begin{bmatrix}\boldsymbol{0} & \boldsymbol{I}\\ -\boldsymbol{K}_3 & -\boldsymbol{C}_3\end{bmatrix}\begin{bmatrix}\boldsymbol{e}_n\\ \boldsymbol{e}_\zeta\end{bmatrix} - \boldsymbol{P}_i^{-1}\begin{bmatrix}\boldsymbol{K}_3\\ \boldsymbol{C}_3\end{bmatrix}\boldsymbol{F}^{\mathrm{T}}\boldsymbol{x}_2 \tag{12-19b}$$

得到李雅普诺夫函数沿系统轨迹对时间的一阶导数为

$$\begin{aligned}\dot{V}_3 = {} & \frac{k_2}{2}\boldsymbol{k}_1\boldsymbol{x}_1^{\mathrm{T}}\boldsymbol{\alpha} - \boldsymbol{k}_3\boldsymbol{x}_2^{\mathrm{T}}\boldsymbol{x}_2 - \sum_{i=1}^{2}m_{\mathrm{f}i}\boldsymbol{\omega}^{\mathrm{T}}\boldsymbol{\delta}_i\boldsymbol{C}_{\mathrm{f}i}\boldsymbol{\delta}_i^{\mathrm{T}}\boldsymbol{\omega} - \boldsymbol{\omega}^{\mathrm{T}}\boldsymbol{F}\boldsymbol{C}_q\boldsymbol{F}^{\mathrm{T}}\boldsymbol{\omega}\\ & + \sum_{i=1}^{2}m_{\mathrm{f}i}\boldsymbol{\alpha}^{\mathrm{T}}\boldsymbol{\delta}_i\boldsymbol{C}_{\mathrm{f}i}\boldsymbol{\delta}_i^{\mathrm{T}}\boldsymbol{\omega} + \boldsymbol{\alpha}^{\mathrm{T}}\boldsymbol{F}\boldsymbol{C}_q\boldsymbol{F}^{\mathrm{T}}\boldsymbol{\omega}\\ & - \sum_{i=1}^{2}\begin{bmatrix}\boldsymbol{e}_{\eta i}^{\mathrm{T}} & \boldsymbol{e}_{\psi i}^{\mathrm{T}}\end{bmatrix}\boldsymbol{Q}_i\begin{bmatrix}\boldsymbol{e}_{\eta i}\\ \boldsymbol{e}_{\psi i}\end{bmatrix} - \begin{bmatrix}\boldsymbol{e}_q^{\mathrm{T}} & \boldsymbol{e}_\zeta^{\mathrm{T}}\end{bmatrix}\boldsymbol{Q}_3\begin{bmatrix}\boldsymbol{e}_q\\ \boldsymbol{e}_\zeta\end{bmatrix}\end{aligned} \tag{12-20}$$

根据 LaSalle 不变原理，保证系统稳定。

12.3.3 无角速度自适应控制方法

本节针对角速度测量部件失效、存在外部干扰和转动惯量不确定性、描述液体晃动的位移变量不可测以及姿态可以稳定在两个平衡位置($\bar{\Omega}_1$,$\bar{\Omega}_2$)这四个问题，基于无源性理论设计充航天器自适应输出反馈无源控制器，只需要姿态测量，使航天器从任意初始姿态位置旋转到目标姿态，并且在大角度姿态机动的过程中能够抑制液体燃料的晃动，最后稳定在平衡位置。

首先，角速度观测器由式（12-3）推导为

$$\boldsymbol{\omega}=2\boldsymbol{G}(\varepsilon_0,\boldsymbol{\varepsilon})\begin{bmatrix}\dot{\varepsilon}_0\\ \dot{\boldsymbol{\varepsilon}}\end{bmatrix} \tag{12-21}$$

为了消除$\begin{bmatrix}\dot{\varepsilon}_0 & \dot{\boldsymbol{\varepsilon}}^{\mathrm{T}}\end{bmatrix}^{\mathrm{T}}$在方程中的项，$\begin{bmatrix}\dot{\varepsilon}_0 & \dot{\boldsymbol{\varepsilon}}^{\mathrm{T}}\end{bmatrix}^{\mathrm{T}}$有如下表达

$$\begin{bmatrix}\ddot{\varepsilon}_0\\ \ddot{\boldsymbol{\varepsilon}}\end{bmatrix}=\lim_{\Delta T\to 0}\begin{bmatrix}\dfrac{(\dot{\varepsilon}_0+\Delta\dot{\varepsilon}_0)-\dot{\varepsilon}_0}{\Delta T}\\ \dfrac{(\dot{\boldsymbol{\varepsilon}}+\Delta\dot{\boldsymbol{\varepsilon}})-\dot{\boldsymbol{\varepsilon}}}{\Delta T}\end{bmatrix}=\frac{1}{\Delta T}\left[\begin{bmatrix}\dot{\varepsilon}_0\\ \dot{\boldsymbol{\varepsilon}}\end{bmatrix}-\begin{bmatrix}\dot{\varepsilon}_0-\Delta\dot{\varepsilon}_0\\ \dot{\boldsymbol{\varepsilon}}-\Delta\dot{\boldsymbol{\varepsilon}}\end{bmatrix}\right] \tag{12-22}$$

引入新的变量，$\begin{bmatrix}\gamma_0\\ \boldsymbol{\gamma}\end{bmatrix}=\begin{bmatrix}\dot{\varepsilon}_0-\Delta\dot{\varepsilon}_0\\ \dot{\boldsymbol{\varepsilon}}-\Delta\dot{\boldsymbol{\varepsilon}}\end{bmatrix}$，式（12-22）可重新表达为

$$\begin{bmatrix}\ddot{\varepsilon}_0\\ \ddot{\boldsymbol{\varepsilon}}\end{bmatrix}=\frac{1}{\Delta T}\left[\begin{bmatrix}\dot{\varepsilon}_0\\ \dot{\boldsymbol{\varepsilon}}\end{bmatrix}-\begin{bmatrix}\gamma_0\\ \boldsymbol{\gamma}\end{bmatrix}\right] \tag{12-23}$$

考虑$\lim\limits_{t\to\infty}\Delta\dot{\varepsilon}_0=0$和$\lim\limits_{t\to\infty}\Delta\dot{\boldsymbol{\varepsilon}}=0$，可知

$$\lim_{t\to\infty}\begin{bmatrix}\ddot{\varepsilon}_0\\ \ddot{\boldsymbol{\varepsilon}}\end{bmatrix}=\frac{1}{\Delta T}\left[\begin{bmatrix}\dot{\varepsilon}_0\\ \dot{\boldsymbol{\varepsilon}}\end{bmatrix}-\begin{bmatrix}\gamma_0\\ \boldsymbol{\gamma}\end{bmatrix}\right]=0 \tag{12-24}$$

及

$$\begin{bmatrix}\gamma_0\\ \boldsymbol{\gamma}\end{bmatrix}=\begin{bmatrix}\dot{\varepsilon}_0\\ \dot{\boldsymbol{\varepsilon}}\end{bmatrix} \tag{12-25}$$

引入新变量$\begin{bmatrix}\chi_0 & \boldsymbol{\chi}^{\mathrm{T}}\end{bmatrix}^{\mathrm{T}}$，则有

$$\begin{bmatrix}\gamma_0\\ \boldsymbol{\gamma}\end{bmatrix}=\begin{bmatrix}\dot{\chi}_0\\ \dot{\boldsymbol{\chi}}\end{bmatrix} \tag{12-26}$$

将式（12-26）代入式（12-24），两边积分，得到

$$\begin{bmatrix}\dot{\varepsilon}_0\\ \dot{\boldsymbol{\varepsilon}}\end{bmatrix}=\frac{1}{\lambda}\left[\begin{bmatrix}\varepsilon_0\\ \boldsymbol{\varepsilon}\end{bmatrix}-\begin{bmatrix}\chi_0\\ \boldsymbol{\chi}\end{bmatrix}\right]+C \tag{12-27}$$

式中，$\lambda=\Delta T$ 是一个足够小的正常数；C 是积分中的高阶项。令 $C=0$；角速度观测器可根据式（12-27）可以得到

$$\boldsymbol{\omega}=-\frac{2}{\lambda}\boldsymbol{G}(\varepsilon_0,\boldsymbol{\varepsilon})\begin{bmatrix}\chi_0\\ \boldsymbol{\chi}\end{bmatrix} \tag{12-28}$$

式中，$\boldsymbol{G}(\varepsilon_0,\boldsymbol{\varepsilon})\begin{bmatrix}\varepsilon_0\\ \boldsymbol{\varepsilon}\end{bmatrix}=0$，以及 $\begin{bmatrix}\chi_0 & \boldsymbol{\chi}^{\mathrm{T}}\end{bmatrix}^{\mathrm{T}}$如下表达

$$\begin{bmatrix}\dot{\chi}_0\\ \dot{\boldsymbol{\chi}}\end{bmatrix}=\frac{1}{\lambda}\left[\begin{bmatrix}\varepsilon_0\\ \boldsymbol{\varepsilon}\end{bmatrix}-\begin{bmatrix}\chi_0\\ \boldsymbol{\chi}\end{bmatrix}\right] \tag{12-29}$$

无角速度的自适应控制律为

$$\begin{aligned}\boldsymbol{\tau}=&-\left(\frac{1}{2}\boldsymbol{k}_1+k_2\boldsymbol{k}_3\right)\boldsymbol{\varepsilon}-\sum_{i=1}^{2}m_{\mathrm{f}i}\boldsymbol{\delta}_i\begin{bmatrix}\boldsymbol{K}_{\mathrm{f}i}\\ \boldsymbol{C}_{\mathrm{f}i}\end{bmatrix}^{\mathrm{T}}\begin{bmatrix}\hat{\boldsymbol{\eta}}_i\\ \hat{\boldsymbol{\psi}}_i\end{bmatrix}-\boldsymbol{F}\begin{bmatrix}\boldsymbol{K}_q\\ \boldsymbol{C}_q\end{bmatrix}^{\mathrm{T}}\begin{bmatrix}\hat{\boldsymbol{q}}\\ \hat{\boldsymbol{\zeta}}\end{bmatrix}\\ &-\frac{2}{\lambda}\boldsymbol{G}(\varepsilon_0,\boldsymbol{\varepsilon})\begin{bmatrix}\chi_0\\ \boldsymbol{\chi}\end{bmatrix}\left(-\frac{2}{\lambda}\boldsymbol{J}_{\mathrm{mb}}\boldsymbol{G}(\varepsilon_0,\boldsymbol{\varepsilon})\begin{bmatrix}\chi_0\\ \boldsymbol{\chi}\end{bmatrix}\right)\\ &-\frac{2}{\lambda}\left(\sum_{i=1}^{2}m_{\mathrm{f}i}\boldsymbol{\delta}_i\boldsymbol{C}_{\mathrm{f}i}\boldsymbol{\delta}_i^{\mathrm{T}}+\boldsymbol{F}\boldsymbol{C}_q\boldsymbol{F}^{\mathrm{T}}-\boldsymbol{k}_3\right)\boldsymbol{G}(\varepsilon_0,\boldsymbol{\varepsilon})\begin{bmatrix}\chi_0\\ \boldsymbol{\chi}\end{bmatrix}+\boldsymbol{J}_{\mathrm{mb}}\dot{\boldsymbol{\alpha}}\end{aligned} \tag{12-30a}$$

$$\begin{aligned}\begin{bmatrix}\dot{\hat{\boldsymbol{\eta}}}_i\\ \dot{\hat{\boldsymbol{\psi}}}_i\end{bmatrix}=&\begin{bmatrix}\boldsymbol{0} & \boldsymbol{I}\\ -\boldsymbol{K}_{\mathrm{f}i} & -\boldsymbol{C}_{\mathrm{f}i}\end{bmatrix}\begin{bmatrix}\hat{\boldsymbol{\eta}}_i\\ \hat{\boldsymbol{\psi}}_i\end{bmatrix}\\ &-\frac{2}{\lambda}\left(\boldsymbol{P}_i^{-1}\begin{bmatrix}\boldsymbol{K}_{\mathrm{f}i}\\ \boldsymbol{C}_{\mathrm{f}i}\end{bmatrix}-\begin{bmatrix}\boldsymbol{I}\\ -\boldsymbol{C}_{\mathrm{f}i}\end{bmatrix}\right)\boldsymbol{\delta}_i^{\mathrm{T}}\boldsymbol{G}(\varepsilon_0,\boldsymbol{\varepsilon})\begin{bmatrix}\chi_0\\ \boldsymbol{\chi}\end{bmatrix}+k_2\boldsymbol{P}_i^{-1}\begin{bmatrix}\boldsymbol{K}_{\mathrm{f}i}\\ \boldsymbol{C}_{\mathrm{f}i}\end{bmatrix}\boldsymbol{\delta}_i^{\mathrm{T}}\boldsymbol{\varepsilon}\end{aligned} \tag{12-30b}$$

$$\begin{aligned}\begin{bmatrix}\dot{\hat{\boldsymbol{q}}}\\ \dot{\hat{\boldsymbol{\zeta}}}\end{bmatrix}=&\begin{bmatrix}\boldsymbol{0} & \boldsymbol{I}\\ -\boldsymbol{K}_q & -\boldsymbol{C}_q\end{bmatrix}\begin{bmatrix}\hat{\boldsymbol{q}}\\ \hat{\boldsymbol{\zeta}}\end{bmatrix}\\ &-\frac{2}{\lambda}\left(\boldsymbol{P}_i^{-1}\begin{bmatrix}\boldsymbol{K}_q\\ \boldsymbol{C}_q\end{bmatrix}-\begin{bmatrix}\boldsymbol{I}\\ -\boldsymbol{C}_q\end{bmatrix}\right)\boldsymbol{F}^{\mathrm{T}}\boldsymbol{G}(\varepsilon_0,\boldsymbol{\varepsilon})\begin{bmatrix}\chi_0\\ \boldsymbol{\chi}\end{bmatrix}+k_2\boldsymbol{P}_i^{-1}\begin{bmatrix}\boldsymbol{K}_q\\ \boldsymbol{C}_q\end{bmatrix}\boldsymbol{F}^{\mathrm{T}}\boldsymbol{\varepsilon}\end{aligned} \tag{12-30c}$$

$$\dot{\hat{\boldsymbol{d}}}=\boldsymbol{\Gamma}\left(k_2\boldsymbol{\varepsilon}-\frac{2}{\lambda}\boldsymbol{G}(\varepsilon_0,\boldsymbol{\varepsilon})\begin{bmatrix}\chi_0\\ \boldsymbol{\chi}\end{bmatrix}\right) \tag{12-30d}$$

$$\begin{bmatrix}\dot{\chi}_0\\ \dot{\boldsymbol{\chi}}\end{bmatrix}=\frac{1}{\lambda}\left[\begin{bmatrix}\varepsilon_0\\ \boldsymbol{\varepsilon}\end{bmatrix}-\begin{bmatrix}\chi_0\\ \boldsymbol{\chi}\end{bmatrix}\right] \tag{12-30e}$$

12.3.4 命令光滑器控制设计

充液柔性航天器在姿态机动过程中，由帆板振动和液体晃动所引起的残余振动，容易对航天器的稳定性造成不必要的危害，尤其是对于高阶模态，这类振荡可能使控制系统失效。命令光滑器是低通滤波器和陷波滤波器的组合，通过与命令光滑器的卷积来平滑原始输入命令，从而在不引起振动的情况下驱动系统。当驱动系统的固有频率处于归一化幅值为零的节点时，经过光滑整形后的命令不会引起系统的振动。

根据推导的充液柔性航天器的动力学方程式（12-2）可见，柔性附件的振动方程和液体晃动的动力学方程都可视为典型的二阶振动系统

$$\ddot{\eta}+2\xi\Lambda\dot{\eta}+\Lambda^2\eta=f(t) \tag{12-31}$$

式中，$f(t)$是振荡激励，是角速度导数的耦合项。将系统角速度的表达式和控制律代入$f(t)$中可见振动系统的振荡输入激励均为系统姿态四元数以及角速度等状态变量的函数。值得注意的是，除了姿态四元数外，角速度、液体晃动和柔性振动等状态变量都是从0开始变化的，且是随系统同台变化的。引入新的状态变量$\begin{bmatrix}\bar{\varepsilon}_{c0} & \bar{\boldsymbol{\varepsilon}}_c^{\mathrm{T}}\end{bmatrix}^{\mathrm{T}}=\begin{bmatrix}\bar{\varepsilon}_{c0} & \bar{\varepsilon}_{c1} & \bar{\varepsilon}_{c2} & \bar{\varepsilon}_{c3}\end{bmatrix}^{\mathrm{T}}$作为用于输入命令光滑器的指令输入，则经过命令光滑器卷积后的输入指令$\begin{bmatrix}\varepsilon_{c0} & \boldsymbol{\varepsilon}_c^{\mathrm{T}}\end{bmatrix}^{\mathrm{T}}=\begin{bmatrix}\varepsilon_{c0} & \varepsilon_{c1} & \varepsilon_{c2} & \varepsilon_{c3}\end{bmatrix}^{\mathrm{T}}$为：

$$\begin{bmatrix}\varepsilon_{c0} & \boldsymbol{\varepsilon}_c^{\mathrm{T}}\end{bmatrix}^{\mathrm{T}}=\left(\begin{bmatrix}\bar{\varepsilon}_{c0} & \bar{\boldsymbol{\varepsilon}}_c^{\mathrm{T}}\end{bmatrix}^{\mathrm{T}}-\begin{bmatrix}\varepsilon_0(0) & \boldsymbol{\varepsilon}^{\mathrm{T}}(0)\end{bmatrix}^{\mathrm{T}}\right)*u(\tau)+\begin{bmatrix}\varepsilon_0(0) & \boldsymbol{\varepsilon}^{\mathrm{T}}(0)\end{bmatrix}^{\mathrm{T}} \tag{12-32}$$

式中，$\begin{bmatrix}\varepsilon_0(0) & \boldsymbol{\varepsilon}^{\mathrm{T}}(0)\end{bmatrix}^{\mathrm{T}}$为姿态四元数的初始值；$*$ 为卷积运算符号；$u(\tau)$为命令光滑器的表达式。

进一步地，定义误差四元数$\begin{bmatrix}\varepsilon_{e0} & \boldsymbol{\varepsilon}_e^{\mathrm{T}}\end{bmatrix}^{\mathrm{T}}=\begin{bmatrix}\varepsilon_{e0} & \varepsilon_{e1} & \varepsilon_{e2} & \varepsilon_{e3}\end{bmatrix}^{\mathrm{T}}$为

$$\begin{bmatrix}\varepsilon_{e0}\\ \varepsilon_{e1}\\ \varepsilon_{e2}\\ \varepsilon_{e3}\end{bmatrix}=\begin{bmatrix}\varepsilon_{c0} & \varepsilon_{c1} & \varepsilon_{c2} & \varepsilon_{c3}\\ -\varepsilon_{c1} & \varepsilon_{c0} & \varepsilon_{c3} & -\varepsilon_{c2}\\ -\varepsilon_{c2} & -\varepsilon_{c3} & \varepsilon_{c0} & \varepsilon_{c1}\\ -\varepsilon_{c3} & \varepsilon_{c2} & -\varepsilon_{c1} & \varepsilon_{c0}\end{bmatrix}\begin{bmatrix}\varepsilon_0\\ \varepsilon_1\\ \varepsilon_2\\ \varepsilon_3\end{bmatrix} \tag{12-33}$$

采用误差四元数代替姿态四元数，对控制律进行了重新设计

$$\boldsymbol{\tau}=-\left(\frac{1}{2}\boldsymbol{k}_1+k_2\boldsymbol{k}_3\right)\boldsymbol{\varepsilon}_{\mathrm{e}}-\sum_{i=1}^{2}m_{\mathrm{f}i}\boldsymbol{\delta}_i\begin{bmatrix}\boldsymbol{K}_i\\\boldsymbol{C}_i\end{bmatrix}^{\mathrm{T}}\begin{bmatrix}\hat{\boldsymbol{\eta}}_i\\\hat{\boldsymbol{\psi}}_i\end{bmatrix}-\boldsymbol{F}\begin{bmatrix}\boldsymbol{K}_3\\\boldsymbol{C}_3\end{bmatrix}^{\mathrm{T}}\begin{bmatrix}\hat{\boldsymbol{n}}\\\hat{\boldsymbol{\zeta}}\end{bmatrix}$$
$$-\frac{2}{\lambda}\boldsymbol{G}(\varepsilon_0,\boldsymbol{\varepsilon})\begin{bmatrix}\chi_0\\\boldsymbol{\chi}\end{bmatrix}\left(-\frac{2}{\lambda}\boldsymbol{J}_{\mathrm{mb}}\boldsymbol{G}(\varepsilon_0,\boldsymbol{\varepsilon})\begin{bmatrix}\chi_0\\\boldsymbol{\chi}\end{bmatrix}\right)$$
$$-\frac{2}{\lambda}\left(\sum_{i=1}^{2}m_{\mathrm{f}i}\boldsymbol{\delta}_i\boldsymbol{C}_i\boldsymbol{\delta}_i^{\mathrm{T}}+\boldsymbol{F}\boldsymbol{C}_3\boldsymbol{F}^{\mathrm{T}}-\boldsymbol{k}_3\right)\boldsymbol{G}(\varepsilon_0,\boldsymbol{\varepsilon})\begin{bmatrix}\chi_0\\\boldsymbol{\chi}\end{bmatrix}+\boldsymbol{J}_{\mathrm{mb}}\dot{\boldsymbol{\alpha}}$$

(12-34)

则式（12-34）为加装命令光滑器之后的控制器。接下来就是命令光滑器的设计。命令光滑器是基于振动动力的固有频率和阻尼比而设计的。在一个典型的二阶系统中，系统从平滑命令 u 得到的谐波响应为

$$f(t)=\int_0^{+\infty}u(\tau)\frac{\omega_{\mathrm{k}}}{\sqrt{1-\zeta_{\mathrm{k}}^2}}\mathrm{e}^{-\zeta_{\mathrm{k}}\omega_{\mathrm{k}}(t-\tau)}\times\sin\left[\omega_{\mathrm{k}}\sqrt{1-\zeta_{\mathrm{k}}^2}(t-\tau)\right]\mathrm{d}\tau$$

(12-35)

其振幅表达式为

$$A(t)=\frac{\omega_{\mathrm{k}}}{\sqrt{1-\zeta_{\mathrm{k}}{}^2}}\mathrm{e}^{-\zeta_{\mathrm{k}}\omega_{\mathrm{k}}t}\sqrt{[S(\omega,\zeta)]^2+[C(\omega,\zeta)]^2}\tag{12-36}$$

式中

$$S(\omega,\zeta)=\int_0^{+\infty}u(\tau)\mathrm{e}^{\zeta_{\mathrm{k}}\omega_{\mathrm{k}}\tau}\sin(\omega_{\mathrm{k}}\tau\sqrt{1-\zeta_{\mathrm{k}}{}^2})\mathrm{d}\tau\tag{12-37a}$$

$$C(\omega,\zeta)=\int_0^{+\infty}u(\tau)\mathrm{e}^{\zeta_{\mathrm{k}}\omega_{\mathrm{k}}\tau}\cos(\omega_{\mathrm{k}}\tau\sqrt{1-\zeta_{\mathrm{k}}{}^2})\mathrm{d}\tau\tag{12-37b}$$

式中，ω_{k} 为系统的自然频率；ζ_{k} 系统的阻尼。

为了消除系统响应的振动，式（12-37）的振幅应为零，则平滑后的命令 u 不会引起系统的残余振动。此外，为了增强命令平滑的鲁棒性，还应增加约束，即方程式（12-36）对 ω_{k} 和 ζ_{k} 的导数应趋于零，即需要满足以下约束条件

$$\int_0^{+\infty}u(\tau)\mathrm{e}^{\zeta_{\mathrm{k}}\omega_{\mathrm{k}}\tau}\sin(\omega_{\mathrm{k}}\tau\sqrt{1-\zeta_{\mathrm{k}}{}^2})\mathrm{d}\tau=0\tag{12-38a}$$

$$\int_0^{+\infty}u(\tau)\mathrm{e}^{\zeta_{\mathrm{k}}\omega_{\mathrm{k}}\tau}\cos(\omega_{\mathrm{k}}\tau\sqrt{1-\zeta_{\mathrm{k}}{}^2})\mathrm{d}\tau=0\tag{12-38b}$$

$$\int_0^{+\infty}\tau u(\tau)\mathrm{e}^{\zeta_{\mathrm{k}}\omega_{\mathrm{k}}\tau}\sin(\omega_{\mathrm{k}}\tau\sqrt{1-\zeta_{\mathrm{k}}{}^2})\mathrm{d}\tau=0\tag{12-38c}$$

$$\int_0^{+\infty}\tau u(\tau)\mathrm{e}^{\zeta_{\mathrm{k}}\omega_{\mathrm{k}}\tau}\cos(\omega_{\mathrm{k}}\tau\sqrt{1-\zeta_{\mathrm{k}}{}^2})\mathrm{d}\tau=0\tag{12-38d}$$

同时为了使平滑后的命令与原命令驱动系统处于同一位置，平滑后的命令在时域内的积分应限制为 1，即

$$\int_0^{+\infty} u(\tau)\mathrm{d}\tau = 1 \tag{12-39}$$

最后，得到了基于典型的二阶振动系统的命令光滑器的表达式

$$u(\tau)=\begin{cases} \tau u_0 \mathrm{e}^{-\zeta_\mathrm{k}\omega_\mathrm{k}\tau}, & 0\leqslant\tau\leqslant T \\ (2T-\tau)u_0 \mathrm{e}^{-\zeta_\mathrm{k}\omega_\mathrm{k}\tau}, & T\leqslant\tau\leqslant 2T \\ 0, & \tau\geqslant 2T \end{cases} \tag{12-40}$$

式中，$u_0=\dfrac{\zeta_\mathrm{k}^2\omega_\mathrm{k}^2}{\left(1-\mathrm{e}^{-2\pi\zeta_\mathrm{k}/\sqrt{1-\zeta_\mathrm{k}^2}}\right)^2}$；$T=\dfrac{2\pi}{\left(\omega_\mathrm{k}\sqrt{1-\zeta_\mathrm{k}^2}\right)}$为系统的阻尼振荡周期。

12.4 数值实例

正定矩阵 $\boldsymbol{P}_1$、$\boldsymbol{P}_2$、$\boldsymbol{P}_3$ 选取为：$\boldsymbol{P}_1=\mathrm{diag}\{55.2,55.2,1,80,80,1\}$，$\boldsymbol{P}_2=\mathrm{diag}\{10,7.27,1,70,70,1\}$，$\boldsymbol{P}_3=\mathrm{diag}\{0.1,3.94,30.92,10,10,20\}$。用于分别得出上述 $\boldsymbol{P}_i$ 值的对称正定矩阵 $\boldsymbol{Q}_i$ 可由式（12-17）反推得到。假设航天器所受外部干扰力矩的集总扰动为：$\boldsymbol{T}_\mathrm{d}=\begin{bmatrix} 0.2\sin(0.5t) \\ 0.2\sin(0.5t)+0.3\cos(0.5t) \\ 0.3\cos(0.5t) \end{bmatrix}$（N·m）。

情形一： 图 12-1～图 12-6 给出了多体航天器在无角速度自适应动态输出反馈控制律式（12-30）作用下的仿真曲线图。

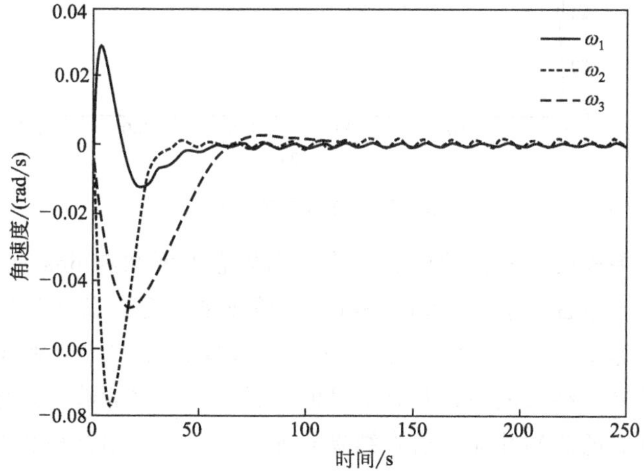

图 12-1　姿态角速度响应

图 12-1～图 12-3 分别给出了姿态角速度、姿态四元数和控制力矩响应的

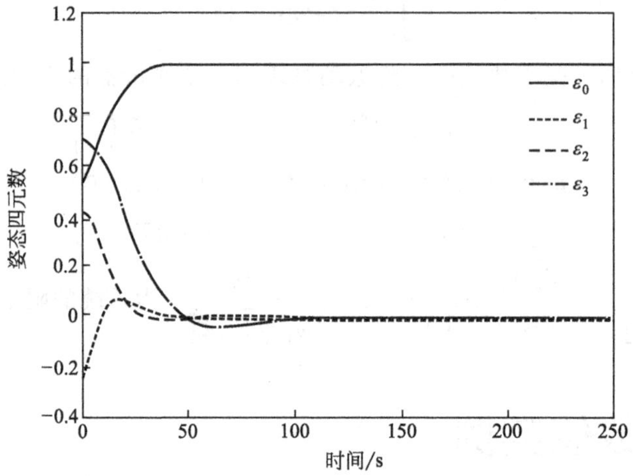

图 12-2 姿态四元数响应

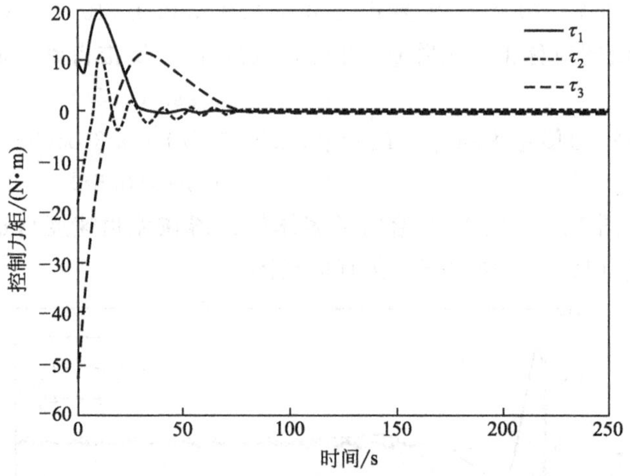

图 12-3 控制力矩响应

变化情况。结果表明，系统的姿态角速度和姿态四元数在 65s 左右趋于稳定，控制力矩在 75s 左右趋于 0。液体一阶、二阶晃动模态及其估计值和柔性振动前三个模态坐标结果如图 12-4～图 12-6 所示，实线和虚线分别代表实值和估计值的控制结果。结果表明，状态变量的自适应更新律能够有效地估计出真实值，并具有良好的观测性能。仿真结果验证了自适应控制器和状态变量自适应更新律的有效性。

情形二：图 12-7～图 12-12 给出了结合命令光滑器的复合控制与自适应无角速度控制仿真效果对比图。

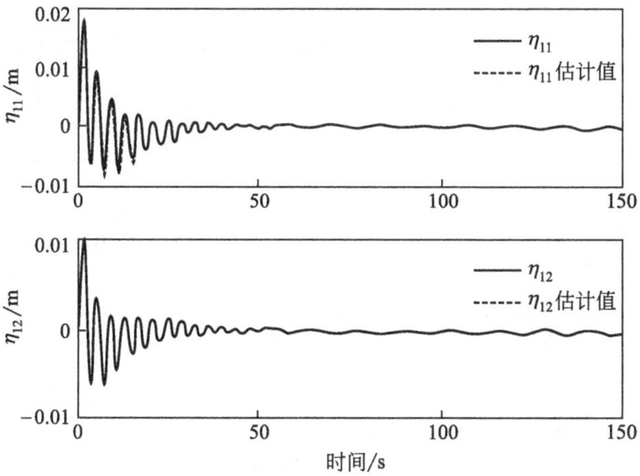

图 12-4 液体一阶晃动模态及其估计值

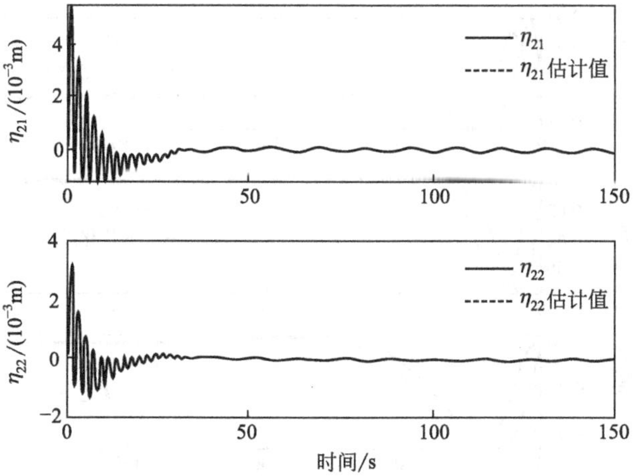

图 12-5 液体二阶晃动模态及其估计值

图 12-7～图 12-12 给出了自适应无角速度反馈的控制器及其经过命令光滑器优化后的仿真对比结果。实线表示自适应无角速度反馈控制器的仿真结果，虚线表示优化后的控制器的仿真结果。姿态角速度、姿态四元数和控制转矩响应比较曲线如图 12-7～图 12-9 所示。从结果可以看出，优化后的控制器会对系统的稳定性造成一定的延迟，如图 12-7、图 12-8 所示，这是因为控制转矩从零开始变化，在一定程度上解决了初始转矩过大引起的系统严重的初始振荡。同时，控制转矩响应变化更平稳，幅值也更小，降低了系统角速度响应的幅值，如图 12-9 所示。

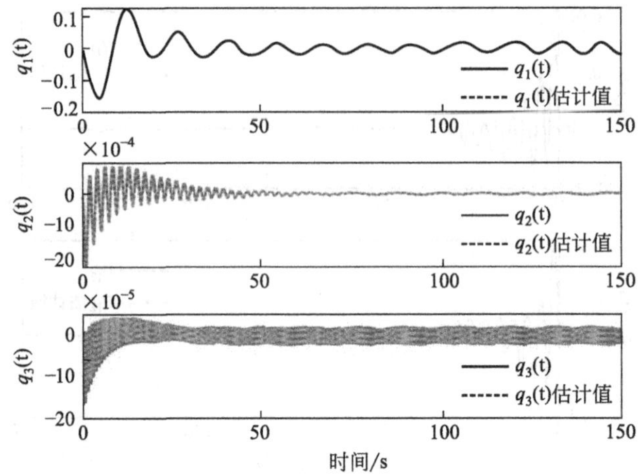

图 12-6 柔性振动前三个模态坐标结果

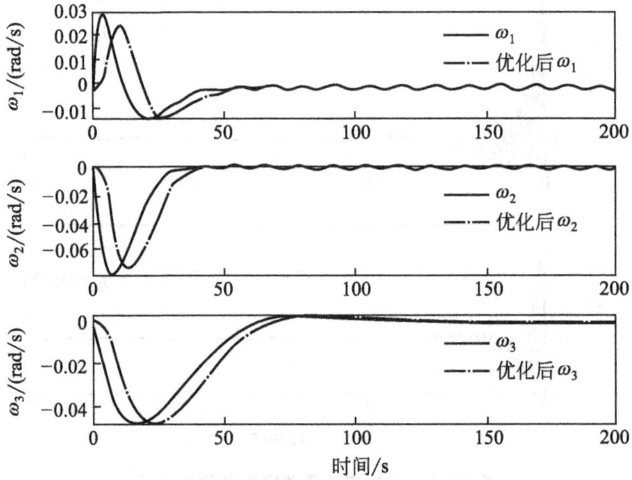

图 12-7 两个控制器的姿态角速度响应比较

图 12-10～图 12-12 给出了液体两阶晃动模态幅度比较和柔性振动比较的前三个模态坐标响应。可以看出，优化后的控制器对前两阶模态的液体晃动和二阶模态以上的柔性附件振动有明显的抑制作用，而对柔性附件一阶模态的抑制作用略差。这是因为光滑器所使用的频率接近柔性附件的第一阶主振型的频率，这证明了光滑器对高振型振动的抑制是有效的，且频率越小抑制效果越好。根据式（12-40），光滑器的延时也由所选频率决定，所选频率越小则产生的延时越大。因此，光滑器频率的选用需要在延迟时间和抑制效果之间进行取舍，在延时尽可能小的情况下，尽量增强振动的抑制效果。

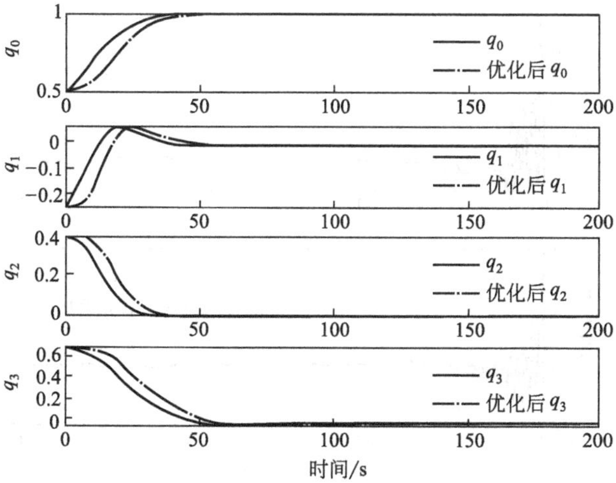

图 12-8 两个控制器的姿态四元数响应比较

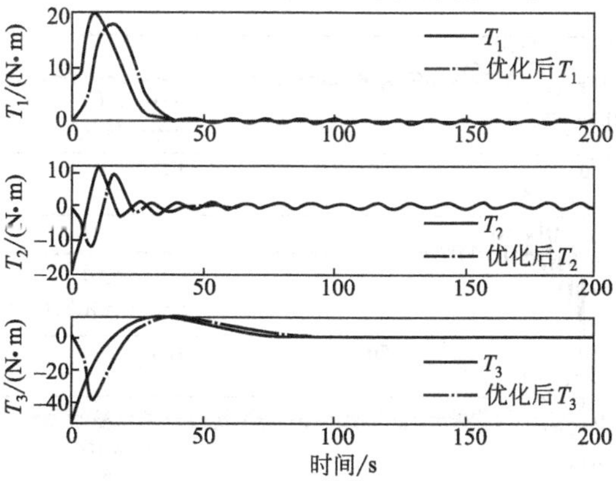

图 12-9 两个控制器的控制力矩响应比较

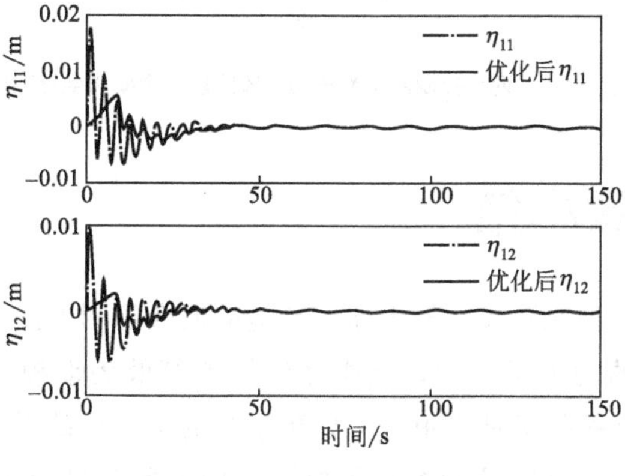

图 12-10 两个控制器的液体一阶晃动模态比较

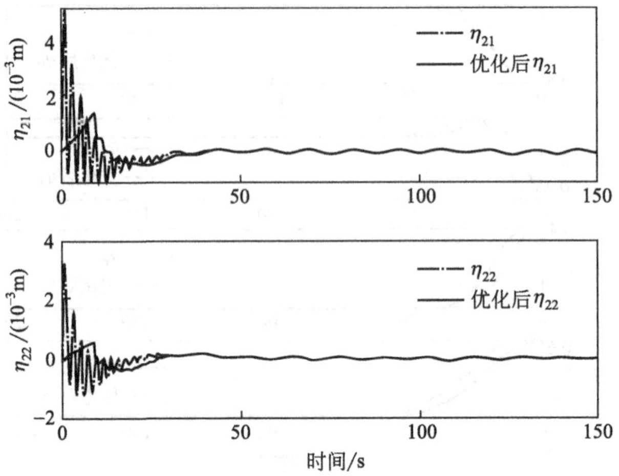

图 12-11　两个控制器的液体二阶晃动模态幅度比较

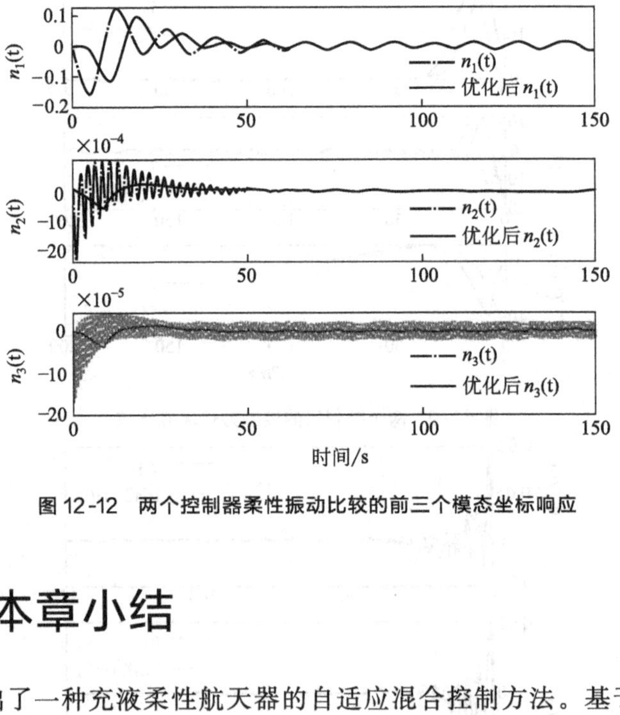

图 12-12　两个控制器柔性振动比较的前三个模态坐标响应

12.5　本章小结

本章提出了一种充液柔性航天器的自适应混合控制方法。基于动量守恒定律推导了航天器的动力学模型，其中液体燃料等效为双模态弹簧-质量模型，柔性附件等效为欧拉伯努利光束。考虑到系统的未知外部干扰和状态变量的不可测性，自适应输出反馈控制器只需要姿态四元数反馈就能保证系统的稳定性，其中利用自适应更新律估计了液体晃动和柔性附件振动的状态变量。结合命令平滑技术，该混合控制器可以抑制系统在无限模态下的振荡，特别是在较高模态下。虽然会导致一定的时间延迟，但振动明显减小仿真结果验证了混合控制器在保证系统姿态机动稳定性和抑制系统无限模态振动方面的有效性。

参考文献

[1] 贾英宏，徐世杰. 充液挠性多体航天器的变结构控制 [J]. 宇航学报，2002，23 (3)：18-23.

[2] 吕建婷，李传江，马广富. 卫星姿态调节的滑模 PID 控制器设计 [J]. 哈尔滨工业大学学报，2008，40 (7)：1009-1012

[3] Sales T P，Rade D A，De S. Passive vibration control of flexible spacecraft using shunted piezoelectric transducers [J]. Aerospace Science Technology，2013，29 (1)：403-412.

[4] 宋晓娟，岳宝增，闫玉龙，等. 液体多模态晃动充液航天器姿态机动复合控制 [J]. 宇航学报，2015，36 (7)：819-825.

[5] 支敬德，戈新生. 基于模糊滑模控制的挠性航天器姿态机动及抖振抑制研究 [J]. 应用力学学报，2020，37 (5)：1972-1979.

[6] Gennaro S D. Passive attitude control of flexible spacecraft from quaternion measurements [J]. Journal of Optimization Theory and Applications，2003，116 (1)：41-60.

[7] Song X，Wang H，Lu S. Adaptive Backstepping Attitude Control for Liquid-Filled Spacecraft without Angular Velocity Measurement [J]. Journal of Aerospace Engineering，2021，34 (3)：04021021.

[8] 陈中天，陈强，孙明轩，等. 航天器全状态约束输出反馈控制 [J]. 控制理论与应用，2020，37 (2)：355-364.

[9] Shao S，Zong Q，Tian B，et al. Finite-time sliding mode attitude control for rigid spacecraft without angular velocity measurement [J]. Journal of the Franklin Institute，2017，354 (12)：4656-4674.

第13章

带有大挠性结构充液航天器混合控制方法研究

13.1 引言

随着空间技术的不断发展与航天需求的不断增长，航天器结构越来越复杂，尺寸也越来越大。这种大挠性、低阻尼的结构一旦遇到外界干扰极易产生振动，振动将会严重影响有效载荷的正常工作，导致性能下降而失效。同时长期的振动还将会引起结构的疲劳破坏。如在第 11 章已经分析了近地卫星在进出太阳半影区、本影区过程中，太阳帆板的不均匀热变形引发太阳帆板的振动，从而影响卫星的姿态稳定性。航天器在轨运动过程中，挠性卫星的高阶、非线性及不确定性已经成为不容小觑的问题。目前比较少的文献涉及了空间挠性结构的大变形问题，Banerjee[1] 在 1993 年研究了 WISP 航天飞机天线系统动力学响应，利用梁的大变形理论研究了带有两个 150m 长天线的卫星快速定向及机动的控制问题。Banerjee 和 Singhose[2] 描述了挠性航天器扭转机动过程中一种基于最小机动时间 on-off 控制策略，建模过程中考虑挠性天线的弹性非线性大变形。Azadi 等人[3] 提出了带有智能材料挠性航天器自旋过程中的混合控制策略，将两个对称的太阳帆板假设为非线性欧拉伯努利梁大变形模型。Fonseca 等人[4] 考虑空间大型结构与控制结构的相互作用问题，考虑了重力梯度响应、太阳光压等外部扰动，引入了板模型来描述太阳帆板。

在复杂航天器建模过程中，考虑将挠性结构的非线性特性势必会对控制器的设计提出更高的要求，奇异摄动理论的引入可以很好地解决这一问题。奇异摄动方法自 20 世纪 60 年代开始应用于控制理论的研究，并且一直随着控制理论的发展而壮大。奇异摄动的主要思想是先忽略系统中的快变量，从而降低系统的阶数，然后引入边界层校正来提高系统的近似程度，形成两个快慢时间尺度的子系统，这两个降阶的子系统可以用来近似原系统的动力学行为，相当于两个时间尺度范围内分别独立完成设计任务，这种分解实际上就是一种时标的分解[5,6]。奇异摄动理论在航空航天这一技术领域的应用非常广泛。Lee 等人[7] 研究了 F-15 飞机飞行轨迹控制问题，结合了奇异摄动理论及动态逆控制方法，取得了理想的效果。Singh 等人[8] 针对 F-8 飞机，引入奇异摄动法设计了非线性 H_∞姿态角控制器。Azadi 等人[3] 对挠性自旋航天器进行姿态机动，对慢变刚体航天器系统设计了自适应变结构控制器，对于快变挠性结构引入智能材料对其振动进行抑制。Shahravi 等人[9] 将挠性航天器分解为快慢系统，设计了基于姿态四元数滑模控制及应用李雅普诺夫控制方法的混合控制律。

在第 11 章研究了考虑饱和约束的滑模控制器，动量轮虽然可以提供连续的控制力矩，但以更长的机动时间为代价。本章设计了利用推力器与动量轮两种执行机构对复杂航天器进行联合机动控制，结合这两种执行机构的优点，达到更快更精确的控制效果。Ye 等人[10] 基于四元数法，对高精度大角度快速机动的刚体航天器提出一种推力器与反作用飞轮混合控制策略，设计了开环控制由推力器提供机动力矩，闭环控制采用动量轮进行精细控制。Banerjee[1] 针对带有挠性太阳帆板的航天器，由两个推力器及一个偏置动量轮作为执行机构进行快速姿态机动控制。Luiz 等人[11] 设计了结合 LQR 线性控制器与 SDRE 非线性控制器的 SDRE 滤波器，仿真结果与实验进行了比较。

本章继续研究三轴稳定充液多体航天器大挠性结构的动力学建模问题，假设挠性结构为非线性 Euler-Bernouli 大变形梁，利用奇异摄动理论将航天器系统分解为快变、慢变控制系统。对于慢变系统，设计了推力器与反作用飞轮的混合控制策略；对于快变系统，设计了基于压电智能材料的 Lyapunov 控制律，并进行了数值仿真试验研究。

13.2 动力学建模

如图 13-1 所示的充液挠性航天器动力学系统，假设太阳帆板为非线性 Euler-Bernouli 大变形梁模型。在航天器的 3 个主惯性轴上各装一个动量轮，3 个动量轮相互正交。

应用动量矩守恒定理建立航天器系统姿态动力学方程和弹簧质量等效力学

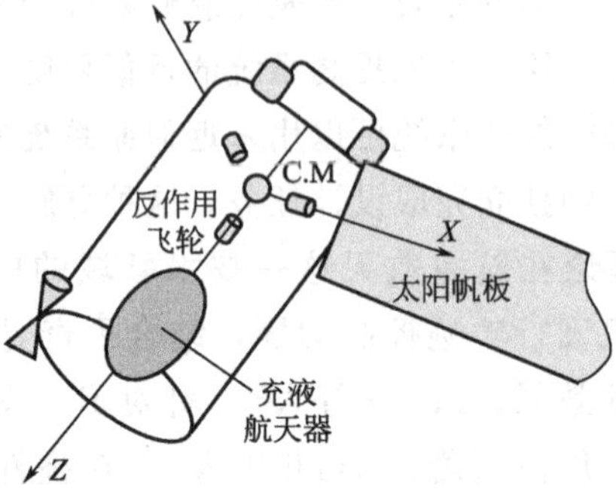

图 13-1　三轴稳定充液挠性航天器系统动力学模型

模型的前两阶模态液体晃动动力学方程，动力学系统如图 13-1 所示。动量轮关于坐标轴是轴对称的，其到质心的距离为 $\boldsymbol{b}_{\mathrm{w}}$，其转动惯量为 $\boldsymbol{I}_{\mathrm{s}}$，其它参数变量同第 5 章。下面将建立挠性结构、刚体航天器及液体等效模型的动力学方程。

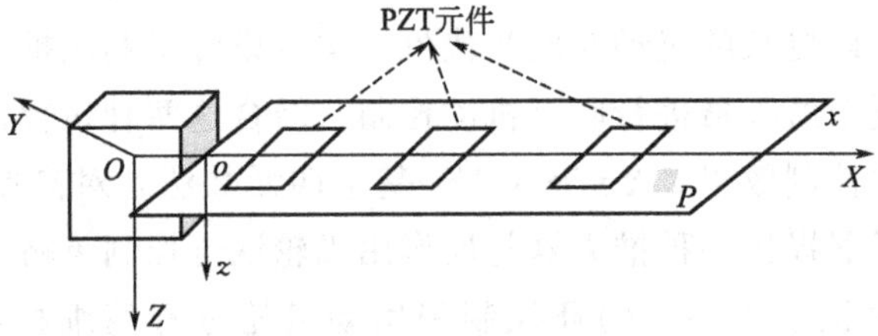

图 13-2　挠性附件结构示意图

13.2.1　挠性附件动力学模型

航天器大型挠性结构示意图如图 13-2 所示，本章采用压电材料主动控制来抑制挠性结构的振动，假设压电材料紧密的粘贴于挠性附件之上，挠性附件上的任意一单位微元可以表示为 p，$\boldsymbol{r}_p$ 为从随体坐标系 $OXYZ$ 的原点到任意微元 p 的距离，$\boldsymbol{v}_p$ 为其绝对速度，则有

$$\boldsymbol{r}_p=\boldsymbol{r}_{Op}+\boldsymbol{r}_{\mathrm{d}} \tag{13-1}$$

式中，$\boldsymbol{r}_{Op}=\boldsymbol{r}_{Oo}+\boldsymbol{r}_{op}$；$\boldsymbol{r}_{Oo}=r_{Oz}\boldsymbol{K}+r_{Ox}\boldsymbol{I}$；$\boldsymbol{r}_{op}=x\boldsymbol{i}$，$\boldsymbol{r}_{\mathrm{d}}=w_p\boldsymbol{k}+u_p\boldsymbol{i}$。则 p 点的速度表示为

$$\boldsymbol{v}_p=\dot{\boldsymbol{r}}_p=\boldsymbol{\omega}^{\times}\boldsymbol{r}_{Op}+\dot{\boldsymbol{r}}_{\mathrm{d}} \tag{13-2}$$

挠性附件的动能可表示为

$$T_{\mathrm{app}}=\frac{1}{2}\boldsymbol{\omega}^{\mathrm{T}}\rho_{\mathrm{app}}\int_{\mathrm{app}}\boldsymbol{r}_p^{\times}[\boldsymbol{r}_p^{\times}]^{\mathrm{T}}\mathrm{d}V\boldsymbol{\omega}+\boldsymbol{\omega}^{\mathrm{T}}\rho_{\mathrm{app}}\int_{\mathrm{app}}\boldsymbol{r}_p^{\times}\dot{\boldsymbol{r}}_d\mathrm{d}V+\frac{1}{2}\rho_{\mathrm{app}}\int_{\mathrm{app}}\dot{\boldsymbol{r}}_{\mathrm{d}}^{\mathrm{T}}\dot{\boldsymbol{r}}_{\mathrm{d}}\mathrm{d}V \tag{13-3}$$

挠性附件变形假设为大变形，则其位移场关系有

$$u_p(x,y,z,t)=u_0(x,y,t)-z\frac{\partial w_0}{\partial x} \tag{13-4}$$

$$w_p(x,y,z,t)=w_0(x,y,t) \tag{13-5}$$

式中，u_p、w_p 为沿着 x、z 轴方向的位移；u_0、w_0 为沿着中性轴的矢量位移。

研究梁结构大变形的几何关系，其应变与位移的关系可表示为

$$\varepsilon_{xx}=\frac{\partial u_0}{\partial x}-z\left(\frac{\partial^2 w_0}{\partial x^2}\right)+\frac{1}{2}\left(\frac{\partial w_0}{\partial x}\right)^2 \tag{13-6}$$

应力与应变的关系有

$$\sigma_{xx}=Q_{xx}\varepsilon_{xx} \tag{13-7}$$

式中，Q_{xx} 为弹性模量。

挠性附件的势能表示为

$$U_{\text{app}}=\frac{1}{2}\int_{\text{app}}Q_{xx}\varepsilon_{xx}\varepsilon_{xx}\,\mathrm{d}V \tag{13-8}$$

挠性梁的边界条件如下：

在 $x=0$ 处

$$\begin{aligned}&w_0(0,t)=0,\ w_0'(0,t)=0\\&u_0(0,t)=0,\ u_0'(0,t)=0\end{aligned} \tag{13-9}$$

在 $x=L$ 处

$$\begin{aligned}&EIw_0''(L,t)=0,\ EIw_0'''(L,t)=0\\&EIw_0''(L,t)=0,\ EIw_0'''(L,t)=0\end{aligned} \tag{13-10}$$

通过边界条件关系，对 u_0 和 v_0 进行相关假设

$$u_0(x,t)=\sum_{n=1}^{N}\phi_n(x)\bar{u}_n(t) \tag{13-11}$$

$$w_0(x,t)=\sum_{n=1}^{N}\varphi_n(x)\bar{w}_n(t) \tag{13-12}$$

式中，$\bar{u}_n(t)$ 为 u_0 的第 n 个广义模态坐标；ϕ_n 为第 n 个形函数；$\bar{w}_n(t)$ 为 w_0 的第 n 个广义模态坐标；φ_n 为第 n 个形函数。表达式中各个变量表达形式有如下形式

$$\phi_n(x)=\sin\left[(2n-1)\frac{\pi x}{2l}\right]$$

$$\varphi_n(x)=a_n\{\sin(k_n x)-\sinh(k_n x)-\alpha_n[\cos(k_n x)-\cosh(k_n x)]\}$$

$$\Omega_n = k_n^2 \sqrt{\frac{EI}{\rho_A}}$$

$$k_n^4 = \frac{\rho_A \Omega_n^2}{EI}$$

$$\alpha_n = \frac{\sinh(k_n L) + \sin(k_n L)}{\cosh(k_n L) + \sin(k_n L)},\ n = 1, 2, \cdots, n$$

基于压电材料的性质，仅需考虑压电片对于系统势能的影响，不需要考虑其对动能的影响，且压电元件的变形仅沿着 z 轴方向的位移，有

$$\begin{aligned} U_{pj} = & \frac{1}{2}\sum_{j=1}^{J} b_{pj} \int_{x_j}^{x_j + l_{pj}} \int_{y_j}^{y_j + h_{pj}} \left[(\varepsilon_3^T - d_{31}^2 E_p) E_{3j}^2 + 2 d_{31} E_p E_{3j} \left(-z \frac{\partial^2 w_{pj}}{\partial x^2} \right) \right] \mathrm{d}y \mathrm{d}x \\ & - \frac{1}{2}\sum_{j=1}^{J} b_{pj} \int_{x_j}^{x_j + l_{pj}} \int_{y_j}^{y_j + h_{pj}} \left[E_p \left(-z \frac{\partial^2 w_{pj}}{\partial x^2} \right)^2 \right] \mathrm{d}y \mathrm{d}x \end{aligned} \tag{13-13}$$

式中，h_{pj} 为挠性帆板上第 j 个 PZT 元件的厚度；l_{pj} 是长度；b_{pj} 为宽度；w_{pj} 压电元件的位移；E_p 为压电结构的杨氏模量；y_j 从压电层到梁中性轴之间的距离；d_{31} 是压电元件应变常数；ε_3^T 为压电元件的应力常数。

运用 Lagrange 方程 $\frac{\mathrm{d}}{\mathrm{d}t} \times \frac{\partial L}{\partial \dot{q}_i} - \frac{\partial L}{\partial q_i} = g_p$，$q_i$ 广义坐标，建立挠性梁的动力学方程，$L = T_{\mathrm{app}} - U_{\mathrm{app}}$，将方程式（13-3）、式（13-8）及压电势能方程式（13-13）代入，考虑保守力 $g_p = -\int_0^L c_{\mathrm{damp}} \dot{w}_0 \mathrm{d}x$，从而建立挠性梁动力学微分方程，如下所示

$$\begin{aligned} & \rho b h \int_0^L \phi_i^2 \mathrm{d}x \ddot{\bar{u}}_i + Q_{xx} b h \int_0^L \phi_i'^2 \mathrm{d}x \bar{u}_i - \rho b h \int_0^L (x + r_0) \phi_i \mathrm{d}x (\omega_2^2 + \omega_3^2) \\ & - \rho b h \int_0^L \phi_i^2 \mathrm{d}x \bar{u}_i (\omega_2^2 + \omega_3^2) + \rho b h \int_0^L \phi_i \varphi_i \mathrm{d}x \bar{w}_i \omega_1 \omega_3 + \rho b h \int_0^L \phi_i \varphi_i \mathrm{d}x \dot{\bar{w}}_i \omega_2 \\ & + \frac{1}{2} Q_{xx} b h \int_0^L \phi_i' \varphi_i'^2 \mathrm{d}x \bar{w}_i^2 + \rho b h \int_0^L \varphi_i \phi_i \mathrm{d}x \dot{\bar{w}}_i \omega_2 + \rho b h \int_0^L \varphi_i \phi_i \mathrm{d}x \bar{w}_i \dot{\omega}_2 = 0 \end{aligned} \tag{13-14}$$

$$\begin{aligned} & \rho \left(\frac{h^3 b}{12} \int_0^L \varphi_i'^2 \mathrm{d}x + b h \int_0^L \varphi_i^2 \mathrm{d}x \right) \ddot{\bar{w}}_i + C_{\mathrm{damp}} \int_0^L \varphi_i^2 \mathrm{d}x \dot{\bar{w}}_i \\ & + Q_{xx} \frac{h^3 b}{12} \int_0^L \varphi_i''^2 \mathrm{d}x \bar{w}_i - \rho b h \int_0^L (x + r_0) \varphi_i \mathrm{d}x \dot{\omega}_2 \\ & - \rho \frac{h^3 b}{12} \int_0^L \varphi_i'^2 \mathrm{d}x \bar{w}_i (\omega_2^2 + \omega_3^2) - \rho b h \int_0^L \phi_i \varphi_i \mathrm{d}x \bar{u}_i \dot{\omega}_2 \end{aligned}$$

$$
\begin{aligned}
&-\rho bh\int_0^L \varphi_i^2 \mathrm{d}x\bar{w}_i(\omega_1^2+\omega_2^2)+\rho bh\int_0^L \varphi_i\phi_i \mathrm{d}x\bar{u}_i\omega_1\omega_3 \\
&+\rho bh\int_0^L (x+r_0)\varphi_i \mathrm{d}x\omega_1\omega_3+\frac{1}{2}Q_{xx}bh\int_0^L \varphi_i'^4 \mathrm{d}x\bar{w}^{3_i} \\
&+Q_{xx}bh\int_0^L \phi_i'\varphi_i'^2 \mathrm{d}x\bar{u}_i\bar{w}_i \\
&=-\sum_{j=1}^{J} d_{31}E_p w_{pj}\left(y_j+\frac{h_{pj}}{2}\right)\int_{x_j}^{x_j+l_{pj}} \varphi_i'' \mathrm{d}x v_j
\end{aligned}
\tag{13-15}
$$

$$
\sum_{j=1}^{J} \frac{w_{pj}l_{pj}}{h_{pj}}(\varepsilon_3^T-d_{31}^2E_p)v_j=\sum_{j=1}^{J} \mathrm{d}_{31}E_p w_{pj}\left(y_j+\frac{h_{pj}}{2}\right)\int_x^{x+l_{pj}} \varphi_i'' \mathrm{d}x\bar{w}_i
\tag{13-16}
$$

13.2.2 航天器本体与液体燃料等效模型动力学建模

主刚体的姿态动力学方程和等效液体弹簧质量模型晃动方程由动量矩守恒定理得到。本章仅仅讨论了航天器姿态机动，没有考虑航天器的平动影响，下面建立航天器系统的动量矩方程。刚体航天器动量矩方程

$$
\boldsymbol{H}_{\mathrm{hub}}=\boldsymbol{J}_{\mathrm{hub}}\boldsymbol{\omega}
\tag{13-17}
$$

动量轮的动量矩方程

$$
\boldsymbol{H}_{\mathrm{w}}=\boldsymbol{h}_{\mathrm{w}}-m_{\mathrm{w}}\boldsymbol{r}_{\mathrm{w}}^{\times}\boldsymbol{r}_{\mathrm{w}}^{\times}\boldsymbol{\omega}=\boldsymbol{I}_{\mathrm{s}}\boldsymbol{\omega}_{\mathrm{w}}-m_{\mathrm{w}}\boldsymbol{r}_{\mathrm{w}}^{\times}\boldsymbol{r}_{\mathrm{w}}^{\times}\boldsymbol{\omega}
\tag{13-18}
$$

式中，动量轮相对于本体坐标的相对角速度可表示为 $\boldsymbol{\omega}_{\mathrm{s}}=\boldsymbol{\omega}_{\mathrm{w}}-\boldsymbol{\omega}$，将其代入上式可重新得到动量轮的动量矩方程为

$$
\boldsymbol{H}_{\mathrm{w}}=\boldsymbol{h}_{\mathrm{w}}-m_{\mathrm{w}}\boldsymbol{r}_{\mathrm{w}}^{\times}\boldsymbol{r}_{\mathrm{w}}^{\times}\boldsymbol{\omega}=\boldsymbol{I}_{\mathrm{s}}(\boldsymbol{\omega}_{\mathrm{s}}+\boldsymbol{\omega})-m_{\mathrm{w}}\boldsymbol{r}_{\mathrm{w}}^{\times}\boldsymbol{r}_{\mathrm{w}}^{\times}\boldsymbol{\omega}
\tag{13-19}
$$

等效液体弹簧质量模型的动量矩

$$
\boldsymbol{H}_{\mathrm{f}}=m_{\mathrm{f}}\boldsymbol{r}_{\mathrm{f}}^{\times}\dot{\boldsymbol{\eta}}-m_{\mathrm{f}}\boldsymbol{r}_{\mathrm{f}}^{\times}\boldsymbol{r}_{\mathrm{f}}^{\times}\boldsymbol{\omega}=\boldsymbol{h}_{\mathrm{f}}+\boldsymbol{I}_{\mathrm{f}}\boldsymbol{\omega}
\tag{13-20}
$$

式中，$\boldsymbol{h}_{\mathrm{f}}=\sum_{i=1}^{2} m_{\mathrm{f}i}\boldsymbol{r}_{\mathrm{f}i}^{\times}\dot{\boldsymbol{\eta}}_i$；$\boldsymbol{I}_{\mathrm{f}}=\sum_{i=1}^{2} m_{\mathrm{f}i}(r_{\mathrm{f}i}^{\mathrm{T}}r_{\mathrm{f}i}\boldsymbol{E}-\boldsymbol{r}_{\mathrm{f}i}\boldsymbol{r}_{\mathrm{f}i}^{\mathrm{T}})$。

挠性附件的动量矩

$$
\begin{aligned}
\boldsymbol{H}_p&=\int_L \rho bh\boldsymbol{r}_p^{\times}[\boldsymbol{\omega}^{\times}\boldsymbol{r}_p+\dot{\boldsymbol{r}}_{\mathrm{d}}]\mathrm{d}l \\
&=\int_L \rho bh(\boldsymbol{r}_{Op}+\boldsymbol{r}_{\mathrm{d}})^{\times}\dot{\boldsymbol{r}}_{\mathrm{d}}\mathrm{d}l+ \\
&\quad\left[\boldsymbol{I}_{pO}-\int_L \rho bh\boldsymbol{r}_{\mathrm{d}}^{\times}(\boldsymbol{r}_{Op}+\boldsymbol{r}_{\mathrm{d}})^{\times}\mathrm{d}l-\int_L \rho bh\boldsymbol{r}_{Op}^{\times}\boldsymbol{r}_{\mathrm{d}}^{\times}\mathrm{d}l\right]\cdot\boldsymbol{\omega} \\
&=\boldsymbol{h}_p+\boldsymbol{I}_p\boldsymbol{\omega}
\end{aligned}
\tag{13-21}
$$

式中

$$\boldsymbol{h}_p=\int_L \rho bh(\boldsymbol{r}_{Op}+\boldsymbol{r}_{\mathrm{d}})^{\times}\dot{\boldsymbol{r}}_{\mathrm{d}}\mathrm{d}l$$

$$\boldsymbol{I}_{pO}=-\int_L \rho bh\boldsymbol{r}_{Op}^{\times}\boldsymbol{r}_{Op}^{\times}\mathrm{d}l=\int_L \rho bh(\boldsymbol{r}_{Op}^{\mathrm{T}}\boldsymbol{r}_{Op}\boldsymbol{E}-\boldsymbol{r}_{Op}\boldsymbol{r}_{Op}^{\mathrm{T}})\mathrm{d}l$$

$$\boldsymbol{I}_p=\boldsymbol{I}_{pO}-\int_L \rho bh\boldsymbol{r}_{\mathrm{d}}^{\times}(\boldsymbol{r}_{Op}+\boldsymbol{r}_{\mathrm{d}})^{\times}\mathrm{d}l-\int_L \rho bh\boldsymbol{r}_{Op}^{\times}\boldsymbol{r}_{\mathrm{d}}^{\times}\mathrm{d}l$$

航天器系统的动量矩为

$$\boldsymbol{H}_{\mathrm{sat}}=\boldsymbol{J}_{\mathrm{sat}}\boldsymbol{\omega}+\boldsymbol{h}_{\mathrm{f}}+\boldsymbol{h}_{\mathrm{p}}+\boldsymbol{h}_{\mathrm{w}} \tag{13-22}$$

式中，$\boldsymbol{J}_{\mathrm{sat}}=\boldsymbol{J}_{\mathrm{hub}}+I_0\boldsymbol{I}+m_{\mathrm{w}}(r_{\mathrm{w}}^{\mathrm{T}}r_{\mathrm{w}}\boldsymbol{I}-\boldsymbol{r}_{\mathrm{w}}\boldsymbol{r}_{\mathrm{w}}^{\mathrm{T}})+\sum_{i=1}^{2}m_{\mathrm{f}i}(\boldsymbol{r}_{\mathrm{f}i}^{\mathrm{T}}\boldsymbol{r}_{\mathrm{f}i}\boldsymbol{I}-\boldsymbol{r}_{\mathrm{f}i}\boldsymbol{r}_{\mathrm{f}i}^{\mathrm{T}})+\boldsymbol{I}_{\mathrm{p}}$。

系统总动量矩守恒，令 $\boldsymbol{\tau}=\dot{\boldsymbol{h}}_{\mathrm{w}}$

$$\boldsymbol{J}_{\mathrm{sat}}\dot{\boldsymbol{\omega}}=\boldsymbol{H}_{\mathrm{sat}}^{\times}\boldsymbol{\omega}-\boldsymbol{\tau}-\dot{\boldsymbol{h}}_{\mathrm{f}}-\dot{\boldsymbol{h}}_{\mathrm{p}} \tag{13-23}$$

等效晃动液体的弹簧质量动量方程可表示为

$$-m_{\mathrm{f}i}\boldsymbol{r}_{\mathrm{f}i}^{\times}\dot{\boldsymbol{\omega}}+m_{\mathrm{f}i}\ddot{\boldsymbol{\eta}}+c_{\mathrm{f}i}\dot{\boldsymbol{\eta}}_i+k_{\mathrm{f}i}\boldsymbol{\eta}_i=0,\quad i=1,2 \tag{13-24}$$

13.3 奇异摄动理论

带有大型挠性结构的充液多体航天器的动力学方程式（13-14）～式（13-16）、式（13-23）、式（13-24）。在充液挠性航天器做大角度机动过程中，设计控制器 τ 确保闭环系统是渐近稳定或者一致最终有界稳定的，即当 $t\to\infty$ 时，即 $\boldsymbol{q}\to 0$、$\boldsymbol{\omega}\to 0$、$\bar{u}_i\to 0$、$\bar{w}_i\to 0$、$\boldsymbol{\eta}_i\to 0$。忽略方程式（9-14）中的惯性项，用 $\bar{w}_i$ 来表示 $\bar{u}_i$

$$\bar{u}_i=-\frac{1}{2}\int_0^L \frac{\varphi_i'^2}{\phi_i'}\mathrm{d}x\bar{w}_i^{\,2} \tag{13-25}$$

将上式代入式（13-15）中，可得

$$\begin{aligned}
&\rho\left(\frac{h^3b}{12}\int_0^L \varphi_i'^2\mathrm{d}x+bh\int_0^L \varphi_i^{\,2}\mathrm{d}x\right)\ddot{\bar{w}}_i+C_{\mathrm{damp}}\int_0^L \varphi_i^{\,2}\mathrm{d}x\dot{\bar{w}}_i\\
&+\boldsymbol{Q}_{xx}\frac{h^3b}{12}\int_0^L \varphi_i''^2\mathrm{d}x\bar{w}_i-\rho bh\int_0^L (x+r_0)\varphi_i\mathrm{d}x(\dot{\omega}_2-\omega_1\omega_3)\\
&\frac{1}{2}\rho bh\int_0^L \phi_i\varphi_i\frac{\varphi_i'^2}{\phi_i'}\mathrm{d}x\bar{w}_i^{\,2}(\dot{\omega}_2-\omega_1\omega_3)\\
&-\rho bh\int_0^L \varphi_i^{\,2}\mathrm{d}x\bar{w}_i(\omega_1^{\,2}+\omega_2^2)-\rho\frac{h^3b}{12}\int_0^L \varphi_i'^2\mathrm{d}x\bar{w}_i(\omega_2^2+\omega_3^2)+\\
&=-\sum_{j=1}^{J}d_{31}E_p w_{pj}\left(y_j+\frac{h_{pj}}{2}\right)\int_{x_j}^{x_j+l_{pj}}\phi_i''\mathrm{d}xv_j
\end{aligned} \tag{13-26}$$

将充液挠性航天器动力学系统模型用矩阵形式表示为

$$\boldsymbol{M}_{\omega}\dot{\boldsymbol{\omega}}+\boldsymbol{M}_{\omega\eta}\ddot{\boldsymbol{\eta}}+\boldsymbol{M}_{\omega q}\ddot{\boldsymbol{q}}=-\boldsymbol{\omega}^{\times}(\boldsymbol{M}_{\omega}\boldsymbol{\omega}+\boldsymbol{M}_{\omega\eta}\dot{\boldsymbol{\eta}}+\boldsymbol{M}_{\omega q}\dot{\boldsymbol{q}})+\boldsymbol{F}_{H\omega}+\boldsymbol{T}_{\mathrm{d}}+\boldsymbol{\tau} \tag{13-27}$$

$$\boldsymbol{M}_{\eta\omega}\dot{\boldsymbol{\omega}}+\boldsymbol{M}_{\eta}\ddot{\boldsymbol{\eta}}+\boldsymbol{C}_{\eta}\dot{\boldsymbol{\eta}}+\boldsymbol{K}_{\eta}\boldsymbol{\eta}=0 \tag{13-28}$$

$$\boldsymbol{M}_{q\omega}\dot{\boldsymbol{\omega}}+\boldsymbol{M}_{q}\ddot{\boldsymbol{q}}+\boldsymbol{C}_{q}\dot{\boldsymbol{q}}+\boldsymbol{K}_{q}\boldsymbol{q}=\boldsymbol{F}_{Hq}-\boldsymbol{B}_{peea}\boldsymbol{v}_{\mathrm{a}} \tag{13-29}$$

$$\boldsymbol{v}_{\mathrm{s}}=\boldsymbol{B}_{pe}^{-1}\boldsymbol{B}_{pees}\boldsymbol{q} \tag{13-30}$$

式中，$\boldsymbol{F}_{H\omega}$、$\boldsymbol{F}_{Hq}$ 为方程中含有挠性附件广义坐标 $\bar{w}_i$ 的高阶项；$\boldsymbol{\eta}=[\eta_{11}\quad\eta_{12}\quad\eta_{21}\quad\eta_{22}]^{\mathrm{T}}$；$\boldsymbol{q}=[\bar{w}_1\quad\cdots\quad\bar{w}_n]^{\mathrm{T}}$；$\boldsymbol{M}_{q\omega}$、$\boldsymbol{M}_{\eta\omega}$ 为耦合矩阵；$\boldsymbol{M}_{\eta}$、$\boldsymbol{M}_{q}$ 为质量矩阵；$\boldsymbol{C}_{q}$、$\boldsymbol{C}_{\eta}$ 为柔性矩阵；$\boldsymbol{K}_{q}$、$\boldsymbol{K}_{\eta}$ 表示刚度矩阵；$\boldsymbol{B}_{peea}$、$\boldsymbol{B}_{pees}$ 为压电元件耦合矩阵；$\boldsymbol{B}_{pe}$ 为正定压电材料电容矩阵；$\boldsymbol{v}_{\mathrm{s}}$ 为压电元件作为传感器电压矩阵；$\boldsymbol{v}_{\mathrm{a}}$ 为压电元件作为致动器电压矩阵。压电元件涉及的参数有以下表达式

$$\gamma_j=\frac{w_{pj}l_{pj}}{h_{pj}}(\varepsilon_3^{\mathrm{T}}-d_{31}^2E_p)$$

$$b_j=d_{31}E_pw_{pj}\left(y_j+\frac{h_{pj}}{2}\right)\int_{x_j}^{x_j+l_{pj}}\phi_i''\mathrm{d}x$$

$$\boldsymbol{Q}=\mathrm{diag}[\gamma_i]$$

$$\boldsymbol{B}_{pees}=\boldsymbol{B}_{peea}=[b_1\quad b_2\quad\cdots\quad b_n]$$

奇异摄动理论的基本思想是用近似的方法将动力学系统分解为慢变系统与快变系统，之后，然后对各低阶子系统分别设计控制器，将此复合控制器应用于原系统中。观察动力学系统，方程式（13-27）～式（13-30），为了将代表挠性附件的广义坐标从式（13-27）中解耦出来，对式（13-27）进行必要的变形

$$\boldsymbol{M}_{\omega}\dot{\boldsymbol{\omega}}+\boldsymbol{M}_{\omega q}\ddot{\boldsymbol{q}}=\boldsymbol{K}_{H\omega}+\boldsymbol{F}_{H\omega}+\boldsymbol{T}_{\mathrm{d}}+\boldsymbol{\tau} \tag{13-31}$$

式中，$\boldsymbol{K}_{H\omega}=-\boldsymbol{\omega}^{\times}(\boldsymbol{M}_{\omega}\boldsymbol{\omega}+\boldsymbol{M}_{\omega\eta}\dot{\boldsymbol{\eta}}+\boldsymbol{M}_{\omega q}\dot{\boldsymbol{q}})-\boldsymbol{M}_{\omega\eta}\ddot{\boldsymbol{\eta}}$。

对于方程式（13-29），刚度矩阵 $\boldsymbol{K}_q$ 中单位元素的量级要比质量矩阵、柔性矩阵大很多。根据奇异摄动理论，刚度矩阵可进行如下变换

$$\boldsymbol{K}_q\boldsymbol{q}=k_{\mathrm{m}}\bar{\boldsymbol{K}}_q q=\boldsymbol{Z}\Rightarrow\bar{\boldsymbol{K}}_q\boldsymbol{q}=\frac{1}{k_{\mathrm{m}}}\boldsymbol{q}\Rightarrow\boldsymbol{q}=\frac{1}{k_{\mathrm{m}}}\bar{\boldsymbol{K}}_q^{-1}\boldsymbol{q} \tag{13-32}$$

式中，k_{m} 为刚度矩阵 $\boldsymbol{K}_q$ 最大的特征值；取一个新的变量 ε 表示奇异摄动系数，有 $\varepsilon=\sqrt{1/k_{\mathrm{m}}}$。可以推论出 $O(B_{peea})=O(\varepsilon)$；此时，$\boldsymbol{B}_{peea}$ 可以表示为

$$\boldsymbol{B}_{peea}=\boldsymbol{\varepsilon}\bar{\boldsymbol{B}}_{peea} \tag{13-33}$$

将式（13-32）、式（13-33）代入到式（13-31）、式（13-29）中，可以得

到以下方程

$$\begin{bmatrix}\dot{\boldsymbol{\omega}}\\ \varepsilon^2\bar{\boldsymbol{K}}_q^{-1}\ddot{\boldsymbol{Z}}\end{bmatrix}=\begin{bmatrix}\boldsymbol{H}_{\omega\omega} & \boldsymbol{H}_{\omega q}\\ \boldsymbol{H}_{q\omega} & \boldsymbol{H}_q\end{bmatrix}$$

$$\times\left(-\begin{bmatrix}0 & 0\\ 0 & C_q\end{bmatrix}\begin{bmatrix}\omega\\ \varepsilon^2\bar{\boldsymbol{K}}_q^{-1}\dot{\boldsymbol{Z}}\end{bmatrix}-\begin{bmatrix}0\\ \boldsymbol{Z}\end{bmatrix}+\begin{bmatrix}\boldsymbol{K}_{H\omega}+\boldsymbol{F}_{H\omega}+\boldsymbol{T}_{\mathrm{d}}\\ \boldsymbol{F}_{Hp}\end{bmatrix}+\begin{bmatrix}\boldsymbol{\tau}\\ -\varepsilon\bar{\boldsymbol{B}}_{peea}v_{\mathrm{a}}\end{bmatrix}\right)$$

(13-34)

式中，$\boldsymbol{H}=\boldsymbol{M}^{-1}$，$\boldsymbol{M}=\begin{bmatrix}\boldsymbol{M}_{\omega} & \boldsymbol{M}_{\omega q}\\ \boldsymbol{M}_{q\omega} & \boldsymbol{M}_{qq}\end{bmatrix}$。当 $\varepsilon\to 0$ 时，可以得到系统的慢变模型。在这里，令 $\varepsilon=0$，求解方程式（13-34）第二行，得到 $\boldsymbol{Z}$ 的表达式，将其代入第一行中，结合式（13-27），得到慢变系统方程

$$\boldsymbol{M}_{\omega}\dot{\boldsymbol{\omega}}_{\mathrm{s}}+\boldsymbol{M}_{\omega\eta}\ddot{\boldsymbol{\eta}}_{\mathrm{s}}=-\boldsymbol{\omega}^{\times}(\boldsymbol{M}_{\omega}\boldsymbol{\omega}_{\mathrm{s}}+\boldsymbol{M}_{\omega\eta}\dot{\boldsymbol{\eta}}_{\mathrm{s}}+I_{\mathrm{s}}\boldsymbol{\omega}_{w})+\boldsymbol{T}_{\mathrm{d}}+\boldsymbol{\tau}_{\mathrm{s}} \qquad (13\text{-}35)$$

$$\boldsymbol{M}_{\eta\omega}\dot{\boldsymbol{\omega}}_{\mathrm{s}}+\boldsymbol{M}_{\eta}\ddot{\boldsymbol{\eta}}_{\mathrm{s}}+\boldsymbol{C}_{\eta}\dot{\boldsymbol{\eta}}_{\mathrm{s}}+\boldsymbol{K}_{\eta}\boldsymbol{\eta}_{\mathrm{s}}=0 \qquad (13\text{-}36)$$

这里，方程中的下标 s 代表慢变时间尺度。对于快变系统，令 $\xi=t/\varepsilon$，引入方程 $Z_{\mathrm{f}}=Z-Z_{\mathrm{s}}$，在快变系统中，慢变时间尺度变量被认为为常量，高阶项 $O(\varepsilon^2)$ 等于 0，结合方程式（13-30），快变系统方程可以描述为

$$\varepsilon\frac{\mathrm{d}^2}{\mathrm{d}\xi^2}\boldsymbol{Z}_{\mathrm{f}}=-\varepsilon\bar{\boldsymbol{K}}_q\boldsymbol{H}_q\boldsymbol{C}_q\bar{\boldsymbol{K}}_q^{-1}\frac{\mathrm{d}}{\mathrm{d}\xi}\boldsymbol{Z}_{\mathrm{f}}-\bar{\boldsymbol{K}}_q\boldsymbol{H}_q\boldsymbol{Z}_{\mathrm{f}}-\varepsilon\bar{\boldsymbol{K}}_q\boldsymbol{H}_q\bar{\boldsymbol{K}}_{peea}\boldsymbol{v}_{\mathrm{a}} \qquad (13\text{-}37)$$

结合方程式（13-33），则方程式（13-37）可重新写为如下形式

$$\boldsymbol{H}_q^{-1}\ddot{\boldsymbol{q}}_{\mathrm{f}}+(\boldsymbol{H}_q^{-1}\boldsymbol{H}_q\boldsymbol{C}_q+\boldsymbol{C}_q)\dot{\boldsymbol{q}}_{\mathrm{f}}+\boldsymbol{K}_q\boldsymbol{q}_{\mathrm{f}}=-\boldsymbol{B}_{peea}\boldsymbol{v}_{\mathrm{a}} \qquad (13\text{-}38)$$

式中，f 表示快变时间尺度。

对于充液挠性航天器系统，应用奇异摄动理论将航天器系统分离为基于挠性附件振动的快变系统和航天器本体及液体燃料的慢变系统。对于慢变系统，设计推力器与反作用飞轮混合控制策略；对于快变系统，设计采用 PZT 作为致动器、传感器，设计 Lyapunov 控制律。图 13-3 为航天器系统控制结果框图。

13.4 设计航天器慢变子系统控制器

对于慢变系统式（13-35）、式（13-36），设计模糊滑模控制器，将带有小幅液体晃动变量 $\boldsymbol{\eta}$ 的表达式看作是对航天器刚性本体的外部扰动，则式（13-35）可重新写成式（13-39）的形式，同时考虑姿态四元数方程，有

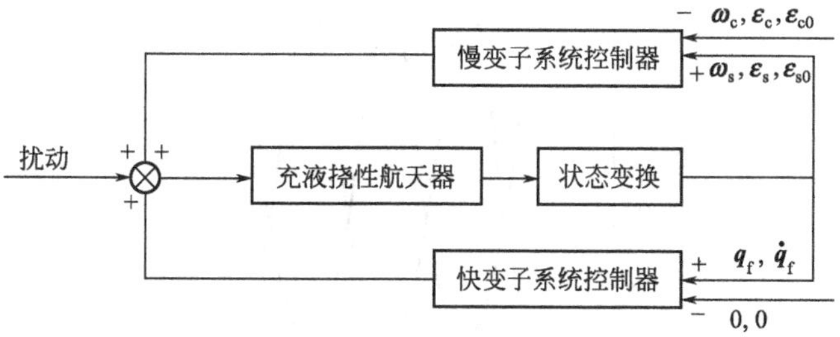

图 13-3 航天器系统控制结构图

$$\boldsymbol{M}_{\omega}\dot{\boldsymbol{\omega}}_{\mathrm{s}}=-\boldsymbol{\omega}_{\mathrm{s}}^{\times}(\boldsymbol{M}_{\omega}\boldsymbol{\omega}_{\mathrm{s}})+\overline{\boldsymbol{T}}_{\mathrm{d}}+\boldsymbol{\tau}_{\mathrm{s}} \tag{13-39}$$

$$\dot{\boldsymbol{\varepsilon}}_{\mathrm{s}}=\frac{1}{2}\boldsymbol{G}(\boldsymbol{\varepsilon})\boldsymbol{\omega}_{\mathrm{s}} \tag{13-40}$$

$$\dot{\varepsilon}_{\mathrm{s0}}=-\frac{1}{2}\boldsymbol{\varepsilon}_{\mathrm{s}}^{\mathrm{T}}\boldsymbol{\omega}_{\mathrm{s}} \tag{13-41}$$

式中，$\overline{\boldsymbol{T}}_{\mathrm{d}}=-\boldsymbol{M}_{\omega\eta}\ddot{\boldsymbol{\eta}}_{\mathrm{s}}-\boldsymbol{\omega}_{\mathrm{s}}^{\times}(\boldsymbol{M}_{\omega}\boldsymbol{\omega}_{\mathrm{s}}+\boldsymbol{M}_{\omega\eta}\dot{\boldsymbol{\eta}}_{\mathrm{s}}+I_{\mathrm{s}}\boldsymbol{\omega}_{w})+\boldsymbol{T}_{\mathrm{d}}$。

13.4.1 设计模糊滑模控制律

设计滑模面为

$$\boldsymbol{S}=\boldsymbol{\omega}_{\mathrm{s}}+\lambda\boldsymbol{\varepsilon}_{\mathrm{s}} \tag{13-42}$$

式中，λ 为待设计的正常数。

滑模控制律为

$$\boldsymbol{\tau}_{\mathrm{s}}=-\boldsymbol{\kappa}\,\mathrm{sgn}(\boldsymbol{S})-\boldsymbol{u}_{\mathrm{p}} \tag{13-43}$$

式中，$\boldsymbol{\kappa}$ 为待设计的正定矩阵；$\boldsymbol{u}_{\mathrm{p}}$ 为系统的等效控制律，可表示为

$$\boldsymbol{u}_{\mathrm{p}}(t)=\boldsymbol{k}_{\mathrm{p}}\|\boldsymbol{\zeta}\|\frac{\boldsymbol{S}(t)}{\|\boldsymbol{S}(t)\|} \tag{13-44}$$

式中，有 $\boldsymbol{\zeta}^{\mathrm{T}}=[\boldsymbol{\varepsilon}_{\mathrm{s}}\quad\boldsymbol{\omega}_{\mathrm{s}}]^{\mathrm{T}}$。待设计正定参数矩阵 $\boldsymbol{k}_{\mathrm{p}}$ 比较难以确定，通过运用模糊系统逼近方法来实现对 $\boldsymbol{k}_{\mathrm{p}}$ 的逼近。

取 $\boldsymbol{a}$ 为可调参数，$\boldsymbol{\xi}$ 为模糊基向量，则模糊控制律可表示为

$$k_{\mathrm{fz}}=\boldsymbol{a}^{\mathrm{T}}\boldsymbol{\xi}^{\mathrm{T}} \tag{13-45}$$

式中，权值 $\boldsymbol{a}=[a_1\quad a_2\quad\cdots\quad a_m]^{\mathrm{T}}$；$\boldsymbol{\xi}=[\xi_1\quad\xi_2\quad\cdots\quad\xi_n]$，$\xi_i$ 定义为高斯基函数。

令其输入为 y，隶属函数如图 13-4 所示。

根据模糊逼近理论，存在一个最优系统 k_{fz}^{*} 来逼近 k_{p}，有

$$k_{\mathrm{p}}=k_{\mathrm{fz}}^{*}+\delta=\boldsymbol{a}^{*\mathrm{T}}\boldsymbol{\xi}+\delta \tag{13-46}$$

式中，δ 为逼近误差。最优参数为 $\boldsymbol{a}^{*}=\arg\min\limits_{k_{\mathrm{fz}}<\kappa_{\mathrm{fz}}}[\sup|\hat{k}_{\mathrm{fz}}(x|\boldsymbol{a})|-k_{\mathrm{fz}}(x,t)]$。

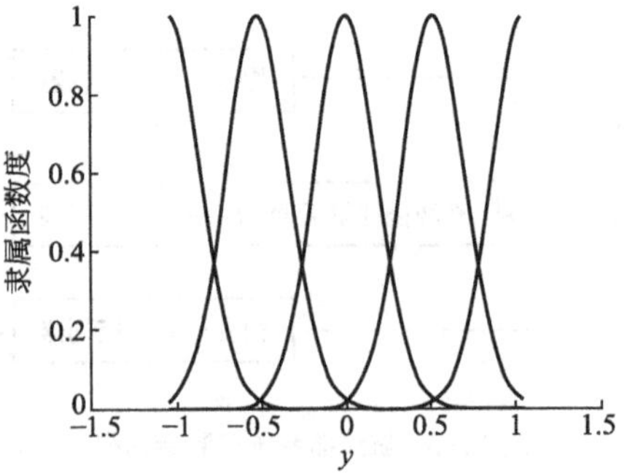

图 13-4　y 的隶属函数

此时，采用模糊系统来逼近 k_{fz}^{*}，则模糊控制律可表示为

$$\hat{k}_{\mathrm{fz}}=\hat{\boldsymbol{a}}^{\mathrm{T}}\boldsymbol{\xi}^{\mathrm{T}} \tag{13-47}$$

式中，$\hat{\boldsymbol{a}}$ 为 $\boldsymbol{a}^{*}$ 的估计值。

利用自适应更新律来求得 $\hat{\boldsymbol{a}}$ 的表达式

$$\dot{\hat{\boldsymbol{a}}}=\boldsymbol{\Gamma}\|\boldsymbol{\xi}\|\|\boldsymbol{\zeta}\|\|\boldsymbol{S}\| \tag{13-48}$$

式中，$\boldsymbol{\Gamma}$ 为待设计的正定矩阵。

假设 13.1　对于存在有干扰力矩的充液航天器姿态控制系统，外部扰动 T_{d} 具有连续性及一致有界性，满足如下条件

$$\|\overline{T}_{\mathrm{d}}\|\leqslant c_{\zeta}\|\boldsymbol{\zeta}\|$$

式中，$c_{\zeta}>0$ 为未知边界。

假设 13.2　对于正定的惯性矩阵 $\boldsymbol{M}_{\omega}$ 满足如下等效条件

$$\|\boldsymbol{M}_{\omega}\|\leqslant\lambda_{\mathrm{M}}$$

式中，$\lambda_{\mathrm{M}}>0$ 为惯性矩阵的未知上边界。

假设 13.3　存在假设条件

$$\frac{3}{2}\lambda\|\boldsymbol{M}_{\omega}\|\|\boldsymbol{\omega}_{\mathrm{s}}\|\leqslant(\hat{\boldsymbol{a}}\xi+\Delta-c_{\zeta})\|\boldsymbol{\zeta}\|$$

考虑到假设 13.2，$\hat{\boldsymbol{a}}\|\boldsymbol{\xi}\|+\Delta-c_{\zeta}>0$，假设条件可以达到。

定理 13.1　动力学系统式（13-39）～式（13-41）在控制律式（13-43）、式（13-44）、式（13-47）作用下会收敛于平衡点。即随着时间 $t\to\infty$，系统轨迹收敛于滑动平面 $\boldsymbol{S}(t)=0$。

证明：选取如下 Lyapunov 函数

$$V=\frac{1}{2}[\boldsymbol{S}^{\mathrm{T}}\boldsymbol{M}_{\omega}\boldsymbol{S}+\bar{\boldsymbol{a}}^{\mathrm{T}}\boldsymbol{\Gamma}^{-1}\bar{\boldsymbol{a}}] \tag{13-49}$$

式中，$\bar{a}=\hat{a}-\dot{a}$。

V 对时间求一阶导数得

$$\dot{V}=\boldsymbol{S}^{\mathrm{T}}\boldsymbol{M}_{\omega}\dot{\boldsymbol{S}}+\bar{\boldsymbol{a}}^{\mathrm{T}}\boldsymbol{\Gamma}^{-1}\dot{\hat{\boldsymbol{a}}} \tag{13-50}$$

将式（13-42）对时间求一次导，结合式（13-40），代入上式中，则

$$\dot{V}=\boldsymbol{S}^{\mathrm{T}}[-\boldsymbol{\omega}_{\mathrm{s}}^{\times}\boldsymbol{M}_{\omega}\boldsymbol{\omega}_{\mathrm{s}}+\bar{\boldsymbol{T}}_{\mathrm{d}}+\boldsymbol{\tau}_{\mathrm{s}}]+\frac{1}{2}\boldsymbol{S}^{\mathrm{T}}\boldsymbol{M}_{\omega}\lambda(\boldsymbol{\varepsilon}_{\mathrm{s}}^{\times}+\varepsilon_{\mathrm{s0}}\boldsymbol{I})\boldsymbol{\omega}_{\mathrm{s}}+\bar{\boldsymbol{a}}^{\mathrm{T}}\boldsymbol{\Gamma}^{-1}\dot{\hat{\boldsymbol{a}}} \tag{13-51}$$

将式（13-42）进一步变形，代入式（13-51）

$$\dot{V}=\boldsymbol{S}^{\mathrm{T}}\left[-(\lambda\boldsymbol{\varepsilon}_{\mathrm{s}}-\boldsymbol{S})^{\times}\boldsymbol{M}_{\omega}\boldsymbol{\omega}_{\mathrm{s}}+\frac{1}{2}\boldsymbol{M}_{\omega}\lambda(\boldsymbol{\varepsilon}_{\mathrm{s}}^{\times}+\varepsilon_{\mathrm{s0}}\boldsymbol{I})\bar{\boldsymbol{T}}_{\mathrm{d}}+\boldsymbol{\tau}_{\mathrm{s}}\right]$$
$$+\boldsymbol{S}^{\mathrm{T}}\bar{\boldsymbol{T}}_{\mathrm{d}}+\boldsymbol{S}^{\mathrm{T}}\boldsymbol{\tau}_{\mathrm{s}}+\bar{\boldsymbol{a}}^{\mathrm{T}}\boldsymbol{\Gamma}^{-1}\dot{\hat{\boldsymbol{a}}}$$

根据叉乘的性质，$\boldsymbol{S}^{\mathrm{T}}\boldsymbol{S}^{\times}=[0\quad 0\quad 0]$，上式可写为

$$\dot{V}=\boldsymbol{S}^{\mathrm{T}}\left[-(\lambda\boldsymbol{\varepsilon}_{\mathrm{s}}-\boldsymbol{S})^{\times}\boldsymbol{M}_{\omega}+\frac{1}{2}\boldsymbol{M}_{\omega}\lambda(\boldsymbol{\varepsilon}_{\mathrm{s}}^{\times}+\varepsilon_{\mathrm{s0}}\boldsymbol{I})\right]\boldsymbol{\omega}_{\mathrm{s}}+\boldsymbol{S}^{\mathrm{T}}\bar{\boldsymbol{T}}_{\mathrm{d}}+\boldsymbol{S}^{\mathrm{T}}\boldsymbol{\tau}_{\mathrm{s}}+\bar{\boldsymbol{a}}^{\mathrm{T}}\boldsymbol{\Gamma}^{-1}\dot{\hat{\boldsymbol{a}}}$$
$$=\boldsymbol{S}^{\mathrm{T}}\left[\boldsymbol{\varepsilon}^{\times}\boldsymbol{M}_{\omega}+\frac{1}{2}\boldsymbol{M}_{\omega}\lambda(\boldsymbol{\varepsilon}_{\mathrm{s}}^{\times}+\varepsilon_{\mathrm{s0}}\boldsymbol{I})\right]\boldsymbol{\omega}_{\mathrm{s}}+\boldsymbol{S}^{\mathrm{T}}\bar{\boldsymbol{T}}_{\mathrm{d}}+\boldsymbol{S}^{\mathrm{T}}\boldsymbol{\tau}_{\mathrm{s}}+\bar{\boldsymbol{a}}^{\mathrm{T}}\boldsymbol{\Gamma}^{-1}\dot{\hat{\boldsymbol{a}}}$$

根据姿态四元数的基本性质，有$\|\boldsymbol{\varepsilon}_{\mathrm{s}}\|\leqslant 1$ 及$\|\varepsilon_{\mathrm{s0}}\boldsymbol{I}+\boldsymbol{\varepsilon}_{\mathrm{s}}^{\times}\|\leqslant 1$，有

$$\dot{V}\leqslant\lambda\left[\|\boldsymbol{\varepsilon}_{\mathrm{s}}^{\times}\|+\frac{1}{2}\|\boldsymbol{\varepsilon}_{\mathrm{s}}^{\times}+\varepsilon_{\mathrm{s0}}I\|\right]\|\boldsymbol{M}_{\omega}\|\|\boldsymbol{S}\|\|\boldsymbol{\omega}_{\mathrm{s}}\|+\boldsymbol{S}^{\mathrm{T}}\bar{\boldsymbol{T}}_{\mathrm{d}}+\boldsymbol{S}^{\mathrm{T}}\boldsymbol{\tau}_{\mathrm{s}}+\bar{\boldsymbol{a}}^{\mathrm{T}}\boldsymbol{\Gamma}^{-1}\dot{\hat{\boldsymbol{a}}} \tag{13-52}$$

考虑假设 13.3，继续对式（13-52）进行变形，有

$$\begin{aligned}\dot{V}&\leqslant\frac{3}{2}\lambda\|\boldsymbol{M}_{\omega}\|\|\boldsymbol{S}\|\|\boldsymbol{\omega}_{\mathrm{s}}\|+\|\boldsymbol{S}\|\|\bar{\boldsymbol{T}}_{\mathrm{d}}\|+\boldsymbol{S}^{\mathrm{T}}\boldsymbol{\tau}_{\mathrm{s}}+\bar{\boldsymbol{a}}^{\mathrm{T}}\boldsymbol{\Gamma}^{-1}\dot{\hat{\boldsymbol{a}}}\\&\leqslant(\hat{a}\xi+\Delta-c_{\zeta})\|\boldsymbol{\zeta}\|\|\boldsymbol{S}\|+c_{\zeta}\|\boldsymbol{\zeta}\|\|\boldsymbol{S}\|-\boldsymbol{k}_{p}\|\boldsymbol{\zeta}\|\|\boldsymbol{S}\|\\&\quad-\boldsymbol{S}^{\mathrm{T}}\kappa\,\mathrm{sgn}(\boldsymbol{S})+\bar{\boldsymbol{a}}^{\mathrm{T}}\boldsymbol{\Gamma}^{-1}\dot{\hat{\boldsymbol{a}}}\\&\leqslant(\hat{a}\xi+\Delta-c_{\zeta})\|\boldsymbol{\zeta}\|\|\boldsymbol{S}\|+c_{\zeta}\|\boldsymbol{\zeta}\|\|\boldsymbol{S}\|-(\boldsymbol{k}_{p}^{*}+\Delta)\|\boldsymbol{\zeta}\|\|\boldsymbol{S}\|\\&\quad-\boldsymbol{S}^{\mathrm{T}}\kappa\,\mathrm{sgn}(\boldsymbol{S})+\bar{\boldsymbol{a}}^{\mathrm{T}}\boldsymbol{\Gamma}^{-1}\dot{\hat{\boldsymbol{a}}}\\&\leqslant(\hat{a}-a^{*})\xi\|\boldsymbol{S}\|\|\boldsymbol{\zeta}\|-\boldsymbol{S}^{\mathrm{T}}\kappa\,\mathrm{sgn}(\boldsymbol{S})+\bar{\boldsymbol{a}}^{\mathrm{T}}\boldsymbol{\Gamma}^{-1}\dot{\hat{\boldsymbol{a}}}\end{aligned} \tag{13-53}$$

考虑自适应更新律式（13-47），有

$$\dot{V}\leqslant\bar{a}\|\boldsymbol{\xi}\|\|\boldsymbol{\zeta}\|\|\boldsymbol{S}\|-\boldsymbol{S}^{\mathrm{T}}\kappa\,\mathrm{sgn}(\boldsymbol{S})+\bar{\boldsymbol{a}}^{\mathrm{T}}\boldsymbol{\Gamma}^{-1}\dot{\hat{\boldsymbol{a}}}$$

进一步整理，得到

$$\dot{V}<-\boldsymbol{S}^{\mathrm{T}}\kappa\,\mathrm{sgn}(\boldsymbol{S})<-\kappa_{i}|S_{i}|<0 \tag{13-54}$$

13.4.2 设计喷气推力控制律

为了完成日趋复杂的航天任务，要求航天器具有能在较短的时间内快速地完成姿态机动的能力，这就要求执行机构能够提供足够大的控制力矩。虽然反作用飞轮、偏置动量轮能提供连续的控制力矩，控制精度也比较高，但有时不能提供足够大的力矩实现快速大角度姿态机动，而推力器作为姿态控制的一种执行机构具有控制力矩大、响应快、机动能力强等优点。

喷嘴控制提供的控制力矩可表示为

$$\boldsymbol{M}_{pi}=-\boldsymbol{F}_i d_i \tag{13-55}$$

式中，$\boldsymbol{M}_{pi}$ 为喷气 $\boldsymbol{F}_i$ 提供的控制力矩；d_i 为喷气到旋转坐标轴的距离。在控制过程中，当使用喷嘴控制时动量轮被锁死，此时动量轮的角速度及角加速度都为零。

非线性脉冲调制式喷嘴控制是航天器姿态控制常用的手段之一，其工作的方式是将连续信号调制成脉冲信号，以供喷气系统利用，调制器主要有：脉冲调宽（PWM）调制器、脉冲调宽调频（PWPF）调制器、伪速率（PSR）调制器等，这些伪线性调制器都能改变喷嘴的开关时间，使得平均输出呈线性。它能提供给喷气系统接近于线性的控制指令，其高精度及脉冲频率、高度的可调特性使得它拥有广阔的应用前景。

调宽调制技术控制方法具有实现简单，对被控制对象数学模型准确程度的依赖性很小等特点。PWM 控制系统框图如图 13-5 所示，$y(t)$为系统输出，$u(t)$为 PWM 后的控制输入，$r(t)$为期望输入，$e(t)$为误差。本章在使用喷气推力器这种控制机构的过程中，暂不考虑液体燃料消耗的影响。

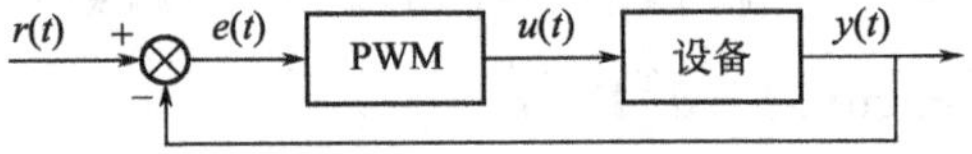

图 13-5 PWM 反馈系统

13.5 设计快变子系统控制器

考虑快变系统方程式（13-38）及压电控制方程式（13-30），有

$$\boldsymbol{H}_q^{-1}\ddot{\boldsymbol{q}}_{\mathrm{f}}+(\boldsymbol{H}_q^{-1}\boldsymbol{H}_q\boldsymbol{C}_q+\boldsymbol{C}_q)\dot{\boldsymbol{q}}_{\mathrm{f}}+\boldsymbol{K}_q\boldsymbol{q}_{\mathrm{f}}=-\boldsymbol{B}_{peea}\boldsymbol{v}_{\mathrm{a}} \tag{13-56}$$

$$\boldsymbol{v}_{\mathrm{s}}=\boldsymbol{B}_{pe}^{-1}\boldsymbol{K}_{pees}\boldsymbol{q}_{\mathrm{f}} \tag{13-57}$$

基于智能元件的性质，设计 Lyapunov 控制律，应用压电材料作为执行机构，则控制律可以设计为如下形式

$$\boldsymbol{v}_{\mathbf{a}}=-\boldsymbol{k}_{\mathrm{d}}\dot{\boldsymbol{V}}_{\mathbf{s}}-\boldsymbol{k}_{\mathrm{p}}\boldsymbol{v}_{\mathbf{s}} \tag{13-58}$$

式中，$\boldsymbol{k}_{\mathrm{d}}$、$\boldsymbol{k}_{\mathrm{p}}$ 为待设计的正定矩阵。

定理 13.2 快变动力学系统式（13-56)在控制律式（13-58)作用下，使得闭环系统渐近稳定。

证明： 下面证明系统的稳定性，构造 Lyapunov 函数

$$V=\frac{1}{2}\dot{\boldsymbol{q}}_{\mathrm{f}}^{\mathrm{T}}\boldsymbol{H}_{q}^{-1}\dot{\boldsymbol{q}}_{\mathrm{f}}+\frac{1}{2}\boldsymbol{q}_{\mathrm{f}}^{\mathrm{T}}\boldsymbol{K}_{q}\boldsymbol{q}_{\mathrm{f}}+\frac{1}{2}\boldsymbol{v}_{\mathrm{s}}^{\mathrm{T}}\boldsymbol{K}_{\mathrm{s}}\boldsymbol{v}_{\mathrm{s}} \tag{13-59}$$

式中，$\boldsymbol{K}_{\mathrm{s}}$ 为某正定矩阵。

对上式求一阶时间导数

$$\dot{V}=\dot{\boldsymbol{q}}_{\mathrm{f}}^{\mathrm{T}}\boldsymbol{H}_{q}^{-1}\ddot{\boldsymbol{q}}_{\mathrm{f}}+\boldsymbol{q}_{\mathrm{f}}^{\mathrm{T}}\boldsymbol{K}_{q}\dot{\boldsymbol{q}}_{\mathrm{f}}+\boldsymbol{V}_{\mathbf{s}}^{\mathrm{T}}\boldsymbol{K}_{\mathrm{s}}\dot{\boldsymbol{V}}_{\mathbf{s}} \tag{13-60}$$

将控制律式（13-58）代入到方程（13-60）中，有

$$\begin{aligned}\dot{V}=&-\dot{\boldsymbol{q}}_{\mathrm{f}}^{\mathrm{T}}(\boldsymbol{H}_{q}^{-1}\boldsymbol{H}_{q}\boldsymbol{C}_{q}+\boldsymbol{C}_{q})\dot{\boldsymbol{q}}_{\mathrm{f}}-\dot{\boldsymbol{q}}_{\mathrm{f}}^{\mathrm{T}}\boldsymbol{B}_{peea}\boldsymbol{k}_{d}\boldsymbol{B}_{pe}^{-1}\boldsymbol{B}_{pees}\dot{\boldsymbol{q}}_{\mathrm{f}}\\&-\dot{\boldsymbol{q}}_{\mathrm{f}}^{\mathrm{T}}\boldsymbol{B}_{peea}\boldsymbol{k}_{p}\boldsymbol{B}_{pe}^{-1}\boldsymbol{B}_{pees}\boldsymbol{q}_{\mathrm{f}}+\boldsymbol{q}_{\mathrm{f}}^{\mathrm{T}}(\boldsymbol{B}_{pe}^{-1}\boldsymbol{B}_{pees})^{\mathrm{T}}K_{\mathrm{s}}(\boldsymbol{B}_{pe}^{-1}\boldsymbol{B}_{pees})\dot{\boldsymbol{q}}_{\mathrm{f}}\end{aligned} \tag{13-61}$$

此时，令 $\boldsymbol{K}_{\mathrm{s}}=\boldsymbol{B}_{pees}\boldsymbol{k}_{p}\boldsymbol{B}_{pe}^{-1}\boldsymbol{B}_{pees}$。在这里矩阵 $\boldsymbol{B}_{peea}\boldsymbol{k}_{d}\boldsymbol{B}_{pe}^{-1}\boldsymbol{B}_{pees}$ 及 $\boldsymbol{H}_{q}^{-1}\boldsymbol{H}_{q}\boldsymbol{C}_{q}+\boldsymbol{C}_{q}$ 都是正定矩阵，方程（13-61）可以重新描述为

$$\dot{V}\leqslant-\dot{\boldsymbol{q}}_{\mathrm{f}}^{\mathrm{T}}(\boldsymbol{H}_{q}^{-1}\boldsymbol{H}_{q}\boldsymbol{C}_{q}+\boldsymbol{C}_{q})\dot{\boldsymbol{q}}_{\mathrm{f}}-\dot{\boldsymbol{q}}_{\mathrm{f}}^{\mathrm{T}}\boldsymbol{B}_{peea}\boldsymbol{k}_{d}\boldsymbol{B}_{pe}^{-1}\boldsymbol{B}_{pees}\dot{\boldsymbol{q}}_{\mathrm{f}}<0 \tag{13-62}$$

综上，Lyapunov 方程对时间的一阶导数为负值，由 LaSalle 不变原理，可以证明快变系统稳定。

13.6 仿真分析

动量轮质量 2.55kg，最大转矩 0.5N·m，$I_{\mathrm{s}}=0.5\mathrm{kg}\cdot\mathrm{m}^2$；用来抑制挠性附件振动的压电元件紧密的粘贴于挠性结构表面，在挠性梁前端部、中部、末端部的上下表面分别粘贴相同的压电元件，压电元件长度 0.5m，厚度为 0.001m，宽度 0.5m，密度 $1800\mathrm{kg/m^3}$，杨氏模量 $E_{\mathrm{p}}=2\times10^9\mathrm{N/m^3}$，压电元件常量参数为 $d_{31}=22\times10^{-12}\mathrm{m/V}$，$\varepsilon_3^T=10.5\times10^{-3}\mathrm{V/mN}$。本章所用到其它模型参数与第 5 章所用参数相同，假设外部干扰力矩作用于刚体航天器上，其为

$$T_d=\begin{bmatrix}4\cos(0.37924t)-\cos(14.896t)+2\cos(2.761t)-\cos(9.087t)+2\omega_1\sin(t)\\-4\sin(0.37924t)+\sin(14.896t)-2\sin(2.761t)+\sin(9.087t)+2\omega_2\sin(t)\\\cos(0.37924t)-\cos(14.896t)+\cos(2.761t)-\cos(9.087t)+2\omega_3\cos(t)\end{bmatrix}$$

$\times 10^{-3}(\text{N}\cdot\text{m})$

在存在不确定性外部干扰的情况下，设计考虑推力器与反作用飞轮混合控制策略，与基于 Lyapunov 控制律的复合控制方法，对充液挠性航天器进行大角度姿态机动，控制器参数，$\lambda=0.175$，$\boldsymbol{\kappa}=0.65$，$\boldsymbol{\Gamma}=\text{diag}(1.65\quad 1.65\quad 1.65)$，参数 k_ζ 可通过模糊自适应控制律求得。本章假设动量轮提供的最大控制力矩为 1N·m，脉冲控制输入为 5N·m，仿真结构图如图 13-6～图 13-14 所示。

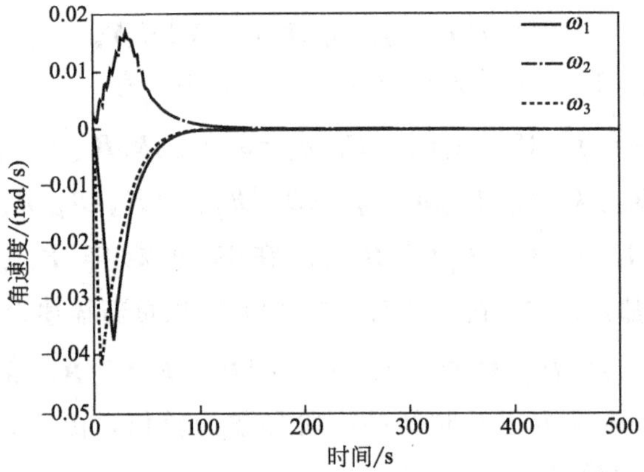

图 13-6　姿态角速度的响应

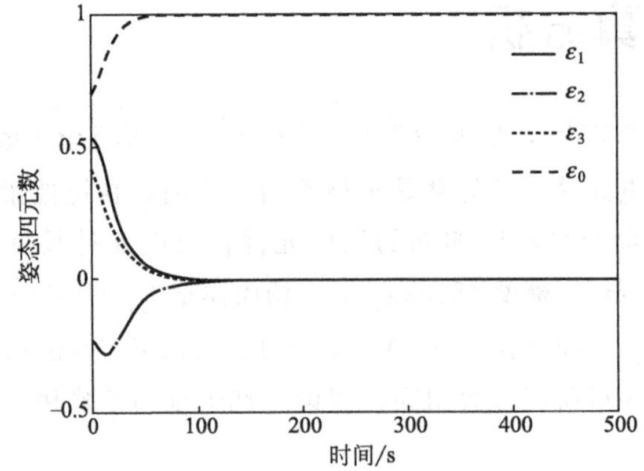

图 13-7　姿态四元数的响应

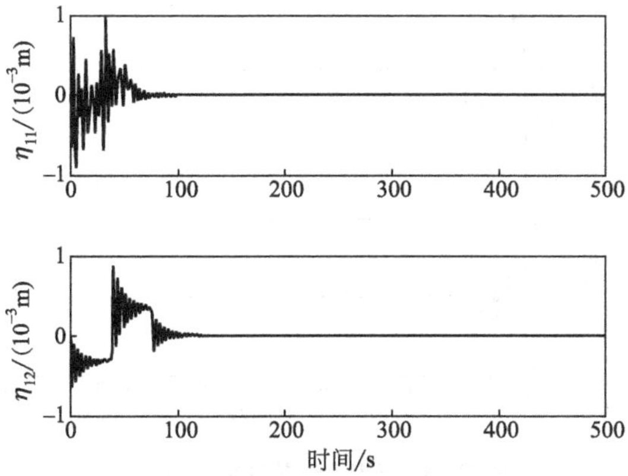

图 13-8　液体燃料一阶模态晃动幅值

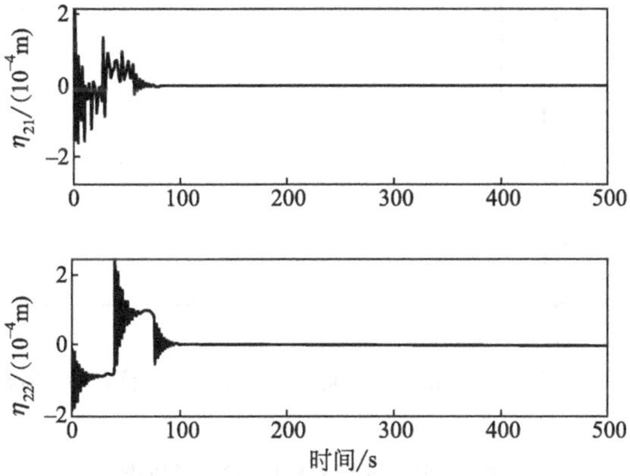

图 13-9　液体燃料二阶模态晃动幅值

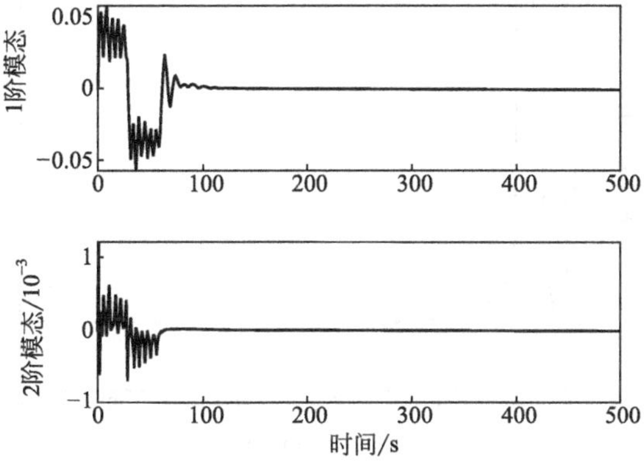

图 13-10　挠性附件前两阶振动响应图

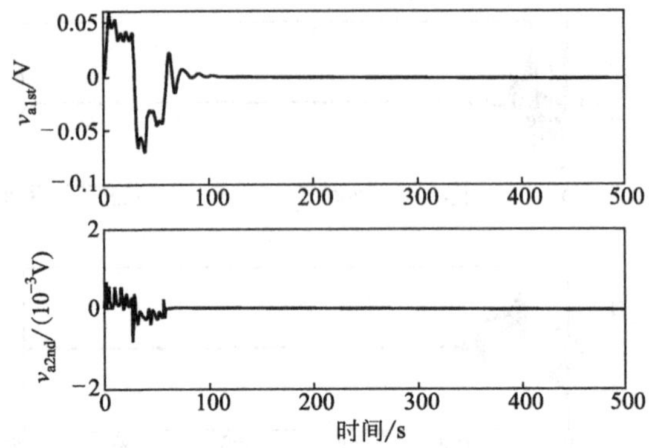

图 13-11　压电元件提供控制电压曲线

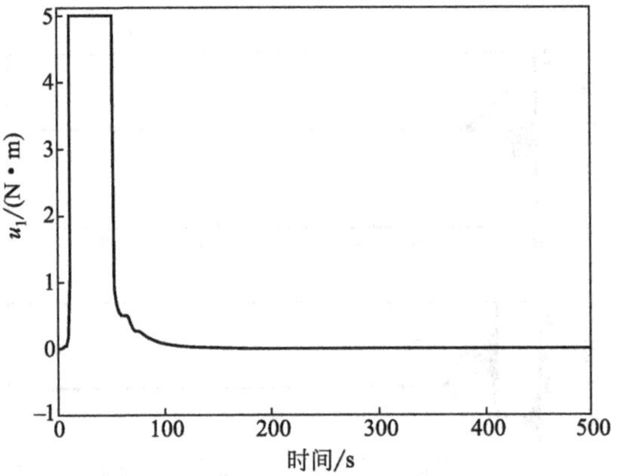

图 13-12　沿着 *OX* 方向的控制力矩

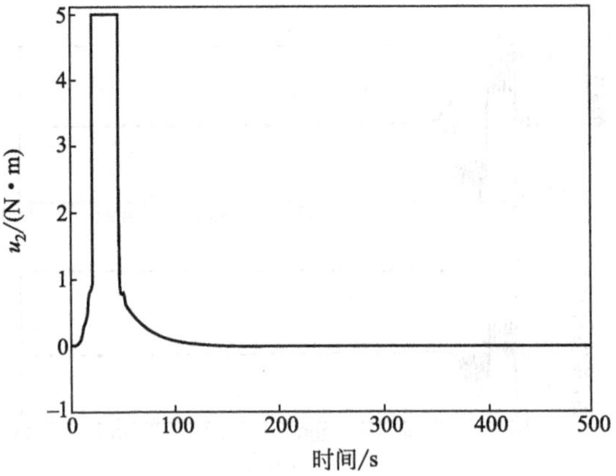

图 13-13　沿着 *OY* 方向的控制力矩

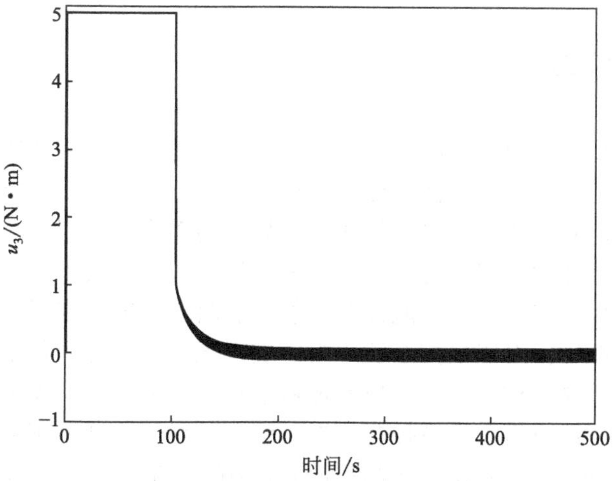

图 13-14 沿着 OZ 方向的控制力矩

对慢变子系统设计了推力器与动量轮的混合控制策略，由图 13-6、图 13-7 可见，航天器姿态角速率在 110s 达到稳定，姿态四元数在 106s 完成姿态机动。图 13-8、图 13-9 为液体燃料一阶、二阶模态晃动响应，晃动时间持续到 100s 左右。图 13-10 为前两阶挠性附件振动模态响应图。控制力矩如图 13-13～图 13-14 所示，从图中可以看出，该控制策略可以很好地提高航天器的机动速度，并且提高了控制精度，发挥了两种控制机构的特点。喷气脉冲在仿真过程中，推力器采用 PWM 模式，之后再利用动量轮设计自适应模糊滑模控制律进行细调，这种控制律可以很好地跟踪上期望轨迹，不但抑制了外部扰动干扰，同时对液体晃动也有很好控制作用。推力器与动量轮的混合控制策略可以更快地提高星体的指向精度和稳定性。对于快变系统设计基于压电元件的 Lyapunov 控制律，也能够在很短的时间内有效地抑制挠性结构的振动，图 13-11 为压电元件提供的电压曲线，相应的控制律参数选取为 $\boldsymbol{k}_{\mathrm{d}}=[3.5\quad 2.0\quad 2.2\quad 3.5\quad 2.0\quad 2.2]$，$\boldsymbol{k}_{\mathrm{p}}=[2.8\quad 3.2\quad 3.0\quad 2.8\quad 3.2\quad 3.0]$。

通过以上仿真结果的分析，可以得知：

① 对于多体耦合航天器姿态运动这类较为复杂的动力学问题，分析了奇异摄动理论应用于柔性充液航天器姿态机动的可行性，对航天器动力学模型进行了降阶处理，得到了基于液体晃动及刚体航天器本体运动的慢变子系统，和描述柔性太阳帆板振动的快变子系统，为这类复杂航天器控制器的设计奠定了基础。

② 利用推力器与动量轮设计的混合控制器可以更快地达到控制精度。所采用的模糊自适应更新律，可以很好跟踪滑膜控制器所需的待设计参数，从而保证系统完成航天器姿态机动及抑制液体燃料晃动的控制任务。

③ 对于快变系统，以紧密附着于挠性帆板表面的压电元件为传感器、致动器，设计的 Lyapunov 控制律对挠性结构的振动有很好的抑制效果。

13.7 本章小结

本章进一步对充液挠性航天器建模进行了研究，依然将液体燃料等效为两阶弹簧质量模型，并假设挠性结构为非线性 Euler-Bemouli 大变形梁模型，应用动力矩定理建立刚体航天器与液体燃料晃动的动力学模型，应用拉格朗日法建立挠性结构动力学方程。为了达到更好的控制效果，利用奇异摄动理论将航天器动力学方程分解为：刚体航天器和液体燃料晃动的慢变子系统及挠性结构振动的快变子系统。对于慢变系统，为了使系统更快地达到稳定，应用了推力器与动量轮设计混合控制策略，仿真过程中推力器采用 PWM 模式，之后再结合动量轮设计自适应模糊滑模控制律进行细调；对于快变系统，基于压电智能材料设计了 Lyapunov 控制律来抑制挠性结构的颤振，达到了很好的效果。仿真分析验证了设计理论的正确性及方法的可行性。

参考文献

[1] Banerjee A K. Dynamics and control of the WISP shuttle-antennae system [J]. Journal of Astronautical Sciences, 1993, 41 (1): 73-90.

[2] Banerjee A K and Singhose W E. Minimum time fuel efficient maneuver of flexible spacecraft with vibration amplitude constraint [C]. AAS Astrodynamics Specialist Conference, Halifax, Nova Scotia, 1995.

[3] Azadi E, Eghtesad M, Fazelzadeh S A, et al. Vibration suppression of smart nonlinear flexible appendages of a rotating satellite by using hybrid adaptive sliding mode/Lyapunov control [J]. Journal of Vibration and Control, 2013, 19 (7): 975-991.

[4] Fonseca I M, Bainum P M, Silva A R. Structural control interaction for an LSS attitude control system using thrusters and reaction wheels [J]. Acta astronautica, 2007, 60: 865-872.

[5] 蔡晨晓. 奇异摄动系统的稳定反馈控制 [D]，江苏：南京理工大学，2004.

[6] 刘华平，孙富春，何克忠，等. 奇异摄动控制系统：理论与应用 [J]. 控制理论与应用，2003，20 (1)：1-7.

[7] Lee J I, Ha I J. Autopilot design for highly maneuvering STT missiles via singular perturbation like technique [J]. IEEE Trans on Control Systems Technology, 1999, 7 (5): 527-541.

[8] Singh H, Naidu D S, Nagurka M L. Unified H_∞ approach for a singularly perturbed aircraft model [C]. Proceeding of American Control Conference, New York, 2000: 1847-1851.

[9] Shahravi M, Azimi M. Attitude and vibration control of flexible spacecraft using singular perturbation approach [J]. ISRN Aerospace Engineering, 2014 (5): 1-13.

[10] Ye D, Sun Z W, Wu S. Hybrid thrusters and reaction wheels strategy for large angle rapid reorientation [J]. Acta Astronautic, 2012, 77 (4): 149-155.

[11] Luiz C G, Souza D, Victor M R. Arena design of satellite attitude control algorithm based on the SDRE method using gas jets and reaction wheels [J]. Journal of Engineering, 2013: 1-8.